物联十年·创新中国系列
中国物联网技术应用文丛

物联网+BIM

构建数字孪生的未来

中国通信工业协会物联网应用分会◎主编
张学生　匡嘉智　李　忠◎编著

電子工業出版社
Publishing House of Electronics Industry
北京·BEIJING

内容简介

在工程建设行业中，BIM 是数字产业化的基础，IoT 是产业数字化的索引，两者缺一不可，互为技术支持手段，BIM 提供虚拟的空间关系和定位，IoT 将物理空间与虚拟空间进行连接，时时反馈运营数据，构成数字孪生场景。BIM+IoT 的技术应用于社会生活中，可以为广大人民群众提供更好的时空大数据平台，为可穿戴式设备走入寻常百姓家提供应用场景，应用于数字城市管理中，可以为城市提供实时数据和未来预测，方便政府部门做相关政策调整和应急预案。

本书适合工程建设行业相关决策人士、工程师研读，同样适用于对物联网、BIM、数字孪生感兴趣的读者阅读。

图书在版编目（CIP）数据

物联网+BIM：构建数字孪生的未来 / 中国通信工业协会物联网应用分会主编；张学生，匡嘉智，李忠编著．—北京：电子工业出版社，2021.4
（物联十年·创新中国系列）

ISBN 978-7-121-40978-3

Ⅰ.①物… Ⅱ.①中… ②张… ③匡… ④李… Ⅲ.①物联网②建筑设计—计算机辅助设计—应用软件
Ⅳ.①TP393.4②TP18③TU201.4

中国版本图书馆 CIP 数据核字（2021）第 068385 号

责任编辑：刘志红（lzhmails@phei.com.cn）　　特约编辑：王　纲
印　　刷：北京天宇星印刷厂
装　　订：北京天宇星印刷厂
出版发行：电子工业出版社
　　　　　北京市海淀区万寿路 173 信箱　邮编　100036
开　　本：787×980　1/16　印张：20.25　字数：453.6 千字
版　　次：2021 年 4 月第 1 版
印　　次：2023 年 3 月第 6 次印刷
定　　价：128.00 元

凡所购买电子工业出版社图书有缺损问题，请向购买书店调换。若书店售缺，请与本社发行部联系，联系及邮购电话：（010）88254888，88258888。

质量投诉请发邮件至 zlts@phei.com.cn，盗版侵权举报请发邮件至 dbqq@phei.com.cn。

本书咨询联系方式：（010）88254479，lzhmails@phei.com.cn。

丛书编委会

PREFACE

丛书序

《物联十年·创新中国——中国物联网文丛》

《物联十年·创新中国——中国物联网文丛》是由中国通信工业协会物联网应用分会组织编撰的物联网系列丛书，本套丛书由《中国物联网技术应用文丛》和《中国物联网产业发展文丛》两部分构成。丛书初步拟定出版全套二十册，《中国物联网技术应用文丛》分别由《物联网+5G》、《物联网+BIM》、《物联网+边缘计算》、《物联网+智能制造》、《物联网+智能供应链》、《物联网+智能密码》等组成；《中国物联网产业发展文丛》由《物联网+智慧应急》、《物联网+智慧农业》、《物联网+智能交通》、《物联网+智慧医疗》、《物联网+智慧电网》等组成。

本套丛书的定位是物联网通识普及读物，以新一代信息技术所涉及的新学科知识普及为主，可以基本满足广大读者对获取以物联网为代表的新一代信息技术基础知识的要求。

作为新一代信息技术的重要基础组成单元，物联网是现代信息技术发展到一定阶段后出现的一种聚合性应用与技术提升，将各种感知技术、现代网络技术和人工智能与自动化技术聚合与集成应用，使人与物由智能到智慧的交互，创造一个智慧的世界，物联网已经成为世界各国共同选择的国家战略。

从 2009 年开始，我国开启了以物联网为代表的新一代信息技术的孕育萌芽与成长征程，到 2019 年 5G 商用与 AI 的全面启动，我国物联网产业已经走完第一个十年。十年里，中国物联网产业从开启认知到广泛应用，见证了新一代信息技术在我国的蓬勃迅猛发展。作为一种协同创新的聚合性应用连接技术，物联网一方面作为大数据、云计算、人工智能等数字化的基础支撑；同时又是工业互联网、智能交通、智慧农业、智慧医疗等垂直行业应用的支撑。随着物联网技术的广泛应用，物联网节点由短距离传输到大场景覆盖，未来新十年的物联网产业发展将更加值得期待。

2020 年，我国物联网产业新十年茁壮成长的黄金时期已经启航。每一个高歌猛进的时代都应该被记录，站在承前启后的历史节点上，中国通信工业协会物联网应用分会特别组织编撰了《物联十年·创新中国——中国物联网文丛》系列丛书，谨以总结和回顾中国物联网产业在过去十年所取得的成绩与经验，并为迎接未来新十年作记录点滴，以兹借鉴。

本系列丛书定位明确，作为物联网通识普及读物一方面要体现通识性，同时作为新一代信息技术所涉及的新学科也要科学地体现专业高度，尽量呈现通识读物深入浅出的特点。

为了保证丛书的整体学术质量，丛书编委会特别邀请了"中国工程院院士邬贺铨、中国科学院院士张钹、中国工程院院士孙玉、中国工程院院士李伯虎、中国科学院院士姚建铨、中国工程院院士倪光南、中国工程院院士张平、国际欧亚科学院院士毕思文、国家物联网基础标准工作组秘书长张晖、住房和城乡建设部IC卡应用服务中心副主任张永刚、北京大学教授张飞舟、上海交通大学教授王东、中国科学院大学教授易卫东、北京科技大学教授王志良、北京交通大学教授程卫东、北京邮电大学教授马严、贵州大学教授田有亮、解放军信息工程大学教授于大鹏"等学者教授作为丛书编委会委员。

《物联十年·创新中国——中国物联网文丛》将陆续推出，我们希望这套丛书的出版既能满足对新一代信息技术的普及需求，又能为中国物联网产业发展做好见证与记录。

2021年4月

引　言

我国目前正处于城镇化快速发展的过程中。根据相关研究，到 2030 年，我国人口规模将达到 15 亿人，城镇化率将达到 70%。自“十一五”规划纲要提出要把城市群作为推进城镇化的主体形态以来，我国开始实施以城市群发展为核心的城镇化战略。《国家新型城镇化规划（2014—2020 年）》提出，以大城市为依托，以中小城市为重点，逐步形成辐射作用大的城市群，促进大中小城市和小城镇协调发展。这奠定了城市化发展的基本方针，突出了城市群的作用和地位。“十三五”规划中提出建设 19 个城市群，这些城市群的土地总面积占全国土地面积的 22.1%，人口占全国人口的 54%，GDP 占全国的 75%以上，在全国经济发展中有举足轻重的作用。

立足于我国城市发展实际，为推动经济高质量发展，党中央、国务院做出了建立新型智慧城市的重要决策部署。近年来，智慧城市各相关领域的指导政策纷纷出台，智慧城市标准及评价指标体系基本建立。2014 年 8 月，国家发展和改革委员会、工业和信息化部、科技部等八部委联合印发了《关于促进智慧城市健康发展的指导意见》。2016 年 3 月，《国民经济和社会发展第十三个五年规划纲要》明确指出要加强现代信息基础设施建设，推进大数据和物联网发展，建设智慧城市。2016 年 11 月，国家发展和改革委员会、中共中央网络安全和信息化委员会办公室、国家标准化管理委员会联合发布了新型智慧城市评价指标，将城市居民感受、提升居民获得感和幸福感作为重要评价内容。国务院印发的《“十三五”国家信息化规划》中明确提出了新型智慧城市建设行动，相关各部委也陆续出台了多份专项领域的政策文件，各地方政府也积极制定了当地的“十三五”信息化发展规划或智慧城市建设发展规划。2018 年政府工作报告强调，发展智能产业，拓展智能生活，运用新技术、新业态、新模式，大力改造提升传统产业。建设新型智慧城市是信息化和城镇化同步推进的最佳结合点，将为建设网络强国、数字中国、智慧社会提供有力支撑。

目前来看，我国智慧城市发展仍存在以下问题。

一是智慧城市建设整体水平不高，碎片化现象严重，信息融合难度大。一个城市有多个智慧平台，许多系统不但互不相关，有时数据还相互冲突，直接影响用户体验。这个问题在大城市更为突出，实现信息的融合和共享较为困难。

二是智慧城市建设仍然存在重建设、轻运营的现象，民众仍然缺少参与感和获得感。

智慧城市的核心特征是"以人为本"，所有的技术手段或商业模式都是为了满足人民日益增长的对美好生活的需要，要把智慧城市的发展方向由大规模的基础设施建设转向更加注重市民与企业的应用与体验。

三是建设模式仍然单一，政府引导、市场主导的建设路径尚未形成可复制、可推广的经验。智慧城市的建设与运营模式还有待探索，现有模式对经济成本和后期商业模式的探索不足。数据中心、云平台等基础设施已经投入很多，需要思考如何运营好智慧城市，利用社会力量提升城市公共服务水平。

信息化集成在解决以上问题，实现信息融通、以人为本的城市规划及建设运营中起到了至关重要的作用。吴志强院士在 2010 年提出城市信息化发展要从 BIM 走向 CIM（City Intelligent Model，城市智慧模型），更多地体现智慧城市的信息化集成与协同管理。随着 BIM 在各专业领域中的推广，以及城市地理信息系统（Geographic Information System，GIS）的协同应用，逐步形成了基于 3D GIS+BIM 的场景应用。发展到现在，城市信息模型（City Information Modeling，CIM）就成为建筑信息模型（Building Information Modeling，BIM）、宏观地理空间数据（Geo-Spatial Data，GSD）、物联网（Internet of Things，IoT）整合模式下的城市动态信息的有机综合体。由于协同了 BIM 和 GIS 技术，CIM 能够将数据颗粒度细化到城市单体建筑物内部的单个功能部件，并通过与 IoT 等技术的融合，将传统静态的数字城市升级为可感知、动态在线、虚实交互的智慧城市，为城市敏捷管理和精细化治理提供了重要的数据支撑。

此外，外部世界的运转方式正在发生重大转变，物理系统正在被虚拟表现物理世界所拓展，出现了数字化技术下的数字孪生模式。美国国防部最早提出数字孪生技术，并将其用于航空航天飞行器的健康维护与保障。首先，在数字空间建立真实飞机的模型，并通过传感器实现模型与真实飞机状态同步。其次，在每次飞行后，根据当前情况和过往载荷，及时评估飞机是否需要维修，能否承受下次的任务载荷等。

利用数字孪生技术可以持续预测装备或系统的健康状况、剩余使用寿命及任务执行成功的概率，也可以预测关键安全事件的系统响应，通过与实体的系统响应进行对比，揭示装备研制中存在的未知问题。数字孪生技术可通过激活自愈机制或建议更改任务参数来减轻损害或进行系统降级，从而延长系统使用寿命或提高任务执行成功的概率。

本书将以现阶段数字化技术的迫切需求为目标，解释物联网+BIM 的工作模式，分析在此工作模式下数字孪生世界的运转规律，并阐述 BIM、CIM、LBS、BD、AI、IoT、5G、VR、区块链及云计算等技术与数字孪生技术之间的关系及工作原理。顺应时代发展，实现工程建设行业的数字化、可视化、智慧化管理已成为业内共识，这将深刻改变工程建设行业的发展方向和未来。

CONTENT

目　录

第 1 章 物联网基础技术分析

1.1 物联网的概念与基本架构

物联网是通过智能传感器、射频识别（RFID）设备、卫星定位系统等信息传感设备，按照约定的协议，把各种物品与互联网连接起来，进行信息交换和通信，以实现对物品的智能化识别、定位、跟踪、监控和管理的一种网络。显而易见，物联网所要实现的是物与物之间的互联互通，因此又被称为“物物相连的互联网”，英文名称是 Internet of Things（IoT）。

物联网的应用备受各界关注，也被业内认为是继计算机和互联网之后的第三次信息技术革命。当前，物联网已被应用在仓储物流、城市管理、交通管理、能源电力、军事、医疗等领域，涉及国民经济和社会生活的方方面面。

当前公认的物联网基本架构包括三个逻辑层，即感知层、网络层、应用层。

感知层：感知层位于物联网的底层，传感器系统、标识系统、卫星定位系统及相应的信息化支撑设备（如服务器、网络设备、终端设备等）组成了感知层的基础部件，其功能是采集包括各类物理量、标识、音频和视频数据等在内的物理世界中发生的事件和数据。

网络层：网络层由各种私有网络、互联网、有线和无线通信网、网络管理系统等组成，在物联网中起到信息传输的作用，该层主要用于感知层和应用层之间的数据传递，是连接感知层和应用层的桥梁。

应用层：主要包括云计算、云服务和模块决策，其功能是完成相关数据的管理和处理，并将这些数据与各行业信息化需求相结合，实现智能化应用的解决方案。

此外，还有一个公共技术层。公共技术层包括标识与解析、安全、网络管理和服务质量（QoS）管理等技术，它们被同时应用在物联网的三个逻辑层。

物联网技术体系框架图如图 1-1 所示。

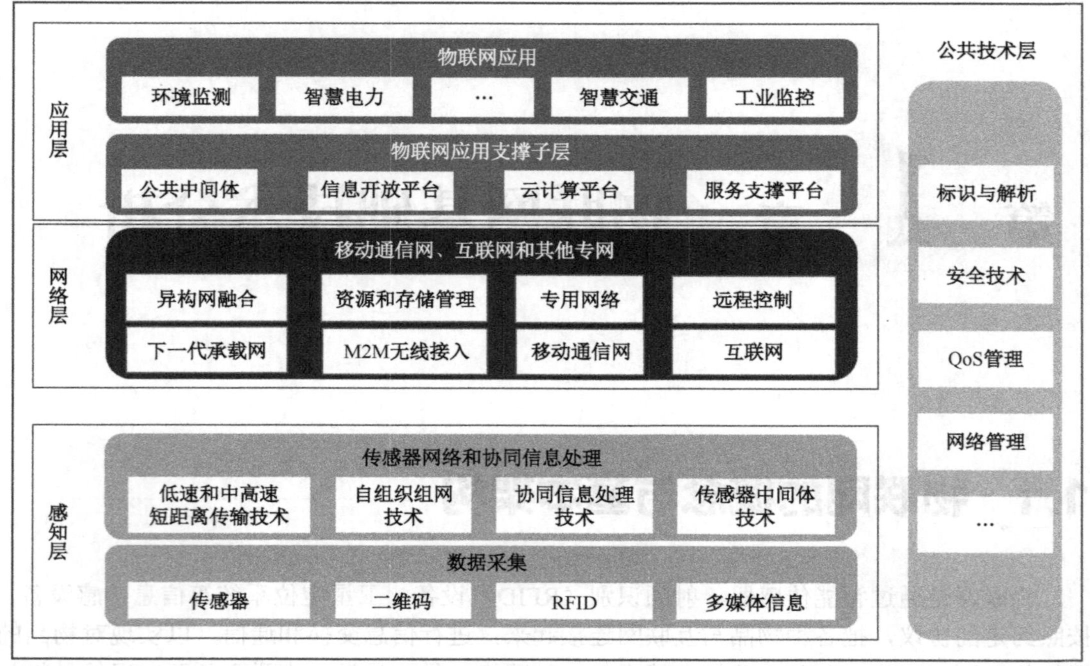

图 1-1 物联网技术体系框架图

1.2 物联网领域的关键技术

物联网具有数据海量化、连接设备种类多样化、应用终端智能化等特点，其发展依赖于感知和标识技术、信息传输技术、信息处理技术、信息安全技术等。

1.2.1 感知和标识技术

感知和标识技术是物联网的基础，用于采集物理世界中发生的事件和数据，实现外部世界信息的感知和识别，主要包括传感器技术和识别技术。

1. 传感器技术

传感器是物联网系统的关键组成部分，传感器的可靠性、实时性、抗干扰性等特性对物联网应用系统的性能有很大的影响。物联网领域常见的传感器有距离传感器、光照度传感器、温度传感器、烟雾传感器、心率传感器、角速度传感器、气压传感器、加速度传感器、湿度传感器、指纹传感器等。

2. 识别技术

对物理世界的识别是实现物联网全面感知的基础，常用的识别技术有二维码、RFID、条形码等，涵盖物品识别、位置识别和地理识别。RFID 是通过无线电信号识别特定目标并读写相关数据的无线通信技术。该技术不仅无须在识别系统与特定目标之间建立机械或光学接触，而且能在多种恶劣环境下进行信息传输，因此在物联网的应用中有着重要的意义。

1.2.2 信息传输技术

目前，信息传输技术包含有线传输技术、无线传输技术和移动通信技术，其中无线传输技术应用较为广泛。无线传输技术又分为远距离无线传输技术和近距离无线传输技术。其中，远距离无线传输技术包括 2G、3G、4G、NB-IoT、Sigfox、LoRa 等，信号覆盖范围一般在几千米到几十千米，主要应用于远程数据传输，如智能电表、远程设备数据采集等。近距离无线传输技术包括 Wi-Fi、蓝牙、UWB、MTC、ZigBee、NFC 等，信号覆盖范围一般在几十厘米到几百米，主要应用于局域网，如家庭网络、工厂车间联网、企业办公联网等。

1.2.3 信息处理技术

物联网采集的数据往往具有海量性、时效性、多态性等特点，给数据存储、数据查询、质量控制、智能处理等带来了极大挑战。信息处理技术的目标是将传感器等识别设备采集的数据收集起来，通过信息挖掘等手段发现数据内在联系，获取新的信息，为用户下一步操作提供支持。当前的信息处理技术有云计算技术、智能信息处理技术等。

1.2.4 信息安全技术

信息安全问题是互联网时代十分重要的议题，安全和隐私问题也是物联网发展面临的巨大挑战。物联网除面临一般信息网络的物理安全、运行安全、数据安全等问题外，还面临特有的威胁和攻击，如物理俘获、传输威胁、阻塞干扰、信息篡改等。保障物联网安全涉及防范非授权实体的识别，阻止未经授权的访问，保证物体位置及其他数据的保密性、可用性，保护个人隐私、商业机密和信息安全等诸多内容，如网络非集中管理方式下的用户身份验证技术、离散认证技术、云计算和云存储安全技术、高效数据加密和数据保护技术、隐私管理策略制定和实施技术等。

1.3 传感器

传感器是由敏感元件和转换元件组成的检测装置，能感受被测量，并能将检测和感受到的信息按照一定规律转换为电信号（电压、电流、频率、相位等）的形式输出，最终为物联网应用的数据分析、人工智能提供数据来源。

1.3.1 传感器的分类及组网方式

1. 无线传感器

不管是智慧交通、智慧城市、智慧农业、工业物联网，还是野外灾害预防等领域，人类想要做到对于物理世界的全面感知，首先要确保感知层获得的数据全面、准确。也就是说，物联网系统需要根据应用的领域和具体的需求去布置大量的传感器。在这种情况下，传感器与物联网系统就不可能采用物理连接的方式，而必须采用无线信道来传输数据和通信。无线传感器如图 1-2 所示。

图 1-2 无线传感器

2. 智能传感器

智能传感器是利用嵌入式技术将传感器与微处理器集成在一起，具有环境感知、数据处理、智能控制与通信功能的智能终端设备。其具有自学习、自诊断、自补偿能力，复合感知能力及灵活的通信能力。智能传感器在感知物理世界的时候反馈给物联网系统的数据更准确、更全面，可达到精确感知的目的。智能传感器如图 1-3。

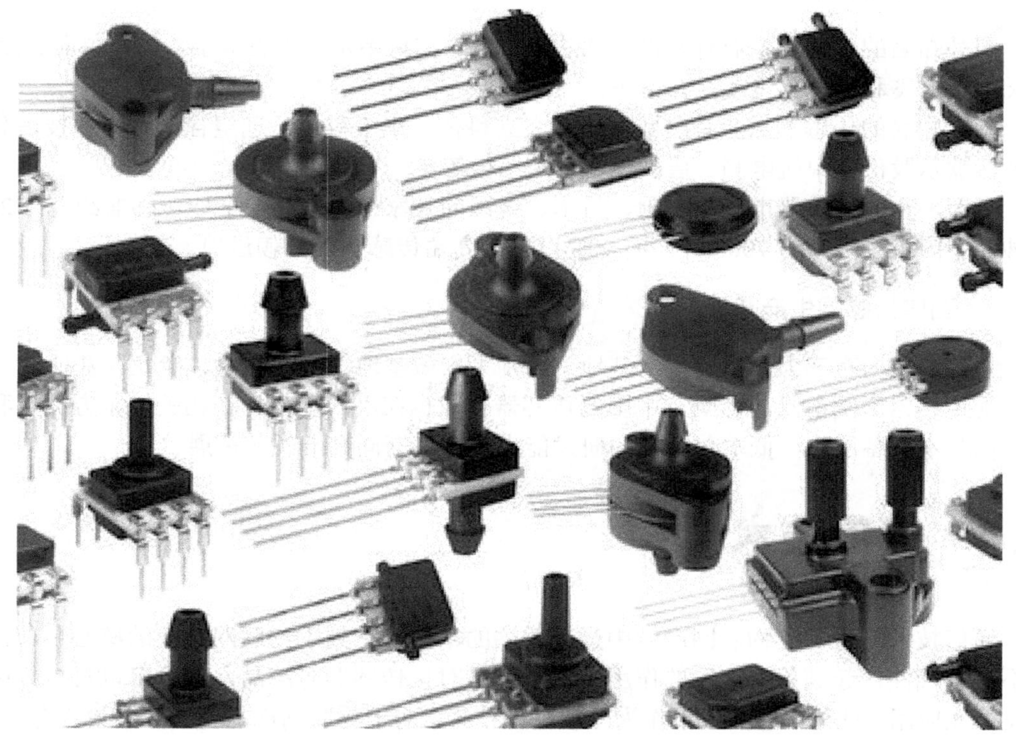

图 1-3　智能传感器

集成电路的特征尺寸越小意味着器件的集成度越高、运行速度越快、性能越好。物联网系统中传感器的尺寸越小，系统布置越方便、性能越好。

微型电子机械系统（MEMS）是利用传统的半导体工艺和材料，集微型传感器、微型执行器、微型机械结构、信号处理和控制电路、接口、电源等于一体的微型器件或系统。体积小、成本低、集成化、智能化是传感器的重要发展方向，因此很多企业正在布局 MEMS 领域。

3．无线自组网

相比于传统的网络，无线自组网采用的是一种不需要基站的“对等结构”移动通信模式，所有联网设备可以在移动过程中动态组网。其优点如下。

（1）无中心控制节点，没有分组路由与转发的路由器。

（2）在工作过程中，其中一个节点离开网络后，网络拓扑会动态变化，形成新的拓扑。

1.3.2 国内外的传感器企业

1．传感器企业

国外知名的传感器企业有博世、意法半导体、霍尼韦尔、飞思卡尔、德州仪器、ADI、楼氏电子、飞利浦、英飞凌、日立等。

国内知名的传感器企业有汉威电子、大立科技、华工科技、远望谷、耐威科技、高德红外、歌尔股份、中航电测、盾安环境、士兰微等。

目前，全球传感器市场由美国、日本、德国的几家公司主导。全球传感器约有 2.2 万余种，中国可以生产约 7000 种，而 90%以上的高端传感器仍依赖进口。

2．国内传感器生产基地

目前，国内有三大传感器生产基地，分别为安徽基地、陕西基地、黑龙江基地。

受传感器广阔前景的影响，中国的传感器企业也在不断增多。在相关技术方面，我国企业已基本具备了中、低端传感器的研发能力，并逐渐向高端领域拓展。

1.4 通信技术

通信技术是近几年物联网产业中最受关注的话题，它处于物联网产业的核心环节，具有不可替代性，起到承上启下的作用，向上可以对接传感器等产品，向下可以对接终端产品及行业应用。此外，通信技术作为一项基础技术，对于物联网产品与方案来说十分重要。

物联网通信技术有很多种，下面介绍常见的几种通信技术。

1.4.1 蓝牙

蓝牙（Bluetooth）一般用于近距离数据交换，目前在可穿戴智能产品、智慧医疗和智能家居领域应用较多。人们平时使用的蓝牙产品一般只能在较短距离内进行数据传输，功耗相对较高。

用于商业领域的低功耗蓝牙模块也较为常见，其传输距离较短，功耗较低。

1.4.2 ZigBee

ZigBee 是一种低功耗的近距离无线通信技术，数据传输模块类似于移动网络基站。在实际应用中，人们发现，尽管蓝牙技术有许多优点，但仍然存在应用的局限性。对于工业生产、智能家居和遥测遥控等领域而言，蓝牙技术较为复杂，不仅功耗高、传输距离短，组网规模也较小，ZigBee 的问世正好弥补了这些不足。

1.4.3 射频

射频是一种高频交流变化电磁波。射频通信系统由标签、天线和阅读器三部分组成，人们平时使用的门禁卡、食堂卡、公交卡等都属于射频通信系统设备。

1.4.4 Wi-Fi

Wi-Fi 在日常生活中很常见，一线城市几乎所有的公共场所均设有 Wi-Fi，这是由它的低成本和传输特性决定的。Wi-Fi 是一种允许电子设备连接到一个无线局域网的技术，通常使用 2.4GHz 或 5GHz 频段，无线局域网通常是有密码保护的。由于 Wi-Fi 使用的频段在世界范围内是不需要电信运营执照的，因此 Wi-Fi 提供了一个世界范围内可以使用的、费用极其低廉且数据带宽极高的无线接口。用户可以在 Wi-Fi 覆盖区域内快速浏览网页，随时随地使用网络。

1.4.5 NFC

NFC 是一种新兴的技术，采用 NFC 技术的设备可以在彼此靠近的情况下进行数据交换。通过在单一芯片上集成感应式读卡器、感应式卡片和点对点通信功能，可利用移动终端实现移动支付、身份识别等。

1.4.6 LoRa

LoRa 是低功耗广域网（LPWAN）通信技术中的一种，诞生于 2013 年 8 月，是美国 Semtech 公司采用和推广的一种基于扩频技术的超远距离无线传输方案。这一方案改变了以往对传输距离与功耗的折中考虑方式，为用户提供了一种简单、远距离、长电池寿命（3～5 年）、大容量的系统。目前，LoRa 主要在全球免费频段上运行，包括 433MHz、868MHz、915MHz 等。

1.4.7 NB-IoT

窄带物联网（Narrow Band Internet of Things，NB-IoT）构建于蜂窝网络，只消耗大约180kHz 的带宽，可直接部署于 GSM 网络、UMTS 网络或 LTE 网络，支持低功耗设备在广域网的蜂窝数据连接。

1.4.8 6LoWPAN

6LoWPAN 是基于 IPv6 的低速无线个域网标准，即 IPv6 over IEEE 802.15.4。IEEE 802.15.4 标准用于开发可以靠电池运行 1～5 年的紧凑型、低功耗、廉价嵌入式设备（如传感器）。该标准使用工作在 2.4GHz 频段的无线电收发器传送信息，使用的频段与 Wi-Fi 相同，但其发射功率大约只有 Wi-Fi 的 1%。6LoWPAN 的出现使各类低功耗无线设备能够加入 IP 家庭，与 Wi-Fi、以太网及其他类型的设备并网。6LoWPAN 技术具有低功耗、自组网的特点，是物联网感知层的重要技术。

1.4.9 RF433/315

RF433/315 无线收发模组采用射频技术，工作在 ISM 频段（433/315MHz），一般包含发射器和接收器，频率稳定度高，谐波抑制性好，数据传输速率为 1～128kbit/s，采用 GFSK 调制方式，具有超强的抗干扰能力。其应用范围如下。

（1）无线抄表系统。
（2）无线路灯控制系统。
（3）铁路通信。
（4）航模无线遥控。
（5）无线安防报警。
（6）家用电器控制。
（7）工业无线数据采集。
（8）无线数据传输。

1.4.10 Z-Wave

Z-Wave 是由丹麦 Zensys 公司开发的基于射频、低成本、低功耗、高可靠性的短距离无线通信技术，工作频段为908.42MHz（美国）、868.42MHz（欧洲），采用FSK（BFSK/GFSK）调制方式，数据传输速率为9.6～40kbit/s，信号的有效距离在室内是30m，室外可超过100m。Z-Wave采用动态路由技术，每个Z-Wave网络都拥有自己独立的网络地址（Home ID），网络内每个节点的地址（Node ID）由控制节点分配。每个网络最多容纳232个节点，包括控制节点。Zensys公司提供了Windows开发使用的动态库（Dynamically Linked Library，DLL），开发者可用DLL内的API函数进行软件设计。通过Z-Wave技术构建无线网络，不仅可以实现对家用电器的遥控，而且可以通过Internet对Z-Wave网络中的设备进行控制。

1.4.11 5G

第五代移动通信技术（5G）是最新一代蜂窝移动通信技术。5G的性能目标是高数据传输速率、低延迟、节省能源、降低成本、提高系统容量和大规模设备连接。

1.5 物联网的应用场景

随着传感器成本的下降，以及网络通信技术的飞速发展，物联网技术已被应用于生产生活的方方面面。

1.5.1 智慧物流

智慧物流指以物联网、大数据、人工智能等信息技术为支撑，在物流的运输、仓储、配送等各个环节实现系统感知、全面分析及处理等功能。当前，智慧物流主要体现在三方面：仓储、运输监控及快递终端。通过物联网技术实现对货物及运输车辆的监控，包括运输车辆的位置、状态、油耗、车速及货物温/湿度等。物联网技术的应用能提高运输效率，提升整个物流行业的智能化水平。

1.5.2 智慧交通

智慧交通是指利用信息技术将人、车、路紧密地结合起来，从而改善交通运输环境，保障交通安全，提高资源利用率。具体应用包括智能公交车、共享单车、车联网、充电桩监测、智能红绿灯及智能停车场等。

1.5.3 智能安防

安防是物联网的重要应用领域。传统安防对人员的依赖性比较大，非常耗费人力，而智能安防能够通过各种设备实现智能判断。一个完整的智能安防系统主要包括门禁、报警和监控三部分。其中，监控部分以视频监控为主。智能安防系统能对拍摄的图像进行传输、存储和分析。

1.5.4 智慧能源环保

智慧能源环保属于智慧城市的一部分，其物联网应用主要集中在水、电、燃气、路灯等能源管理，以及井盖、垃圾桶等环保装置方面。例如，智能井盖可以监测水位，智能水表和电表可以实现远程抄表，智能垃圾桶可以自动感应等。将物联网技术应用于传统的能源设备，通过监测，可以提高利用效率，减少能源损耗。

1.5.5 智慧医疗

在智慧医疗领域，物联网技术能有效地帮助医院实现对人的智能化管理和对物的智能化管理。对人的智能化管理是指通过传感器对人的生理状态（如心跳频率、体力消耗、血压等）进行监测，医疗可穿戴设备将获取的数据记录到电子健康文件中，方便医生查阅。通过 RFID 技术还能对医疗设备、用品进行监控与管理，实现医疗设备、用品可视化。

1.5.6 智能建筑

建筑是城市的基石，技术的进步促进了建筑的智能化发展，以物联网等新技术为主的智能建筑越来越受到人们的关注。当前的智能建筑主要体现在节能方面，对设备进行感知并实现远程监控，不仅能节约能源，也能减少楼宇的运维人员。

1.5.7 智能制造

智能制造涉及很多行业。制造领域的市场体量巨大，是物联网的一个重要应用领域，主要体现在数字化、智能化工厂改造上，包括工厂机械设备监控和工厂环境监控。通过在设备上加装相应的传感器，设备厂商可以远程对设备进行监控、升级和维护，更好地了解产品的使用状况，完成产品全生命周期的信息收集，指导产品设计和售后服务。

1.5.8 智能家居

智能家居指使用不同的方法和设备，改善人们的生活环境，使其变得更舒适、安全和高效。将物联网技术应用于智能家居，能够对家居类产品的位置、状态、变化进行监测，分析其变化特征，同时根据人们的需要，在一定程度上进行反馈。智能家居的发展主要分为三个阶段：单品连接、物物联动和平台集成。

1.5.9 智慧零售

零售按照距离可分为三种不同的形式：远场零售、中场零售、近场零售，分别以电商、商场/超市和便利店/售货机为代表。物联网技术可以用于近场和中场零售，主要应用于近场零售，即无人便利店和自动售货机。智慧零售通过对传统的售货机和便利店进行数字化升级、改造，打造无人零售模式，并通过数据分析，为用户提供更好的服务，提高商家的经营效率。

1.5.10 智慧农业

智慧农业是指将物联网、人工智能、大数据等现代信息技术与农业进行深度融合，实现农业生产全过程的信息感知、精准管理和智能控制的一种全新的农业生产方式，可实现农业可视化诊断、远程控制及灾害预警等功能。物联网应用于农业主要体现在两方面：农业种植和畜牧养殖。

在农业种植方面，通过传感器、摄像头和卫星等收集数据，实现农作物数字化和机械装备数字化。在畜牧养殖方面，利用耳标、可穿戴设备及摄像头等收集畜禽产品的数据，对收集到的数据进行分析，运用算法判断畜禽产品的健康状况、喂养情况、位置信息及发情期等，对其进行精准管理。

在这十大行业中，物联网技术的主要作用就是获取数据，之后可运用云计算、边缘计算及人工智能等技术对获取的数据进行处理，帮助人们更好地决策。物联网技术作为数据获取的主要方式，对行业发展而言至关重要。面对新一轮的科技革命和产业革命，物联网具有巨大的潜能。

第 2 章 BIM 技术分析

BIM 的出现引发了继 CAD 替代图板之后，整个工程建设领域的第二次数字革命。BIM 促进了建筑行业现有技术的进步，对生产组织模式和管理方式产生了深远的影响。

BIM 的核心是在计算机中建立虚拟的建筑工程三维模型，同时利用数字化技术，为建筑全生命周期提供完整的建筑工程数据库。该数据库中既包括描述建筑物构件的几何信息，也包括非几何信息。建筑工程三维模型可提高建筑工程信息的集成化程度，为建筑工程项目的相关利益方提供一个工程信息共享平台，这个平台正在向云平台靠拢。

近十年来，国内出现了一批应用 BIM 的设计院和施工企业，通过积累大量的 BIM 项目经验，形成了较强的 BIM 应用能力。建筑开发的投资方也积极引入 BIM 来为项目服务。

但是，国内 BIM 应用与国外相比起步较晚，缺乏相应的技术标准和经验丰富的技术咨询团队。国际上一些先行的行业协会、科研机构或业主已经建立了一些 BIM 标准，如美国 NBIMS 标准、英国 BIM 标准、澳大利亚 BIM 标准、美国联邦总务局 GSA 标准、美国陆军工程署 USACE 标准等。

2011 年 5 月，我国住房和城乡建设部印发的《2011—2015 年建筑业信息化发展纲要》中提出：在“十二五”（2011—2015 年）期间加快推广 BIM、协同设计、移动通信、无线射频、虚拟现实、4D 项目管理等技术在勘察设计、施工和工程项目管理中的应用。

2012 年，BIM 的相关技术标准制定工作开始有序推进，先后启动了《建筑信息模型应用统一标准》《建筑信息模型施工应用标准》《建筑信息模型分类和编码标准》等一系列国家级 BIM 标准。截至 2020 年 6 月，这些标准已经予以发布。

2.1 BIM 软件介绍

2.1.1 Autodesk

1．通用类软件

1）Civil 3D

Civil 3D（图 2-1）是 Autodesk 公司推出的一款面向基础设施行业的 BIM 软件。它为基础设施行业的各类技术人员提供了强大的设计、分析及文档编制功能。Civil 3D 适用于勘察测绘、岩土工程、交通运输、水利水电、市政给排水、城市规划和总图设计等领域。

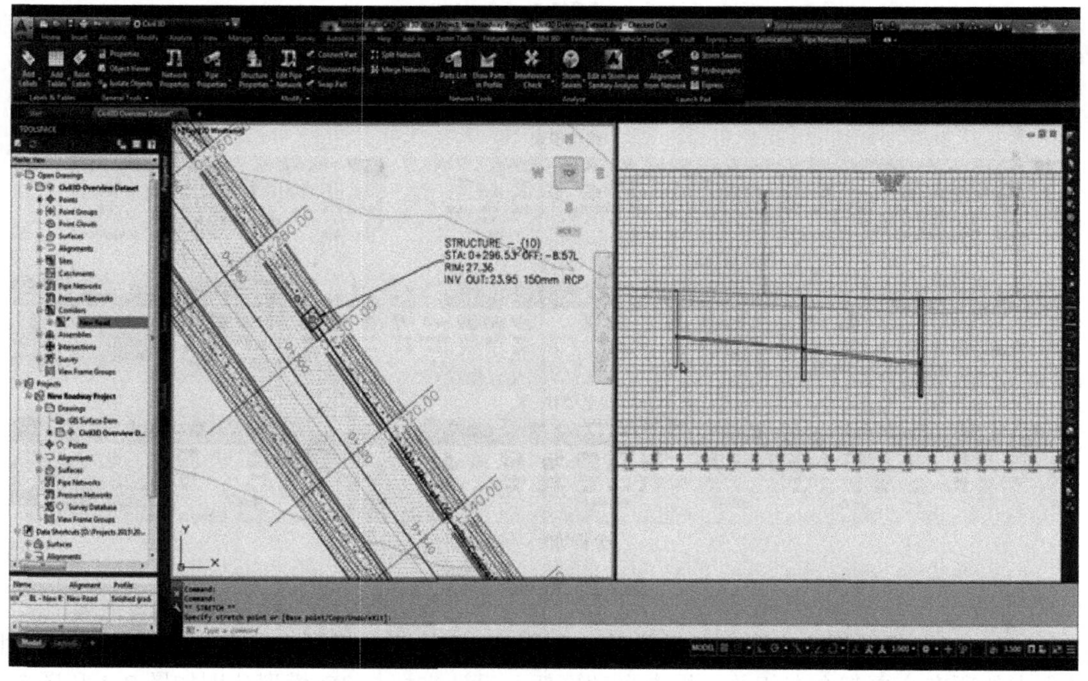

图 2-1　Civil 3D

Civil 3D 集成了 AutoCAD 和 Map 3D 的所有功能，可以用于通用的 2D/3D 制图、测绘及规划工作。

Civil 3D 支持大多数格式的建筑与基础设施的 BIM 数据、多数格式的 GIS 数据等，可进行模型整合与管理。

Civil 3D 集成了一系列模拟分析的功能，如高程分析、坡度分析、流域分析、跌水分析、水文分析等。

Civil 3D 支持对建筑与基础设施模型及 GIS 数据进行可视化展示，以便检查工程对象与周边场地、交通和环境的关系，进一步改进项目的总体布置和配套基础设施，使项目与周边环境更协调。

2）Revit

Revit 是用于建筑、结构、机电设计和建模的 BIM 软件，既可以对城市规划、场地景观、建筑工程等进行建模，也可以对铁路、公路、桥梁、桥墩和挡土墙等土木工程结构进行建模，还支持管道、水处理、垃圾处理等工程的建模。Revit 工具栏如图 2-2 所示。

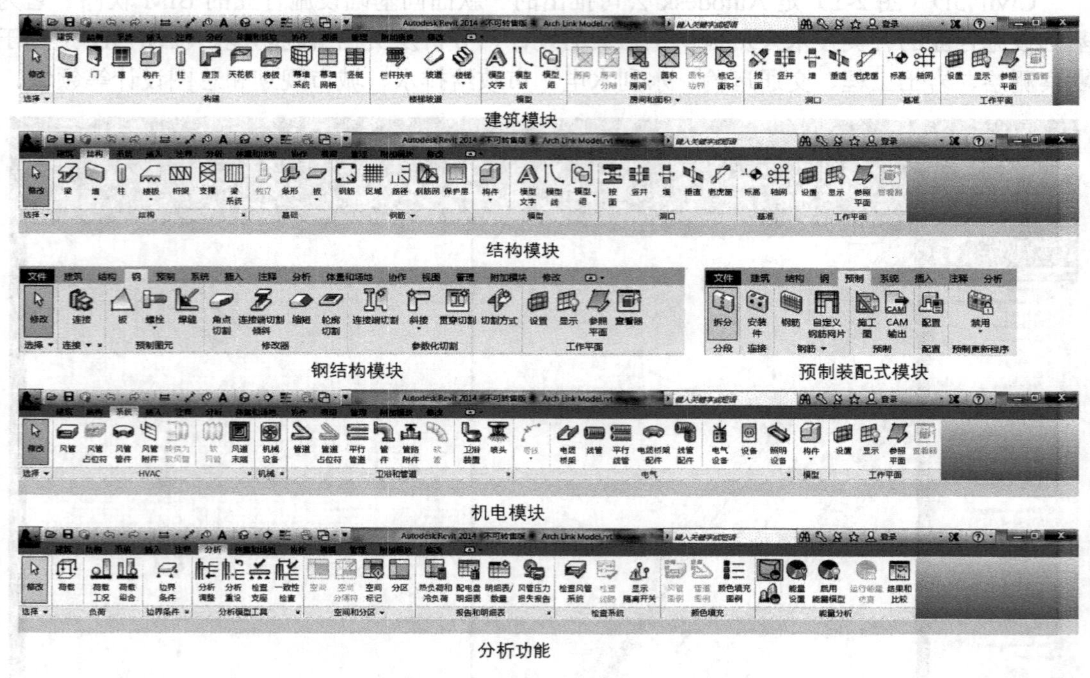

图 2-2　Revit 工具栏

Revit 能够帮助用户实现创新性设计。利用 Revit 构建的模型中包含丰富的信息。设计过程中的所有变更都会在相关文档中自动更新，设计文档与 3D 模型分别如图 2-3 和图 2-4 所示。

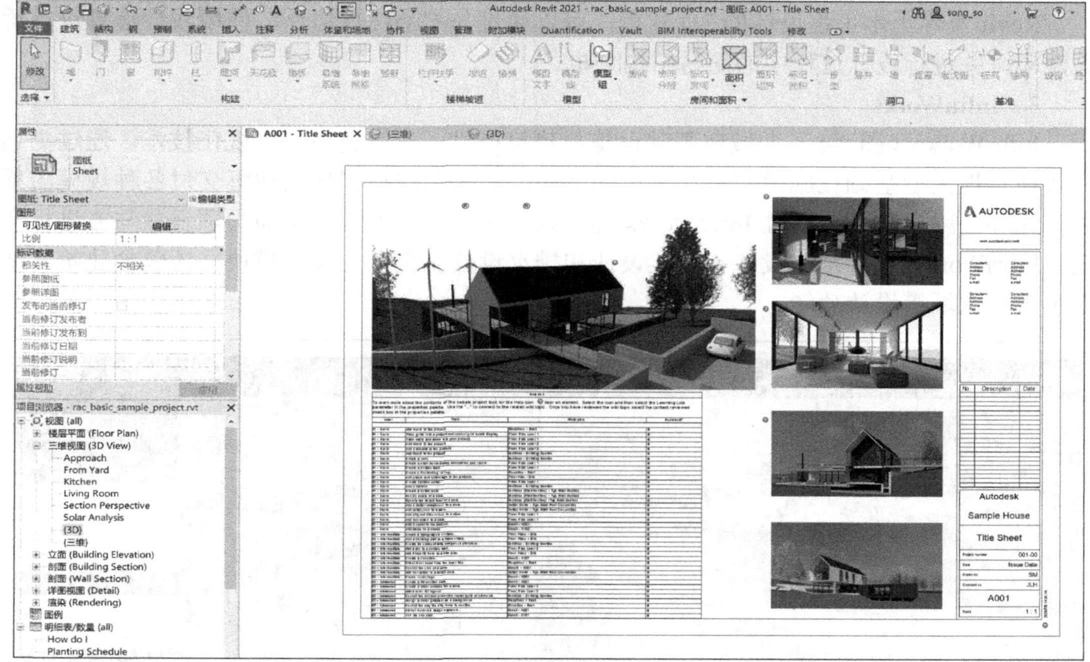

图 2-3　设计文档

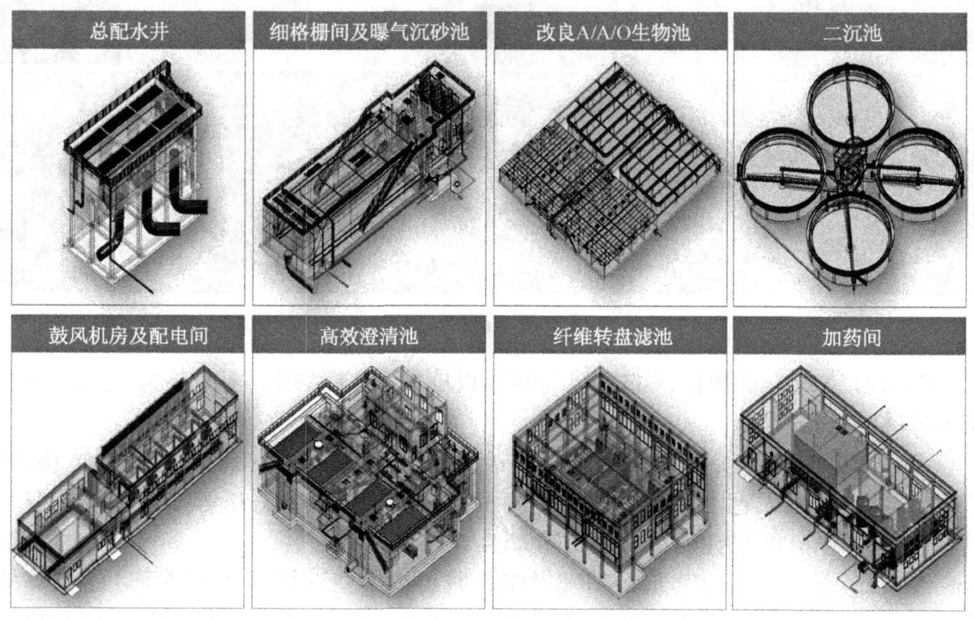

图 2-4　3D 模型

Revit 兼容土木工程设计的 3D 建模，可以通过与 Civil 3D 协作，使用线性信息进行桥梁建模，并进行设计过程中的简易结构分析。

3）InfraWorks

InfraWorks（图 2-5）为城市基础设施与建筑提供了三维建模和可视化技术。通过更加高效地管理大型基础设施模型和加速设计流程，土木工程师和规划师可交付各种规模的项目。此外，用户还可以通过 InfraWorks 随时随地了解项目方案，从而与项目参与方进行交流。InfraWorks 包含道路设计、桥梁设计和排水设计三个专业设计模块，还包含建筑、地形覆盖、水域等设计功能。

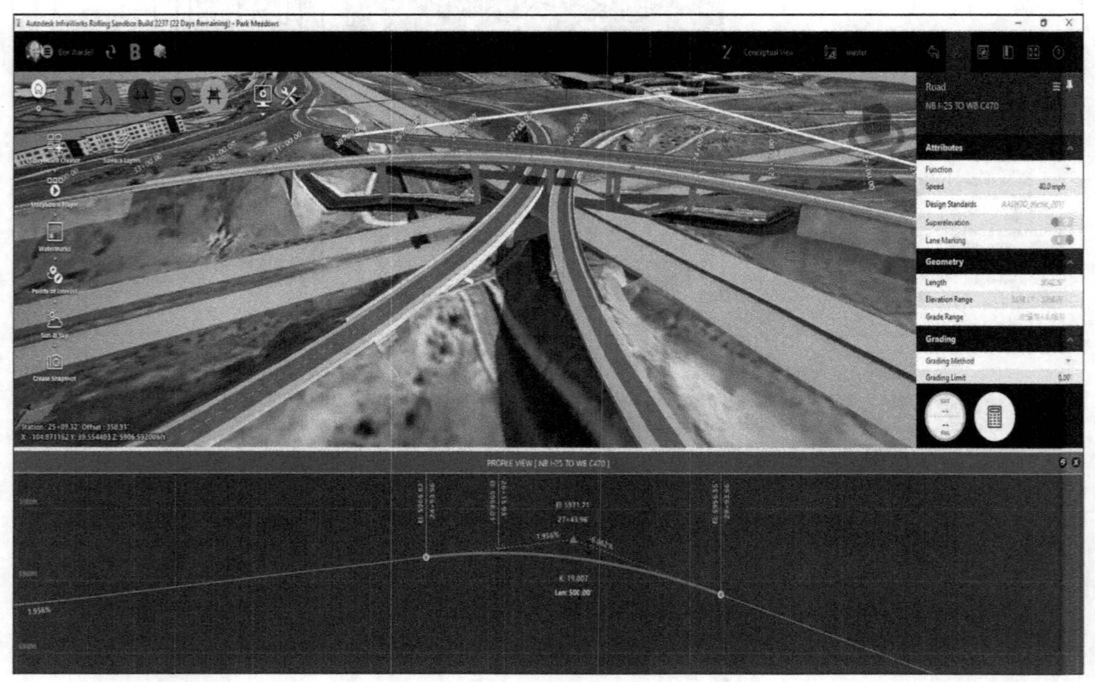

图 2-5　InfraWorks

InfraWorks 支持大多数格式的建筑与基础设施的 BIM 数据、多数格式的 GIS 数据等，可进行模型整合与管理。

InfraWorks 集成了一系列模拟、分析和计算功能，如日照模拟、交通模拟、移动模拟、流域分析、洪水模拟、管网水力计算、涵洞水力计算、挖填方分析等。这些功能在可视化的模型环境中可以验证设计的可行性与合理性。

InfraWorks 不仅能够对建筑、基础设施、城市级模型进行可视化展示，也能够按照特定的路径或场景进行漫游，生成图片或视频。InfraWorks 还支持将模型分享到网页端进行浏览与审阅。

4）Navisworks

Navisworks（图 2-6）是 3D 模型整合和导航、4D/5D 模拟、照片仿真可视化项目审阅软件。Navisworks 可以直接打开。目前各种主流模型文件，支持 50 多种 BIM 文件格式。

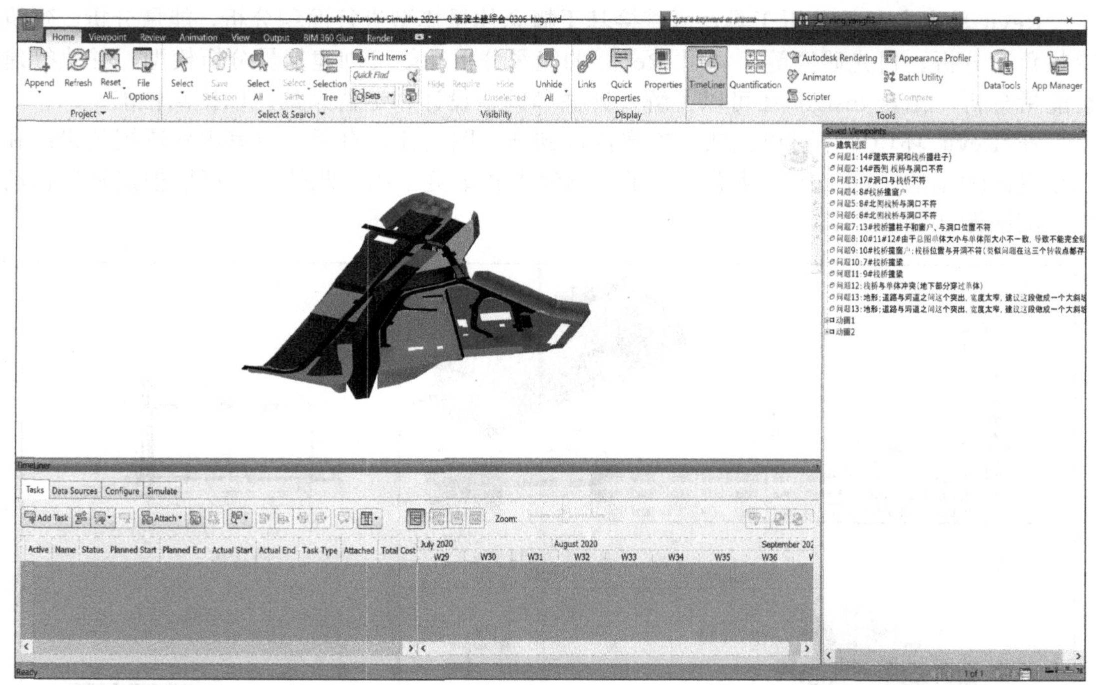

图 2-6　Navisworks

Navisworks 是 Autodesk BIM 工作流中的重要组成部分，可以帮助建筑、工程和施工领域的专业人士与利益相关方一起全面审阅集成模型和数据，从而更好地控制项目成果。它的分析工具可以更好地帮助项目团队在施工准备阶段提前排除或解决一些施工中的疑难问题，从而提高施工效率，降低施工成本。

5）Forge

Forge 是 Web Service 和网络开发 API 的集合，可为云应用和系统集成赋予创新能力，提升数字化转型效率。Forge 使用通行的网络标准来设计服务，遵循国际安全规范和数据使用规范。Forge 的理念是连接设计数据孤岛，实现设计数据和数字制造的无缝对接。

2．应用类软件

1）Revit 建筑模块

Revit 建筑模块是专为建筑信息模型设计的，能够帮助建筑师探究早期设计构思和设计形式。

利用 Revit 项目环境中的概念体量和自适应几何图形，可以轻松地创建草图和具有自由形状的模型。通过这种环境，可以直接操纵设计中的点、线和面，形成可构建的形状或参数化构件，并且方案阶段的模型可以直接用于施工图设计。

Revit 具有专门的分析工具，可直接基于概念体量模型进行面积分析、能量分析、建筑冷热负荷分析、日光研究等。利用 Revit 的能量分析功能可创建能量分析模型，并执行建筑能量分析。结合 Insight 还可以了解、评估和调整设计和运营系数，以提高性能。

在 Revit 环境中，可以完成从方案推敲到施工图设计，直至生成室内外透视效果图和三维漫游动画的全部工作，从而避免了数据流失和重复工作。此外，还可以根据模型自动生成剖面图（图 2-7）。

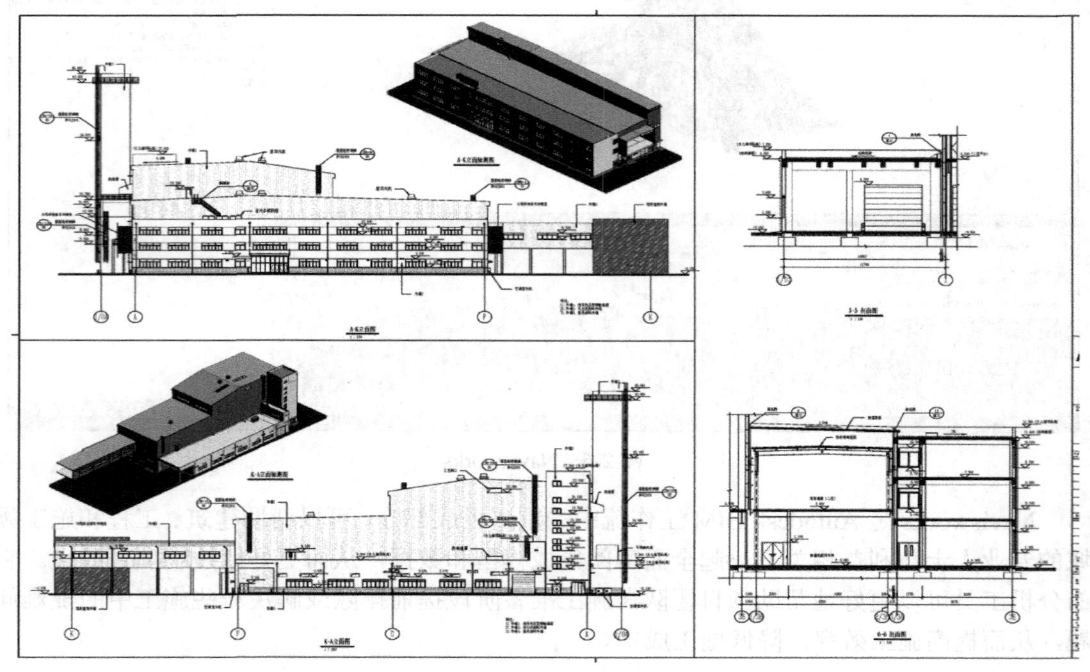

图 2-7　剖面图

Revit 提供了样板功能，可在满足设计标准的同时，大大提高设计师的工作效率。基于样板建立的项目会继承样板的所有族、设置（如单位、填充样式、线样式、线宽和视图比例）及几何图形。使用合适的样板有助于快速设计项目。

Revit 可以根据需要实时输出任意建筑构件的明细表，这适用于工程量统计（图 2-8）。

使用 Raytracer 渲染引擎能够准确、快速地实现渲染（图 2-9）。这种渲染引擎能带给用户更加流畅的真实视图浏览体验，模型响应速度较之以前提高了 10 倍以上，材质和灯光效果也更加逼真。

EL.8.799m Frame Beam Statistics

梁顶标高	类型	结构用途	长度	合计
EL	SPECIFICATION		Length	Total
8.799	[illegible]	大梁	6700	1
8.799	[illegible]	大梁	6700	1
8.799	[illegible]	大梁	7000	1
8.799	[illegible]	大梁	8000	1
8.799	[illegible]	大梁	7300	2
8.799	[illegible]	大梁	8000	1
8.799	[illegible]	大梁	9000	1
8.799	[illegible]	大梁	1800	2
8.799	[illegible]	大梁	2000	1
8.799	[illegible]	大梁	3000	[illegible]
8.799	[illegible]	大梁	3500	2
8.799	[illegible]	大梁	4300	1

结构梁统计表

Statistics of Column

类型	长度	合计
SPECIFICATION	Length	Total
BH500x400x14x25	23200	4
BH500x500x14x35	9599	2
BH600x400x14x25	23744	2
BH600x400x14x25	23804	2

结构柱统计表

STATISTICAL LIST OF STEEL BEAMS AND INTERNAL FORCES
钢梁及内力统计表

SPECIFICATION 规格	JOINT CONNECTION TYPE 节点连接形式	INTERNAL FORCES 节点内力	MATERIAL 材质
HN200x100x5.5x8	Hinge Joint	N=40kN, V=110kN	Q345B
HN250x125x6x9	Hinge Joint	N=50kN, V=90kN	Q345B
HN300x150x6.5x9	Hinge Joint	N=90kN, V=140kN	Q345B
HN350x175x7x11	Hinge Joint	N=100kN, V=100kN	Q345B
HN400x200x8x13	Hinge Joint	N=30kN, V=150kN	Q345B
HN500x200x10x16	Hinge Joint	N=60kN, V=190kN	Q345B

钢梁及内力统计表

<栏杆扶手明细表>

A	B	C
栏杆扶手高度	类型	长度
900	900mm 圆管	6287
900	900mm 圆管	12621
900	900mm 圆管	340
900	900mm 圆管	8009
900	900mm 圆管	6287
900	900mm 圆管	12621
900	900mm 圆管	3690
900	900mm 圆管	3690
900	900mm 圆管	340
900	900mm 圆管	3690
900	900mm 圆管	3690
900	900mm 圆管	807
900	900mm 圆管	834

栏杆扶梯统计表

<窗明细表>

A	B	C	D
类型标记	底高度	宽度	高度
C2418	1200	2400	1800
BC2413	900	800	15100
BC2413	900	800	15100
BC2413	900	800	15100
BC2414	2400	800	13600
BC2414	2400	800	13600
BC2414	2400	800	13600
BC2414	2400	800	13600
BC2414	2400	800	13600
BC2414	2400	800	13600
BC2414	2400	800	13600
BC2414	2400	800	13600
BC2415	2100	800	2400

窗户明细表

<门明细表>

A	B	C	D
类型标记	类型	宽度	高度
GM1524	1500 x 2400 m	1500	2380
GM1524	1500 x 2400 m	1500	2380
JLM5540	5500 x 4000 m	5500	4000
JLM4540	4500 x 4000 m	4500	4000
GM1524	1500 x 2400 m	1500	2380
FM1524	1500 x 2100 m	1500	2100

门明细表

<B_楼板明细表>

A	B	C	D	E	F
族与类型	标高	周长（毫米）	体积（立方米）	面积（平方米）	说明
楼板: 常规 - 15	标高 1	120440	95.07	633.78	
楼板: 常规 - 15	标高 2	105800	82.52	550.15	
楼板: 常规 - 15	标高 3	120440	125.62	837.47	

<B_外墙明细表>

A	B	C
族与类型	面积（平方米）	体积（立方米）
基本墙: 常规 - 250mm	91.39	22.85

楼板、外墙明细表

图 2-8 工程量统计

图 2-9 渲染

利用 Revit 的“工作集”模式可以实现土建、结构、机电、暖通等专业间的协同。通过 Revit Server 可以实现不同区域的工作人员在同一个 Revit 中心模型上同步/异步工作。

利用 Revit 的“碰撞检查”工具（图 2-10）可以发现隐藏的碰撞并及时修改。

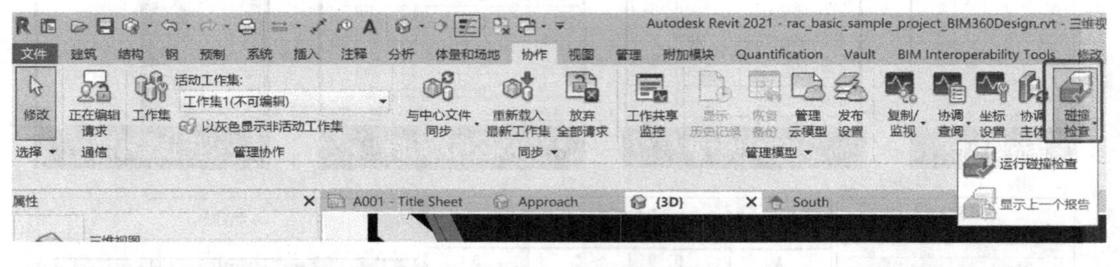

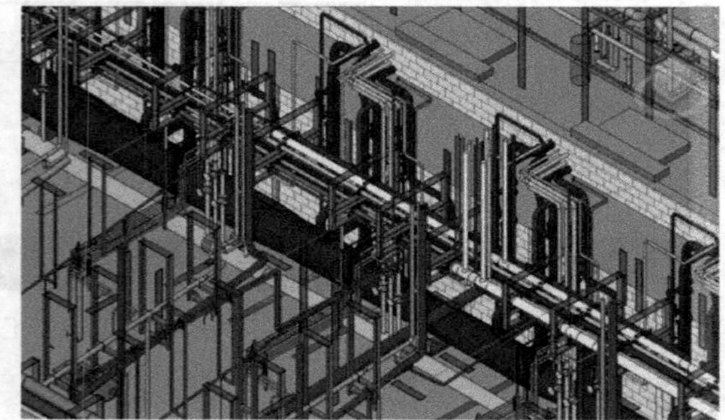

图 2-10 “碰撞检查”工具

利用“建筑”“结构”“钢”“预制”（图 2-11）等功能，可以在施工图模型的基础上进一步完成辅助和深化设计。

图 2-11 “预制”功能

利用 Revit 可以整合强电、弱电、空调、给排水、消防等多专业模型，综合分析和设计机电管线排布；还可以通过模型进行净高优化，完成支吊架排布，直接生成综合图（图 2-12）、支吊架点位图，计算最终的工程量。

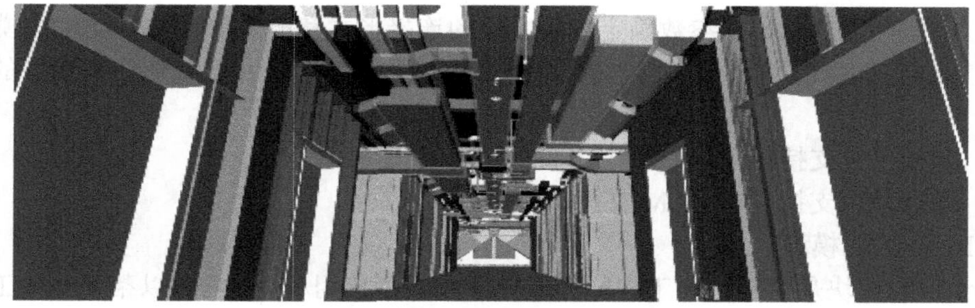

图 2-12　综合图

2）Structural Precast Extension for Revit

Structural Precast Extension for Revit 是一款专门针对 PC 构件预制的 Revit 官方插件，在 Revit 2021 版本中正式成为一个原生功能模块。

（1）Structural Precast Extension for Revit 包含 PC 构件预制所需要的全流程设计功能，只要设置相应的参数，即可完成一键对墙体、楼板进行自动分块、受力钢筋布置、补强钢筋设置、电气配件布置、吊装埋件选型和设置等工作，效率极高，并且可以创建嵌板、连接、斜顶和楼板的部件，以用于预制。

（2）Structural Precast Extension for Revit 支持门洞、窗口等洞口上方过梁的参数化布置，并且在调整各种洞口时，匹配的过梁会自动调整（图 2-13）。

图 2-13　自动调整过梁

（3）预制楼板包括大梁楼板、实心楼板、空心楼板三种类型，通过参数设置可一键转换楼板类型。

（4）该插件内置规范和计算公式可以根据构件材质、尺寸、参数等自动计算最合理的吊装件数量和位置，并生成模型。

（5）该插件可自动根据参数确定板块之间的连接形式和缝隙等，并自动生成模型。

（6）该插件可根据参数自动生成受力钢筋和加强筋模型，并支持随结构造型的改变自动调整。

（7）该插件可支持自动导出施工图和材料用量表。

（8）该插件可支持导出 CAM 文件。

3）Revit 结构模块

Revit 结构模块是面向结构工程师的建筑信息模型应用程序。它可以帮助结构工程师创建更加协调、可靠的模型，并可与流行的结构分析软件（如 Robot Structural Analysis Professional、Etabs、Midas 等）进行关联。其强大的参数化管理技术有助于协调模型和文档中的修改和更新。它具有 Revit 系列软件的所有基本功能，还具有专为结构工程师设计的功能。

除 BIM 外，Revit 结构模块还为结构工程师提供了结构分析模型及结构受力分析工具，允许结构工程师灵活处理各构件的受力关系、受力类型等。结构分析模型中包含荷载、荷载组合、构件大小、约束条件等信息，以便在第三方的结构计算和分析应用程序中使用。Autodesk 公司已与世界领先的建筑结构计算和分析软件厂商达成战略合作，Revit 结构模块中的结构分析模型可以直接导入其他结构计算软件中，并且可以读取计算结果，修正 Revit 结构模块的结构分析模型。

Revit 结构模块为结构工程师提供了非常方便的钢筋绘制工具（图 2-14），可以绘制平面钢筋、截面钢筋、3D 空间形状钢筋（图 2-15），以及处理钢筋折弯、弧形连接器、统计等信息。

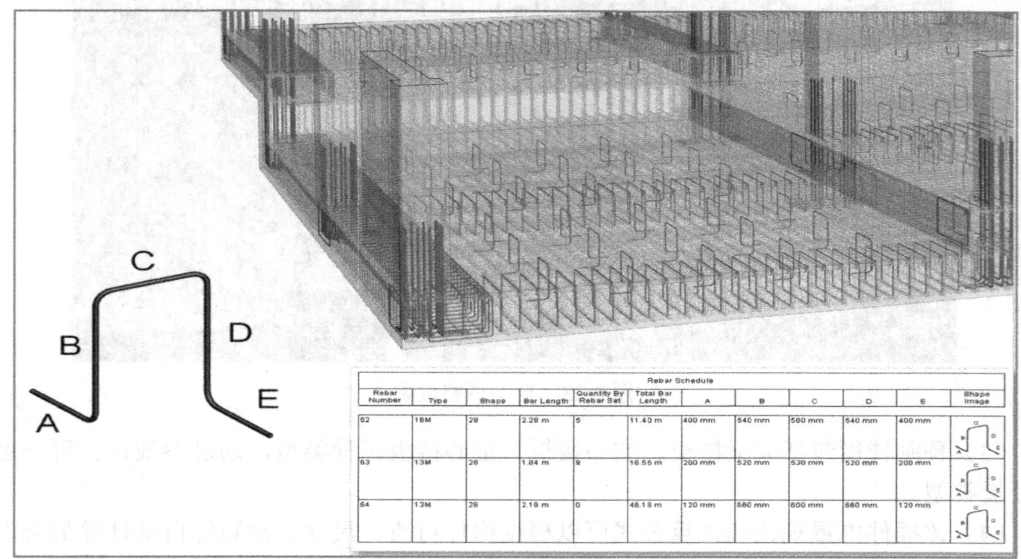

Rebar Schedule

Rebar Number	Type	Shape	Bar Length	Quantity By Rebar Set	Total Bar Length	A	B	C	D	E	Shape Image
62	16M	28	2.28 m	5	11.40 m	400 mm	540 mm	560 mm	540 mm	400 mm	
63	13M	28	1.84 m	9	16.56 m	200 mm	520 mm	530 mm	520 mm	200 mm	
64	13M	28	2.19 m	0	46.18 m	120 mm	660 mm	600 mm	660 mm	120 mm	

图 2-14　钢筋绘制工具

图 2-15　钢筋绘制效果图

Revit 结构模块带有完善的钢结构族库和节点库，支持多种钢构件的建模及钢节点深化模型的创建。

Revit 结构模块与 Advance Steel 之间可实现 LOD350 精度模型信息的双向互通（包括所有的钢构件和钢连接件），同步 Revit 和 Advance Steel 之间的模型修改，如图 2-16 所示。

4）Advance Steel

Advance Steel（图 2-17）是一款面向钢结构工程的三维设计软件，提供了一系列三维建模工具，大到横梁、立柱，小到连接节点、螺钉、螺栓，一应俱全。作为专门面向钢结构工程的设计软件，其在钢结构深化设计方面完全支持上游的初步设计及下游的出图加工，成为钢结构数据流转中不可缺少的一环。

Advance Steel 是一款基于 AutoCAD 平台打造的专业深化设计工具，其在工程量统计功能模块中继承了 AutoCAD 平台原有的高精度和自动统计功能；同时，在钢结构统计方面整合了专用于钢结构专业的统计选项和模板。

Advance Steel 支持根据本地规范进行的自动数据统计和导出功能，支持自动识别和生成各种构件的工程量统计，支持商务测算和构件下料前统计。

（1）Advance Steel 提供了丰富的结构构件（各种型钢、屋面体系等）、钢制件（楼梯、扶手、爬梯等）、钣金构件（能自动生成钣金展开图和 CNC 文件）、梁（焊接梁、变截面梁和曲梁）、柱、桁架、檩条、支撑件等。

（2）Advance Steel 提供了可变节点库（包括 AISC 和 EC3 标准，有 250 种以上的连接节点）和节点设计引擎（用户可定制节点）。

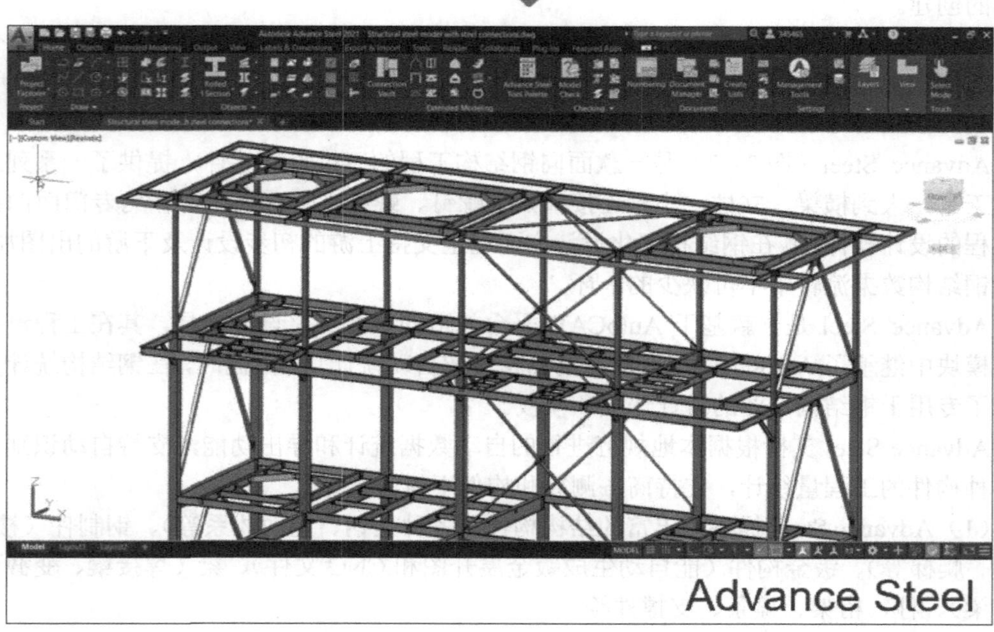

图 2-16　同步模型修改

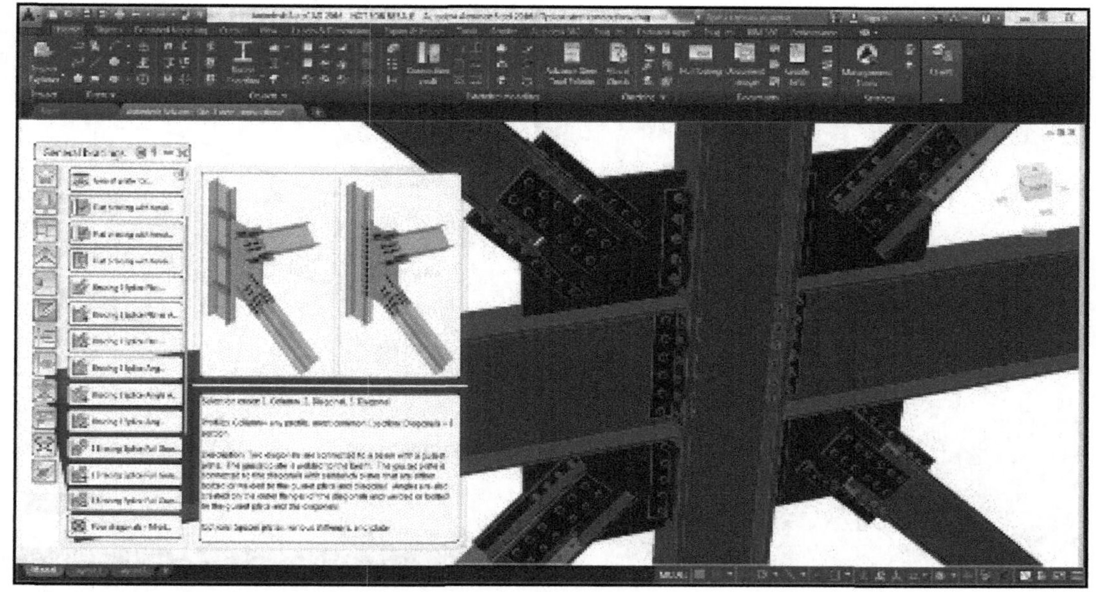

图 2-17 Advance Steel

（3）用户可直接在 3D 界面中快速建模，为各构件分配编码。

（4）Advance Steel 兼容第三方软件创建的构件，如储液罐、储气罐等，并支持深化。

（5）Advance Steel 支持钢结构全流程数据流转，能由 DWG 施工图自动生成零件加工图，并能导出 NC、DSTV 等数控加工文件。

（6）Advance Steel 可基于 AutoCAD 的任意线条生成三维构件，并保留了 AutoCAD 的操作习惯和界面形式。

（7）Advance Steel 与 Revit 中的网格、模型可相互导入，且导入一次后，可通过同步功能进行增量更新。

（8）利用 Dynamo 模块，可实现参数化深化设计，对钢结构造型和连接件进行批量设计和编辑（图 2-18）。

（9）Advance Steel 可与结构性能分析软件 Robot 共享数据，可直接利用 Robot 的计算结果生成符合要求的结构构件。

（10）Advance Steel 提供了自动生成图纸的功能，通过调用定义好的样板文件，可自动生成总布置图、加工图、材料表、切割清单、NC 文件、焊接机器使用的 XML 文件等。

（11）用户可直接使用图形化的模板定制功能定制自己的模板文件。

（12）Advance Steel 提供了文件管理系统。图纸和 3D 模型实时关联，模型上的任何变化都会反映在图纸上。

（13）Advance Steel 支持图纸的版本控制，修改处可显示云线标注，图框中可显示版本信息。

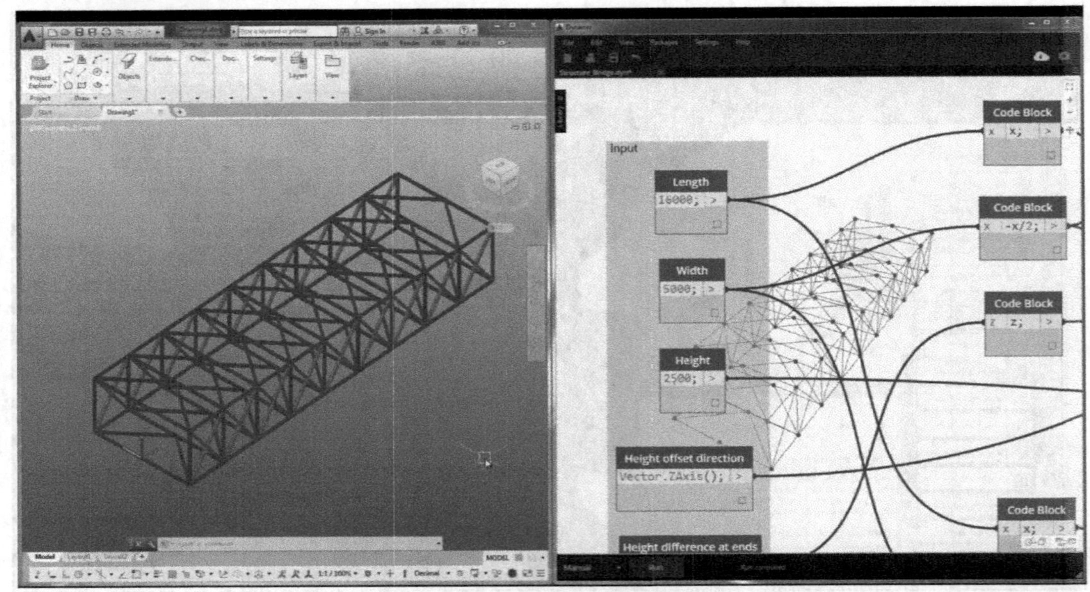

图 2-18 批量设计和编辑

Advance Steel 基本操作流程：模型创建→结构计算→深化构件→验证模型→成果输出。

（1）模型创建：Advance Steel 模型创建基于 AutoCAD 工作空间，对于熟悉 AutoCAD 的工程师而言，学习成本大大降低。

（2）结构计算：与 Robot 共享设计数据，并将计算结果以可视化的形式返回至 Advance Steel 的模型中，自动根据规则生成符合受力要求的构件。

（3）深化构件：有丰富的参数化构件库供调取和编辑，也可独立保存特有的构件形式，结合 Dynamo 可视化编程，快速、批量化生成或编辑构件。

（4）验证模型：再次在 Robot 中对设计成果进行受力等计算，验证设计成果是否符合要求。

（5）成果输出：通过丰富的样板，以及根据自身需要设计的模板，批量自动化生成加工图、施工图、材料表、切割清单、NC 文件等。

5）Revit 机电模块

Revit 机电模块（图 2-19）是面向机电工程师的建筑信息模型应用程序。Revit 机电模块以 Revit 为基础平台，针对机电设备和给排水设计的特点，提供了专业的设备、管道三维建模及二维制图工具。它通过数据驱动的系统建模和设计来优化设备与管道工程，能够让机电工程师快速展开设计工作。

Revit 机电模块提供了暖通设备和管道系统建模、给排水设备和管道系统建模、电力电路及照明计算等一系列专业工具，并提供了智能的管道系统分析和计算工具，可以让机电工程师快速完成机电模型（图 2-20），并可将模型导入 Ecotect Analysis、IES 等能耗分析和计算工具中进行模拟和分析。

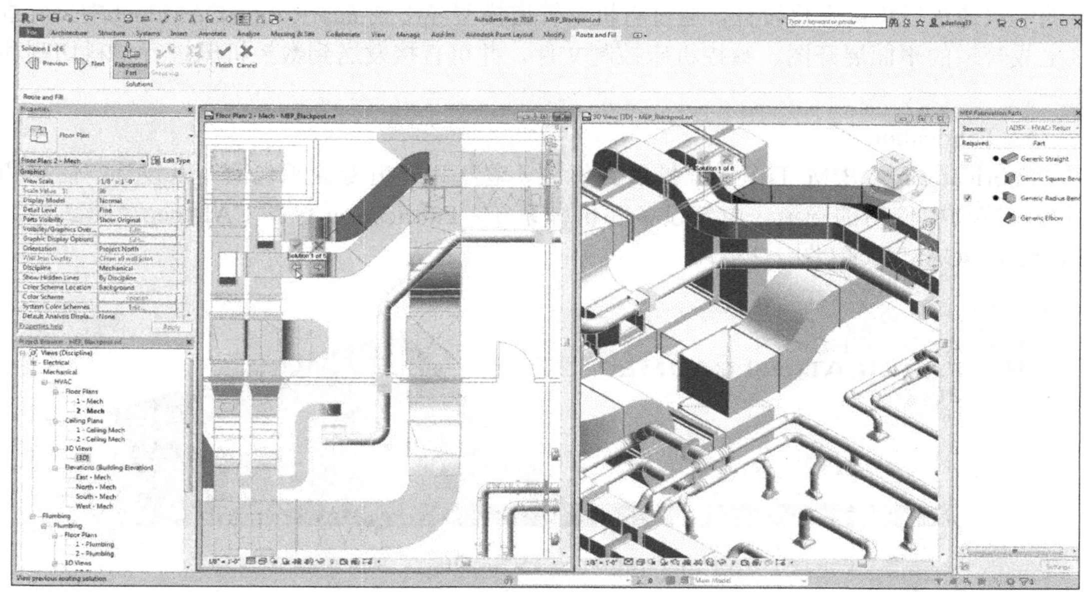

图 2-19 Revit 机电模块

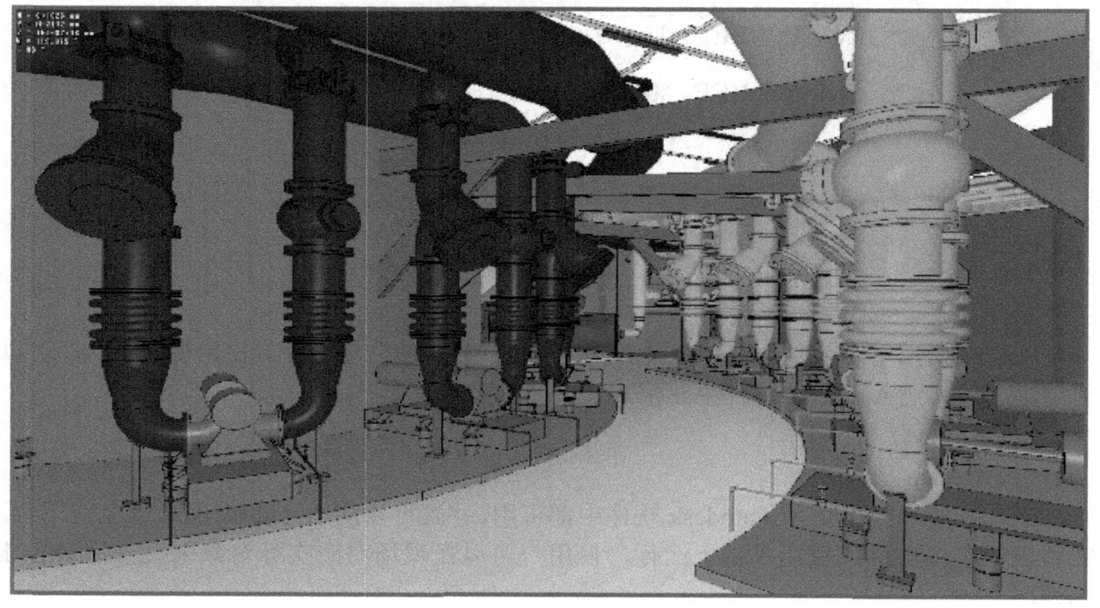

图 2-20 机电模型

Revit 机电模块中的预制工具集成了 Fabrication 的机电深化模型库，包括石油、化工、电力等行业 300 多种规格的管道，以及能自动连接楼板的支吊架，使用户能在 Revit 的 3D 界面中快速进行机电深化设计。通过将机电管道模型导出到 Fabrication CAMduct 中，可直接生成管道的平面展开图、数控机床控制文件，并可直接发送到数控机床进行材料切割和生产。

6）Fabrication

Fabrication 将 BIM 工作流程扩展到机械、电气和管道专业承包商，以设计、估算和制造建筑物中使用的管道、电气设备和机械系统。Fabrication 包括 CADmep（图 2-21）、ESTmep、CAMduct（图 2-22）。

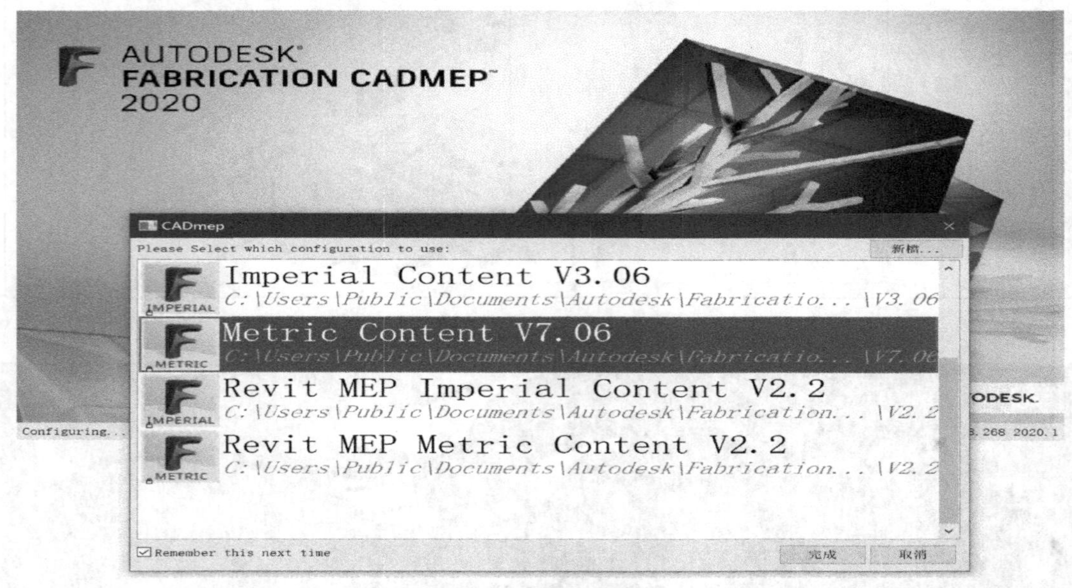

图 2-21　CADmep

7）ReCap

ReCap 是用于复杂激光扫描和摄影测量项目的软件。它将文件导出为专有格式，可以无缝集成到其他 Autodesk 软件中。

ReCap 系列产品如下。

（1）ReCap 基本版。

ReCap 基本版在所有 Autodesk 软件中都可用，并且可以从 Autodesk 网站上免费下载。它可以在平板电脑或智能手机上运行，使用户可以在现场对照实际对象来检查模型的准确性。

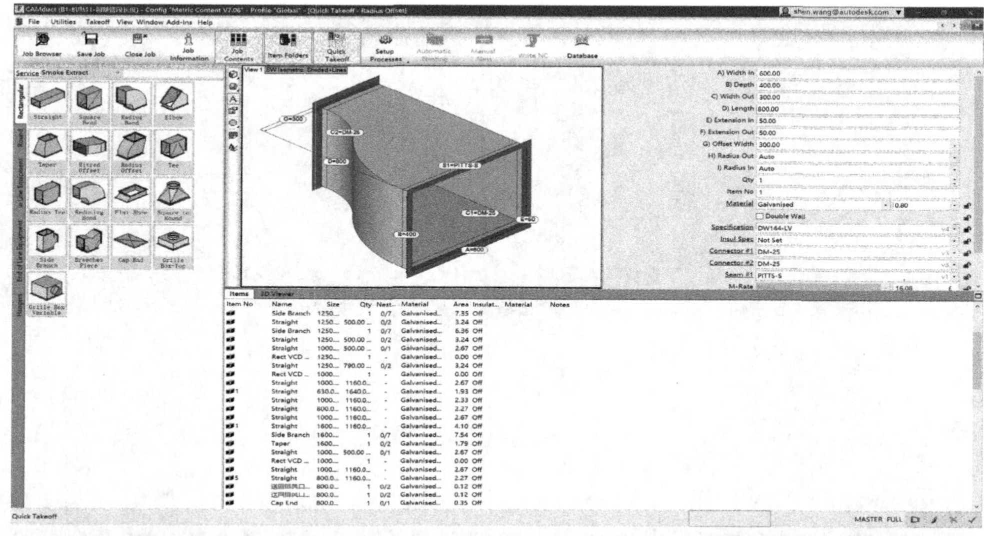

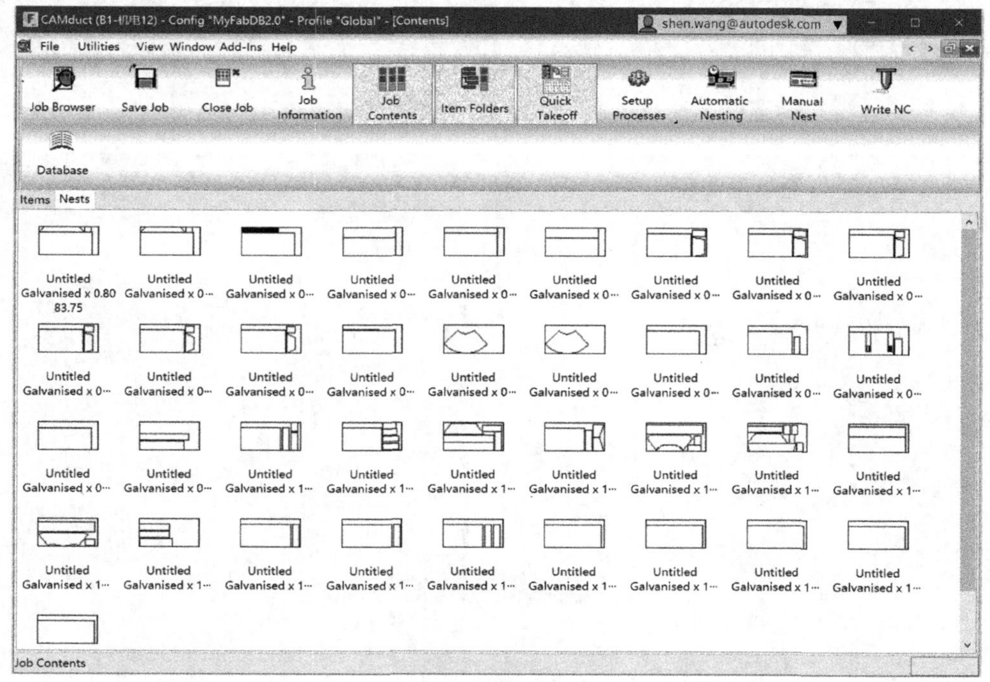

图 2-22 CAMduct

（2）ReCap 专业版（图 2-23 和图 2-24）。

ReCap 专业版具有测量、网格转换、对齐和注释工具，为扫描和摄影测量项目提供了便利，而且这些工具具有简单、直观的用户界面。

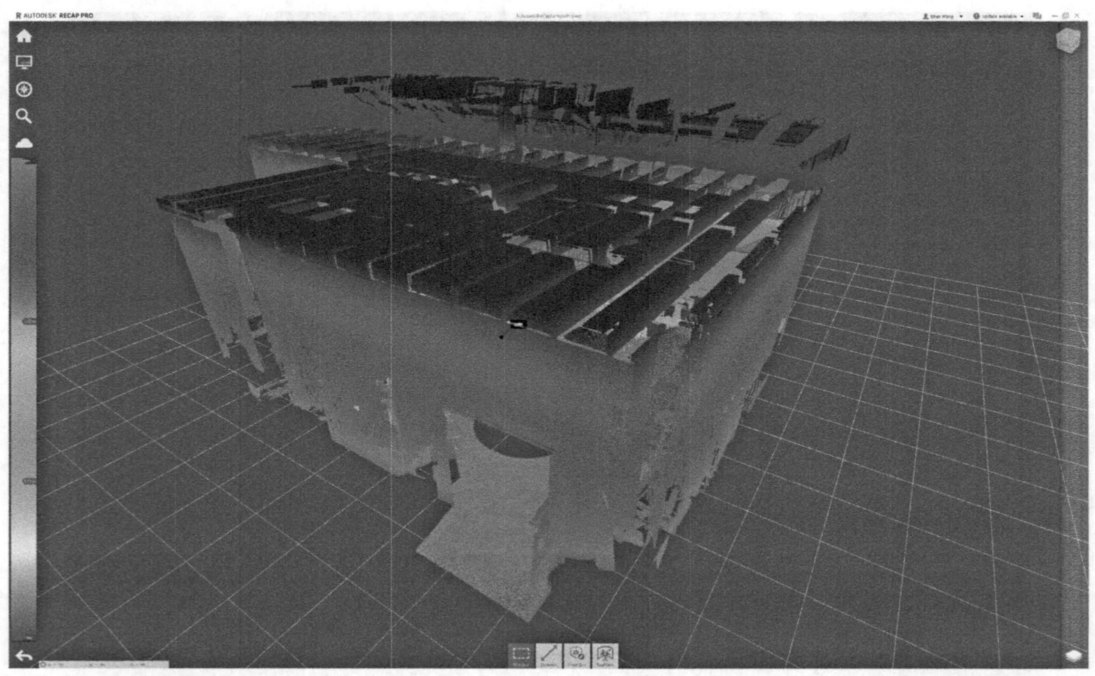

图 2-23 ReCap 专业版

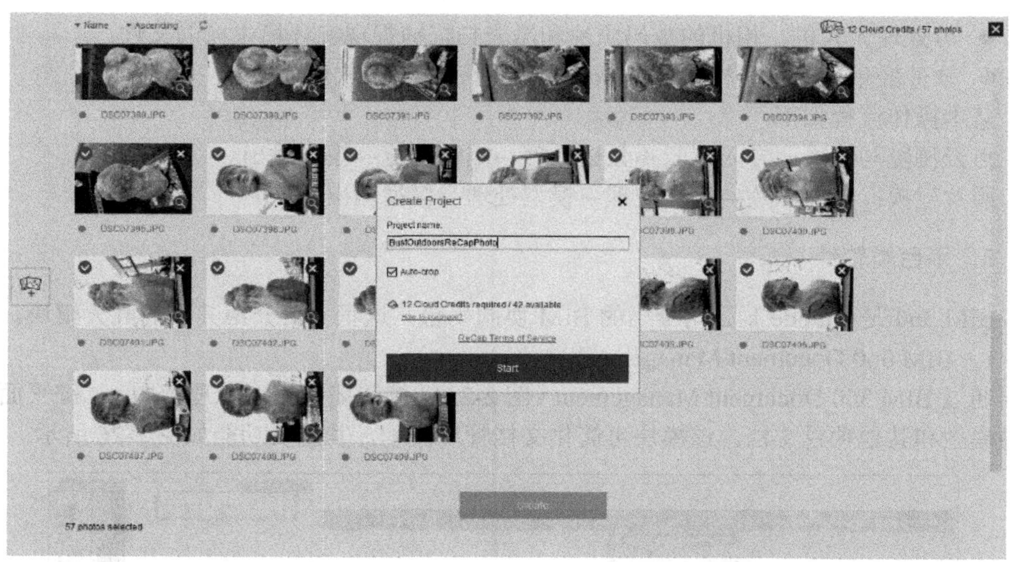

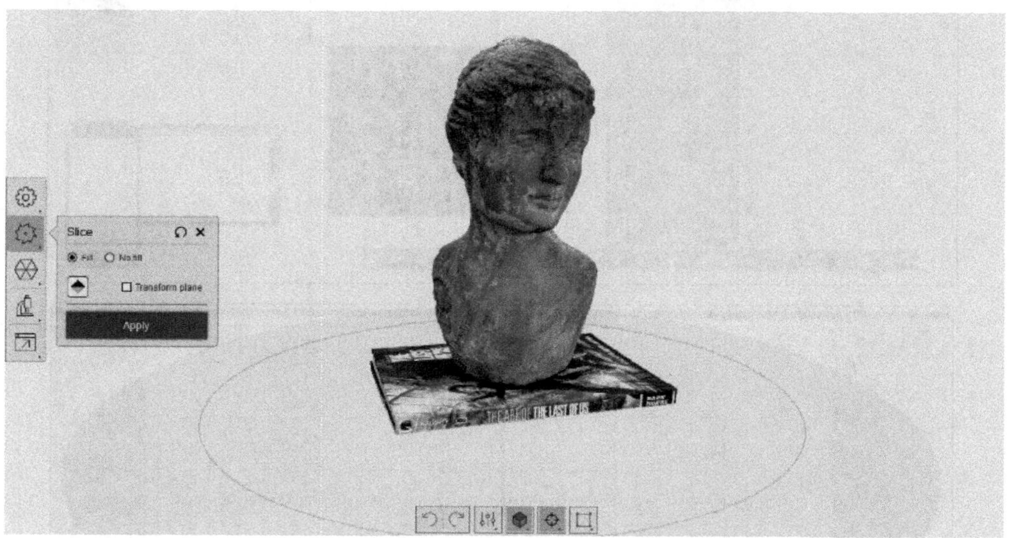

图 2-24　ReCap 专业版使用示例

（3）ReCap Photo。

ReCap Photo 是 ReCap 专业版的扩展，可以将航拍照片和对象照片转换为 3D 模型。

（4）ReCap Mobile。

ReCap Mobile 可供用户在移动设备上浏览 ReCap 文件，其特点如下。

- 兼容的点云格式丰富，支持的三维扫描设备类型多。
- 照片建模在云端处理，节省硬件费用，处理效率高，流程简单。

- 可处理无人机、相机的数码照片和激光扫描捕捉现实环境生成的文件。
- 软件轻量化，输出格式与 Autodesk 其他三维设计软件兼容。

基本操作流程如下。

点云浏览与编辑：导入点云→数据处理→编辑浏览→模型输出。

照片建模：导入照片→数据处理→模型处理→模型输出。

3. 平台类软件

BIM 360 是 Autodesk 公司推出的 BIM 协同平台，这里主要介绍其中的几大模块。

1）BIM 360 Document Management

通过 BIM 360 Document Management（图 2-25），施工团队可以管理蓝图、二维平面图、三维模型和其他项目文档。该模块可简化文档管理流程，其主要功能如图 2-26 所示。

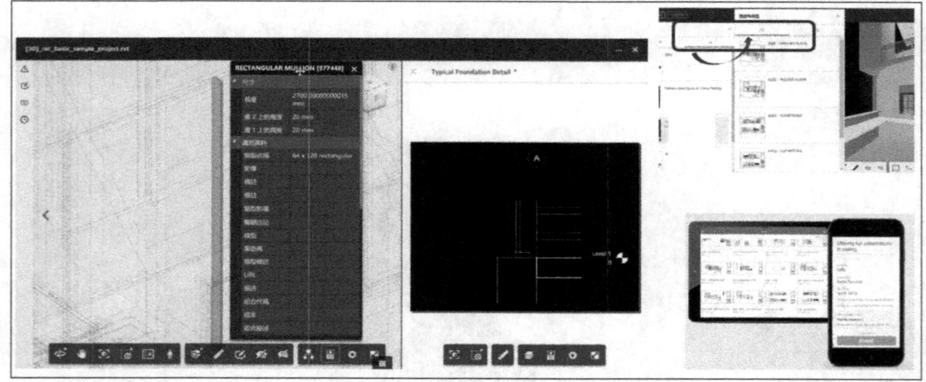

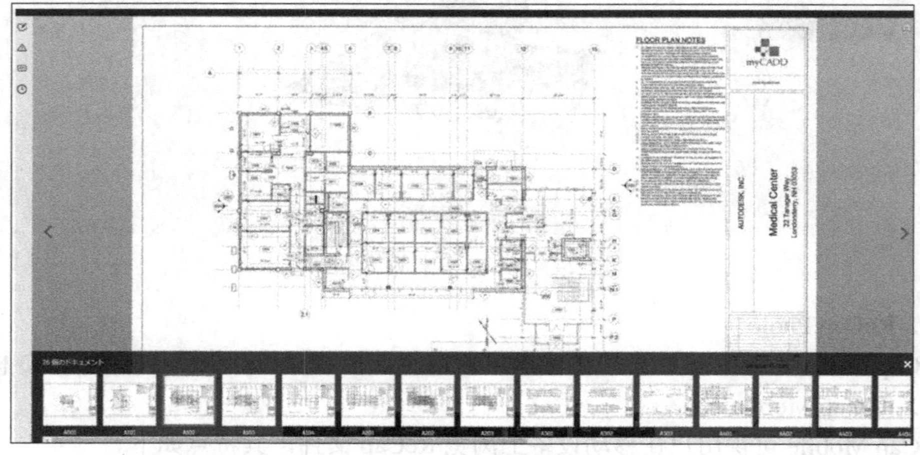

图 2-25 BIM 360 Document Management

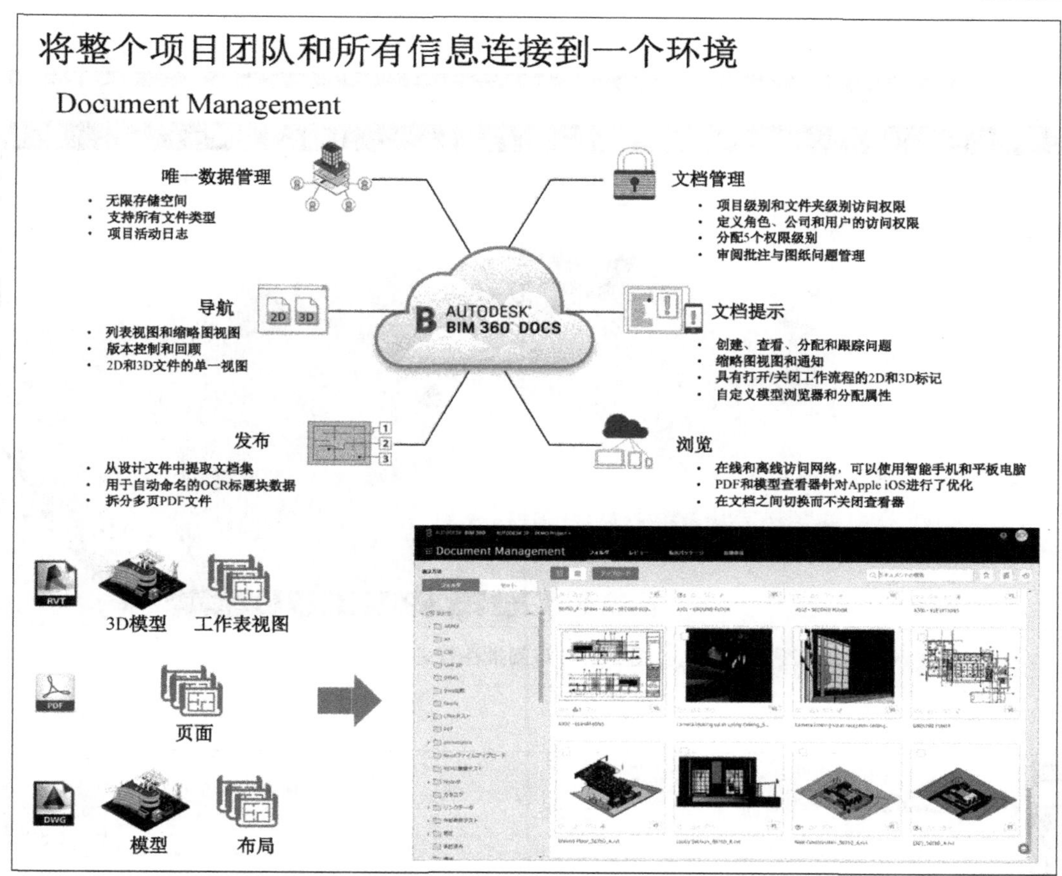

图 2-26　BIM 360 Document Management 的主要功能

对于模型或图纸中有疑问的地方，可以创建标记；对于需要讨论的地方，可以创建问题，并指定问题的解答者、问题产生的根本原因、问题的截止时间等；当创建好问题和标记后，会相应显示问题及标记的数量。

在施工现场可对项目文件进行审阅批注管理（图 2-27）、模型及图纸问题管理（图 2-28），并可添加现场照片与附件。

更新文件时，各历史版本（图 2-29）完整保存，供日后查阅。

2）BIM 360 Plan

BIM 360 Plan（图 2-30）是针对承包商的工作计划应用程序，可提高项目工作计划的可靠性，使用户深入了解降低团队生产力和项目利润的根本原因。BIM 360 Plan 采用直观、高度可视化的用户界面，通过 Web 和移动访问实现更透明、接近实时的规划，有助于减少手动处理数据的时间，同时最大限度地减少与生产过剩、库存过多和重复工作相关的项目浪费。

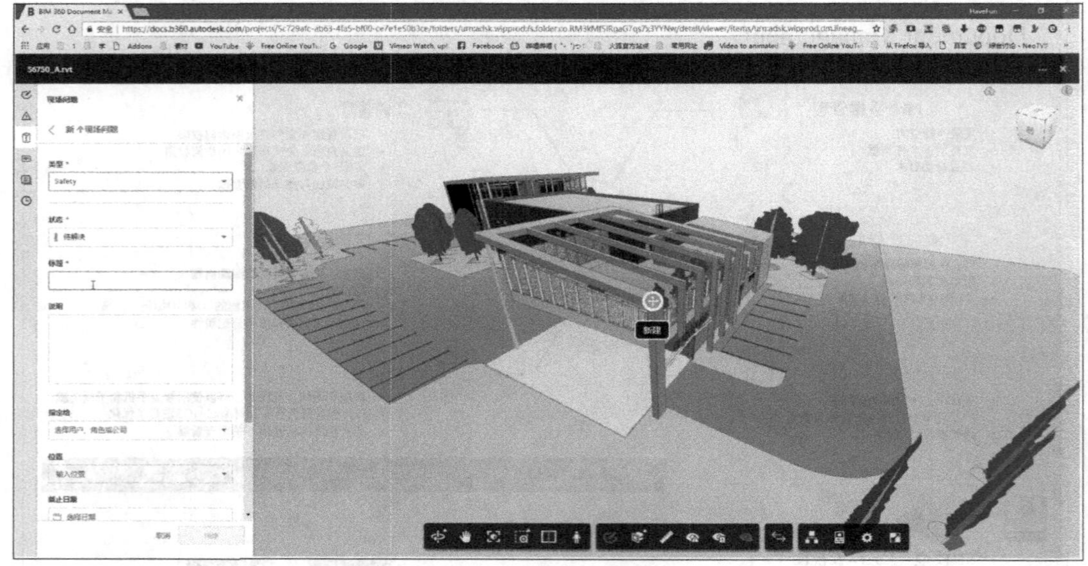

图 2-27　审阅批注管理

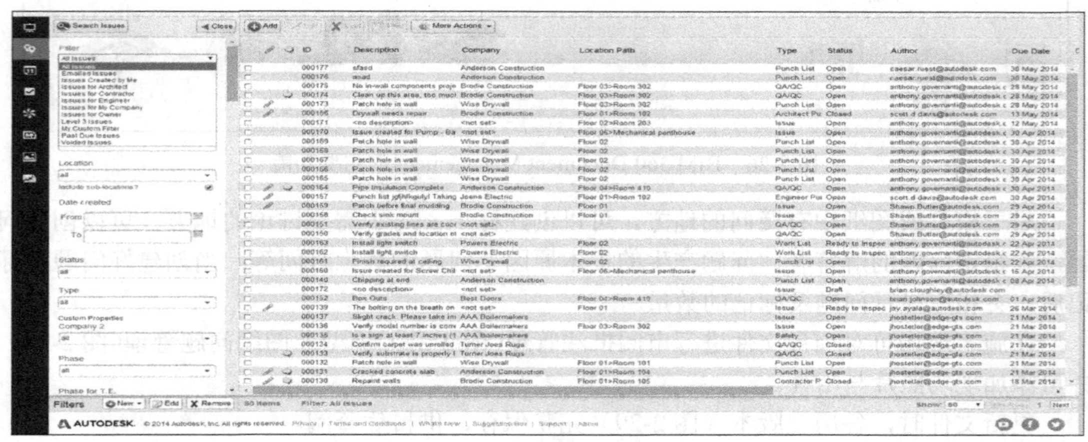

图 2-28　模型及图纸问题管理

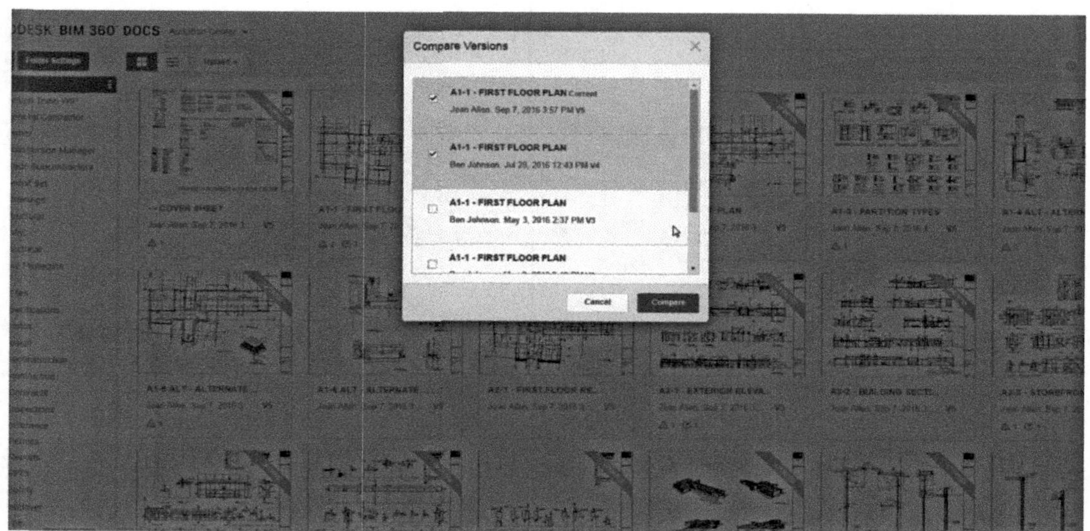

图 2-29　历史版本

AUTODESK® BIM 360™

3 Weeks　Company　Location　More...　+ New Activity

Filter by　Type　WBS　Status　Sort by　Start date　Then by　Select　Then by　Select...

Type	Name	Company	Person	Location	Start	Duration	Finish	Status	Edit
	Activity Name	Company Name Incorporat...	Person Name	Building 1 > Area A > Floor 1	M 8/18	1 d	Tu 8/19	Complete	
	Activity Name	Company Name	Person Name	Building 1 > Area A > Floor 1	M 8/18	1 d	Tu 8/19	Complete	
	Activity Name	Company Name	Person Name	Building 1 > Area A > Floor 1	M 8/18	2 d	W 8/20	Complete	
	Activity Name	Company Name	Person Name	Building 1 > Area A > Floor 1	Tu 8/19	1 d	W 8/20	*Incomplete*	
	Activity Name	Company Name	Person Name	Building 1 > Area A > Floor 1	Tu 8/19	1 d	W 8/20	Complete	
	Activity Name	Company Name	Person Name	Building 1 > Area A > Floor 1	Tu 8/19	2 d	Th 8/21	**Committed**	
	Activity Name	Company Name	Person Name	Building 1 > Area A > Floor 1	Tu 8/19	2 d	Th 8/21	**Committed**	
	Activity Name	Company Name	Person Name	Building 1 > Area A > Floor 1	W 8/20	1 d	Th 8/21	**Committed**	
	Activity Name	Company Name	Person Name	Building 1 > Area A > Floor 1	W 8/20	2 d	F 8/22	Open	
	Activity Name	Company Name	Person Name	Building 1 > Area A > Floor 1	Th 8/21	1 d	F 8/22	**Committed**	
	Activity Name	Company Name	Person Name	Building 1 > Area A > Floor 1	Th 8/21	1 d	F 8/22	Open	
	Activity Name	Company Name	Person Name	Building 1 > Area A > Floor 1	Th 8/21	2 d	M 8/25	Backlog	
	Activity Name	Company Name	Person Name	Building 1 > Area A > Floor 1	F 8/22	1 d	M 8/25	Backlog	
	Activity Name	Company Name	Person Name	Building 1 > Area A > Floor 1	F 8/22	2 d	Tu 8/26	Open	
	Activity Name	Company Name	Person Name	Building 1 > Area A > Floor 1	F 8/22	3 d	W 8/27	Open	

+ Add New Activity

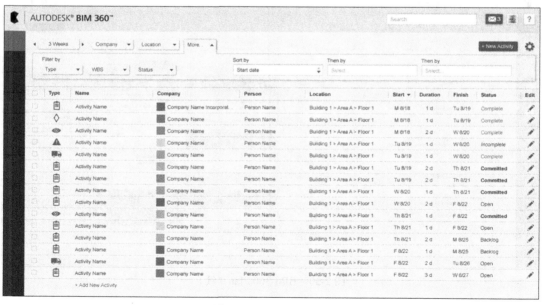

图 2-30　BIM 360 Plan

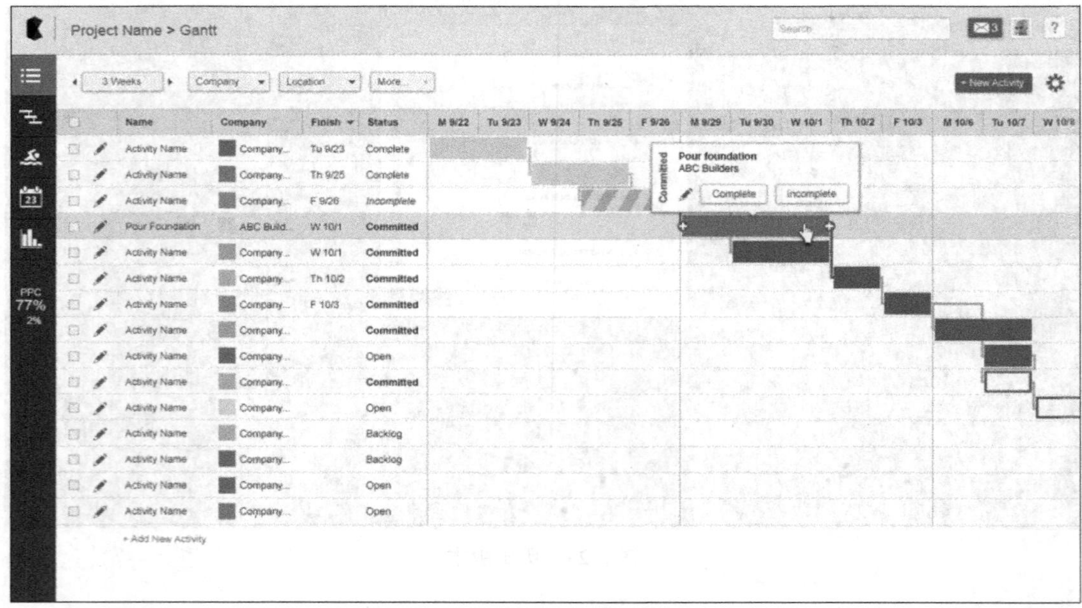

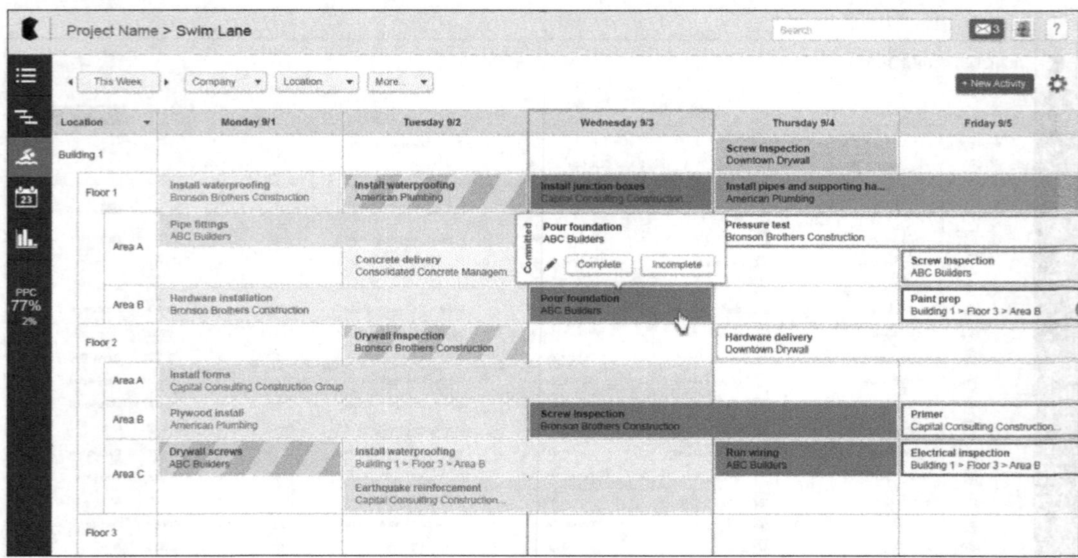

图 2-30　BIM 360 Plan（续）

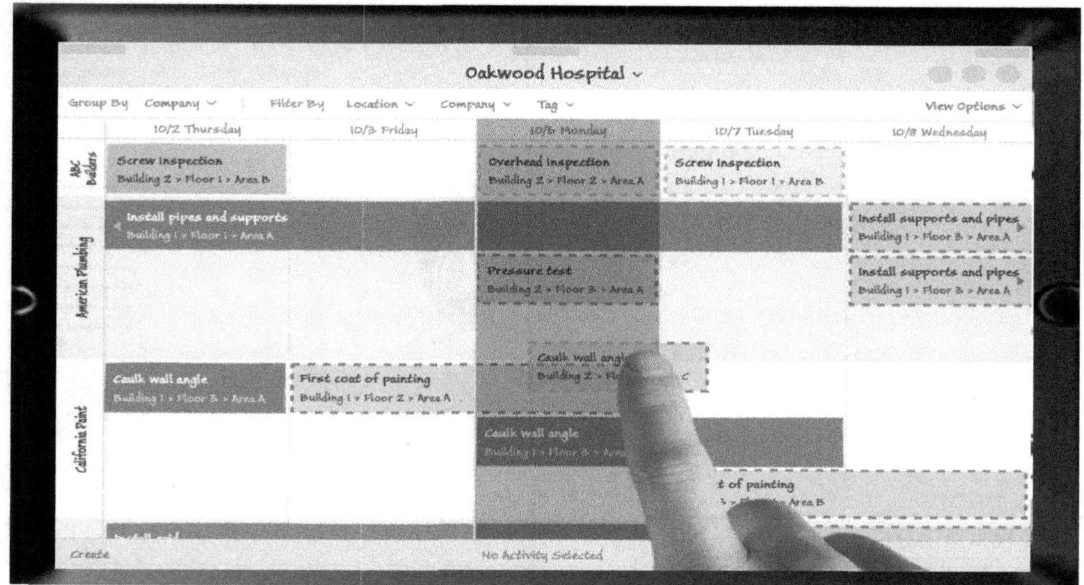

图 2-30　BIM 360 Plan（续）

设备管理如图 2-31 所示。

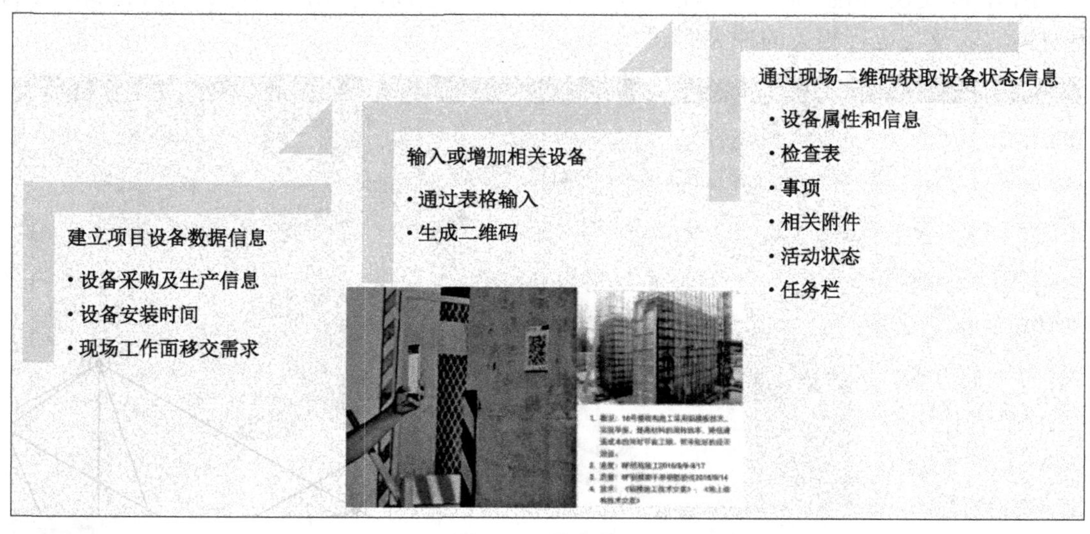

图 2-31　设备管理

精益施工绩效指标如图 2-32 所示。

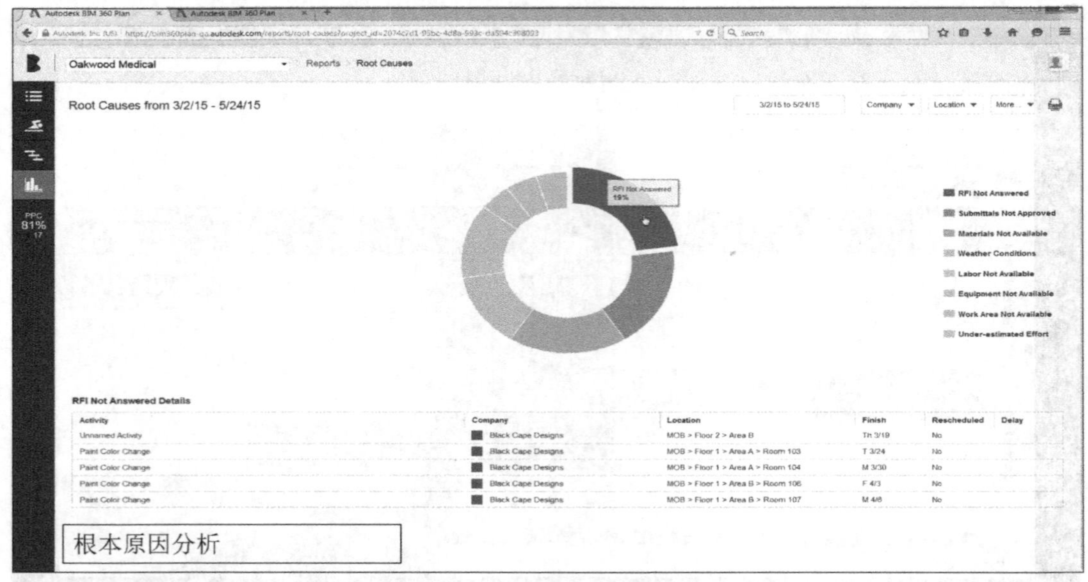

图 2-32　精益施工绩效指标

3）BIM 360 Coordination

BIM 360 Coordination（图 2-33）提供了一个共享空间，供用户发布、查看最新的项目模型集，以及与运行相关的冲突测试。

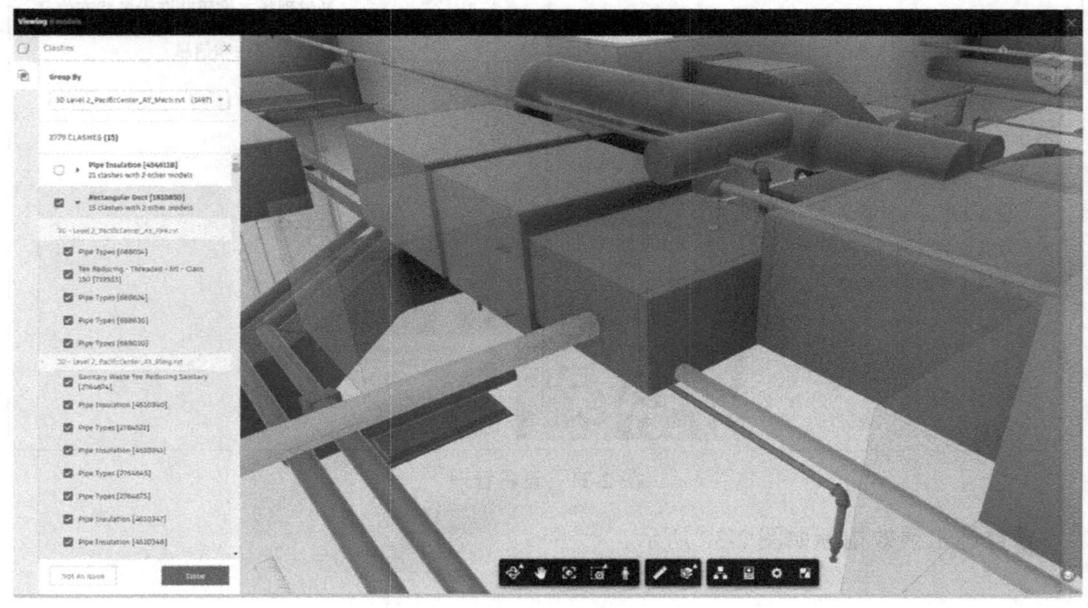

图 2-33　BIM 360 Coordination

BIM 协调和协作如图 2-34 所示。

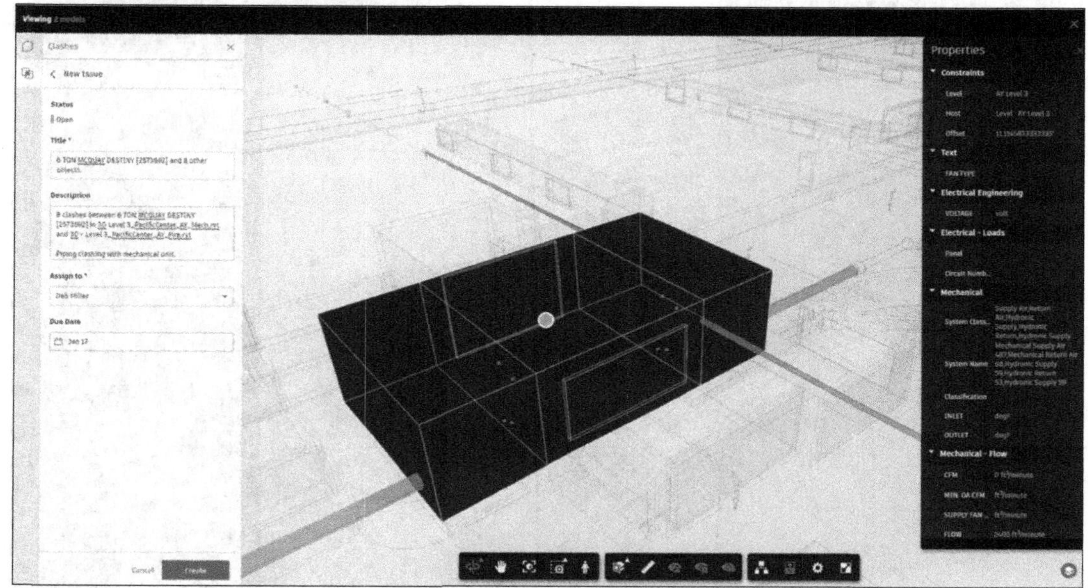

图 2-34　BIM 协调和协作

实时冲突检测（图 2-35）：当冲突检测由个人处理时，可能会出现瓶颈。将冲突检测交到整个项目团队手中，可以更快地解决冲突。

图 2-35　实时冲突检测

合并模型（图 2-36）：将不同专业的模型汇总到一个视图中，以实现跨专业的协调并发现潜在问题。

4）BIM 360 Design Collaboration

BIM 360 Design Collaboration（图 2-37）可以确保为同一个项目服务的不同团队相互协作，从而全面控制项目进度。

Revit Cloud 工作共享如图 2-38 所示。

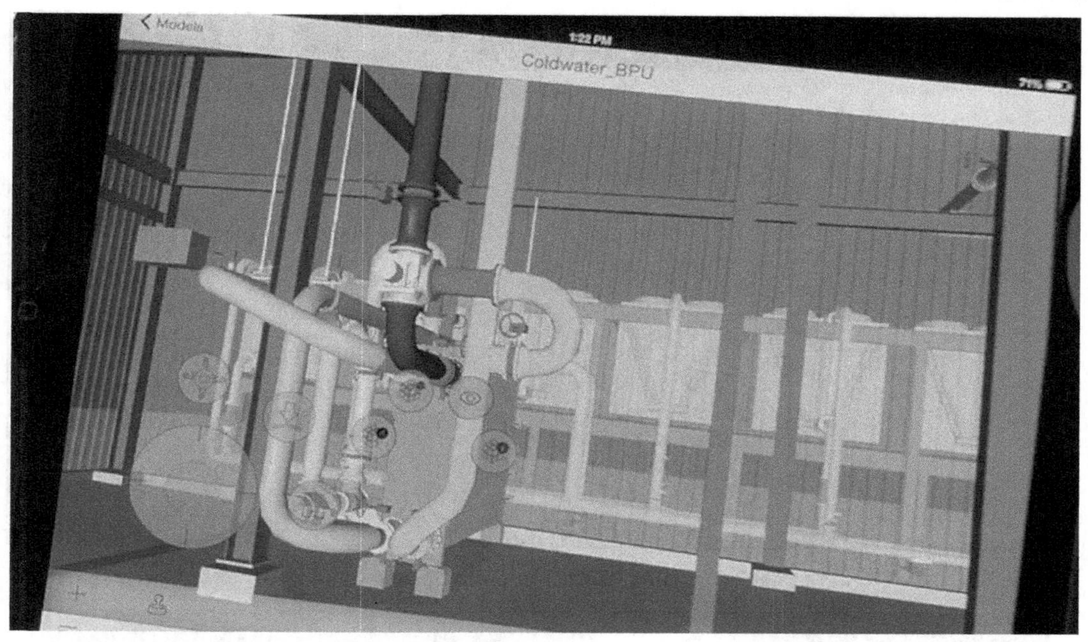

图 2-36 合并模型

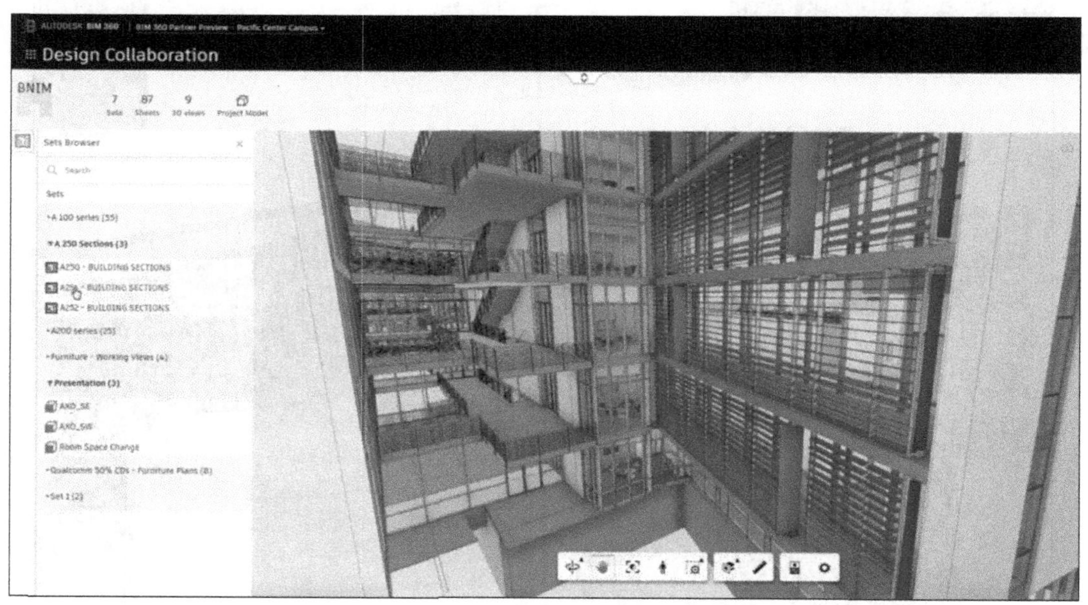

图 2-37 BIM 360 Design Collaboration

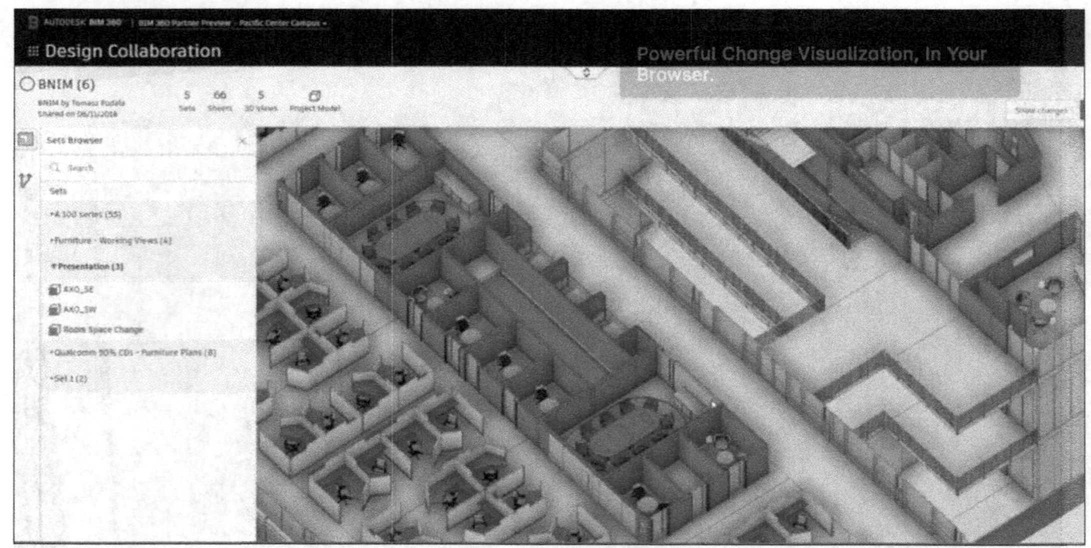

图 2-37　BIM 360 Design Collaboration（续）

图 2-38　Revit Cloud 工作共享

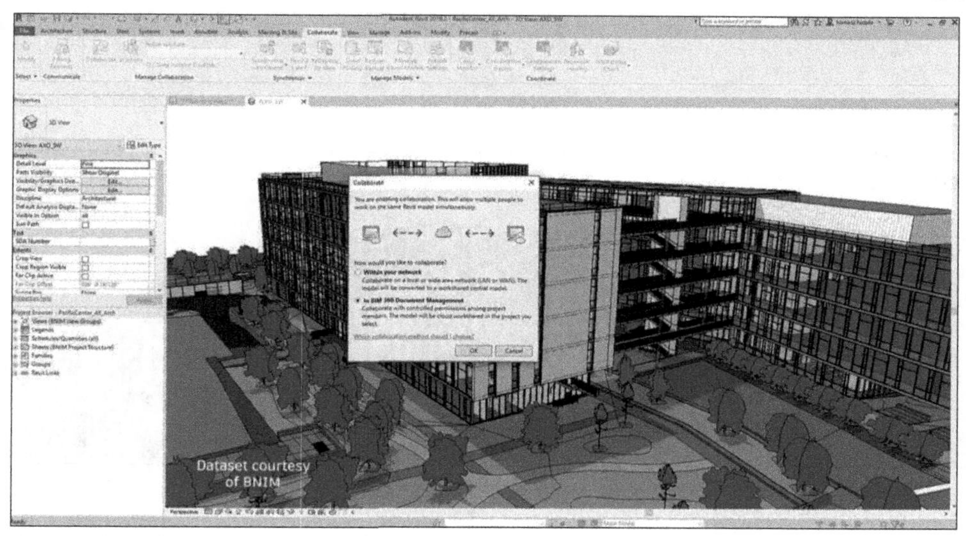

图 2-38 Revit Cloud 工作共享（续）

将 Revit 模型上传到 BIM 360 中，利用基于云的工作共享流程确保同步（图 2-39）。

5）BIM 360 Cost

利用 BIM 360 Cost 进行建筑成本管理，可帮助项目团队控制成本并确认所有变更均得到有效管理，以维持现金流，降低风险和最大化利润。在项目的整个生命周期中管理建筑成本，包括跟踪变更单、管理供应商合同等，都是很烦琐的。BIM 360 Cost 可将成本信息集中到一个平台来保持透明度并改善成本控制。

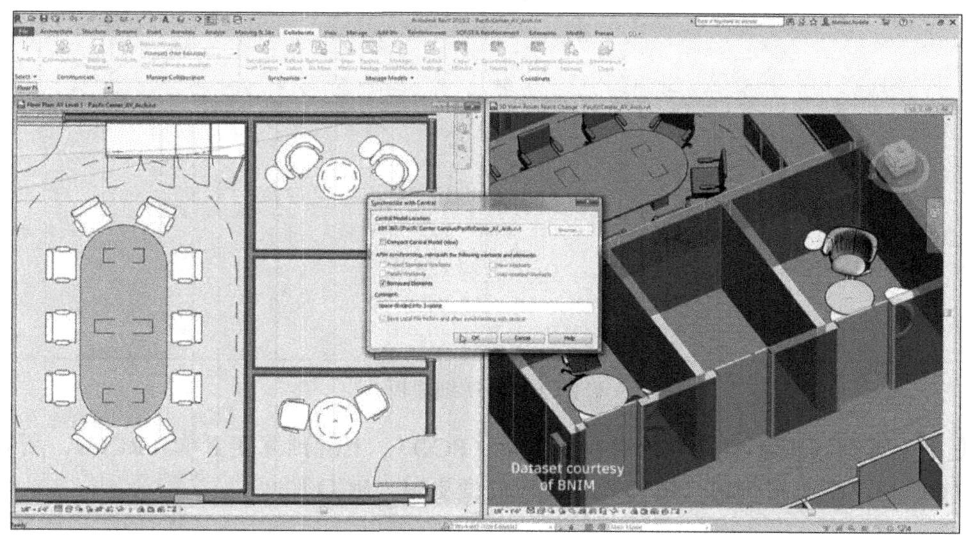

图 2-39 上传模型并确保同步

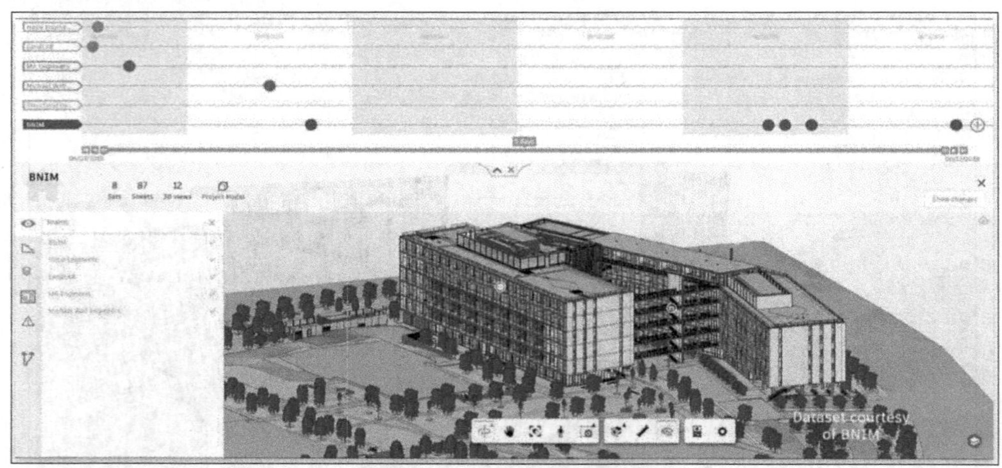

图 2-39 上传模型并确保同步（续）

可使用明细面板（图 2-40）创建、编辑和查看供应商合同，并使用合同生成器将多个合同编译到单个文档中，从而简化合同文档创建过程。

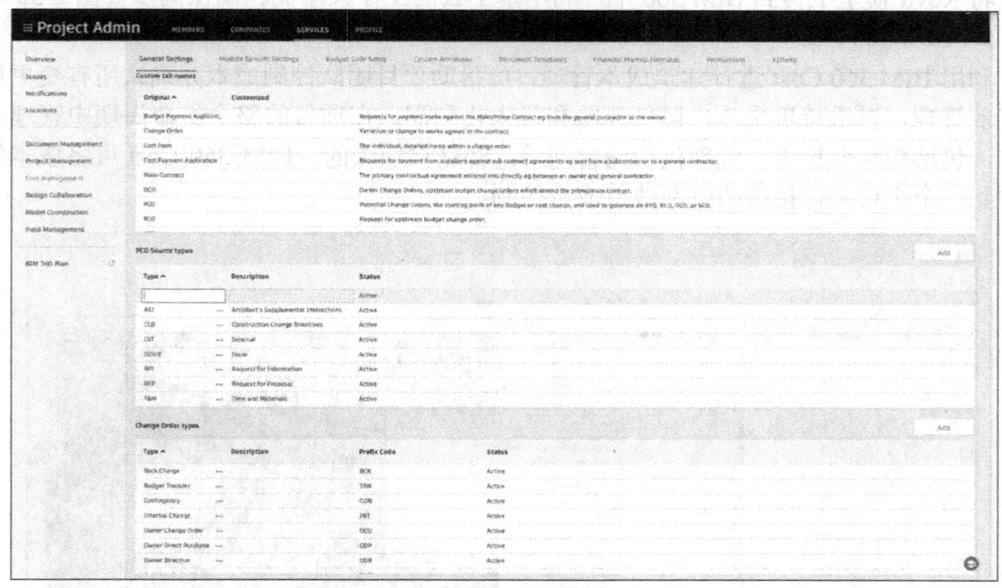

图 2-40 明细面板

变更单管理（图 2-41）包括潜在变更单（PCO）、上游预算变更单（RCO）、所有者变更单（OCO）、下游报价单（RFQ）和供应商变更单（SCO）。

图 2-41　变更单管理

通过 BIM 360 Cost 及 Autodesk Forge 的相关云服务和 API，第三方可提取模型数据，进行概预算、成本管控，并同步数据。

6）BIM 360 Build

使用 BIM 360 Build（图 2-42）可改善施工质量控制、分配和管理问题。

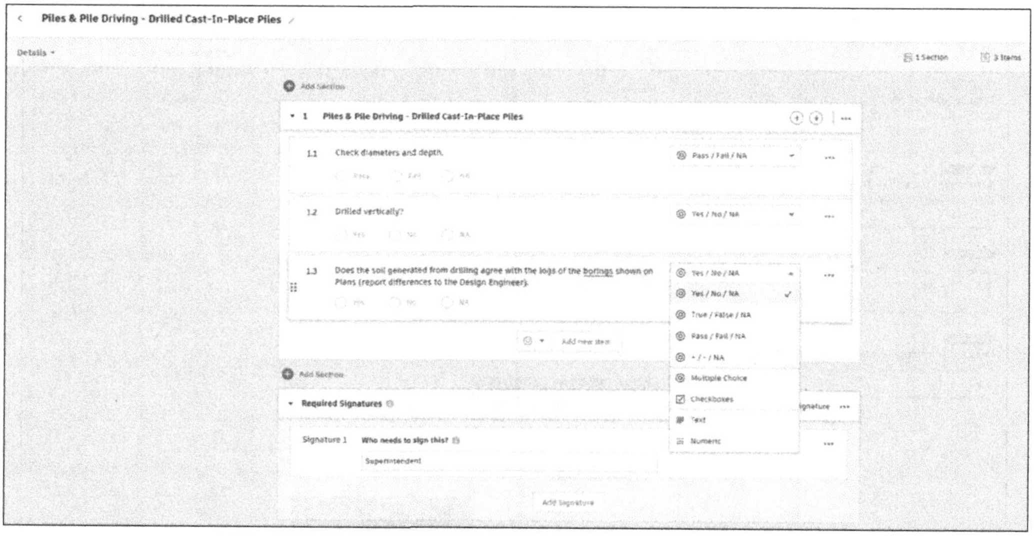

图 2-42　BIM 360 Build

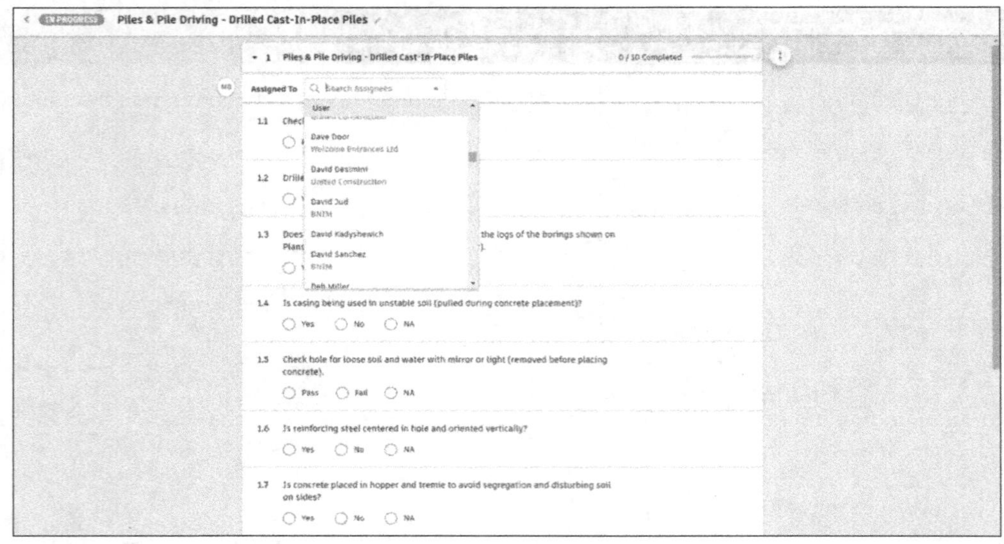

图 2-42　BIM 360 Build（续）

创建质量检查清单，将它们分配给团队成员，并跟踪质量问题的状态。检查期间使用移动设备添加注释、签名、照片，并自动为不合格项目生成问题。积极主动的质量管理计划有助于减少返工，并能确保每次都按规范构建项目。

访问移动设备上的清单（图 2-43），查看每个项目的标准，并将其标记为合格或不合格。创建质量问题（图 2-44），包括为不合格项目自动创建问题，添加照片或评论以帮助解决问题。

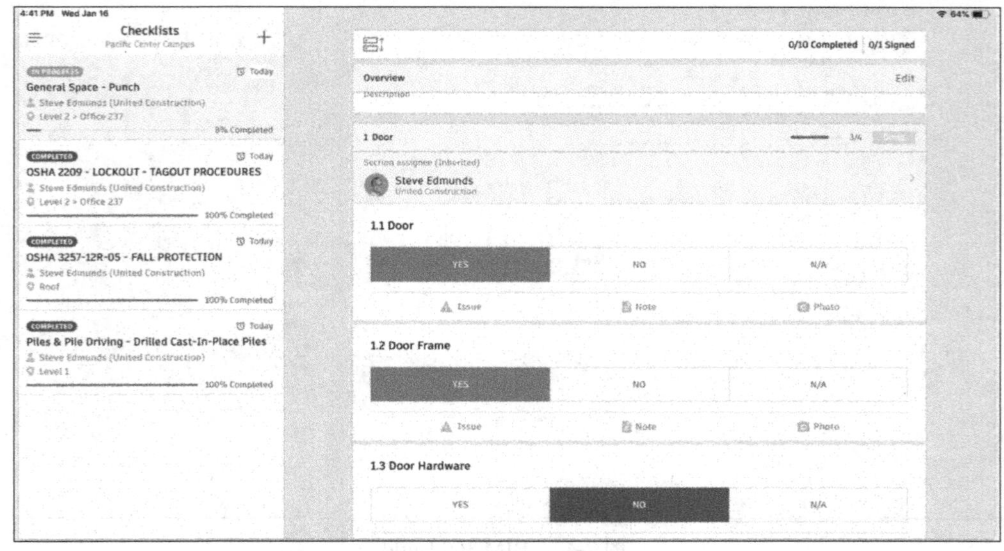

图 2-43　访问移动设备上的清单

图 2-44 创建质量问题

将质量问题分配给团队成员，并跟踪已分配问题的状态（图 2-45）。

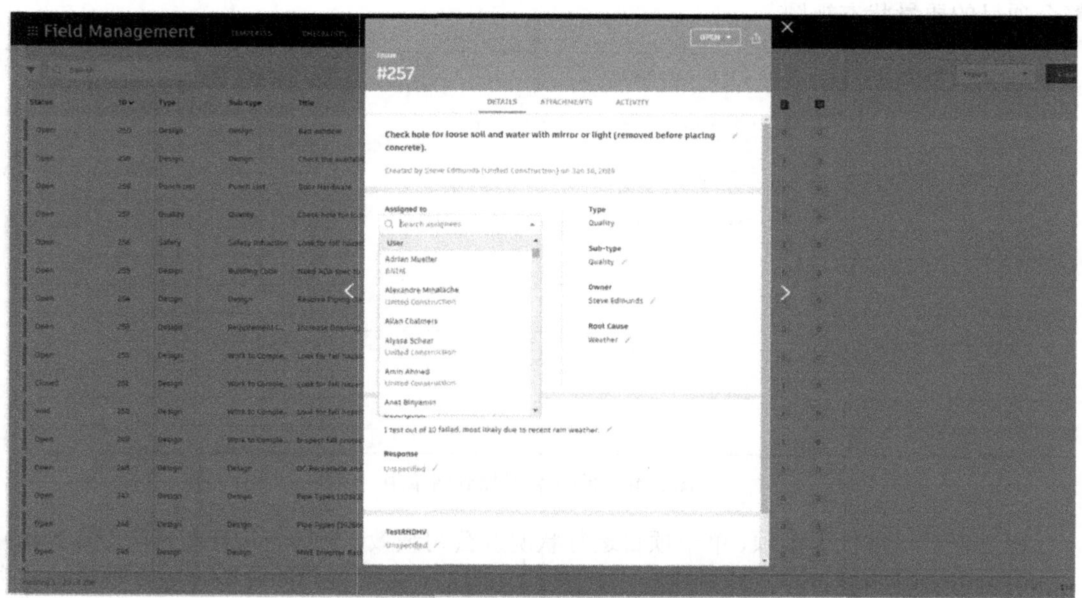

图 2-45 跟踪已分配问题的状态

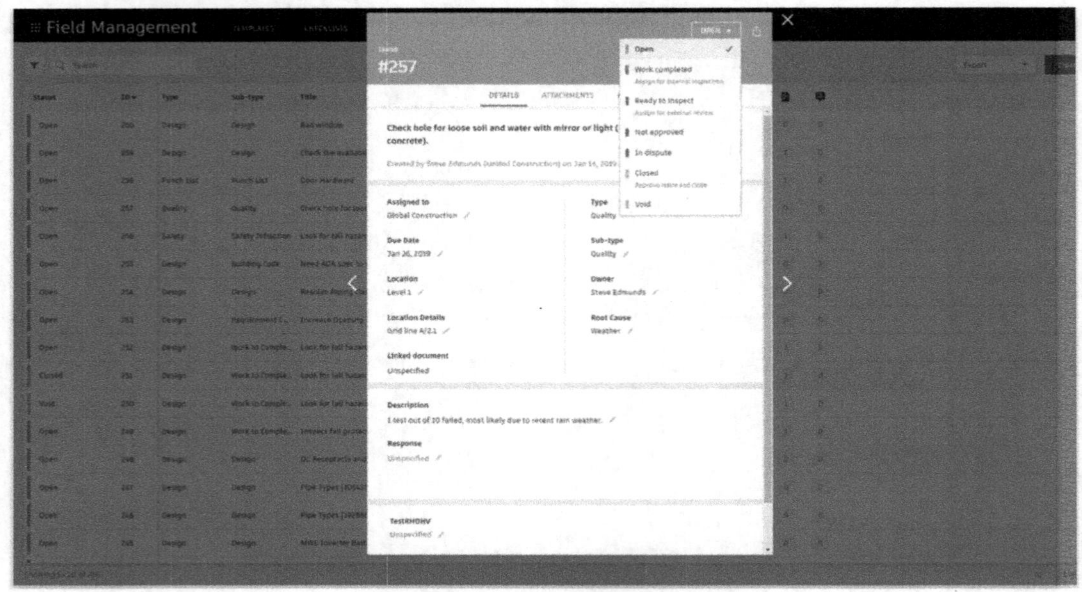

图 2-45　跟踪已分配问题的状态（续）

将签名添加到清单中（图 2-46），创建并分发详细的质量问题报告（图 2-47），以提供整个项目的质量状态视图。

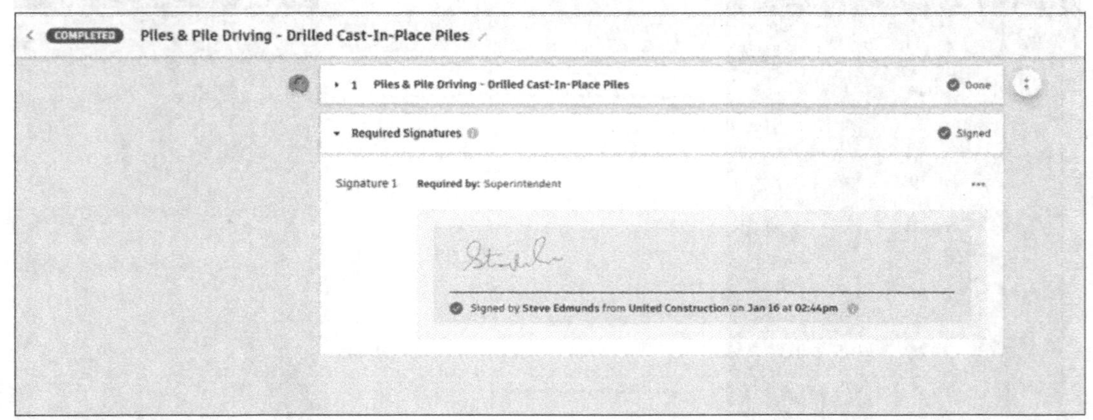

图 2-46　将签名添加到清单中

通过查看日常优先事项、单个项目运行状况及公司绩效，来预测和管理风险（图 2-48）。

可以查看哪些项目存在质量风险，如图 2-49 所示；还可以帮助安全管理人员了解安全隐患（图 2-50），争取在重大事件发生之前采取积极措施。

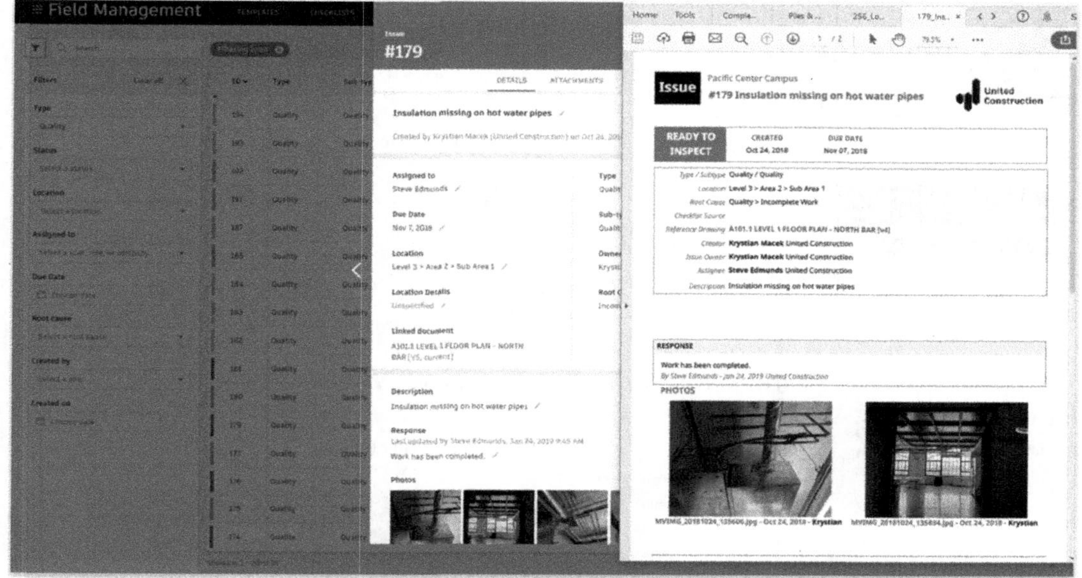

图 2-47　质量问题报告

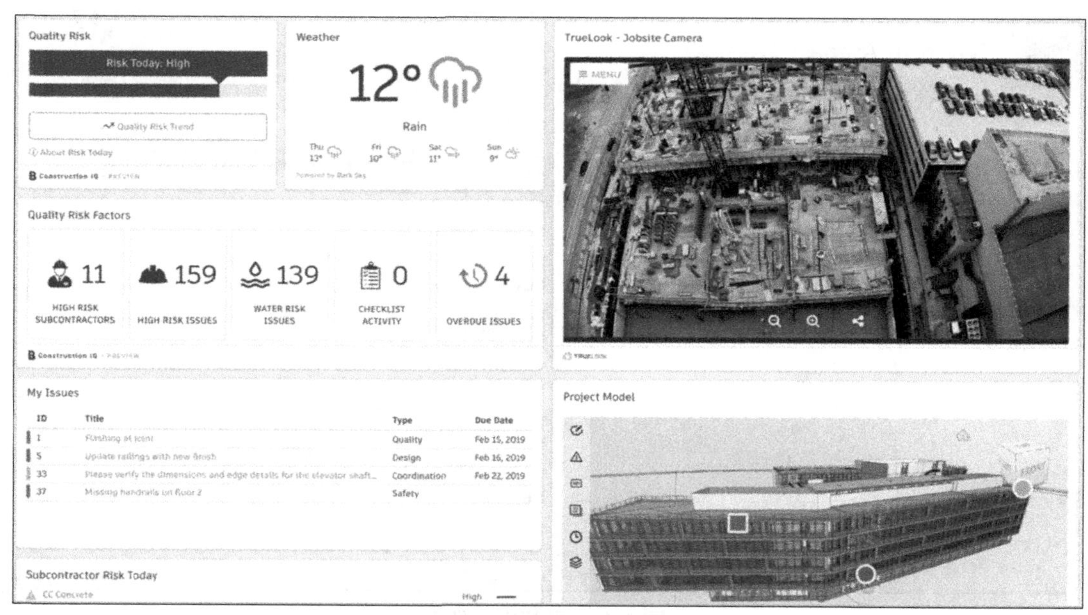

图 2-48　预测和管理风险

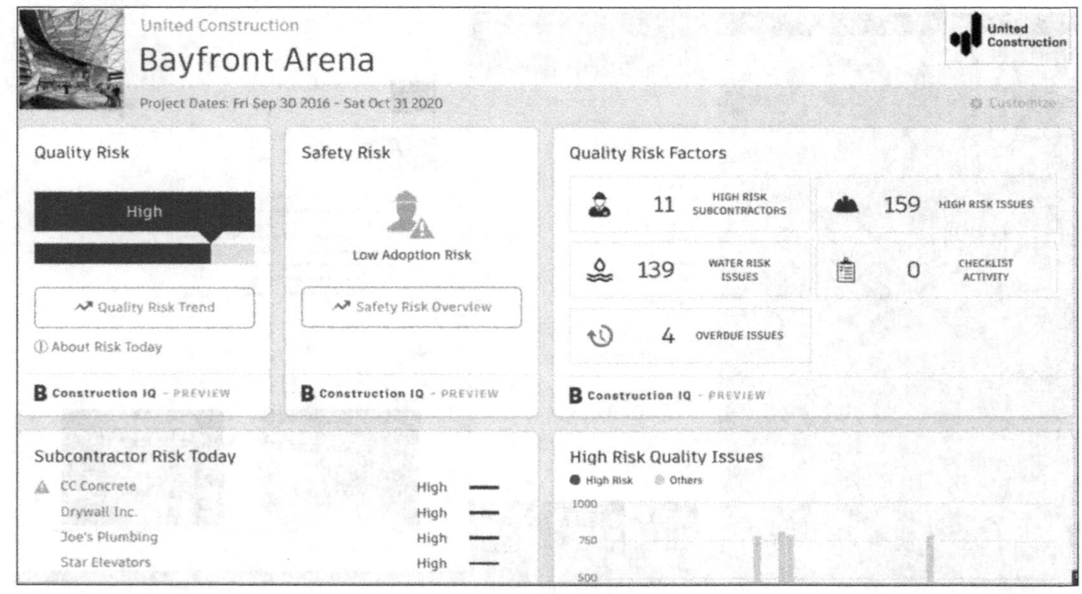

图 2-49　查看质量风险

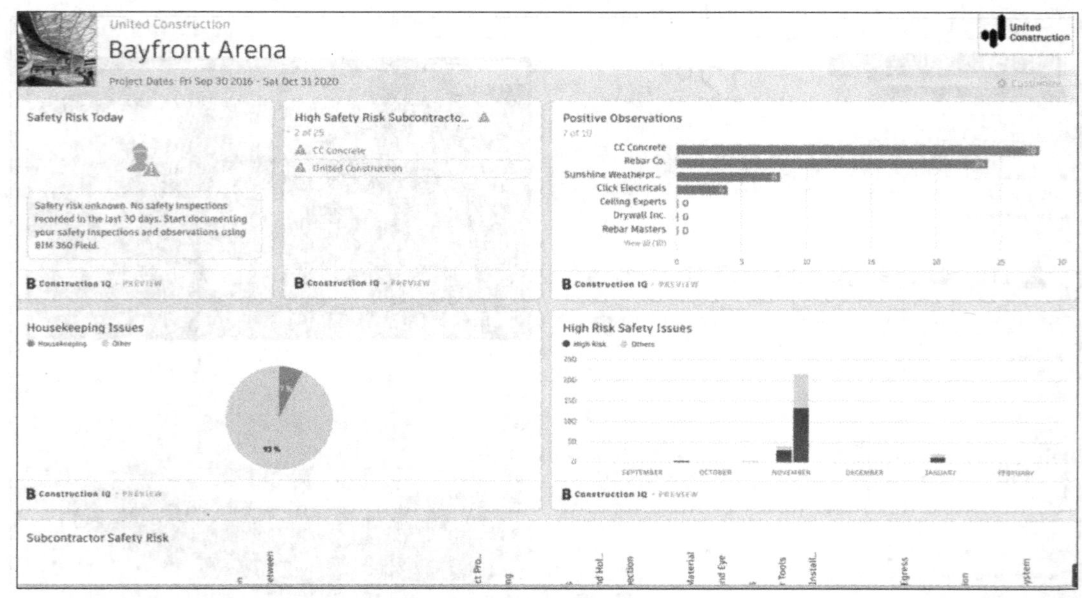

图 2-50　了解安全隐患

如图 2-51 所示，通过 BIM 360 的云服务和 API，第三方可以访问 BIM 360 中的数据、模型、工具和流程，创建特定专业或场景的质量跟踪、施工检查、建造交付等方案。例如，EartchCAM 公司把施工现场和施工模型叠加在一起，实现实时、动态对比；SmartVid 公司将 BIM 360 中的大量现场图片、视频提交给机器学习服务，自动探测不规范或危险的施工行为，及时预警；ESub 公司将 BIM 360 中的 FRI 数据同步到其分包商平台，分解每天待解决的问题和任务，并同步分包商平台的状态到 BIM 360；InsiteVR 公司将 BIM 360 模型转换成 VR 文件进行审查，并将发现的问题同步到 BIM 360 问题系统。

图 2-51　第三方访问 BIM 360 中的数据、模型、工具和流程

7）BIM 360 Ops

BIM 360 Ops（图 2-52）是一款移动端的资产维护和管理软件。

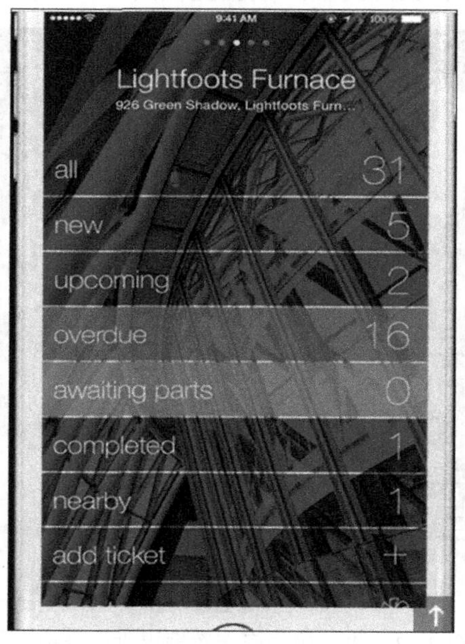

图 2-52　BIM 360 Ops

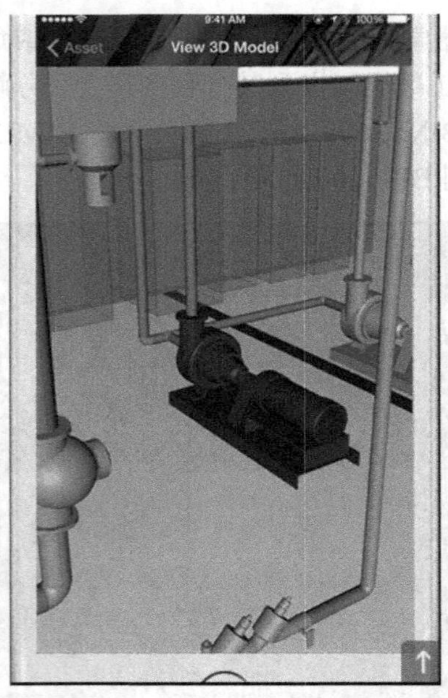

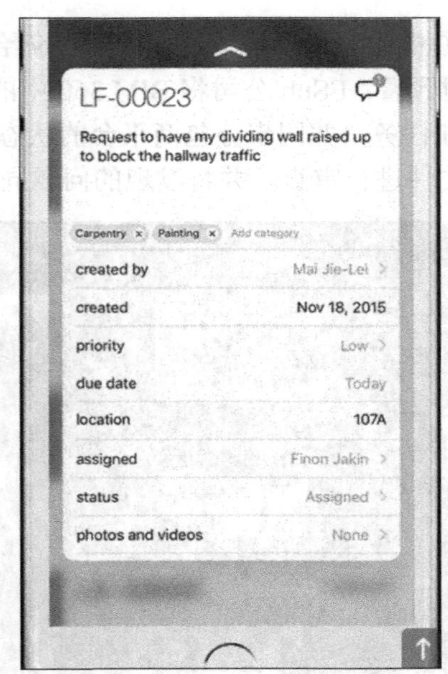

图 2-52　BIM 360 Ops（续）

利用 BIM 360 Ops 可以在移动设备上访问和更新资产信息，可以从 Revit、BIM 360 Build 导入建筑物的相关数据，还可以创建和更新票证。

可以利用 BIM 360 Ops 将正确的资产数据提供给维护人员（图 2-53）。

图 2-53　将正确的资产数据提供给维护人员

BIM 360 Ops 支持预防性维护计划，可以在设备出现故障之前向维护人员发出警报。

2.1.2 达索

3DEXPERIENCE 平台（图 2-54）是达索公司推出的全新 3D 云平台，由一系列 3D 设计、分析、仿真和建模工具组成。下面对其中的常用工具进行介绍。

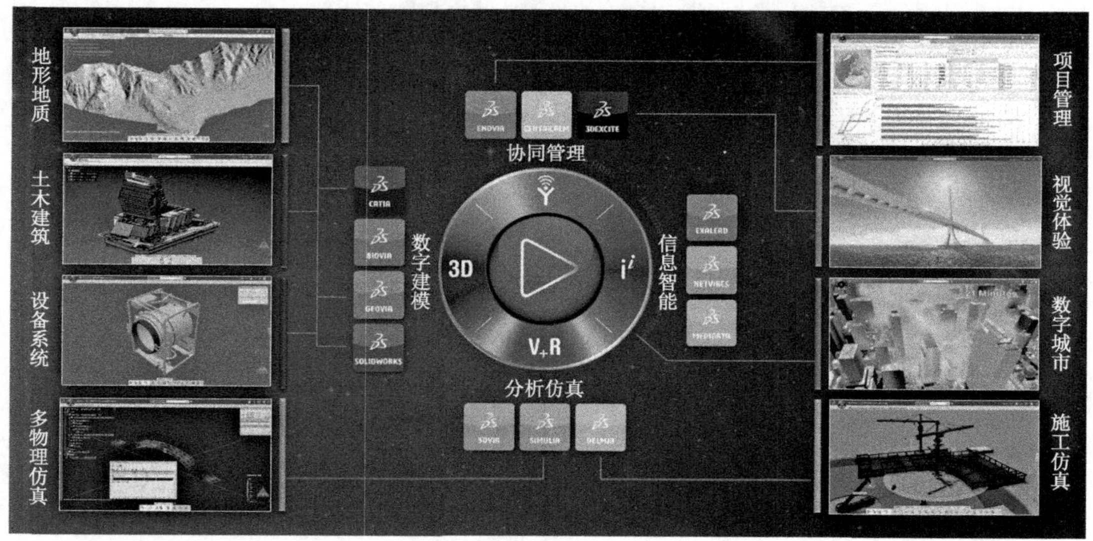

图 2-54 3DEXPERIENCE 平台

1. CATIA

1）xGenerative Design

CATIA 是 3DEXPERIENCE 平台中的建模工具。CATIA 中的 xGenerative Design（图 2-55）主要用于建筑工程和桥梁工程的方案设计，其功能和优势如下。

（1）基于浏览器在云端建模，用户在本地无须安装任何软件或插件。

（2）具有强大的造型设计功能，可创建复杂曲面。

（3）具有强大的参数化功能，只需调整参数，即可完成修改。

（4）具有可视化编程功能，如图 2-56 所示。

（5）模型动态关联，修改一处，关联部分会自动调整。

（6）数据能与 CATIA 客户端无缝集成，便于后期进行深化设计。

（7）简化了用户界面，减少了复杂的功能图标，更易于理解和使用。

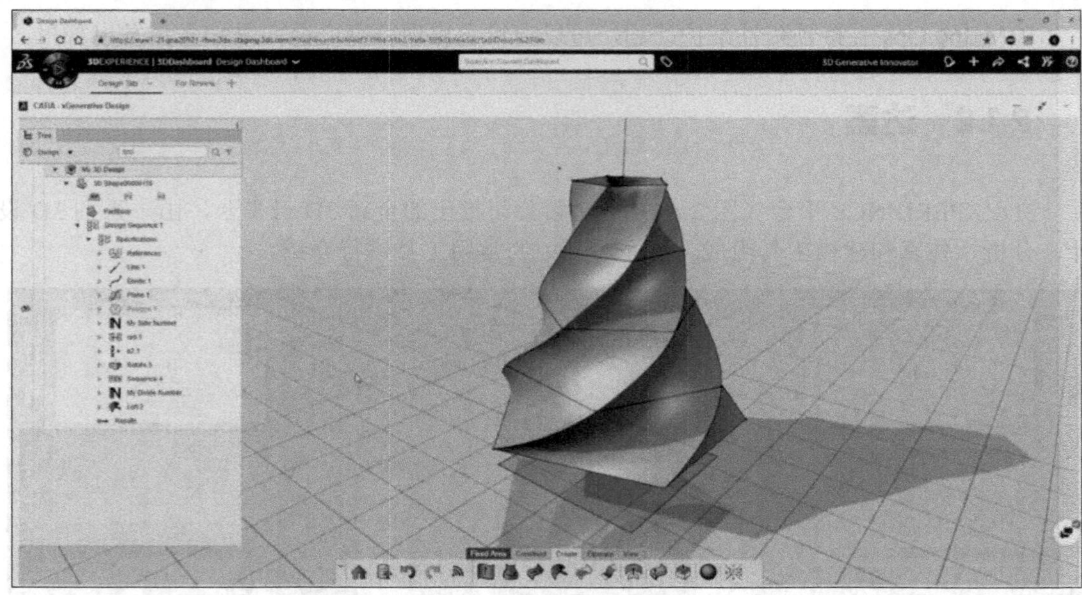

图 2-55 xGenerative Design

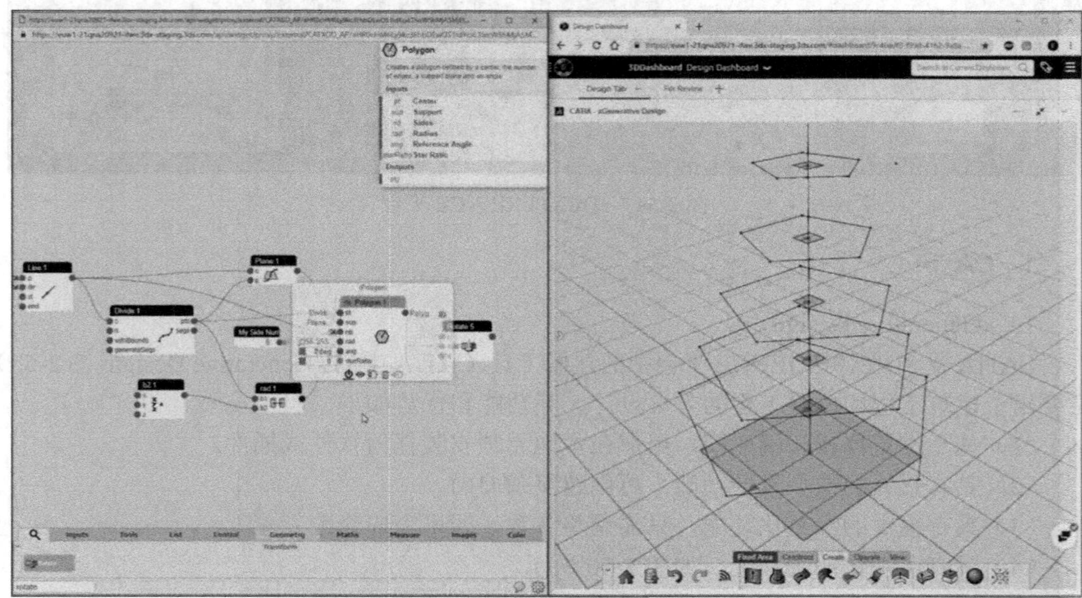

图 2-56 可视化编程

2）设计功能

（1）建筑设计功能如下。

建筑方案设计（图 2-57）：使用草图和体量为建筑生成方案模型；对建筑内部空间进行规划，并自动统计空间信息；使用方案模型进行概念探讨和优化。

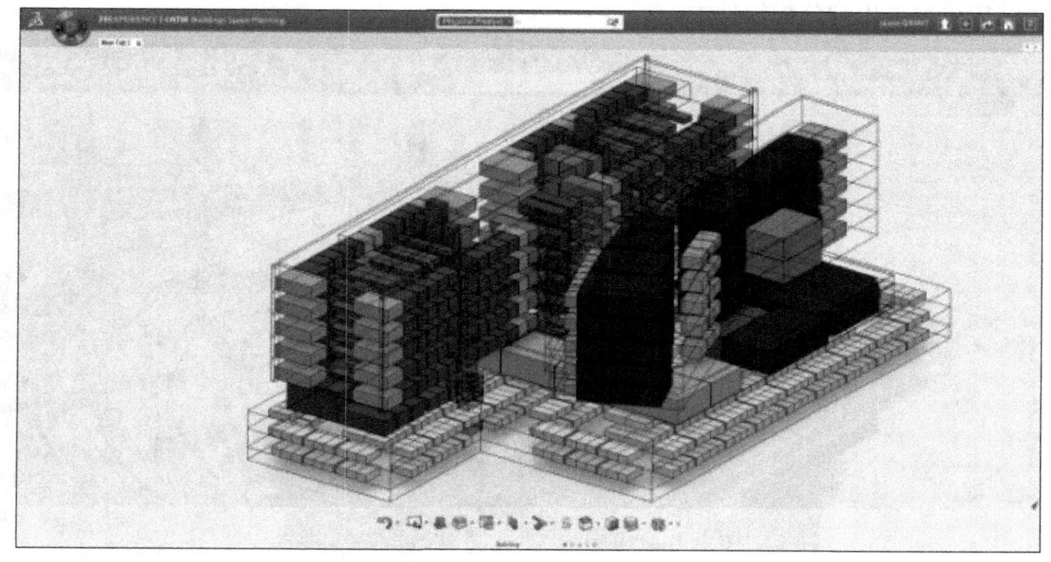

图 2-57 建筑方案设计

建筑详细设计（图 2-58）：在方案模型的基础上，实现面向加工的深化设计；具有多种 3D 曲面造型功能，可设计复杂的建筑立面；具有专业的钣金模块，可用于金属幕墙设计。

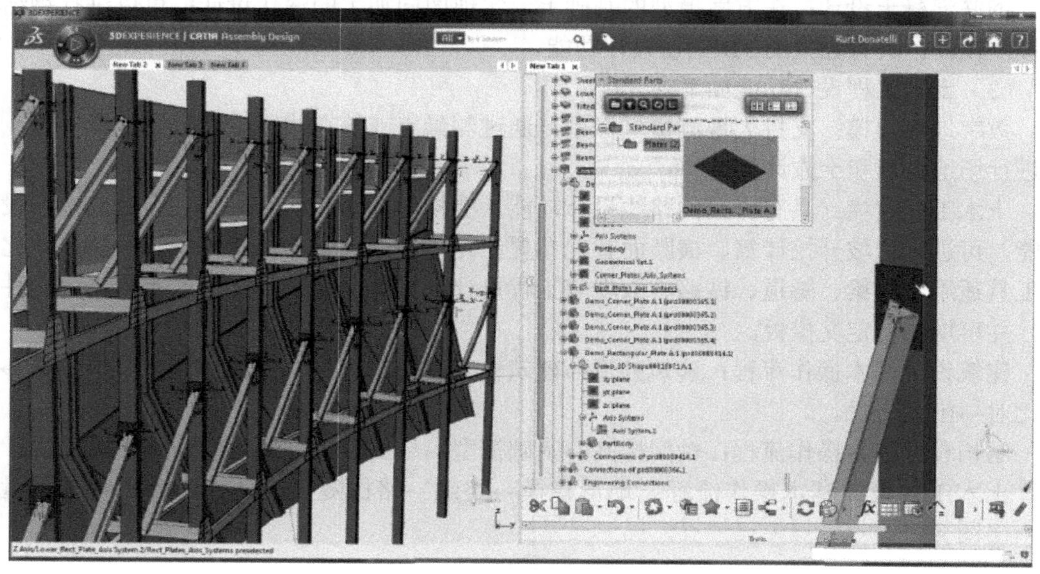

图 2-58 建筑详细设计

（2）结构设计功能如下。

结构方案设计（图 2-59）：利用预定义的梁、柱等结构构件模板可以高效生成结构模型，可将结构模型导出到分析软件中。

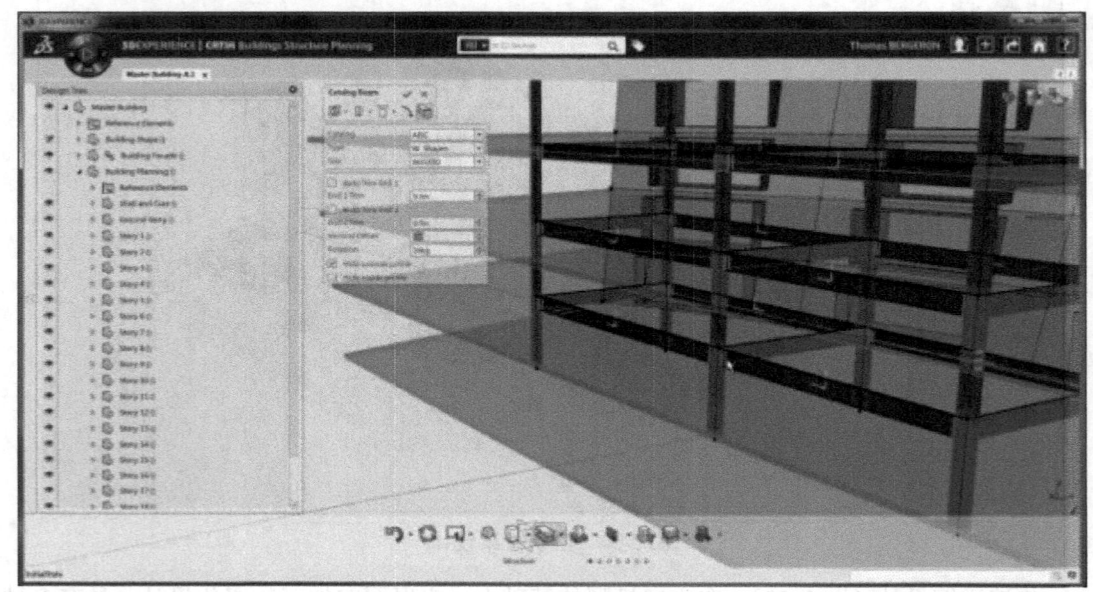

图 2-59　结构方案设计

钢筋混凝土设计：在方案模型的基础上，实现面向加工的深化设计；可以进行钢结构连接件设计；具有强大的 3D 钢筋设计功能。

（3）土木工程设计功能如下。

数字地形建模：支持大地测量坐标系，通过测量点或等高线可生成数字地形模型，可以进行场地挖填和土方计算。

土木工程建模：具有专业的路线设计功能，支持多种缓和曲线；具有专业的道路设计功能，可进行边坡开挖计算、横断面智能布置、路基设计；专为土木工程提供的参数化建模工具适用于桥梁、隧道、铁路、大坝等工程设计；具有上百种预定义的土木工程构件模板，并可增加自定义模板。

建筑设计基本操作流程：建筑外形→建筑体量→空间规划→房间布置→幕墙分格→方案比对→出图交付。

结构设计基本操作流程：轴网标高→基础模型→导出分析→材料统计→出图交付。

土木工程设计基本操作流程：地形建模→定线→路桥隧建模→导出分析→工程量统计→出图交付。

3）校审功能

CATIA 集成了校审功能，可用于 3D 模型的浏览、批注及模型碰撞检查。具体介绍如下。

（1）IFC 接口导入/导出 BIM 数据：除了 CATIA 模型，还支持 IFC 标准模型的导入，在 3DEXPERIENCE 平台集成模型，为模型校审准备数据。

（2）3D 模型浏览及批注（图 2-60）：可对比不同版本的模型，进行模型的在线批注和审阅。

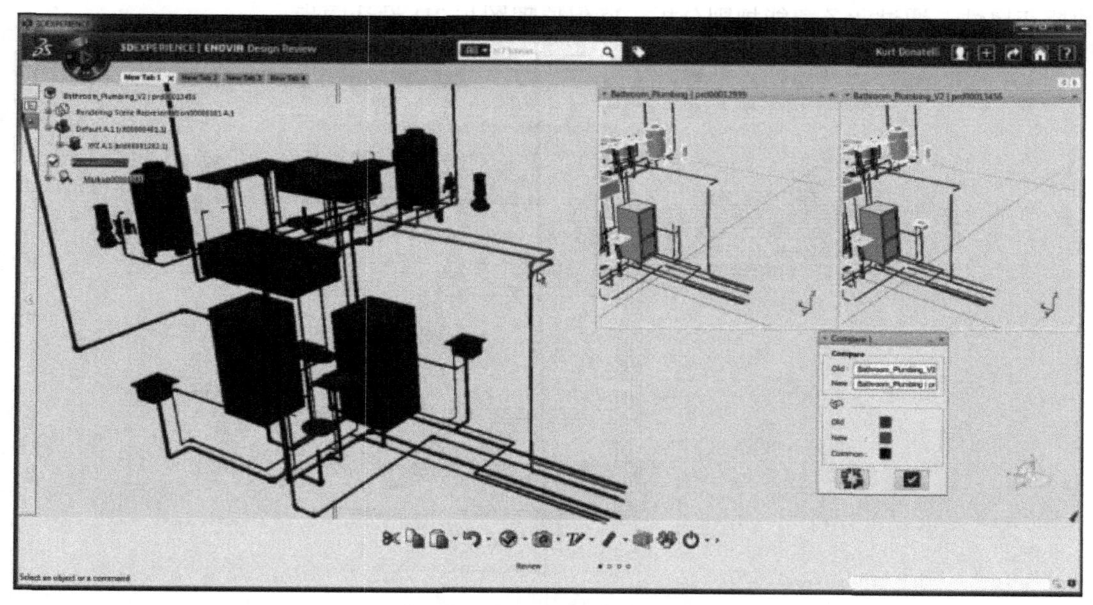

图 2-60　3D 模型浏览及批注

（3）模型碰撞检查：可高亮显示模型的硬碰撞和软碰撞，自定义碰撞类型并导出碰撞报告。

基本操作流程：合模→碰撞检查→碰撞报告→模型修改→模型审阅。

4）钢结构模块

CATIA 的钢结构模块主要用于钢结构厂房、钢结构桥梁和水电项目中的金属闸门等的设计、建模和出图。主要功能介绍如下。

钢结构初步设计：可快速建立钢结构的功能模型，用于结构分析；可对功能模型进行网格化，并输出至多种计算软件。

钢结构深化设计：用于精细化设计的实体模型，既可从功能模型转换而来，也可独立创建；可输出钢结构制造模型，直接用于数控加工。

钢结构出图：根据三维模型创建二维图，可以定义板材和型材在不同视图中的显示方式，模型的材料表可从参数中自动提取。

钢结构桥梁设计基本操作流程：骨架设计→布置截面→定义板材→定义型材→导出分析→定义开槽→定义人孔→统计→出图交付。

5）机电模块

CATIA 的机电模块主要用于建筑工程机电、铁路工程机电、水坝工程机电的设计，包括给排水设计、电气设计和暖通设计，主要功能介绍如下。

系统原理图设计（图 2-61）：为接线图、信号图及暖通系统创建原理图。在原理图中自动捕获属性，通过业务智能规则分析，确保原理图与 3D 设计同步。

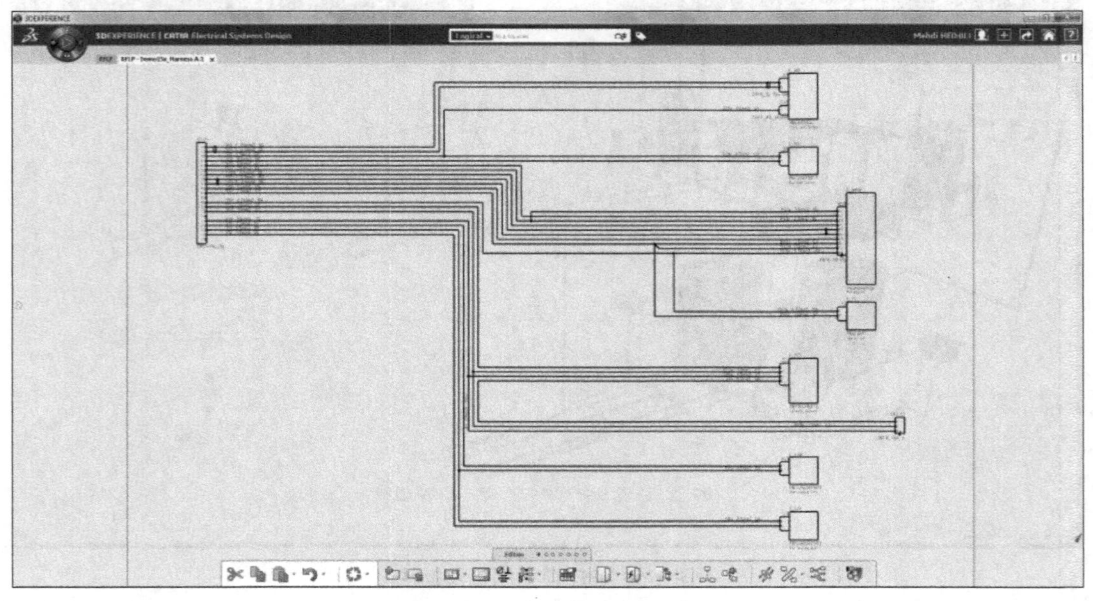

图 2-61　系统原理图设计

3D MEP 设计（图 2-62）：在 DMU 中实现管道、暖通系统和电气系统的 3D 设计。其具有零件自动放置功能，并且可以自动统计材料。

自动化批量出图（图 2-63）：图纸来源于最新的 3D 设计。通过模板驱动，可以一次修改多张图纸。通过模板和规则设定，可以减少图纸错误。

基本操作流程：原理图设计→同步→3D MEP 设计→仿真分析→生产准备→工艺规划 v→图纸交付。

6）参数化建模功能

参数化建模功能可满足复杂幕墙深化设计阶段的需求，具体介绍如下。

（1）可利用强大的曲面功能进行幕墙单元的优化。

（2）可满足各种形式幕墙的节点深化设计要求。

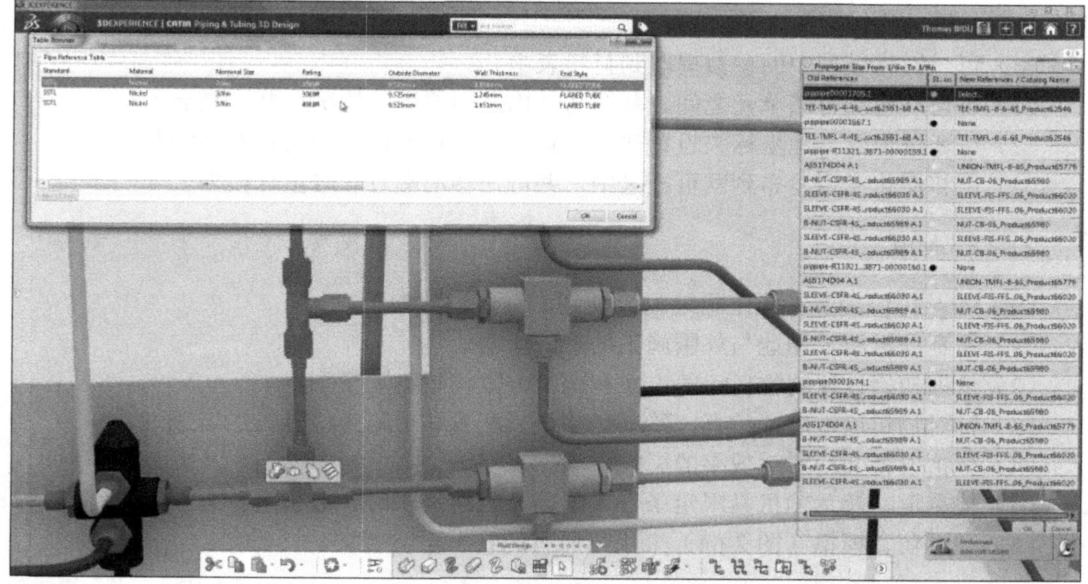

图 2-62 3D MEP 设计

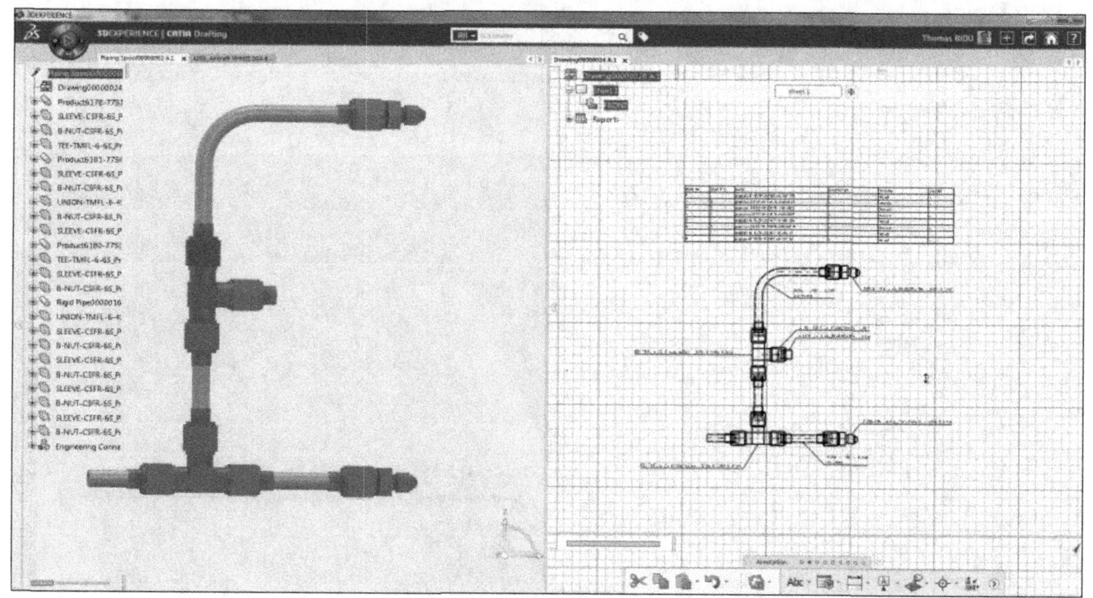

图 2-63 自动化批量出图

（3）专业的钣金模块可用于金属幕墙设计，包括金属幕墙单元的深化建模、板块材料统计和展开出图等。

（4）不仅能将方案阶段的幕墙模型传递到深化阶段，还能批量布置幕墙单元的深化模型，实现一键转换模型的 LOD 级别。

（5）可一键将模型中的参数提取到材料表中。

（6）可自动检测幕墙单元之间、幕墙与结构之间的干涉情况，并高亮显示。

（7）可通过设置大地坐标来设置建模位置，并进行整体模型的查看和浏览。

（8）可将深化模型发布到网页社区中，并可在移动端查看轻量化模型。

2. DELMIA

DELMIA 可协助进行施工场地物流规划，具体内容如下。

（1）仿真分析施工场地与外围施工的辅助运输。

（2）依据初始设计的物料运输方案和施工方案构建物流模型。

（3）针对物料运输进行仿真，验证运输机具配置和道路等级预设的合理性。

（4）分析设备开动率对效率的影响。

（5）根据道路及运输机具限定条件（限高、限速、限时）分析多种方案的可行性。

（6）通过仿真模拟（图 2-64）来优化原有的物料运输方案。

图 2-64　仿真模拟

基本操作流程：确定分析对象→收集设备信息→车辆过弯分析→物流仿真分析→输出

分析结果。

DELMIA 具有以下优点。

（1）直观的工作任务分解（图 2-65）：可通过 3D 图形界面，把整个工程项目逐步分解成具体的施工任务，并定义任务之间的逻辑关系，为每个任务分配资源。

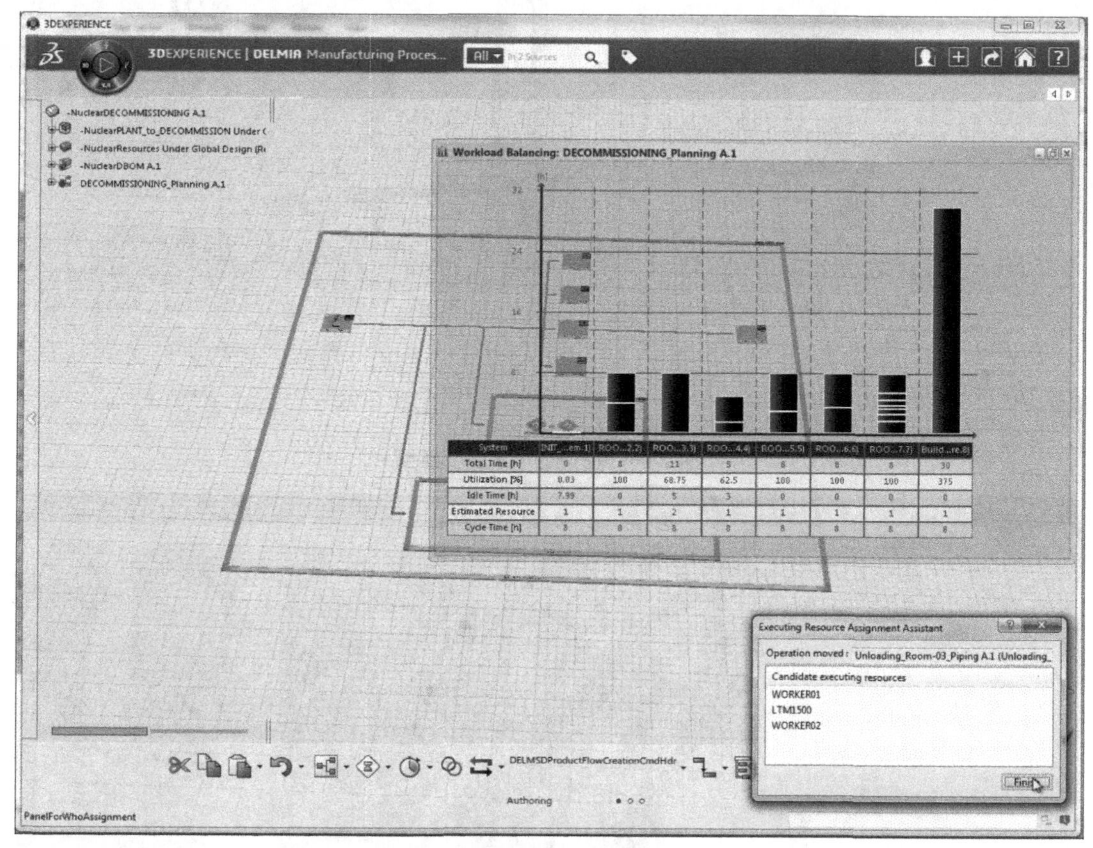

图 2-65　直观的工作任务分解

（2）便捷的 4D 进度模拟（图 2-66）：能根据任务分解关系自动生成甘特图。可调整任务起止时间，并自动生成施工过程动画。

（3）可与 CATIA 无缝对接，省去数据转换及数据处理带来的数据损失，节约数据转换时间，便于部门间的沟通与协作。

（4）模拟设备运行过程（图 2-67）：可轻松地定义机械设备的运行过程并生成动画，优化现场工程设备的使用效率，节省成本。

图 2-66　便捷的 4D 进度模拟

图 2-67　模拟设备运行过程

（5）施工资源优化：可根据施工计划统计设备、材料等资源的使用效率，避免造成浪费。

（6）人机模拟（图 2-68）：可模拟现场人员的各种动作，如操作设备、现场安装等，以验证施工操作的可行性，确保人员安全，并提高工作效率。

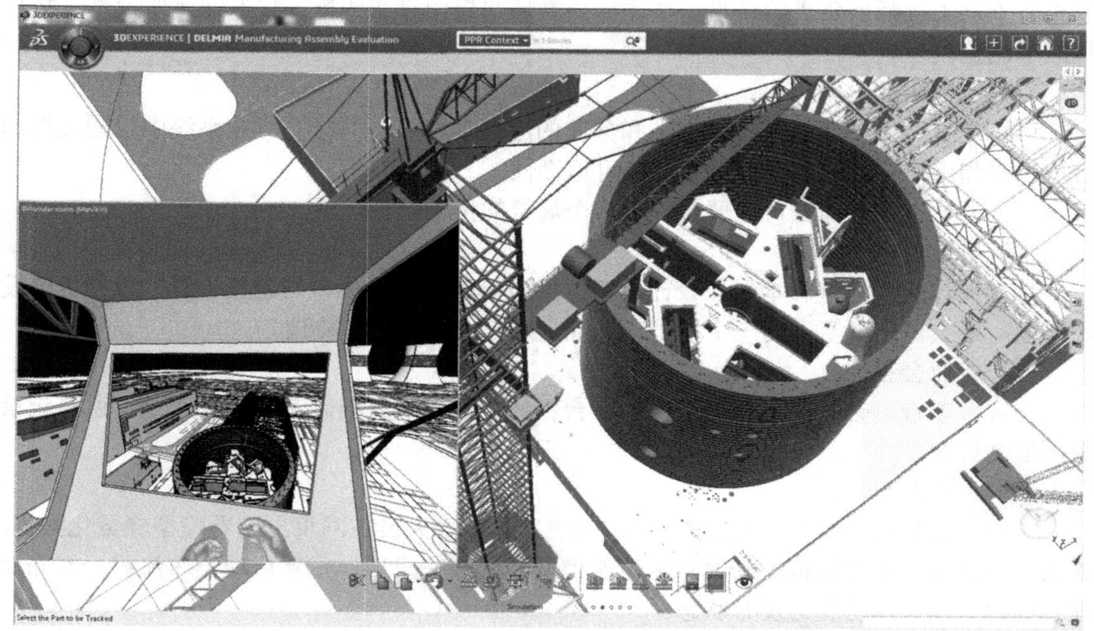

图 2-68 人机模拟

3. ENOVIA

ENOVIA 采用单一数据源，所有数据都存储在数据库中，可满足项目协同需求。

对于项目总工和专业负责人而言，主要有三个场景的协同：一是项目管理，二是协同环境浏览项目模型和文档，三是流程审批。

（1）项目管理，涉及项目经理和项目成员。

项目开始时，项目经理可以新建一个空白项目，也可以利用现有模板快速创建项目并设置人员角色、权限等。

项目创建后，项目经理可以建立 WBS 结构，制订资源计划及财务预算等，并把任务分配给各项目成员。项目成员可从系统中自动接受任务，并可随时把任务完成情况汇报到系统中。同时，系统会自动生成项目监控图表板，供项目经理和相关负责人随时了解项目进展情况。可以把项目任务与 BIM 模型关联起来，每个任务可从 BIM 模型中获取相关信息。

（2）协同环境浏览项目模型和文档。

项目模型和文档以项目文件夹的形式展示在结构树上，模型有两种查看模式，一种是轻量化浏览模式，另一种是编辑模式，编辑模式支持模型的审批和标注。

可从不同维度查看模型信息，如按成熟度查看项目任务节点图，按完成度查看项目任务节点的完成度，按修改时间查看最近 1 天、3 天、1 周等时间段内修改过的模型，按所有者查看不同工程师所负责的模型，按碰撞查看哪些模型存在碰撞，按专业浏览模型，按项目区域浏览模型。

（3）流程审批。

可自定义文档创建、审阅、批准和分发的流程和权限。同时，可在系统中管理文档的历史版本和操作记录，实现信息管理的可追溯性。

对于专业工程师而言，主要有以下几个场景的协同。

（1）多专业在线协同。

每次设计前，都打开本专业设计模型的周边模型，进行参考与碰撞检查，以便提前发现问题，减少返工。基于同一个模型，与他人进行远程沟通和协调。

（2）专业会签。

校核、审查、会签工作都基于协同平台在线完成，所有问题都可闭环跟踪，所有记录都可追溯查询。

（3）设计发布。

工程师创建发布流程，加入模型与技术文档。审批人员在网页上查看模型轻量化数据，添加修改意见。工程师根据修改意见修改模型。修改完成后，重新启动发布流程。发布流程完成后，模型自动变为发布状态。

（4）设计变更。

相关人员发起变更申请；对变更申请进行审批；审批通过后，工程师对模型进行修改；对修改后的模型进行校核和审查；发布新版模型。

ENOVIA 的主要功能如下。

（1）在线审阅模型和文档。内置文档查看器，可实现对常用文档格式的在线审阅，如 Word，Excel，PDF 等。支持对 3D 模型和 2D 工程图的在线查看。

（2）模型校审。可以对模型进行装配、浏览、批注、测量、碰撞检查等。还可对不同版本的模型进行可视化对比。如果在模型校审中发现问题，可将问题分配给责任人并跟踪解决情况。责任人解决问题后，由审核人员确认并关闭问题。

（3）文档分类管理。可实现对文档的多维度分类，支持快速检索与重用。可根据实际需求按专业、客户、产品类别进行分类，并生成相应的目录。速定位需要的数据。

（4）文档生命周期管理。ENOVIA 对所有文档提供生命周期管理，对于不同的生命周期状态，可定义不同的权限规则和业务逻辑。

（5）模型和文档的权限管理。可根据项目或专业定义模型和文档的自动编码规则和访问权限。

（6）支持多视图查看。可根据项目结构、工程结构、物料结构等查看模型和文档。

2.1.3 中设数字

1. CBIM 建筑设计软件

CBIM 建筑设计软件（如图 2-69 所示）是专为建筑设计师开发的 BIM 设计软件。其中包含一系列建筑专业的 BIM 模型设计、视图及图纸设计、尺寸标注与注释、构件统计及规范检查工具，并提供了符合中国建筑设计制图标准的 BIM 族库、样板文件等资源。其主要功能如下。

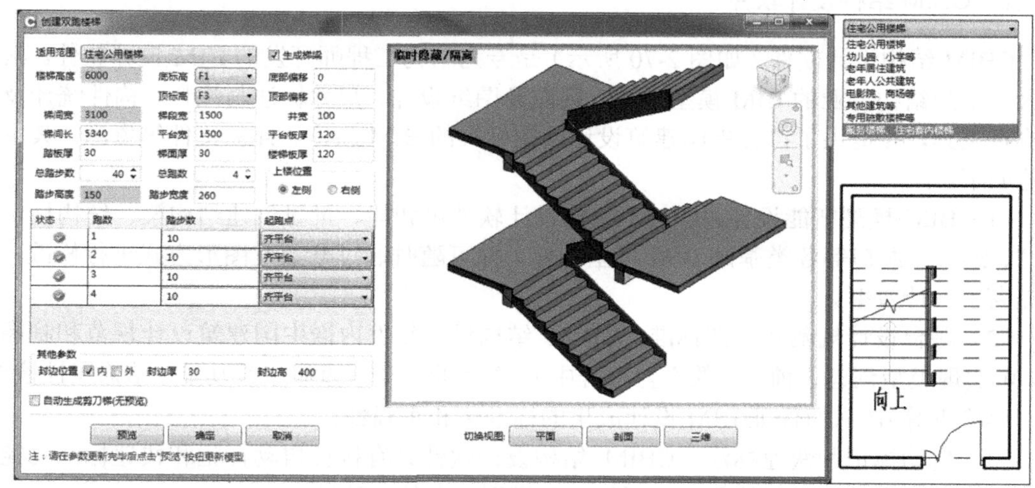

图 2-69 CBIM 建筑设计软件

（1）BIM 模型智能设计：CBIM 建筑设计软件可智能、批量创建建筑墙体、门窗、楼板、天花板、房间、坡道、楼梯、阳台等各类基础 BIM 模型构件，并可随时通过参数及图形方式进行修改，大幅提高了设计效率。

（2）融合设计规范及制图标准：CBIM 建筑设计软件内嵌中国建筑设计规范和制图标准，可实现模型创建之前（参数设置过程中）、之后的自动审查和报警功能（净高识别、楼梯规范检查、重复构件检查等），从而保证 BIM 设计成果的标准化和正确性。

（3）自动标记和快速标注：CBIM 建筑设计软件具有构件自动标记和快速标注功能，可大幅提高工作效率，并能保证图纸标记与模型信息的一致性。

（4）自动构件统计：CBIM 建筑设计软件可一键生成多个统计表，如防火分区统计表、门窗统计表、设备统计表、房间统计表等；各统计表可随 BIM 模型修改自动更新，保证了 BIM 模型与统计信息的一致性。

（5）土建一体化协同设计：土建一体化协同设计是指建筑、结构专业在同一个 BIM 模型文件中进行实时协同设计。这种工作模式可大幅提高设计效率，并能保证建筑、结构两个专业 BIM 模型及信息的一致性和实时性。

该软件的 BIM 设计流程：轴网标高→基础模型→快速布图→专业提资→详细设计→碰撞检查→校对审核→尺寸注释→打印出图→导出交付。

该软件基于 Revit 二次开发，针对上述设计流程的各个工作环节，均开发了大量专用功能插件。这些插件极大地简化了 Revit 原有的操作，大幅提高了 BIM 设计效率。同时，由于其基于设计师的设计流程和工作习惯开发，并融入了中国建筑设计规范和制图标准，因此操作更简单、更容易上手。

2．CBIM 结构设计软件

CBIM 结构设计软件（如图 2-70 所示）是专为结构工程师开发的 BIM 设计软件。其中包含一系列结构专业的 BIM 模型设计、视图及图纸设计、尺寸标注与注释、构件统计及规范检查工具，并提供了符合中国建筑设计制图标准的 BIM 族库、样板文件等资源。其主要功能如下。

（1）BIM 模型智能设计：CBIM 结构设计软件可智能、批量创建结构梁、结构柱、构造柱、连梁、洞口等各类基础 BIM 模型构件，并可随时通过参数及图形方式进行修改，大幅提高了设计效率。

（2）融合设计规范及制图标准：CBIM 结构设计软件内嵌中国建筑设计规范和制图标准，可实现模型创建之前（参数设置过程中）、之后的自动审查和报警功能（结构属性检查、工作集检查等），从而保证 BIM 设计成果的标准化和正确性。

（3）自动标记和快速标注：CBIM 结构设计软件具有构件自动标记和快速标注功能，可大幅提高工作效率，并能保证图纸标记与模型信息的一致性。

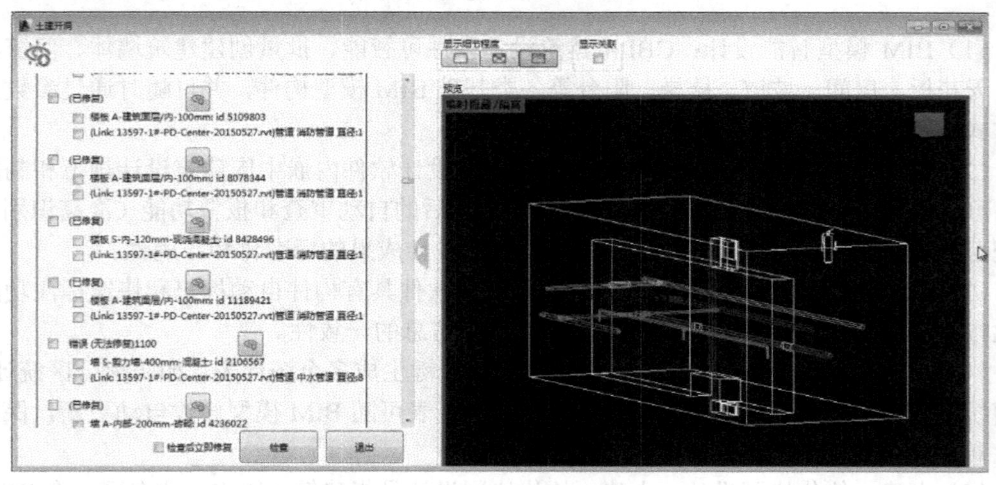

图 2-70　CBIM 结构设计软件

（4）自动构件统计：CBIM 结构设计软件可一键生成多个统计表，而且各统计表可随 BIM 模型修改自动更新，保证了 BIM 模型与统计信息的一致性。

（5）批量自动开洞：CBIM 结构设计软件可以自动识别链接的机电专业 BIM 模型中管道的位置、尺寸，按结构设计师设置的开洞原则批量、自动化创建结构洞口，高效解决了设计过程中的管线综合优化问题。

该软件的 BIM 设计流程：轴网标高→基础模型→快速布图→专业提资→详细设计→碰撞检查→校对审核→尺寸注释→打印出图→导出交付。

3. CBIM 给排水设计软件

CBIM 给排水设计软件（如图 2-71 所示）是专为给排水工程师开发的 BIM 设计软件。其中包含一系列给排水专业的 BIM 模型设计、视图及图纸设计、尺寸标注与注释、构件统计及规范检查工具，并提供了符合中国建筑设计制图标准的 BIM 族库、样板文件等资源。其主要功能如下。

（1）BIM 模型智能设计：CBIM 给排水设计软件可智能、批量创建给排水管道、给排水设备（水泵、洁具、喷淋头等）、阀门附件等基础 BIM 模型构件，并可随时通过参数及图形方式进行修改，大幅提高了设计效率。

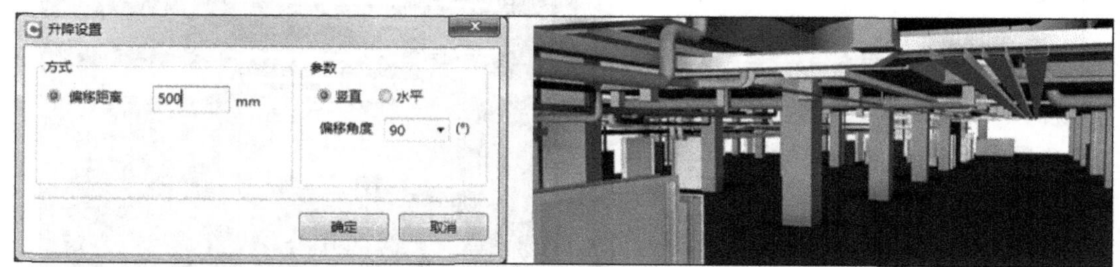

图 2-71　CBIM 给排水设计软件

（2）智能连接：CBIM 给排水设计软件具有末端设备与支管的自动连接功能，以及末端设备批量布置时的自动连接功能，大幅提高了 BIM 模型和图纸设计效率。

（3）实时给排水计算：CBIM 给排水设计软件具有给排水计算功能，实现了 BIM 模型设计与计算一体化，彻底解决了模型设计与计算脱节的问题，大幅提升了设计精度和质量。

（4）融合设计规范及制图标准：CBIM 给排水设计软件内嵌中国建筑设计规范和制图标准，可实现模型创建之前（参数设置过程中）、之后的自动审查和报警功能，以及给排水专业单独的系统设置功能（如不同水系统设置不同的管道颜色和线型等），从而保证了 BIM 设计成果的标准化和正确性。

（5）自动标记和快速标注：CBIM 给排水设计软件具有构件自动标记和快速标注功能，可大幅提高工作效率，并能保证图纸标记与模型信息的一致性。

（6）自动生成设备材料表：CBIM 给排水设计软件可一键生成各类设备材料表，如消防系统材料表、水系统材料表、卫生器具材料表等；各设备材料表可随 BIM 模型修改自动更新，保证了 BIM 模型与统计信息的一致性。

（7）智能管线综合：CBIM 给排水设计软件可通过批量全自动、局部手动等方式，快速解决机电管线碰撞时的避让问题，提升设计效率，保证 BIM 设计模型和图纸质量。

4．CBIM 暖通设计软件

CBIM 暖通设计软件（如图 2-72 所示）是专为暖通工程师开发的 BIM 设计软件。其中包含一系列暖通专业的 BIM 模型设计、视图及图纸设计、尺寸标注与注释、构件统计及规范检查工具，并提供了符合中国建筑设计制图标准的 BIM 族库、样板文件等资源。其主要功能如下。

（1）BIM 模型智能设计：CBIM 暖通设计软件可智能、批量创建暖通风管及水管、暖通设备（风口、风机、空调机组、锅炉等）、风管附件和阀门附件等基础 BIM 模型构件，并可随时通过参数及图形方式进行修改，大幅提高了设计效率。

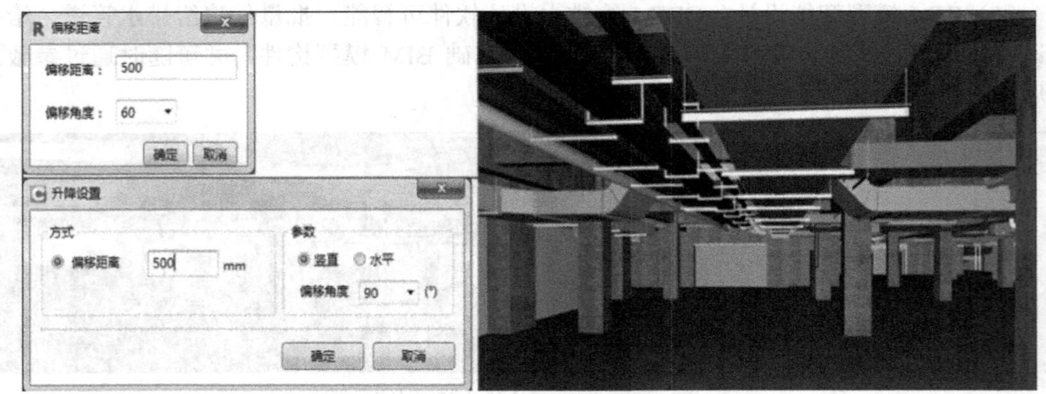

图 2-72　CBIM 暖通设计软件

（2）智能连接：CBIM 暖通设计软件具有末端设备与支管的自动连接功能，以及末端设备批量布置时的自动连接功能，大幅提高了 BIM 模型和图纸设计效率。

（3）实时暖通计算：CBIM 暖通设计软件具有暖通计算功能，实现了 BIM 模型设计与计算一体化，彻底解决了模型设计与计算脱节的问题，大幅提升了设计精度和质量。

（4）融合设计规范及制图标准：CBIM 暖通设计软件内嵌中国建筑设计规范和制图标准，可实现模型创建之前（参数设置过程中）、之后的自动审查和报警功能，以及暖通专业单独的系统设置功能（如不同系统设置不同的管道颜色和线型等），从而保证了 BIM 设计成果的标准化和正确性。

（5）自动标记和快速标注：CBIM 暖通设计软件具有构件自动标记和快速标注功能，可大幅提高工作效率，并能保证图纸标记与模型信息的一致性。

（6）自动生成统计表：CBIM 暖通设计软件可一键生成各类统计表，如空调机组性能表、风机性能参数表、热泵机组统计表等；各统计表可随 BIM 模型修改自动更新，保证了 BIM 模型与统计信息的一致性。

（7）智能管线综合：CBIM 暖通设计软件可通过批量全自动、局部手动等方式，快速解决机电管线碰撞时的避让问题，提升设计效率，保证 BIM 设计模型和图纸质量。

5. CBIM 电气设计软件

CBIM 电气设计软件（如图 2-73 所示）是专为电气工程师开发的 BIM 设计软件。其中包含一系列电气专业的 BIM 模型设计、视图及图纸设计、尺寸标注与注释、构件统计及规范检查工具，并提供了符合中国建筑设计制图标准的 BIM 族库、样板文件等资源。其主要功能如下。

（1）BIM 模型智能设计：CBIM 电气设计软件可智能、批量创建电缆桥架、电气设备与装置（灯具、开关、感烟和感温探测器等）等基础 BIM 模型构件，并可随时通过参数及图形方式进行修改，大幅提高了设计效率。

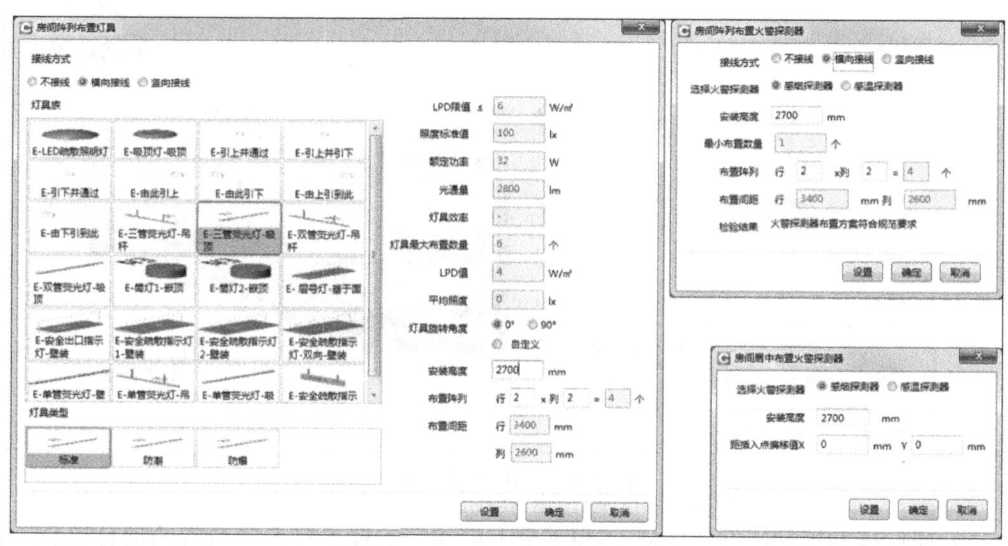

图 2-73　CBIM 电气设计软件

（2）智能连接：CBIM 电气设计软件具有末端设备与桥架、配电箱之间的自动连接功能，大幅提升了 BIM 模型和图纸设计效率。

（3）实时电气计算：CBIM 电气设计软件具有电气计算功能，实现了 BIM 模型设计与计算一体化，彻底解决了模型设计与计算脱节的问题，大幅提升了设计精度和质量。

（4）融合设计规范及制图标准：CBIM 电气设计软件内嵌中国建筑设计规范和制图标准，可实现模型创建之前（参数设置过程中）、之后的自动审查和报警功能，保证了 BIM

设计成果的标准化和正确性。

（5）自动标记和快速标注：CBIM 电气设计软件具有构件自动标记和快速标注功能，可大幅提高工作效率，并能保证图纸标记与模型信息的一致性。

（6）自动生成统计表：CBIM 电气设计软件可一键生成各类统计表，如变压器统计表、成套用电设备统计表、灯具统计表等；各统计表可随 BIM 模型修改自动更新，保证了 BIM 模型与统计信息的一致性。

（7）智能管线综合：CBIM 电气设计软件可通过批量全自动、局部手动等方式，快速解决机电管线碰撞时的避让问题，提升设计效率，保证 BIM 设计模型和图纸质量。

6. CBIM 协同平台

CBIM 协同平台（如图 2-74 所示）为公有云项目管理服务平台，可以让企业决策者、项目管理团队、设计师实时了解项目进展和设计成果质量等情况，从而大幅提升项目参与方之间的协同工作效率。其主要功能如下。

（1）跨企业、跨专业协同：CBIM 协同平台可实现不同企业和不同专业协同工作。

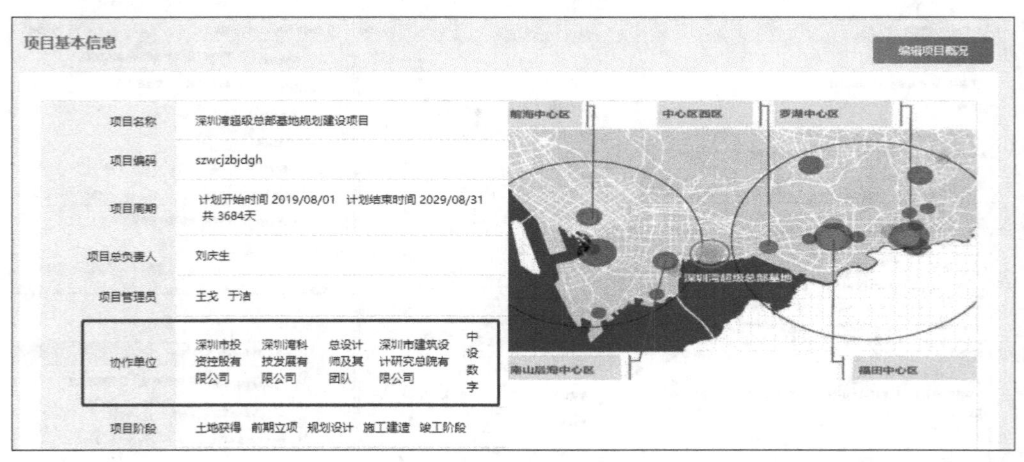

图 2-74 CBIM 协同平台

（2）项目标准管理：在 CBIM 协同平台上可统一管理项目各参与方的项目信息、设计依据和设计标准。

（3）项目进度管理：每个项目的进度节点均包含“时间”“事项”“成果”“提交人/提交部门”“接收人/接收部门”“确定人/确定部门”，所有节点按照时间顺序形成进度计划，从而实现高效的项目进度管理。

（4）任务推送与提醒：CBIM 协同平台可自动推送各种工作信息到个人工作桌面和手机端，保证任务按时完成。

（5）成果质量管理：CBIM 协同平台通过成果提交（提交人/提交部门）、成果接收审查

（接收人/接收部门）、成果确认审查（确定人/确定部门）3 个环节保证交付的项目成果质量。

（6）权限管理：CBIM 协同平台可为不同人员设置不同的工作权限，以确保项目进度和成果数据安全。

（7）问题跟踪：CBIM 协同平台可完整记录问题发起、转发、回复、关闭的相关信息，实现处处留痕、责任清晰。

（8）项目文件管理：CBIM 协同平台可根据项目需求实现项目文件的存储和共享管理。

（9）轻量化 BIM 模型在线浏览（图 2-75）：CBIM 协同平台有专用的轻量化工具，可对 BIM 模型进行轻量化处理，并实现在线浏览、剖切、属性查询、意见批注等功能。

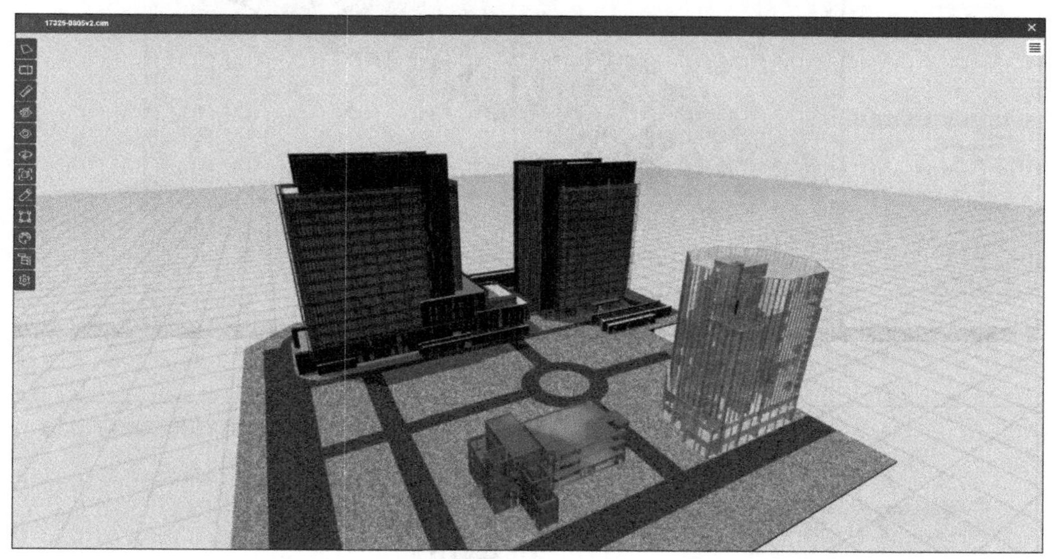

图 2-75　轻量化 BIM 模型在线浏览

2.1.4 理正

1. 理正数字化移交及发布集成展示平台

理正数字化移交及发布集成展示平台（LzGeoEditor）可读入 lzg3d、LBP、3DS 等多种格式的文件，可对地面、地下水、三维地层、各种结构面等进行可视化展示与开挖剖切；可整合其他 BIM 软件生成的建筑、基坑、道路、桥梁、隧道等模型，并可对模型进行分类整理、添加属性，以满足方案交流、成果汇报、施工模拟等方面的需求，实现工程项目内部协作与工程数据复用，为下游的 BIM 应用提供宝贵的数据支撑。

1）数字化移交及发布

（1）可加载理正地质 BIM 模型标准发布格式（lzg3d）。

（2）可导入其他软件生成的 BIM 模型。

（3）可统一管理和发布地质 BIM 模型、地质数据库、勘察报告等数字化交付成果（图 2-76、图 2-77 和图 2-78）。

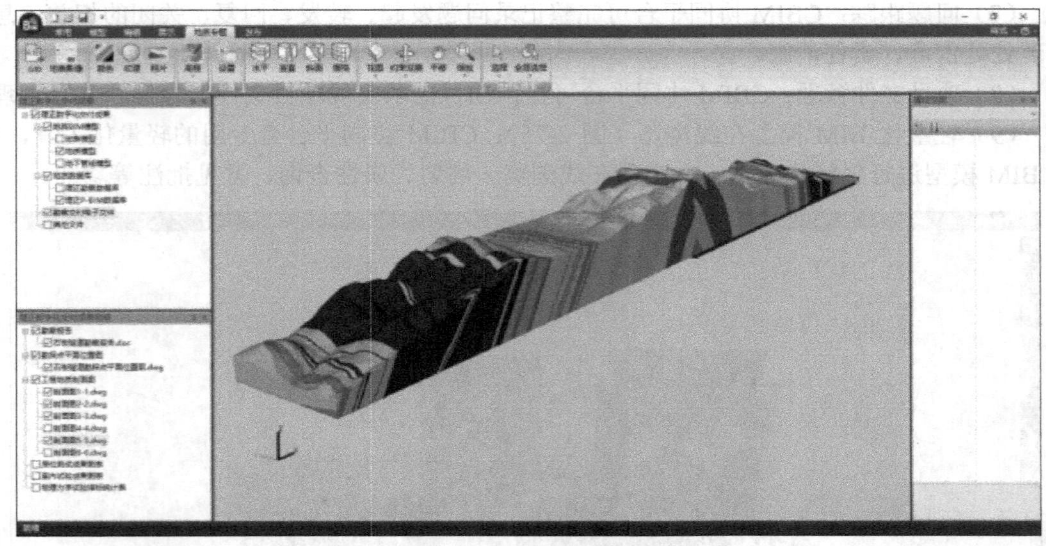

图 2-76 勘察报告

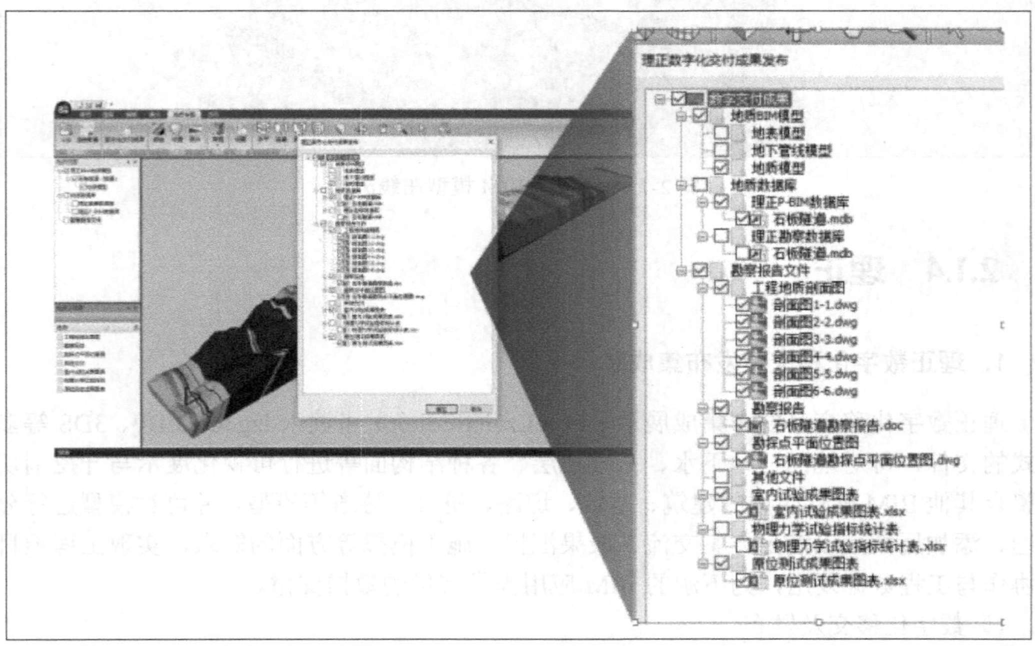

图 2-77 数字化交付成果发布界面

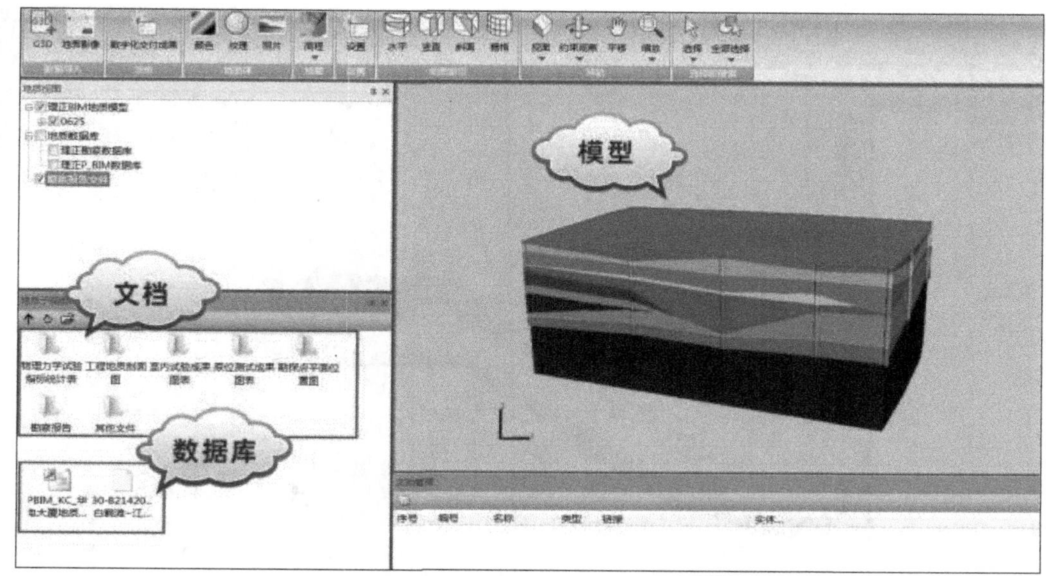

图 2-78　数字化交付成果

（4）成果可发布为轻量化版本，在“理正岩土 BIM 轻量化展示平台”中展示。

2）集成展示

（1）可对地表、地下水、地质体等进行可视化展示。

（2）可对视点、漫游路径进行保存与重放，方便展示汇报。

（3）构件具有专业、系统、图层、组、构件类型、颜色、纹理等属性，可按照业务规则对模型中的构件分类进行批量调整，也可修改或添加构件属性。

（4）可对地层进行栅格剖切（图 2-79）、挖洞挖坑等操作。

（5）可对地层属性（如高程、含水量等）进行可视化展示，包括云图、等高线（图 2-80）、色斑图等。

（6）可查看任意位置的柱状图、平切图和剖面图。

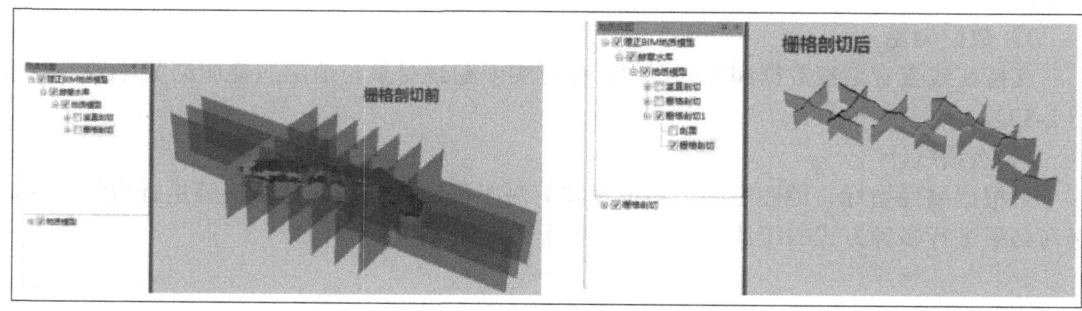

图 2-79　栅格剖切

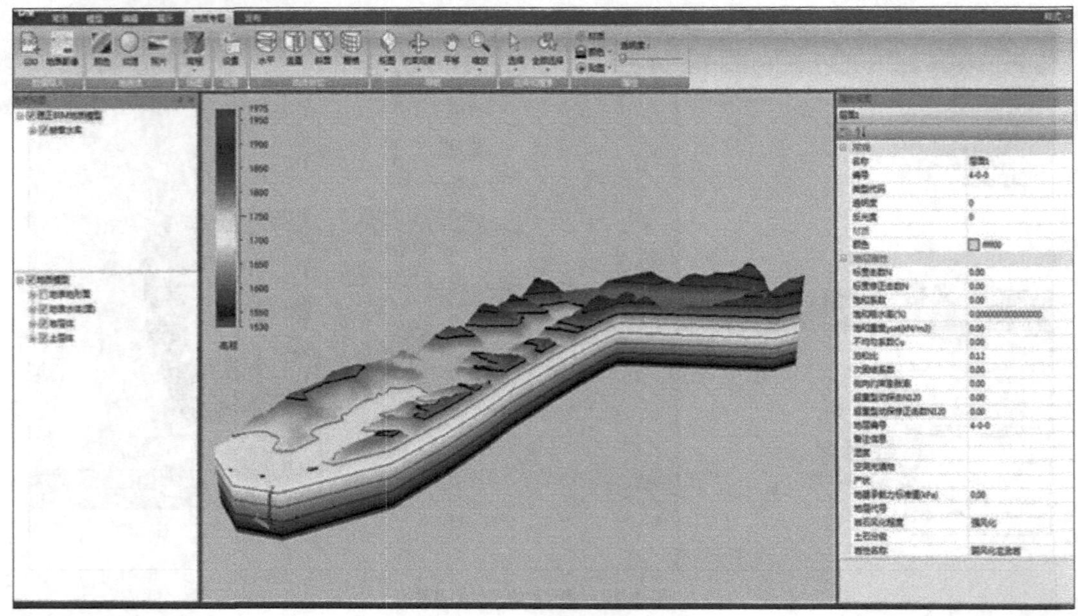

图 2-80　等高线和云图

2．理正工程地质数据库

理正工程地质数据库是专为勘察单位开发的软件，可用于工程数据和文档的综合管理。该数据库可实现一键上传数据和资料，支持多种地图源和不同工程数据的归一化。其具体功能如下。

1）权限管理

可为不同用户设置不同操作权限，保证工程资料的安全使用。

2）数据导入

支持导入理正工程地质勘察 CAD 数据、理正三维地质建模软件数据、勘察报告、地质剖面图等。

3）数据浏览

支持在线查看勘察数据和文档资料，还可实现勘察对象与地图的叠加浏览（图 2-81 和图 2-82）。

4）查询统计

可根据属性指标、地图空间、特征地物等对工程、钻孔、文档资料等进行查询，并对查询结果进行多种方式的统计。

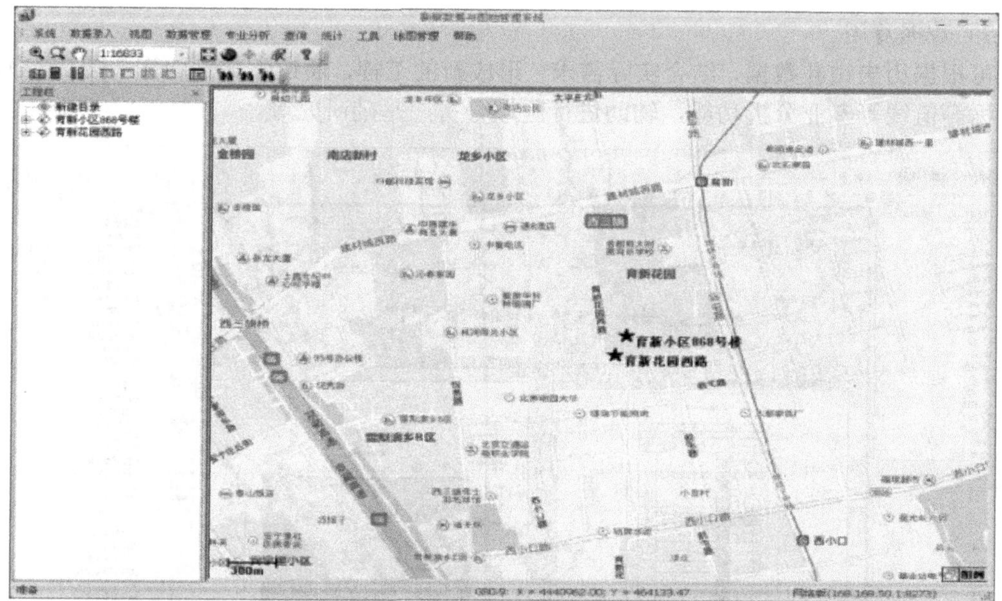

图 2-81　勘察对象与网络地图的叠加浏览

图 2-82　勘察对象与 GIS 地图的叠加浏览

5）数据复用

可根据历史钻孔数据，结合实际需求，形成新的工程，通过生成剖面图（图 2-83）、地层指标等值线等专业分析功能，辅助进行区域分析、基础研究等。

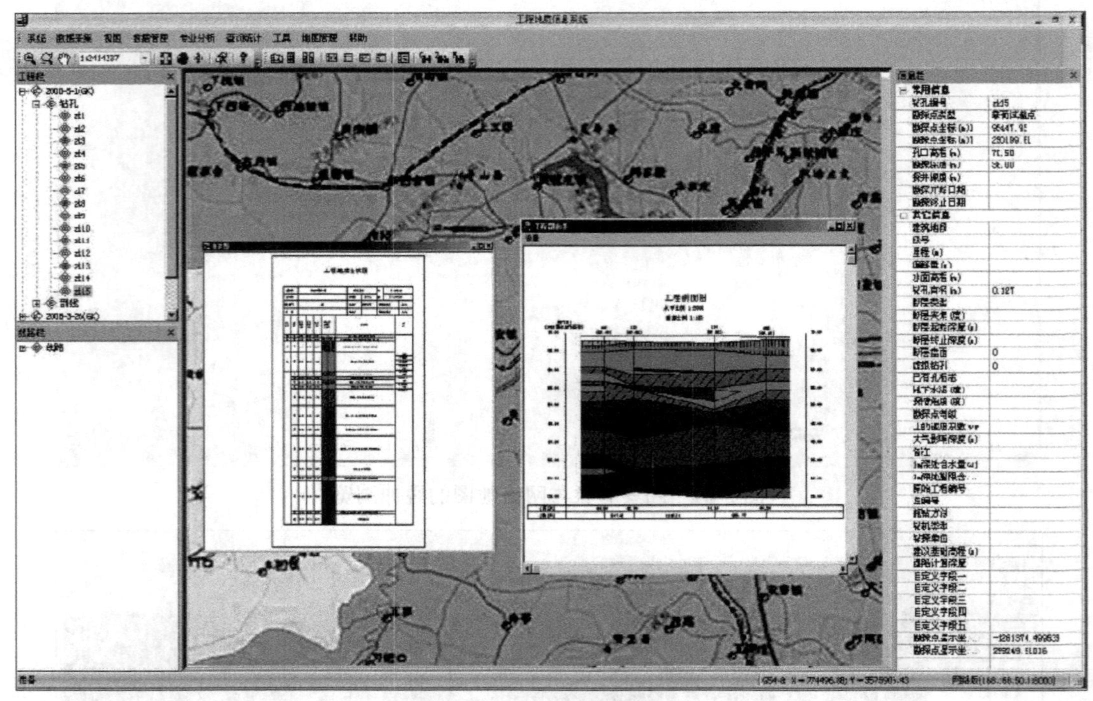

图 2-83　生成剖面图

3．理正岩土 BIM for Revit

理正岩土 BIM for Revit 是一款岩土专业设计软件，主要包括地质模块、桩基模块和基坑模块。该软件有效地解决了岩土工程师使用 Revit 进行设计时操作复杂、与工作习惯不符等难题，显著提升了设计效率。其生成的地质、桩基、基坑模型可与建筑、结构、设备等专业的模型集成展示，也可用于设计出图，既可满足翻模用户需求，也可满足正向设计用户需求。

1）地质模块

可创建概化地层，也可读入理正三维地质软件生成的三维地质模型。这两种创建地层的方式均可用于下游专业设计过程中的开挖编辑，并可统计开挖土方量。地质开挖如图 2-84 所示。

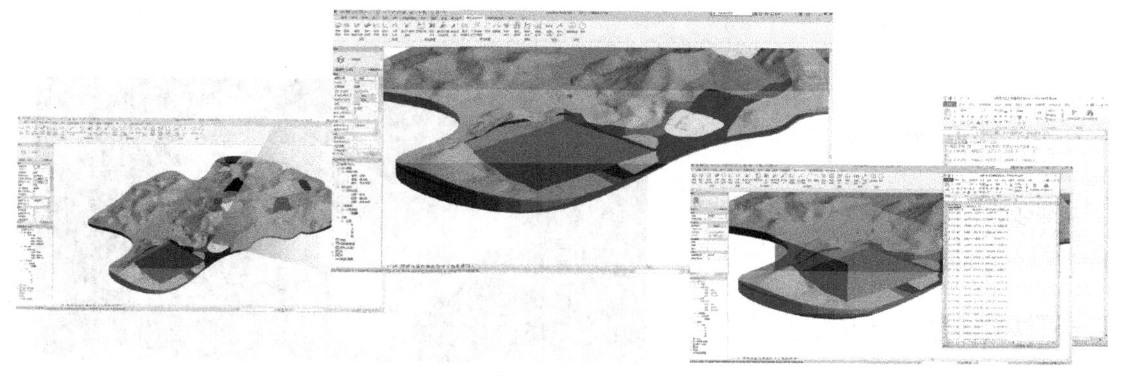

图 2-84 地质开挖

可在 Revit 中展示地表、地下水位面、三维地层、钻孔、地质结构面等。

可在 Revit 构件属性列表中查看地层的主要物理力学指标。

可在 Revit 中查看任意方向的地层剖面结构。

2）基坑模块

可读入理正深基坑支护设计软件生成的 P-BIM 数据，在 Revit 中生成三维基坑模型，并进行展示。

基坑模型可与地质、建筑、结构、设备等其他专业的模型集成展示。

支持单排桩、双排桩、连续墙、土钉墙、天然放坡、锚杆（索）、止水帷幕、降水井、内支撑、冠梁、腰梁、立柱的翻模及辅助建模。

可在 Revit 构件属性列表中查看构件的属性参数。

可在 Revit 中查看任意方向的剖面结构。

基坑开挖支护及腰梁布锚杆如图 2-85 所示。基坑 P-BIM 数据翻模如图 2-86 所示。图纸翻模如图 2-87 所示。

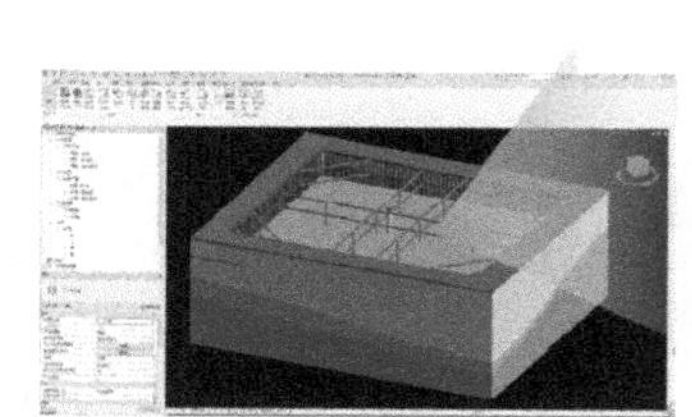

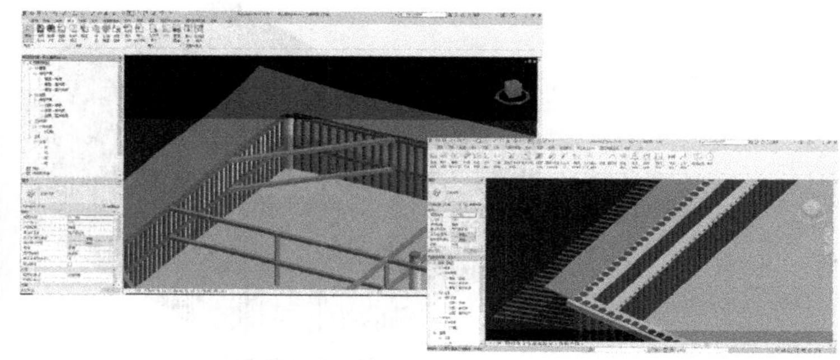

图 2-85 基坑开挖支护及腰梁布锚杆

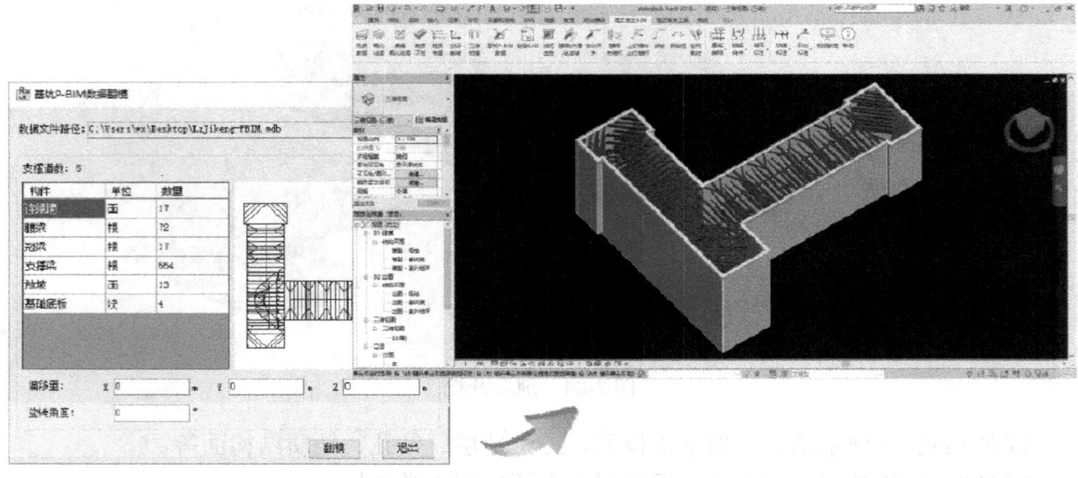

图 2-86　基坑 P-BIM 数据翻模

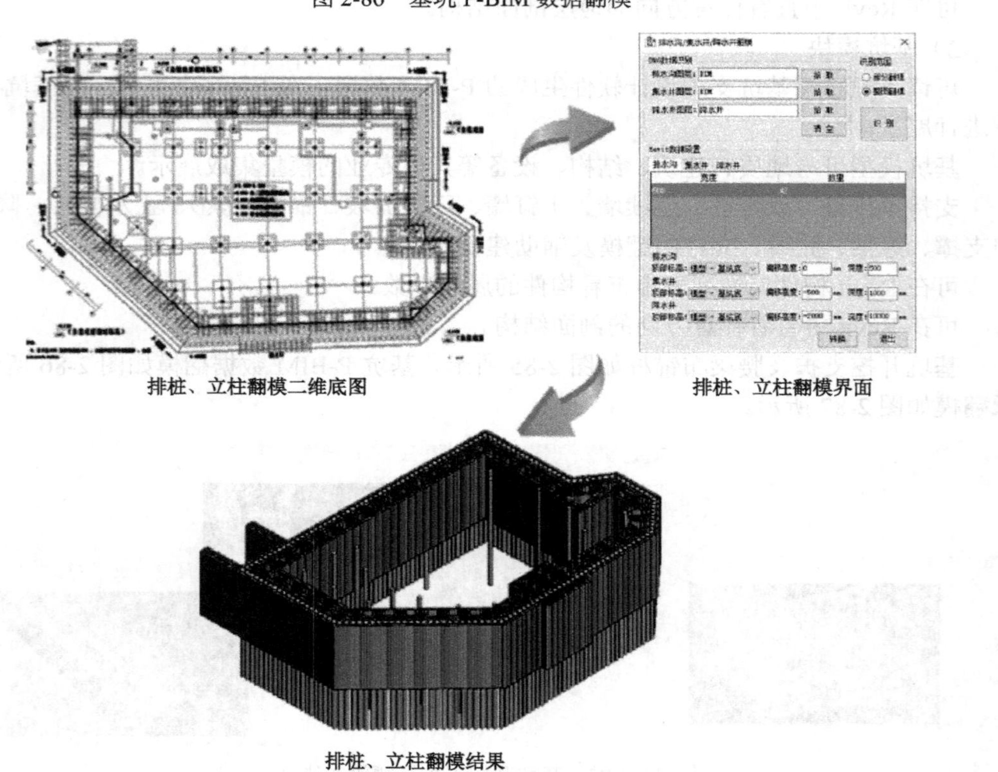
排桩、立柱翻模二维底图

排桩、立柱翻模界面

排桩、立柱翻模结果

图 2-87　图纸翻模

3）桩基模块

可对接理正三维桩基方案设计软件的设计成果并在 Revit 中生成相应的基础模型。桩基模型既可与其他专业的模型集成展示，也可用于后续设计出图。

三维桩基翻模界面如图 2-88 所示。三维桩基翻模结果如图 2-89 所示。

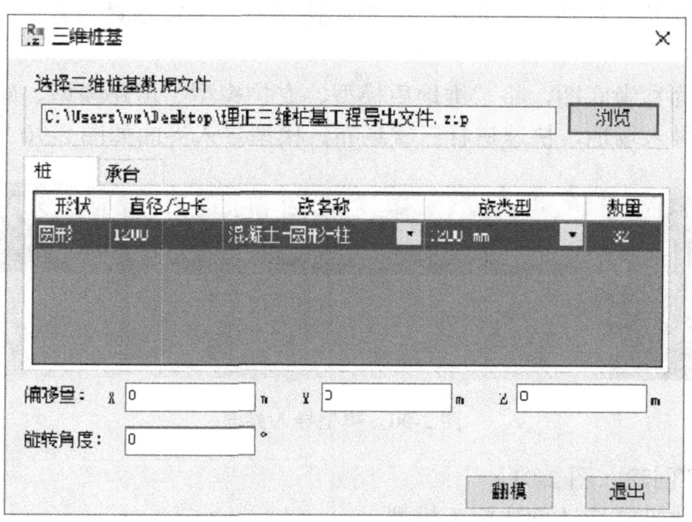

图 2-88　三维桩基翻模界面

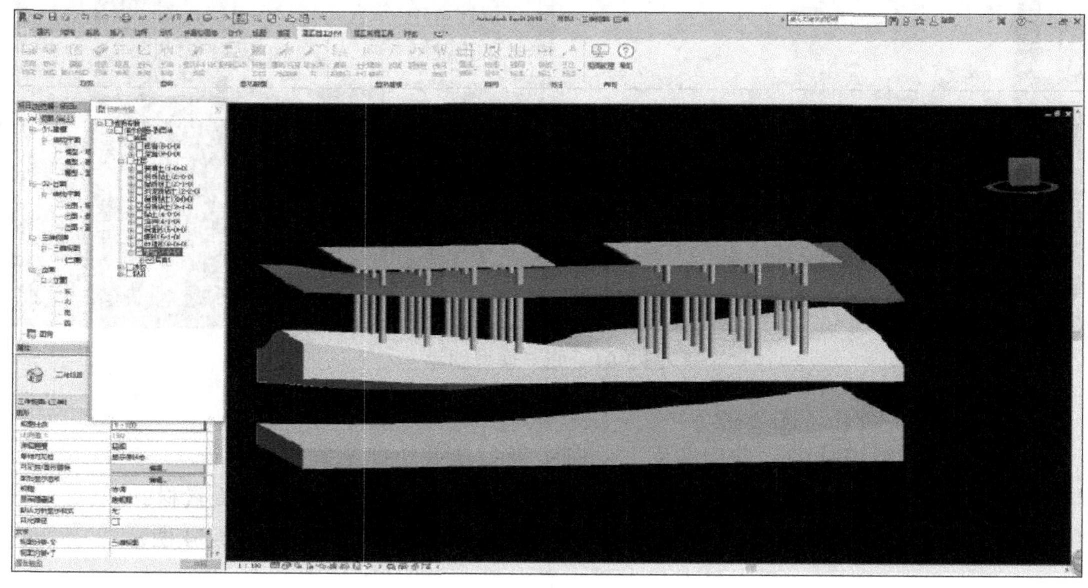

图 2-89　三维桩基翻模结果

4. 理正基坑施工 BIM 方案演示软件

理正基坑施工 BIM 方案演示软件内置专业模型库，可通过参数化方式快速创建基坑、道路、建筑等模型，可集成理正三维地质模型、轻量化模型、P-BIM、Revit 模型、3DS、FBX、DXF 等多种格式的模型和数据，实现快速场布，丰富场景内容。

1）三维场布

基于二维平面参考底图，将三维地质模型、支护模型、道路模型、建筑模型、施工车辆模型、配景等导入场地，快速进行三维场布。模型导入界面如图 2-90 所示。

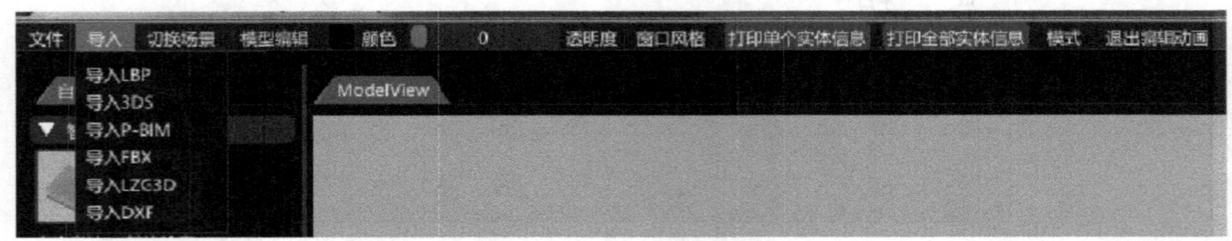

图 2-90　模型导入界面

2）施工模型创建（图 2-91）

可通过参数化方式快速创建施工模型。

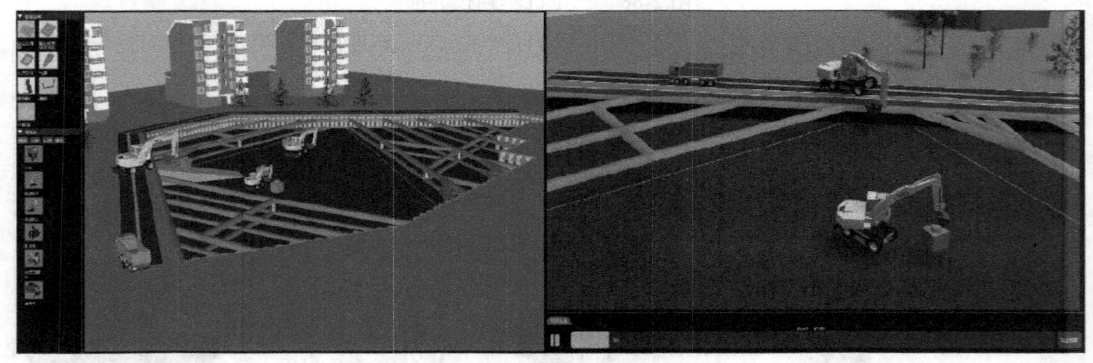

图 2-91　施工模型创建

3）基坑方案设计（图 2-92）

可通过视频编辑功能，利用图文、动画模板与特效实现基坑方案设计。

支持高清图片、4K 视频导出和场景渲染，可为投标方案提供高品质素材。

如图 2-93 所示，可导入底图并创建相关模型。模型创建效果如图 2-94 所示。

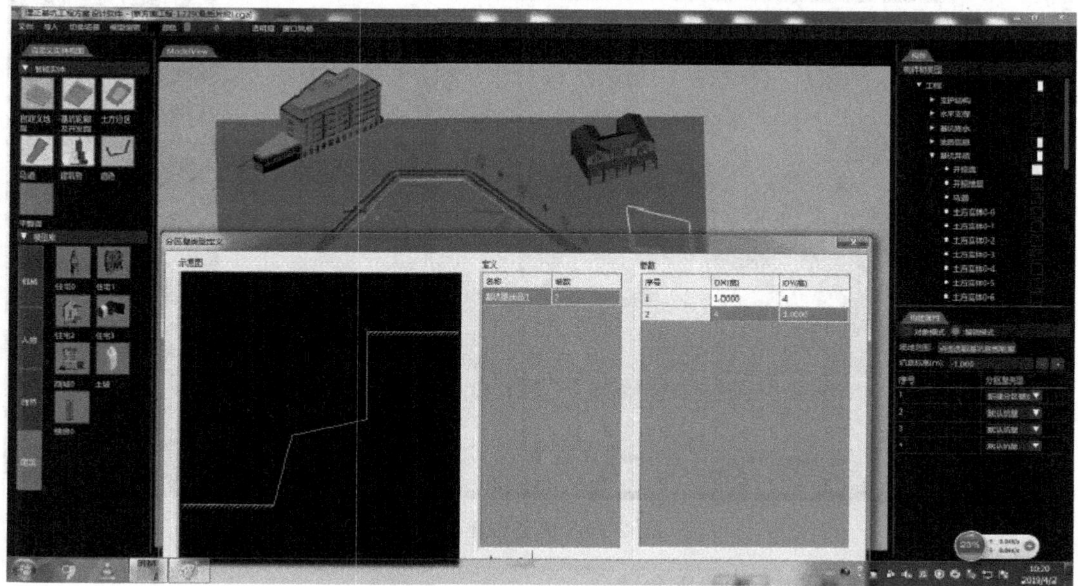
图 2-92　基坑方案设计

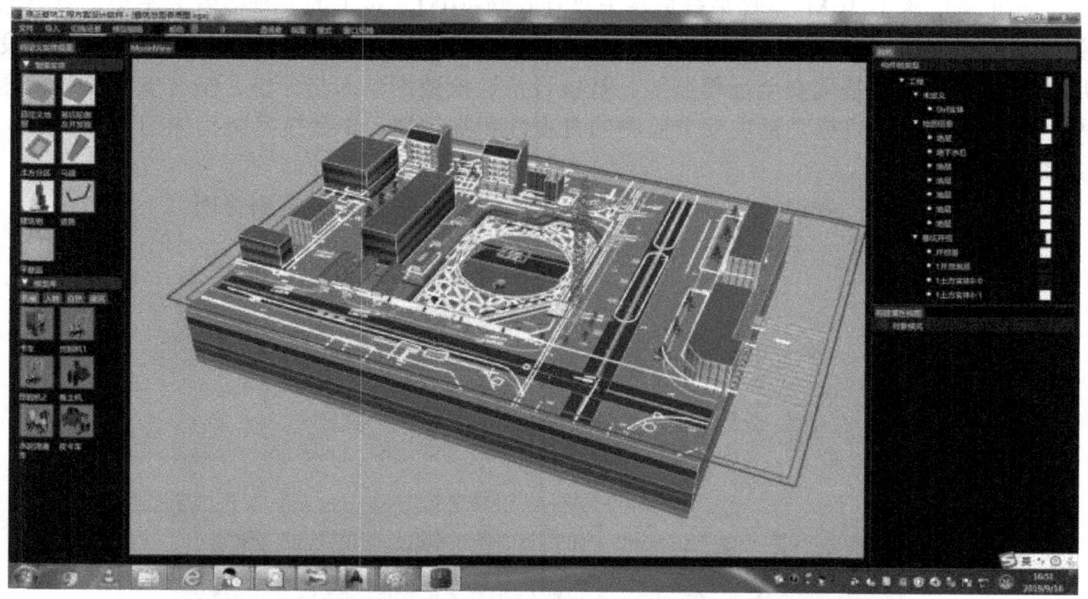
图 2-93　导入底图并创建相关模型

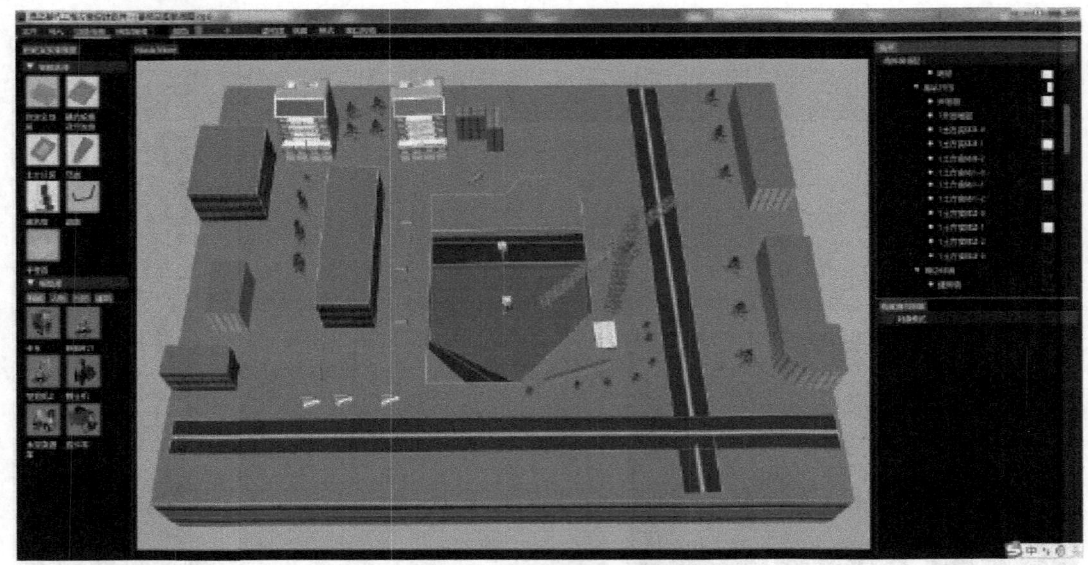

图 2-94 模型创建效果

5. 理正基坑施工 BIM 监管平台

理正基坑施工 BIM 监管平台是基于“互联网+BIM”技术的安全监管云平台，具有监测数据可视化展示、基坑监测数据录入与分析、实时监测、危险源数据预警推送、沉降变形曲线发展反演、基坑安全远程监控、基坑日常巡检数据录入与分析、基坑安全监测问题网上处理等功能，可提升基坑安全监测的直观性和实时性。平台技术架构如图 2-95 所示，主要功能如下。

项目信息管理：登记项目信息，可对多个基坑项目进行安全监测管理。

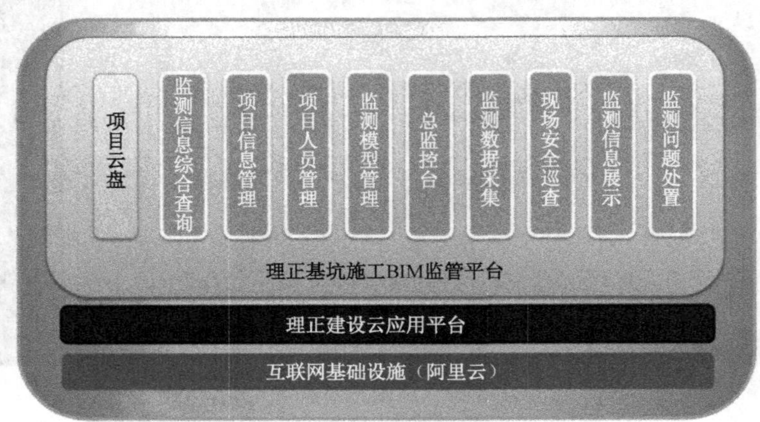

图 2-95 平台技术架构

项目人员管理：管理基坑安全监测的具体工作人员。

项目云盘：管理项目文件，实现跨组织的资料传递和共享。

总监控台（图 2-96）：统一展示基坑 BIM 模型、监测信息、监测状态、监控视频、上报及处置信息等。

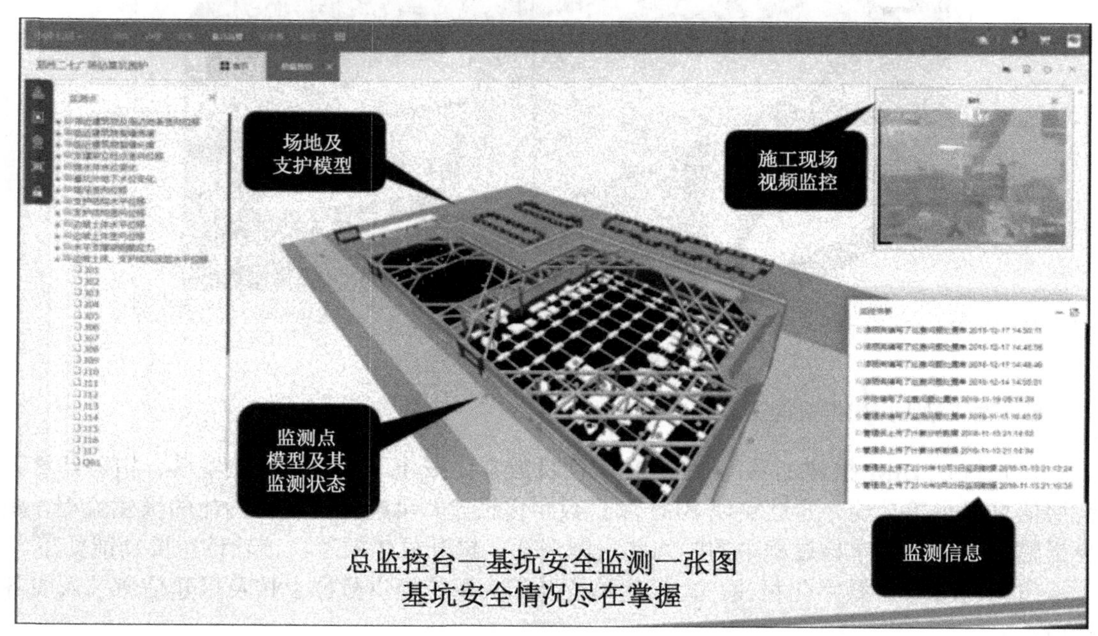

图 2-96 总监控台

监测数据采集：监测人员将手工采集的数据按照统一格式即时上传到系统，或者通过系统接口将智能监测设备自动采集的数据上传到系统。

现场安全巡查：现场安全巡检员使用手机 App 将巡检结果即时上传到系统。

监测问题处置：监测数据超过警戒值时进行报警，相关部门或人员进行远程协作、会商，对出现的问题进行处置。

监测信息综合查询：可查询各监测点的监测数据，查看数据的变化趋势。

监测信息展示：可将模型与彩色云图、激光扫描点云结合，对监测信息进行展示（图 2-97）。

监测模型管理：管理基坑施工或运维模型。

该软件不仅适用于基坑安全监测，也可用于边坡、隧道、桥梁等工程项目基于 BIM 的安全监测。

图 2-97 监测信息展示

6．理正规划 BIM 报建工具

理正规划 BIM 报建工具可实现 BIM 项目数字化报建，具有有效性校核、指标计算、错误信息提示等功能。通过实现 BIM 项目数字化报建，可建立高度自动化的报建流程，减少报建材料提交和审核过程中的时间和资源消耗，提升报建效率。该软件主要功能如下。

（1）BIM 项目数字化报建：为报建单位及相关单位提供数据上传及报建信息录入服务接口。

（2）有效性校核：按照相关标准及规范对报建文件进行有效性校核，判断其是否符合电子报建规范，并对出现的问题或错误进行提示，通过相关接口反馈给报建单位或相关单位。

（3）错误信息提示：报建单位或相关单位可以查看错误信息，并对报建文件进行修改。

7．基于 BIM 的建设项目可视化辅助审批系统

该系统主要是为 BIM 建设项目的审批者开发的，可辅助他们进行项目审批管理和决策。该系统主要功能如下。

BIM 数据提取（图 2-98）：从 BIM 模型中快速提取规划管理所需信息，形成三维设计模型。

场景数据加载（图 2-99）：调用简化后的三维设计模型，并加载项目周边相关模型和单元规划、控制性详细规划等管理数据，形成管理场景。

场景浏览：基于管理场景，利用 3D GIS 等先进技术，提供直观、形象的 BIM 设计方案查看手段。

图 2-98 BIM 数据提取

图 2-99 场景数据加载

信息查询：在场景浏览过程中，可以查询项目模型的建筑面积、建筑高度、退界、建筑间距、建筑材料等信息。

辅助决策（图 2-100）：提供通视分析、阴影模拟、高度与布局调整等辅助决策功能。

辅助标注：规划管理人员可利用标注工具对方案修改意见进行标注，并可将标注结果以图片的形式进行保存。

模型导出：可将修改后的方案导出为通用的模型文件。

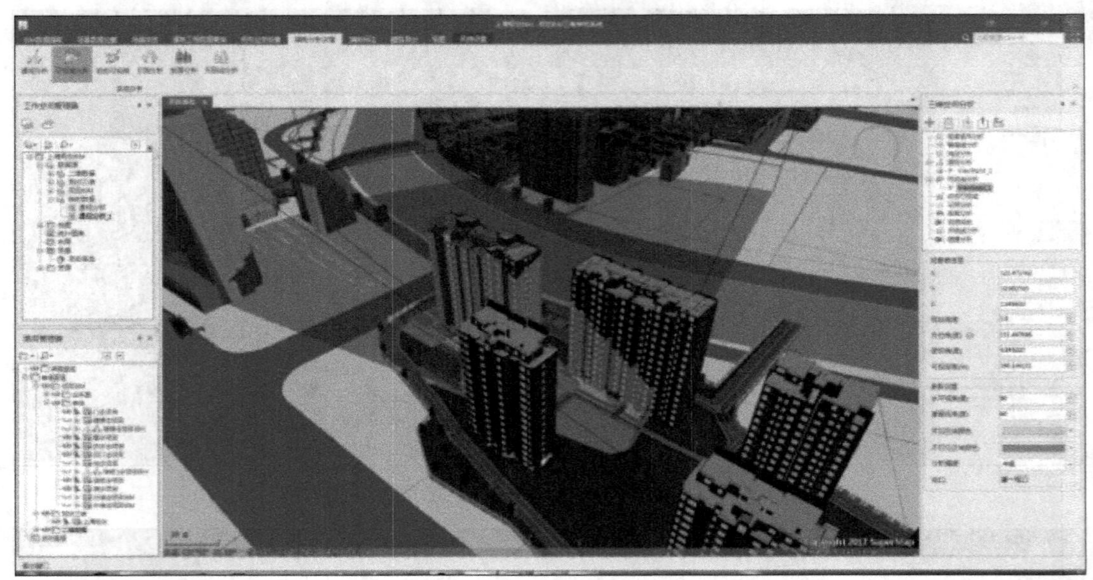

图 2-100 辅助决策

8. 理正 BIM 建筑设计软件

理正 BIM 建筑设计软件是基于 Autodesk Revit Architecture 开发的专业化辅助设计软件，其中集成了大量常用的 Revit 快捷建模和设计功能，能有效解决设计人员采用 Revit 进行设计时操作复杂、习惯不符等难题，显著提升设计效率。该软件主要功能如下。

门窗布置：门窗布置界面如图 2-101 所示。

幕墙设计：该软件提供了批量布置网格、竖梃、嵌板的功能，支持在幕墙中嵌入门窗，并且可生成展开图。幕墙设计界面如图 2-102 所示。

绘制楼梯：将 Revit 中绘制楼梯时烦琐的设置汇总到一个界面，并且可以加平台梁。

创建坡道：可根据详图线利用楼板创建坡道（图 2-103），提供单独的创建及修改界面，并且可生成展开图。

标注功能：支持关联构件标注、引出标注、图名标注等标注形式。

门窗大样：门窗大样支持自动更新。

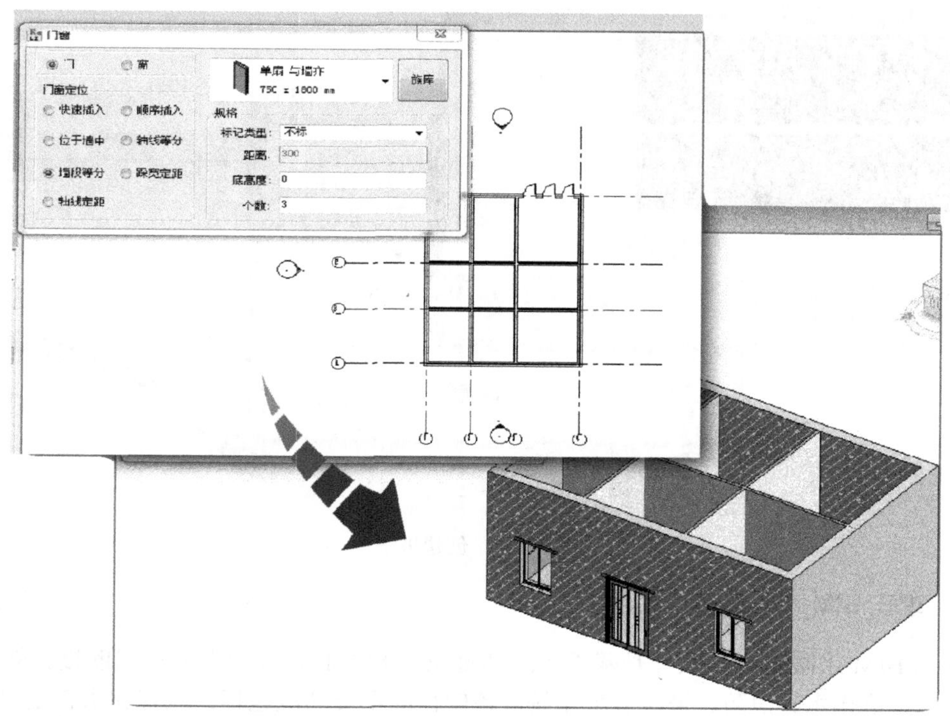

图 2-101 门窗布置界面

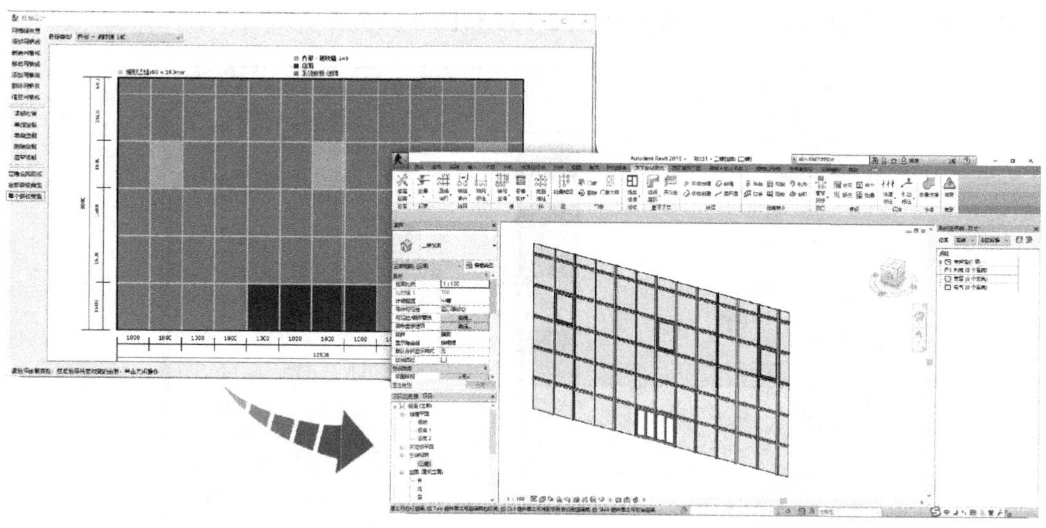

图 2-102 幕墙设计界面

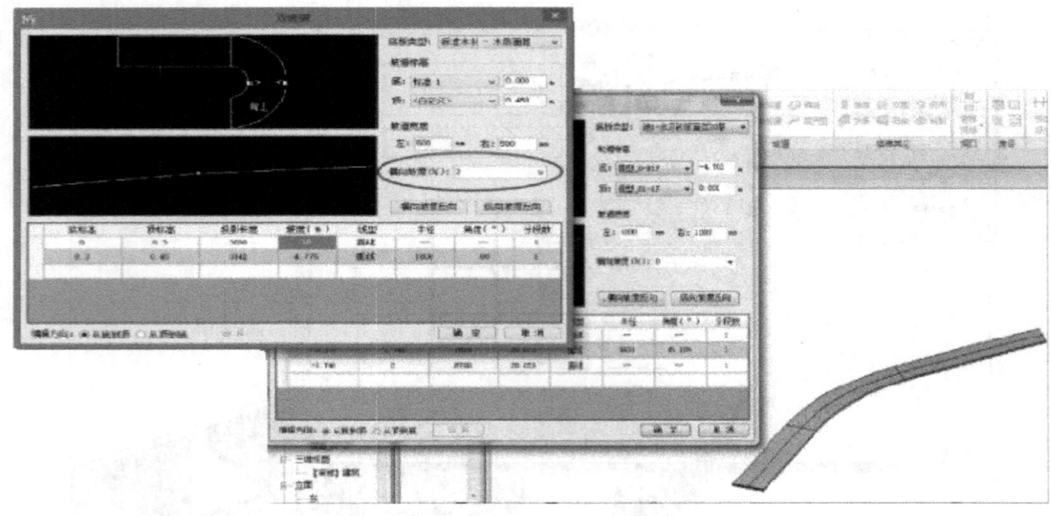

图 2-103　创建坡道

9．理正 BIM 水暖电设计软件

理正 BIM 水暖电设计软件是基于 Autodesk Revit MEP 开发的专业化辅助设计软件，包含风、水、给排水、消防、采暖五大系统。该软件的主要功能包括：风管和水管批量布置、弯头水管间批量连接、风口快速布置、阀门和喷头批量布置、专业化标注、电气设备布置、管道高程着色等。

该软件设计界面和计算界面分别如图 2-104 和图 2-105 所示。

空调风系统管理

选择	类型	缩写	颜色	线型	线宽	分类
☑	回风			<无>	<无>	回风
☑	排风			<无>	<无>	排风
☑	送风			<无>	<无>	送风
☑	除尘	CC		<无>	<无>	排风
☑	排烟	PY		<无>	<无>	排风
☑	排油烟	PYY		<无>	<无>	排风
☑	排风排烟	PFPY		<无>	<无>	排风
☑	新风	XF		<无>	<无>	送风
☑	加压送风	JYSF		<无>	<无>	送风
☑	补风	BF		<无>	<无>	送风

蓝色表示项目中已存在的系统类型。
黑色表示预定义的系统类型。

更新　取消

图 2-104　设计界面

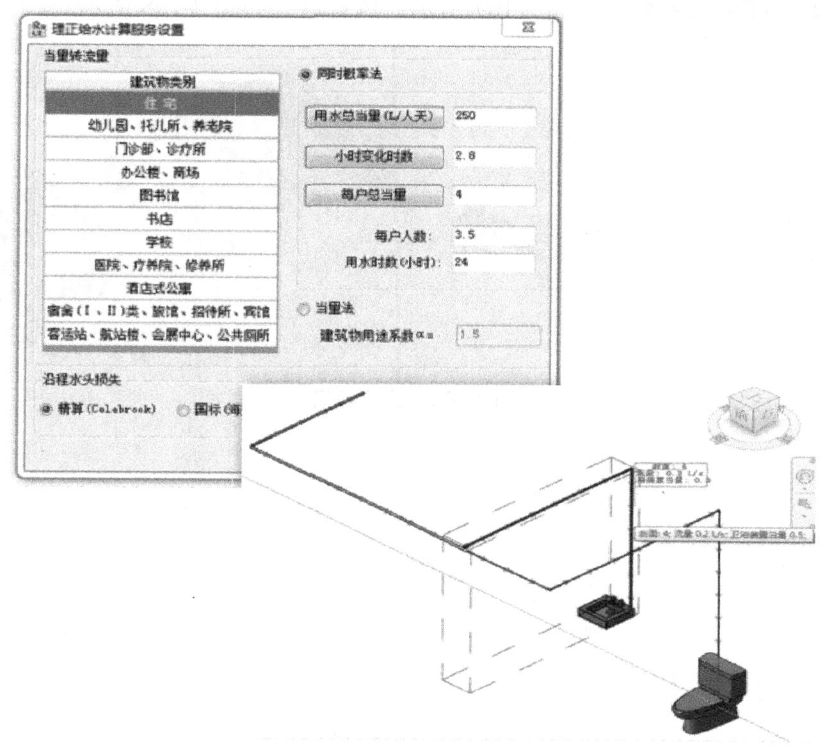

图 2-105　计算界面

10．理正翻模软件

理正翻模软件是基于 Revit 进行的二次开发，包括建筑翻模软件、结构翻模软件及机电翻模软件。能以现有图纸为基础建立 BIM 模型，有效提高工作效率，减少手工重复操作，使设计模型很方便地向施工模型过渡。

1）理正建筑翻模软件

该软件可快速地将建筑专业DWG图纸中的构件转换成Revit模型。该软件对各种DWG图纸有良好的兼容性，并且翻模速度快。另外，对导出的模型文件还可进一步编辑，以深化 BIM 应用。建筑翻模如图 2-106 所示。

2）理正结构翻模软件

该软件能将结构专业 DWG 图纸中的构件转换成 Revit 模型，大大提高了结构专业设计人员的设计效率。

3）理正机电翻模软件

理正机电翻模软件可以实现喷淋设备、水管、风管及桥架的翻模，模型转换速度快，图纸兼容性好。喷淋设备翻模如图 2-107 所示。风管避让如图 2-108 所示。

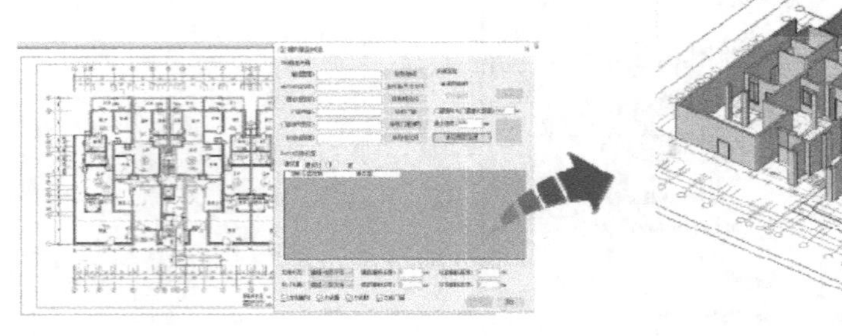

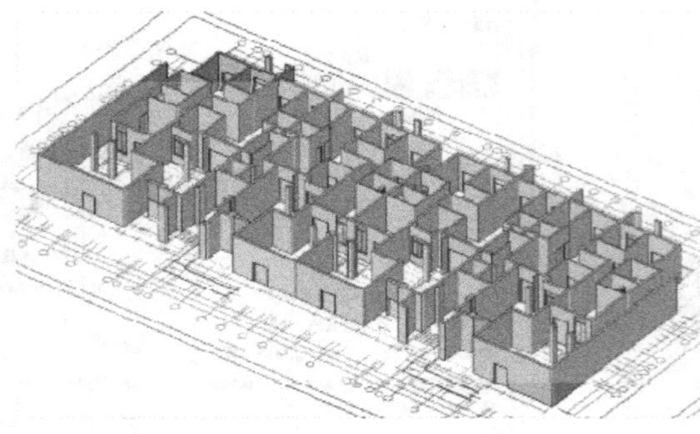

图 2-106 建筑翻模

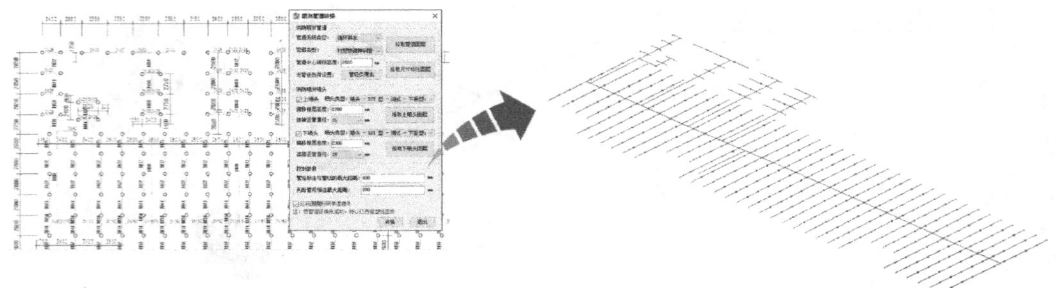

图 2-107 喷淋设备翻模

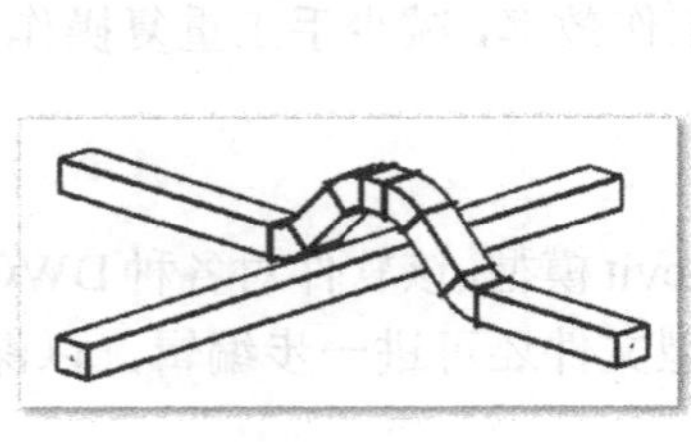

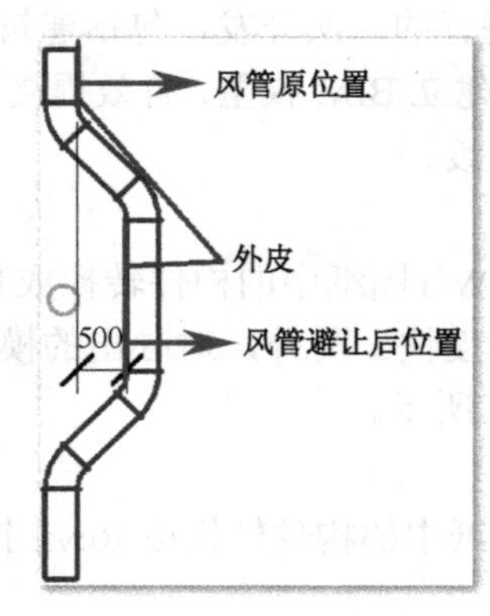

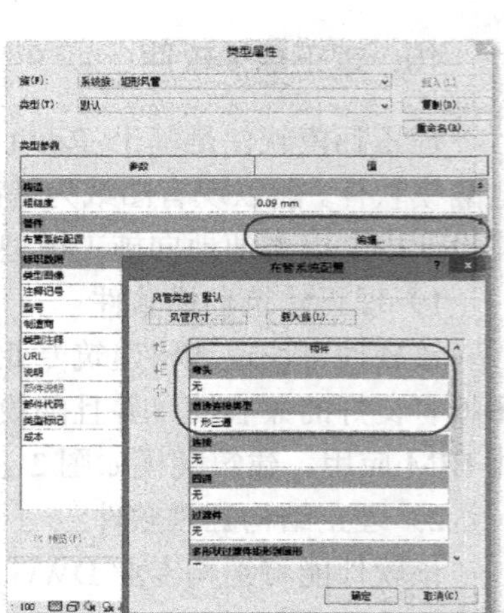

图 2-108 风管避让

11. 理正建设云

理正建设云（图 2-109）是专为设计单位、施工单位、业主及相关配合单位开发的工具类产品，旨在帮助上述单位，进行跨组织沟通与协作。该产品可远程展示设计成果，并能实现实时互动，可用于招投标、方案评审、工作汇报等环节，能大大提高工作效率及沟通效果。用户无须安装专业软件，即可通过浏览器或手机进行三维模型的在线浏览、意见批注和文字评论，进行互动交流、问题追踪，并可将交流结果导出保存。

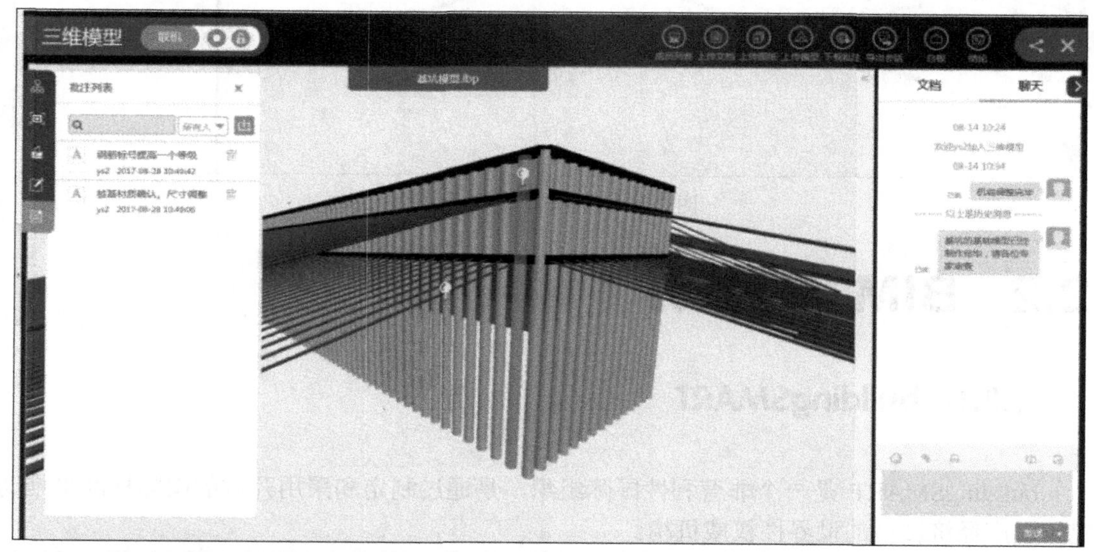

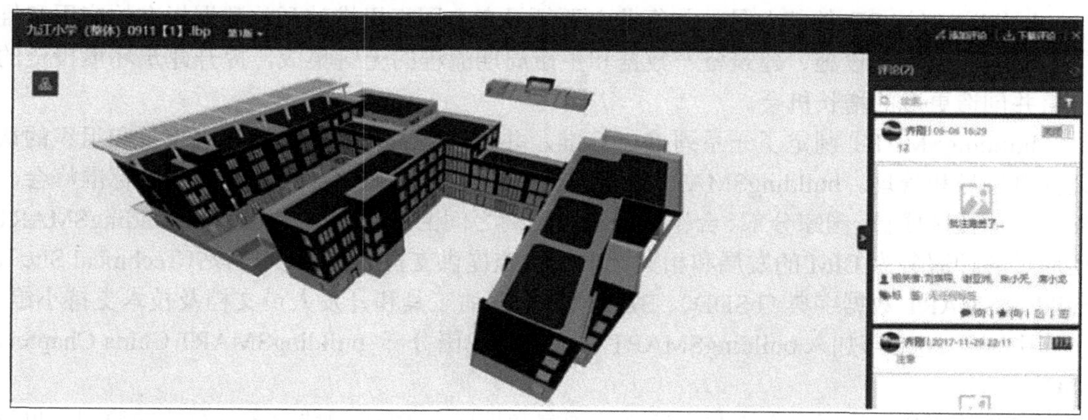

图 2-109 理正建设云

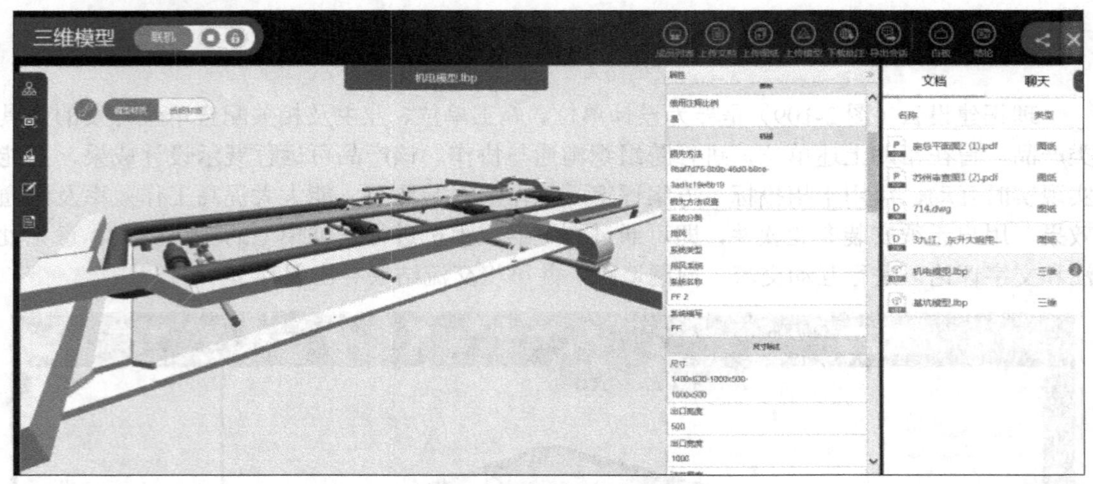

图 2-109 理正建设云（续）

2.2 BIM 行业概况

2.2.1 buildingSMART

buildingSMART 是一个非营利性国际组织，是通过制定和采用开放的国际标准来推动建筑资产经济转型的世界性权威机构。

buildingSMART 的使命是，与行业主要领导者一同积极推动开放数据标准的应用和推广，实现民用基础设施、建筑资产数据和生命周期流程的无缝集成，提升建筑环境投资的价值并创造更多的增长机会。

buildingSMART 制定了一系列 IFC 标准，并通过培训和测试为软件、人员和组织的认证提供指导和管理。buildingSMART 通过在线交流、网络研讨会和每年两次的标准峰会，支持全球社区成员、国家分部、合作伙伴和赞助商之间的沟通与协作。此外，buildingSMART 还通过各种服务为 BIM 的发展和相关标准的实施提供支持，包括技术网站（Technical Site）、buildingSMART 数据字典（bSDD）、BIM 成熟度评估工具和开发人员文档及技术支持小组。

中国于 2008 年加入 buildingSMART 并成立了中国分部（buildingSMART China Chapter，bSC）。

bSC 的成立，打开了中国与全球其他国家和地区在 BIM 领域沟通与交流的窗口，也为 BIM 的发展提供了来自中国的理论成果和实践经验。

bSC 目前在中国已经有 30 多家企业会员。其中，主席会员单位为中国建筑标准设计研究院有限公司，副主席会员单位有中国交通建设股份有限公司、铁路 BIM 联盟、华东建筑集团股份有限公司、中国建筑设计院有限公司、中国电信集团有限公司、重庆大学产业技术研究院。

2.2.2 openBIM

openBIM 是一种基于开放标准和工作流的建筑协同设计、运营和维护的通用方法。openBIM 通过提高建筑资产行业数据的可访问性、可使用性、可管理性和可持续性来扩展 BIM 的优势。openBIM 改变了传统的点对点工作流程，可促进项目各参与方协同工作。

openBIM 的原则包括：

（1）互操作性是建筑资产行业数字化转型的关键。

（2）制定开放及中立的标准有助于提高互操作性。

（3）可靠的数据转换须基于独立的质量基准。

（4）协作工作流不应该局限于专有的过程和数据格式。

（5）技术选择的灵活性能为所有参与方创造更高的价值。

2.2.3 BIM 相关标准

IFC 标准、IFD 标准、IDM 标准是 BIM 行业三大基础标准。IFC 标准是建筑工程数据交换标准，目前已被国际标准化组织（ISO）采纳为国际标准 ISO16739。IDM 标准是指国际标准 ISO29481—1、ISO29481—2。IFD 标准是指国际标准 ISO12006—3。国内 BIM 标准见表 2-1。

表 2-1 国内 BIM 标准

标准类别	标准名称	标准号	对应国际标准
国家标准	《建筑信息模型应用统一标准》	GB/T 51212—2016	—
国家标准	《建筑信息模型施工应用标准》	GB/T 51235—2017	—
国家标准	《建筑信息模型分类和编码标准》	GB/T 51269—2017	IFD 标准
国家标准	《建筑信息模型设计交付标准》	GB/T 51301—2018	IDM 标准
国家标准	《制造工业工程设计信息模型应用标准》	GB/T 51362—2019	—
行业标准	《建筑工程设计信息模型制图标准》	JGJ/T 448—2018	—

第 3 章 数字孪生与设备运维方式

3.1 数字孪生

数字孪生是指用数字化方式模拟复杂的物理系统，并以创新的方式干预、控制、引导系统运转过程。采用数字孪生技术可以提高系统工作效率和安全性，降低成本，减少浪费和信息堆积；还可以实时分析和处理综合性社会问题，如模拟洪涝灾害、交通事故、机场航路拥堵等事件及事件响应办法。

在建筑行业，早期的数字孪生技术主要是在各种设备上安装传感器，采集设备数据，通过分析设备数据来预测设备的运行状况。如今，随着物联网设备成本的降低和可用性的提高，数字孪生技术不断发展，并逐步与物联网技术和 BIM 相结合。

3.2 设备运维方式

3.2.1 传统运维方式

从工业革命初期至 20 世纪 70 年代，受限于当时的科技发展水平，设备运维主要依赖“人员+管理制度”的手工运维方式，先后出现了事后维修、预防维修、系统维修、综合管理等运维方式。

1. 事后维修

在工业革命初期，由于设备简单且易于维护，主要采取事后维修的方式进行管理。由于事先不知道故障什么时候发生，因而缺乏事前准备，维修时间较长。此外，因为维修是无计划的，所以常常导致设备长期不能正常使用。

2. 预防维修

为了减少停工及修理时间，1925 年美国率先提出了预防维修的概念。我国也于 20 世纪 50 年代初期引进了计划预修制度。预防维修就是对设备进行定期检查，并进行预防性维修保养，从而避免或减少突发事故的发生，并延长设备的使用寿命。

3. 系统维修

预防维修虽然有很多优点，但有时会导致维修工作量增多，造成过分保养和人力物力的浪费。为此，美国通用电气公司于 1954 年提出了生产维修的概念，强调设备的系统维修，即对关键设备进行重点维护，从而达到提高企业综合效益的目的。系统维修是指根据设备的重要性选用不同的维修保养方法，对重点设备采用预防维修，对一般设备采用事后维修。这样，既可以集中力量做好重点设备的维修保养工作，又可以节省维修费用。

4. 综合管理

1970 年，英国率先提出了综合管理的概念。综合管理是在系统维修的基础上融合行为科学、系统理论等方面的知识而产生的，它是对设备实行全面管理的一种重要方式。同时，综合管理是设备管理现代化的重要标志，主要表现在以下几方面。

（1）使设备管理向制度化、标准化、系列化及程序化方向发展。

（2）使设备维修从定期大小修、按期按时维修向预知维修、按需维修发展。

（3）使设备管理从不追求经济效益的纯维修型管理，向修、管、用并重，且追求最佳综合效益的综合型管理发展。

受人员素质、管理制度缺陷等因素的影响，传统运维方式通常存在着效率较低、成本高、缺乏系统可靠性等问题。而且，在传统运维方式下，故障处理技术及巡检经验得不到有效保存及共享，经常出现错检、漏检及过度维修等问题。

3.2.2 智能运维方式

20 世纪末至 21 世纪初，随着 IT 技术的快速发展及其在企业中的大规模应用，设备运维方式也发生了重大变化，出现了“智能运维”的新理念。

随着可编程逻辑控制器（PLC）的出现及其在生产系统中的应用，设备运行状态连续监控的问题得到了解决。可以把 PLC 直接连接到计算机上，对设备状态进行实时监控，出现异常情况会自动报警或发出修理命令。这种系统就是智能运维系统，它是基于数据采集、识别、分析技术对传统运维系统的升级。智能运维系统能够实现业务系统的故障智能检测，并能对发生的故障及时发出警告，从而辅助管理者进行消患、故障根因判断和处理。

智能运维的发展和应用，解决了大型建筑设施中庞杂系统的自动化管理问题，能极大地减少人力成本，降低操作风险，提高运维效率。但智能运维的本质依然是人与自动化工具相结合的运维模式，不同种类的设备和系统相互独立，统一管理和协调问题依旧存在，而且无法为大规模、高复杂性的系统持续提供高质量的运维服务。

3.2.3 智慧运维方式

进入 21 世纪，业务系统的架构越来越复杂，运营规模越来越大，设备越来越智能化，如何把设备运行过程中产生的海量数据存储下来，对其进行智能分析并将分析结果以可视化报表的形式展现出来，为管理者提供决策支持，成为传统运维平台难以解决的问题。在这一背景下，发展出了“智慧运维”的概念。

所谓智慧运维，是指利用大数据分析技术及云计算技术，从过去的运维数据中自动识别故障特征并获取相应的解决方案，从而能够更准确、更快速地识别、诊断、处理故障，为管理者提供决策支持。智慧运维不是靠某个单独的系统或工具就能实现的。只有打通各系统数据接口，并与不同行业的业务场景深度融合，创造出适用于不同行业的运维方式，才能实现真正的智慧运维。例如，与自动化技术及机器人相结合，能实现无人巡检；与大数据技术相结合，能使系统自动识别故障趋势和模式；与 AI 技术相结合，能通过对历史数据的分析和学习提供高效的运维方案；与 BIM 技术相结合，可建立设备模型与设备状态数据的映射关系，做到数据与设备联动、设备与管理联动，从而实现设备的数字化、可视化、透明化管理。

第 4 章 智慧运维解决方案

4.1 概述

智慧运维解决方案如图 4-1 所示。

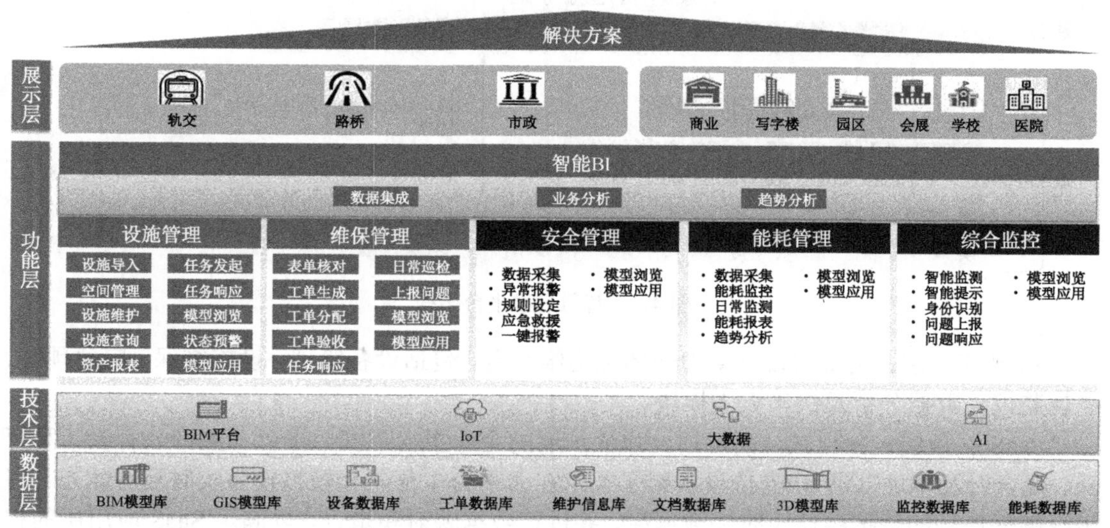

图 4-1 智慧运维解决方案

基于 BIM 技术，实现建筑物三维可视化，并保留与现实标的一致的属性信息（材质、特性等）。基于物联网技术，通过移动终端、RFID、传感器等智能化终端，实现设备信息和空间信息的远程采集，建立统一的数据库，完成人、物、空间的数据协同。建立数字化运行模型，优化运行控制，实现对空间、能源等各个子系统的自动化、智能化、精确性控制；建立从设计、施工到运维的全生命周期时空信息库，将静态信息和动态信息紧密结合，实现建设与运营的全面信息化、数字化管理。

4.2 智慧运维平台架构

智慧运维平台架构如图 4-2 所示，共分为四层：SaaS 应用层、PaaS 服务层、边缘网关服务层和感知层。

图 4-2　智慧运维平台架构

SaaS 应用层：设备与设施管理一体化运维平台，包括设备管理、设施维保、应急预警、能耗监控、数据分析及决策五大模块。

PaaS 服务层：分布式、高可用、弹性扩展的企业级物联网云平台（支持公有云、私有云、混合云及本地部署），支持设备影子技术在云平台中复制和模拟设备实时运行状态。将边缘侧采集到的数据存储至时序数据库，并进行数据映射和聚合，以满足 SaaS 应用层的相关数据需求。内置机器学习引擎和规则引擎，可进行各种复杂规则计算，支持大数据分析。结合 BIM 创建空间信息模型，对建筑物真实空间结构进行映射并叠加设备信息，支持设备数据查询。

边缘网关服务层：连接不同协议和不同数据格式的硬件设备及各类弱电系统，可配置数据采集频率，并对采集到的数据进行存储、过滤去重、加密等处理。支持本地控制策略与联动等功能，提供安全可靠、低延时、低成本、易扩展的边缘数据存储及计算服务，实现即时可靠的设备控制操作。支持时效要求高，计算能力低，不涉及对历史时序数据的分析，仅对当前人像或行为做出判断的智能算法应用（如人脸识别、指纹比对、行为分析等）。

感知层：适配各类物联网传输协议，将各种弱电系统和智能设备集成到一起，使功能、信息和数据等资源充分共享，实现集中、高效、便利的管理。

4.3 业务场景

4.3.1 安全管理

1. 门禁管理

基于 IoT、生物识别、人脸识别、AI 等技术，为工业园区、商业楼宇、住宅小区等开发门禁管理系统（图 4-3），实现从感知层、接口层到应用层的端到端智能门禁解决方案。

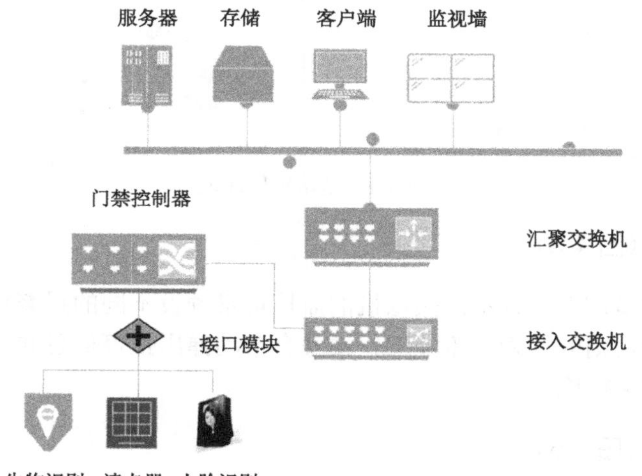

图 4-3 门禁管理系统

2. 人员统计

根据门禁传感器采集的数据，结合基站定位技术，实现人员定位，不仅可以统计人员数量，而且可以对人员的分布做出分析，为人员和现场管理提供即时数据。基站定位原理如图 4-4 所示。

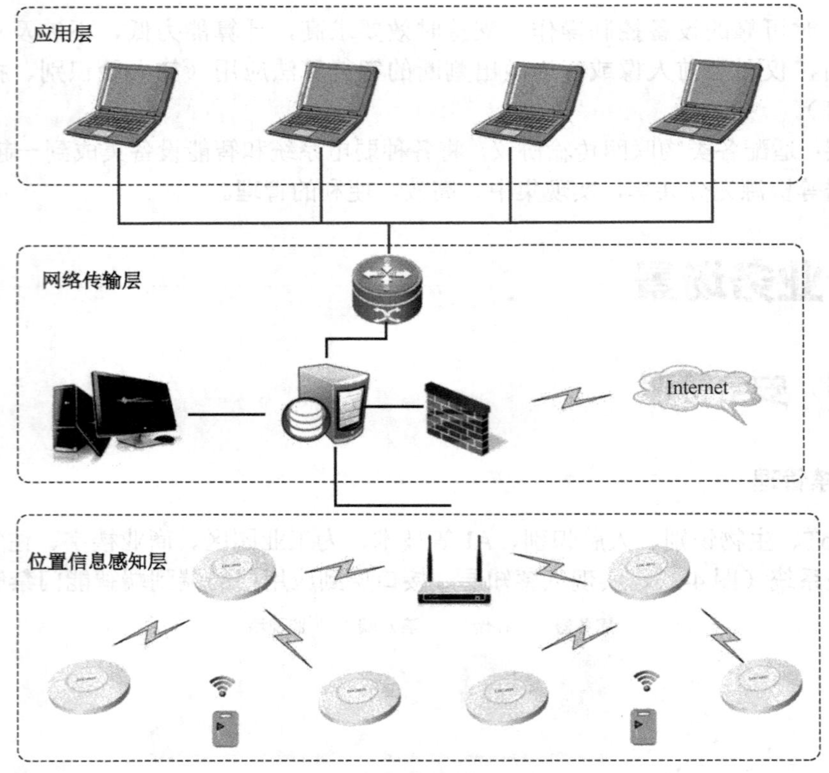

图 4-4　基站定位原理

3. 行为分析（图 4-5）

在视频监控的基础上，为不同摄像机的监控场景预设不同的报警规则，一旦在监控场景中出现违反预设规则的行为，监控工作站就会自动弹出报警信息并发出警示音，以便管理人员及时采取相关措施。

4. 入侵报警（图 4-6）

入侵报警系统由探测器、信道和报警控制器三部分组成。常用的探测器有激光对射探测器、主动红外探测器、电子围栏等。当非准入人员入侵防范区域时，系统能够及时将入侵信号发送到值机人员的技术系统。

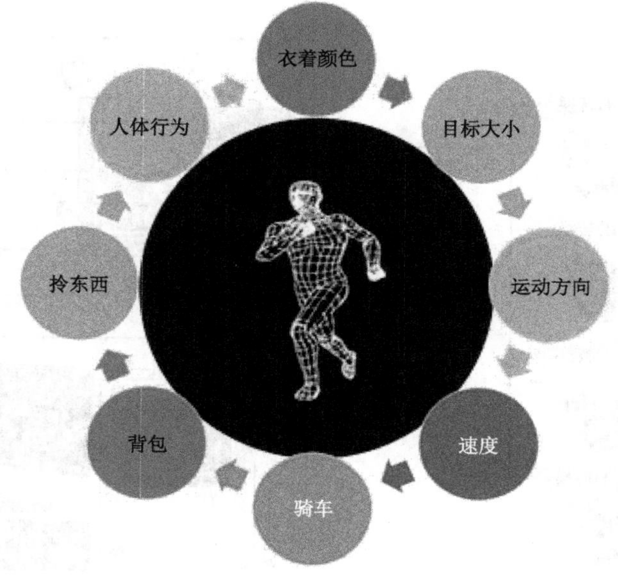

图 4-5　行为分析

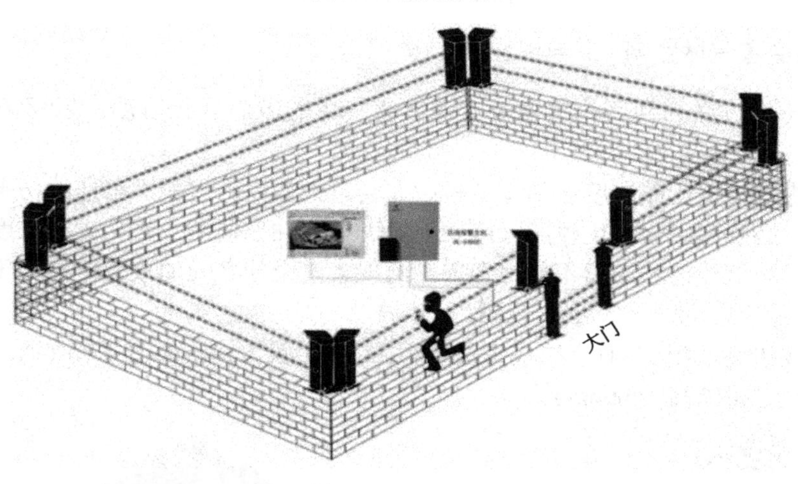

图 4-6　入侵报警

4.3.2 环境监测

1．常规环境监测（图 4-7）

利用传感器对环境温度、湿度、风速、光照度、噪声，以及 PM10、PM2.5 等常规指标进行实时监测，并根据监测数据控制相关设备的工作状态，确保环境条件满足相关要求。

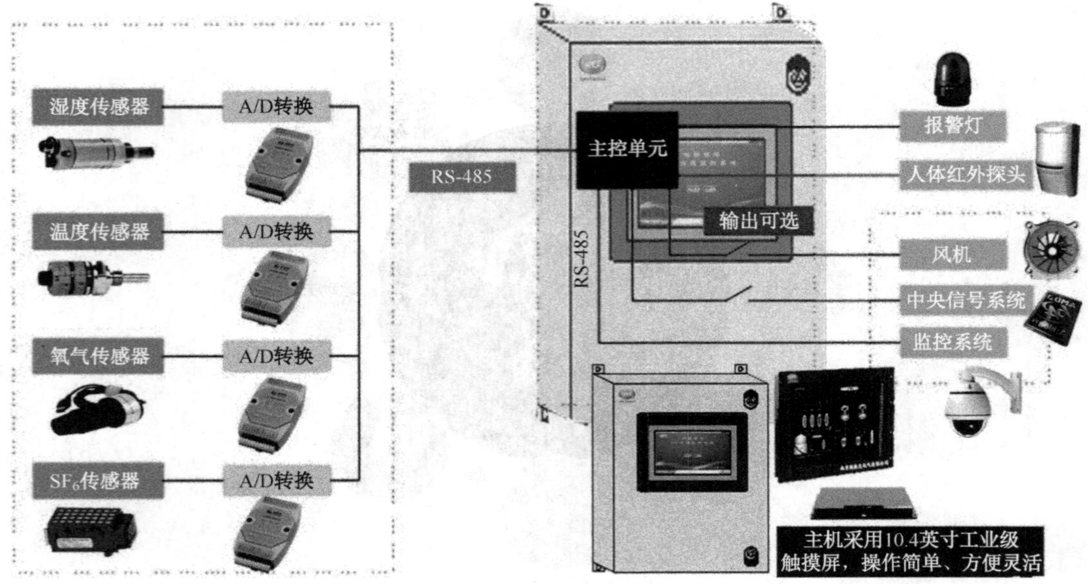

图 4-7 常规环境监测

2. 有毒有害气体监测

在某些场合，必须利用传感器对有毒有害气体的浓度进行监测，以保障人员及设备安全。

当空气中的一氧化碳浓度达到 0.16%时，会对人的大脑造成不可逆的伤害，甚至导致死亡。因此，必须利用一氧化碳（CO）传感器（图 4-8）监测一氧化碳的浓度。为了保证工作稳定性，一氧化碳传感器不能出现漏液的现象，个体之间的误差不能高于 1%FS，并且功耗低。

二氧化碳浓度达到 9%时会造成人员死亡。二氧化碳传感器如图 4-9 所示，要求功耗低，个体之间的误差不能高于 60ppm。

图 4-8 一氧化碳（CO）传感器

图 4-9 二氧化碳传感器

硫化氢浓度达到 10ppm 时会造成气管刺激、结膜炎。氧气浓度低于 18.5%时会降低工作效率，并可导致头部、肺部和循环系统问题。硫化氧（H_2S）传感器和氧气传感器分别如图 4-10 和图 4-11 所示。对这两种传感器的要求是不能出现漏液的现象，功耗低，个体之间的误差不高于 2%FS。

图 4-10 硫化氧（H_2S）传感器

图 4-11 氧气传感器

当 TVOC 浓度为 3.0～25 mg/m^3 时，会对人体产生刺激，与其他因素联合作用时会使人出现头痛。TVOC 传感器如图 4-12 所示。对 TVOC 传感器的要求是不能出现漏液的现象，功耗低，个体之间的误差不高于 2%FS。

图 4-12 TVOC 传感器

当甲醛浓度大于 0.1mg/m^3 时，会造成眼结膜充血发炎、皮肤过敏、鼻咽不适，甚至引发急、慢性支气管炎等呼吸系统疾病。甲醛传感器如图 4-13 所示。甲醛测试仪如图 4-14 所示。

图 4-13　甲醛传感器　　　　图 4-14　甲醛测试仪

3．水位监测

利用水位监测传感器对雨水井、集水井、废水井、污水井，以及饮用水箱和生活及消洗水箱的水位进行监测。水箱水位监测系统如图 4-15 所示。

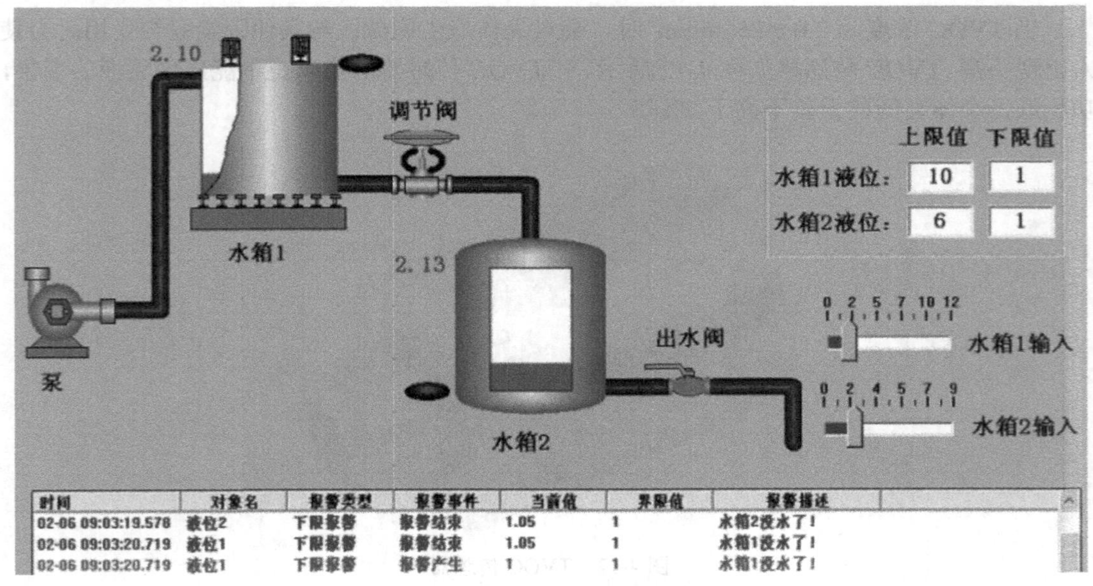

图 4-15　水箱水位监测系统

4.3.3 结构监测

为了确保建筑安全，在室外出入口与主体结构连接的沉降缝、衬砌裂缝，以及结构受力的墙、梁、柱等处布置相应的传感设备，对结构接缝张开、重要裂缝、洞室渗漏、结构沉降等进行实时监测（图 4-16）。

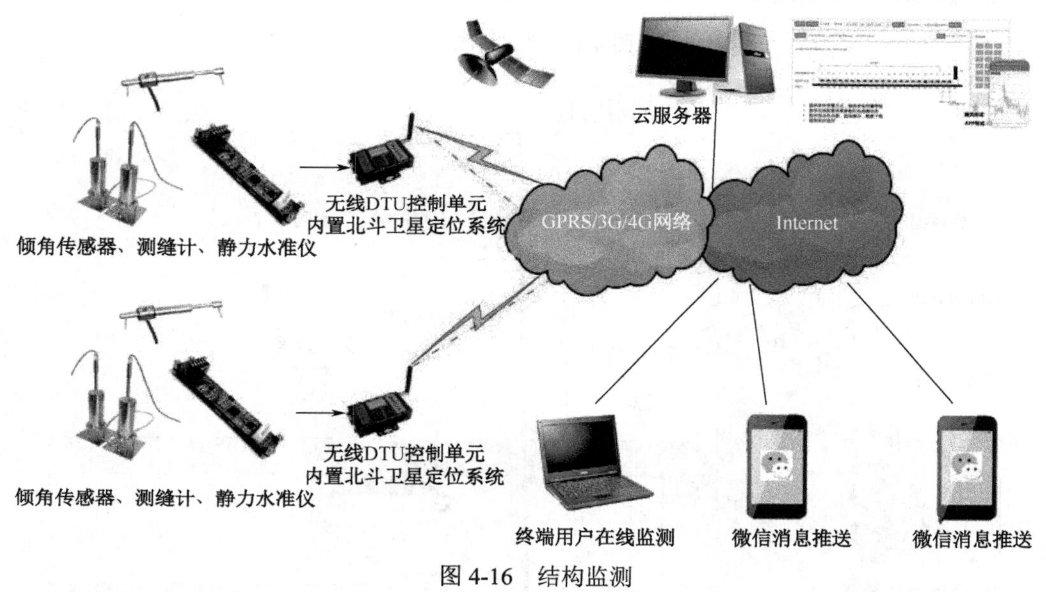

图 4-16 结构监测

4.3.4 能耗管理

1. 照明管理（图 4-17）

在不同位置布置不同的传感器和控制器，实现灯具亮度自动调节和场景模式自动切换，从而达到节能降耗的目的。

2. 空调控制

利用温度传感器采集室内环境温度并与系统预设值进行对比，根据对比结果控制空调自动制冷或制热，从而达到智能调温的目的。空调控制系统如图 4-18 所示。

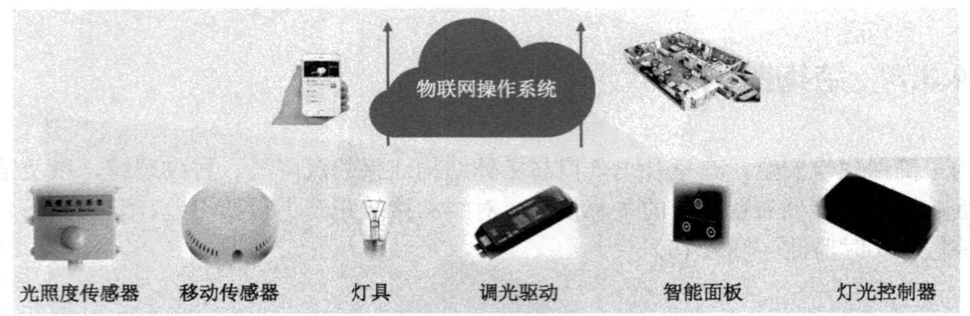

图 4-17 照明管理

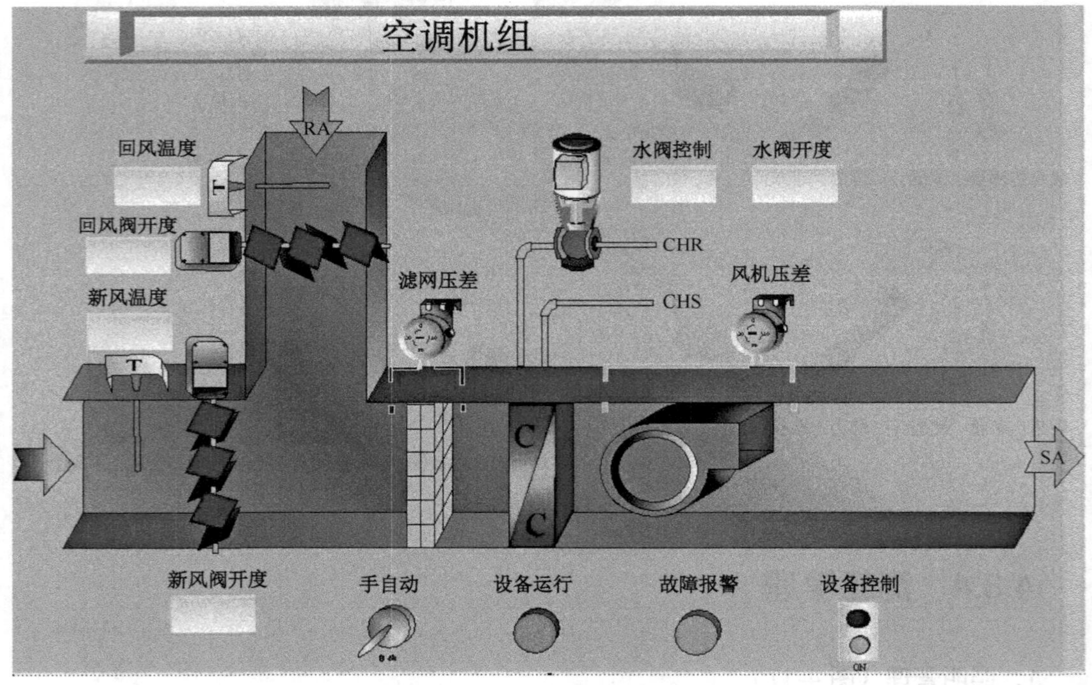

图 4-18 空调控制系统

3. 能耗计量

对传统能耗计量设备进行改造，在水、电、气三表中内置 IoT 计量功能，随时随地监测能耗数据。电力计量系统如图 4-19 所示。智能电表如图 4-20 所示。智能水表如图 4-21 所示。智能气表如图 4-22 所示。

4. 能耗预警（图 4-23）

对监控、采集的能耗数据进行处理，对能耗过高的区域、设备、系统进行排查和分析，及时进行能耗预警。

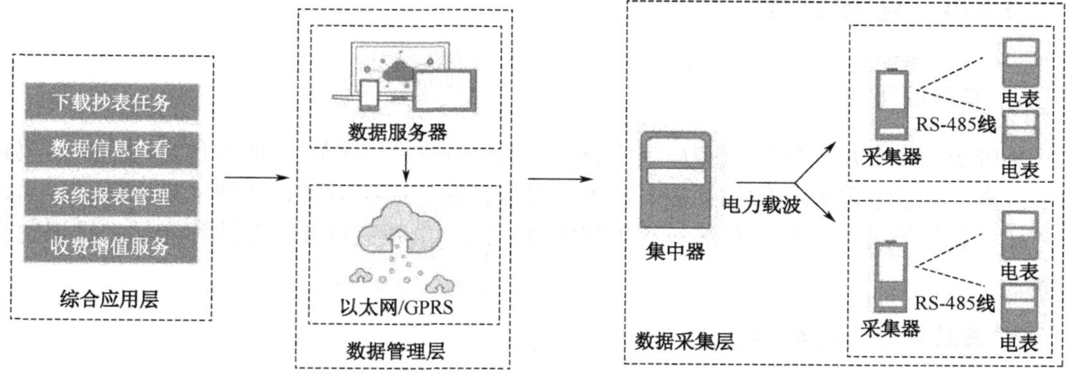

图 4-19　电力计量系统

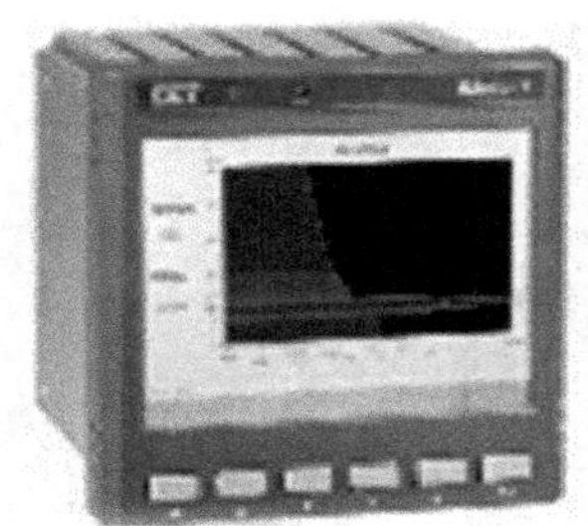

图 4-20　智能电表

图 4-21　智能水表

图 4-22　智能气表

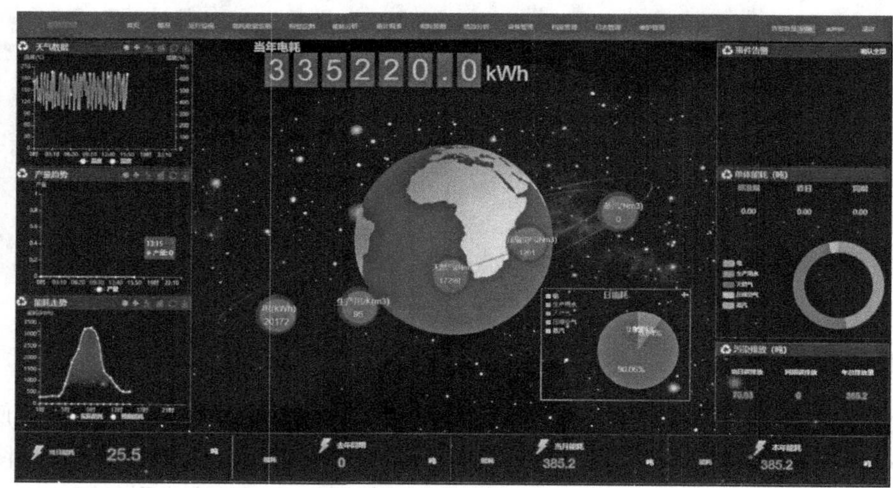

图 4-23　能耗预警

4.3.5 停车管理

1. 车牌识别

车牌识别是利用车辆的动态视频或静态图像进行牌照号码、牌照颜色自动识别的模式识别技术。其硬件基础一般包括触发设备、摄像设备、照明设备、图像采集设备、处理设备（如计算机）等，其核心算法包括车牌定位算法、车牌字符分割算法和光学字符识别算法等。

2. 车位统计（图 4-24）

车位统计是指在每个车位布置传感设备，对车位数量和空车位进行统计，以便为车辆室内导航应用提供条件。

图 4-24 车位统计

3. 反向寻车

在大型停车场内，由于停车场空间大、环境及标志物类似、不易辨别方向等原因，车主很容易在停车场内迷失方向，找不到自己的车辆。这时就要用到反向寻车系统（图 4-25）。通过刷卡、扫描条形码，车主能查自己车辆所处的位置，从而尽快找到车辆。

该系统还具有车位引导功能，可以自动引导车辆快速进入空车位，消除车主寻找车位的烦恼，加快停车场的车辆周转，提高停车场的经济效益和管理水平。

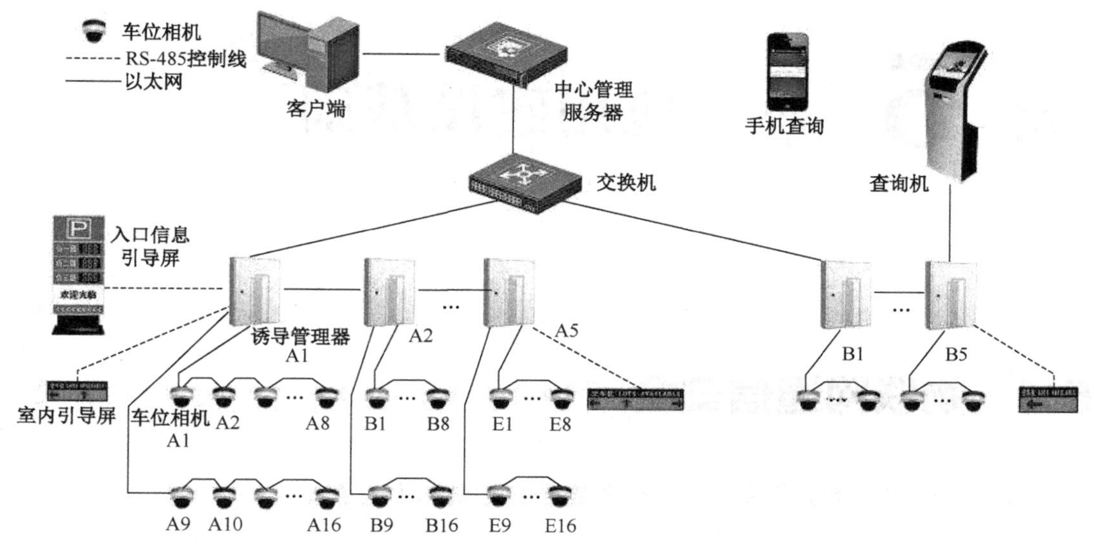

图 4-25　反向寻车系统

4.3.6 大数据分析

利用大数据分析技术，对 IoT、BA 等系统采集的运维大数据进行分析，用于设备的更新维护和趋势预测。大数据分析如图 4-26 所示。

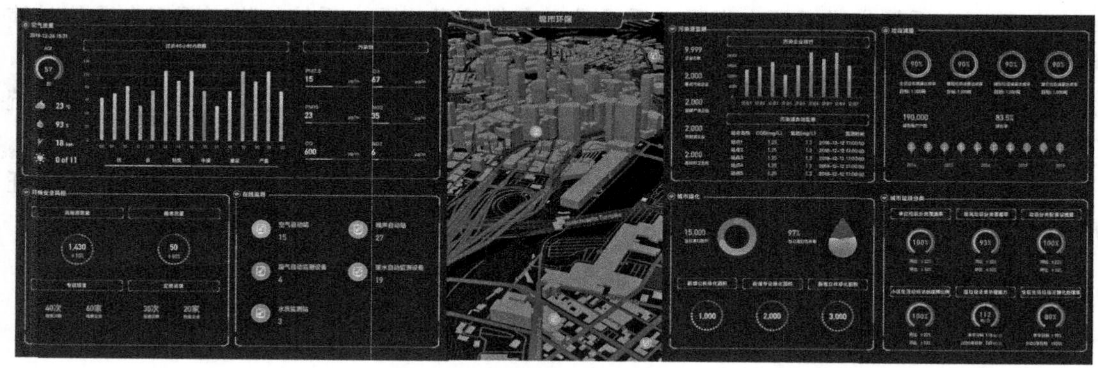

图 4-26　大数据分析

第5章 应用建设基础

5.1 物联网通信安全

物联网通信安全包括设备集成安全和数据采集安全两方面。

5.1.1 设备集成安全

设备集成安全包括弱电系统集成安全和独立设备集成安全，分别指弱电系统和独立设备的接入认证。接入认证的作用是校验弱电系统和独立设备是否合法。

1. 弱电系统集成安全

（1）弱电系统集成时须上报弱电系统唯一身份信息（弱电系统与物联网平台通信时使用的密钥），弱电系统唯一身份信息由物联网技术提供方设置，须保证全平台唯一性。同时，分配给该弱电系统一个唯一识别、不可篡改、不可预测、不可伪造、统一管理的弱电系统ID，与弱电系统唯一身份信息相对应。

（2）物联网平台根据弱电系统唯一身份信息校验该弱电系统是否合法。通过身份认证后，才能进行其他操作。

（3）物联网平台与弱电系统对接时，通过弱电系统 ID 进行快速定位和发送指令。

2. 独立设备集成安全

（1）设备认证时需要上报设备唯一身份信息（设备认证二要素：Product Key 和 Device Secret）。Product Key 为产品识别码，设备厂商在设备管理服务中新增产品时由物联网平台自动生成。Device Secret 为设备密钥，设备厂商在设备管理服务中选择产品后通过输入设备 SN 码申请生成（一机一密，即每个设备拥有一个密钥），需要保证全平台唯一性。

（2）设备管理服务根据设备唯一身份信息校验该设备是否合法。通过身份认证后，设备必须首先向设备管理服务进行注册，之后才能进行其他操作。

（3）设备注册过程是指设备进行身份信息上传和设置的过程。每个设备在与设备管理服务进行通信和交互之前，都需要将其自身的设备信息上报到设备管理服务中。

（4）设备注册服务是设备管理服务中负责设备信息管理的服务。设备在注册过程中所上传的具体信息可由厂家自行决定，但必须符合物联网设备数据标准。

（5）设备管理服务根据设备请求中携带的设备信息进行注册，注册成功后分配给该设备一个唯一识别、不可篡改、不可预测、不可伪造、统一管理的设备 ID。

5.1.2 数据采集安全

数据采集安全是指所有弱电系统和设备与物联网平台的通信都要加密传输，以防传输数据泄露或被篡改。对于大部分物联网应用场景，数据都是在公共网络上进行传输的。为了保证数据传输的保密性、不可篡改性和不可否认性，要求数据传输采用安全通信协议。安全通信协议负责进行密钥交换，对通信负载进行加密和完整性保护。

5.2 弱电系统集成

5.2.1 弱电系统集成的定义

弱电系统一般是指 5A 系统，即通信自动化（CA）系统、建筑自动化（BA）系统、办公自动化（OA）系统、消防自动化（FA）系统和安防自动化（SA）系统。

随着电子技术、计算机技术、网络通信技术的发展，5A 系统不再是一个个独立的系统，而是被设计在一套综合布线系统中，以公共通信网络为桥梁，协调各类系统和局域网之间的接口和协议，使不同的设备、功能和信息构成一个完整的系统，这就是弱电系统集成。弱电系统集成可以使资源达到高度共享，使管理达到高度集中。不同类型的建筑（如写字楼、酒店、医院、学校等），其弱电系统集成功能不同，在进行弱电系统集成设计时要充分考虑建筑的用途。

5.2.2 弱电系统集成的要求

1. 开放性

集成系统的开放性设计应遵循国际主流标准及相关工业标准，各子系统的信息接口、协议等应符合国家标准。

2. 可扩展性

集成系统应用软件应严格遵循模块化结构，以满足集成系统的可扩展性。

3. 互连接性

集成系统完全基于局域网（Intranet），各子系统在物理上和逻辑上可以，实现无缝连接。

4. 安全性

必须建立完善的网络安全和信息安全管理体系，采取切实可行的管理措施，以保证集成系统高效、可靠、安全运行。

5. 先进性

应采用国际上的主流技术和系统产品，以保证技术先进性和可延续性。

6. 经济性

系统设计者要从系统目标和业主实际需求出发，选择先进、成熟、经济的优质产品，并在系统配置和兼容性方面进行充分论证，消除不必要的设备冗余，以节省投资费用。

7. 可靠性

集成系统应是一个可靠性和容错性极高的系统，在发生故障和突发事件时，系统仍能正常运行。

5.2.3 弱电系统集成的内容

1. 建筑自动化系统

建筑自动化系统又称楼宇自控系统，是指将建筑物（或建筑群）内的中央空调、送排风、给排水、供配电、照明、电梯等设备集成在一起，构成一个综合系统，以达到集中监控和管理的目的。

2．安防自动化系统

安防自动化系统是指以维护社会公共安全为目的，利用安全防范产品和其他相关产品所构成的视频监控系统、入侵报警系统、出入口控制系统、可视对讲系统、电子巡更系统等，或者由这些系统组成的综合系统或网络。

3．消防自动化系统

消防自动化系统主要由两大部分组成，即火灾自动报警系统和消防联动系统（联动灭火系统、防排烟设备、防火卷帘、紧急广播、应急照明等）。

4．通信自动化系统

通信自动化系统主要包括语音通信系统、数据通信系统、图文通信系统、卫星通信系统及数据微波通信系统等，其发展方向是综合业务数字网。综合业务数字网具有数字化、智能化和综合化的特点，它将电话网、电报网、传真网、数据网、广播电视网、数字程控交换机和数字传输系统集成在一起，实现信息收集、存储、传送、处理和控制一体化，用一个网络就可以为用户提供电话、传真、可视图文、会议电视、数据通信、移动通信等多种电信服务。

5．办公自动化系统

办公自动化系统是将计算机、通信等现代化技术应用到传统办公过程中所形成的一种新型办公方式。办公自动化系统利用现代化设备和信息化技术，高效地处理办公事务和业务信息，可实现对信息资源的高效利用，并能最大限度地提高工作效率和质量、改善工作环境。办公自动化系统能将企业资源计划系统、供应链管理系统、人力资源系统、客户关系管理系统、管理信息系统等不同系统中存储的数据和业务流程进行整合，实现无缝集成的协同办公平台。

5.2.4 弱电系统集成的方法

系统集成要采用科学的方法，一般按照“总体规划、优先设计、从上向下、分步实施”的原则进行。

“总体规划、优先设计”，是指在工程建设规划阶段就要明确弱电系统集成的目标、平台和技术，并将其作为后续阶段的设计指导。

“从上向下、分步实施”，是指各子系统的功能和技术方案必须满足系统集成的目标和设计指导，只有这样，才能达到总体目标。

系统集成设计完成，出具相应的设计图纸后，就要进行产品选型，应在满足功能需求的前提下，综合考虑成本、质量等因素，选择合适的品牌并进行设备联试。产品选好后就要进行工程实施，应分系统进行施工安装并进行系统联试。整个系统验收完毕，就要进入运行阶段，必须由专人进行维护和管理。

5.2.5 弱电系统集成的技术手段

（1）采用协议转换的方式实现系统集成。目前主要的通信协议有 RestAPI、Web Services、SNMP、ODBC、JDBC、XML、TCP、UDP 等。

（2）采用开放式标准协议实现系统集成。目前主要的开放式标准协议有 BACnet、Modbus、OPC、KNX、EIB、ONVIF、oBIX 等。

5.3 物联网数据采集

物联网中涉及的设备种类和设备厂商繁多，设备数据格式和通信协议千变万化。不同的设备要实现互联互通，必须保证规范化和安全化的数据采集。本节主要介绍物联网设备数据标准和物联网通信协议标准。

5.3.1 物联网设备数据标准

物联网设备数据包括设备静态属性和时序数据。

1. 设备静态属性

设备静态属性包括默认属性和自定义属性。默认属性见表 5-1。

表 5-1 默认属性

属性名称	说明
设备 SN 码	设备本身的物理编码
产品标识符	由硬件厂商在设备管理服务中创建产品时自定义
产品名称	由硬件厂商在设备管理服务中创建产品时自定义
产品类型	设备的硬件类型
设备代码	管理系统内部编号，可基于 BIM 的空间代码生成，也可由使用者自定义

自定义属性随厂商和产品类型的不同而有所不同，具体内容可由硬件厂商在设备管理服务中创建产品时自定义，如安装时间、保修时间、保修电话等。

2. 时序数据

时序数据是指随时间变化的数据（如采集数据、监测事件、设备的运行状态等），包括设备标识信息和自定义数据。设备标识信息见表 5-2。

表 5-2 设备标识信息

名　称	说　明
时间	设备推送时序数据的时间
Product Key	设备厂商在设备管理服务中新增产品时由物联网平台自动生成的产品识别码
Device Secret	设备厂商在设备管理服务中选择产品后通过输入设备 SN 码申请生成的设备密钥

自定义数据随厂商和产品类型的不同而有所不同，具体内容可由硬件厂商在设备管理服务中创建产品时自定义。例如，在安防场景下，对门禁类设备可自定义出入记录时序数据（人员信息、开门方式、进出状态等）；在消防场景下，可自定义传感器实时采集温度和湿度；在能源优化场景下，对智能电表可自定义电源时序数据（电表的电压值、电流值等）。

5.3.2 物联网通信协议标准

物联网通信协议标准可根据应用场景分为接入技术标准和应用技术标准。

1. 接入技术标准

接入技术标准专注于物理层与数据链路层的连通性，应根据不同的应用场景结合业务需求选择合适的接入技术。

2. 应用技术标准

应用技术标准专注于传输层和应用层之间的通信。考虑到安全性，推荐使用加密协议，包括 HTTPS 协议和 MQTT 协议。

1）HTTPS 协议

HTTPS 协议是超文本传输安全协议，基于 HTTP 开发，在客户端和服务器之间使用安全套接字层进行信息交换，从而防止传输数据泄露或被篡改。

2）MQTT 协议

MQTT 协议是基于发布/订阅模式的“轻量级”即时通信协议，其最大的优点在于能以极少的代码和有限的带宽为远程设备提供实时可靠的消息服务。

5.4 BIM 建模要求

5.4.1 BIM 模型精度

1. 模型精度等级划分

BIM 模型精度共分为 5 级。

（1）LOD100——概念性：示意几何数据。

（2）LOD200——近似几何：显示通用元素，包括其最大尺寸和用途。

（3）LOD300——精确几何：表达特定元素，包括其尺寸、容量、连接关系等。

（4）LOD400——加工制造：模型可用于采购、生产及安装。

（5）LOD500——建成竣工：模型反映实际成品的状态。

2. 不同阶段的模型精度等级

不同阶段的模型精度等级见表 5-3。

表 5-3 不同阶段的模型精度等级

构件		方案阶段	初步设计阶段	施工图阶段	施工图深化阶段	竣工图阶段
建筑专业						
场地		LOD100	LOD200	LOD300	LOD300	LOD300
墙		LOD100	LOD200	LOD300	LOD300	LOD300
散水		LOD100	LOD200	LOD200	LOD200	LOD200
幕墙		LOD100	LOD200	LOD300	LOD400	LOD400
建筑柱		LOD100	LOD200	LOD300	LOD300	LOD300
门窗		LOD100	LOD200	LOD300	LOD400	LOD400
屋顶		LOD100	LOD200	LOD300	LOD300	LOD300
楼板		LOD100	LOD200	LOD300	LOD300	LOD300
天花板		LOD100	LOD200	LOD300	LOD300	LOD300
楼梯（含坡道、台阶）		LOD100	LOD200	LOD300	LOD300	LOD300
电扶梯		LOD100	LOD200	LOD300	LOD400	LOD500
家具		LOD100	LOD200	LOD300	LOD400	LOD400
结构专业						
主体结构	板	LOD100	LOD200	LOD300	LOD300	LOD300
	梁	LOD100	LOD200	LOD300	LOD300	LOD300
	柱	LOD100	LOD200	LOD300	LOD300	LOD300

续表

构件		方案阶段	初步设计阶段	施工图阶段	施工图深化阶段	竣工图阶段
主体结构	梁柱节点	LOD100	LOD200	LOD300	LOD300	LOD300
	墙	LOD100	LOD200	LOD300	LOD300	LOD300
地基基础工程	预埋及吊环	LOD100	LOD200	LOD300	LOD300	LOD300
	柱	LOD100	LOD200	LOD300	LOD300	LOD300
	桁架	LOD100	LOD200	LOD300	LOD300	LOD300
	梁	LOD100	LOD200	LOD300	LOD300	LOD300
	柱脚	LOD100	LOD200	LOD300	LOD300	LOD300
电气专业						
供配电系统	母线	LOD100	LOD200	LOD300	LOD400	LOD400
	配电箱	LOD100	LOD200	LOD300	LOD400	LOD400
	电度表	LOD100	LOD200	LOD300	LOD400	LOD400
	变、配电站内设备	LOD100	LOD200	LOD300	LOD500	LOD500
照明系统	照明	LOD100	LOD200	LOD300	LOD400	LOD400
	开关插座	LOD100	LOD200	LOD300	LOD400	LOD400
路线敷设及防雷接地	避雷设施	LOD100	LOD200	LOD300	LOD400	LOD400
	桥架、线槽	LOD100	LOD200	LOD300	LOD400	LOD400
	平面布线	LOD100	LOD200	LOD300	LOD400	LOD400
火灾报警及联动控制系统	探测器	LOD100	LOD200	LOD300	LOD400	LOD400
	按钮	LOD100	LOD200	LOD300	LOD400	LOD400
	报警电话广播	LOD100	LOD200	LOD300	LOD500	LOD500
	火灾报警设备	LOD100	LOD200	LOD300	LOD500	LOD500
弱电桥架线槽	桥架	LOD100	LOD200	LOD300	LOD400	LOD400
	线槽	LOD100	LOD200	LOD300	LOD400	LOD400
通信网络	插座	LOD100	LOD200	LOD300	LOD400	LOD400
弱电机房	机房内设备	LOD100	LOD200	LOD300	LOD500	LOD500
其他系统设备	广播设备	LOD100	LOD200	LOD300	LOD500	LOD500
	监控设备	LOD100	LOD200	LOD300	LOD500	LOD500
	安防设备	LOD100	LOD200	LOD300	LOD500	LOD500
给排水专业						
管道	LOD100		LOD200	LOD300	LOD300	LOD300
阀门	LOD100		LOD200	LOD300	LOD400	LOD400
附件	LOD100		LOD200	LOD300	LOD300	LOD300
仪表	LOD100		LOD200	LOD300	LOD400	LOD400
设备	LOD100		LOD200	LOD300	LOD400	LOD500
暖通空调专业						
风系统	风管道	LOD100	LOD200	LOD300	LOD300	LOD300
	管件	LOD100	LOD200	LOD300	LOD300	LOD300
	附件	LOD100	LOD200	LOD300	LOD300	LOD300

续表

构 件		方案阶段	初步设计阶段	施工图阶段	施工图深化阶段	竣工图阶段
风系统	末端	LOD100	LOD200	LOD300	LOD300	LOD300
	阀门	LOD100	LOD100	LOD300	LOD400	LOD400
	机械设备	LOD100	LOD100	LOD300	LOD400	LOD500
水系统	水管道	LOD100	LOD200	LOD300	LOD300	LOD300
	管件	LOD100	LOD200	LOD300	LOD300	LOD300
	附件	LOD100	LOD200	LOD300	LOD300	LOD300
	阀门	LOD100	LOD100	LOD300	LOD400	LOD400
	设备	LOD100	LOD100	LOD300	LOD400	LOD500
	仪表	LOD100	LOD100	LOD300	LOD400	LOD400

3. 不同模型精度等级的具体要求

不同模型精度等级的具体要求见表 5-4。

表 5-4　不同模型精度等级的具体要求

项 目	LOD100	LOD200	LOD300	LOD400	LOD500
建筑专业					
构件	不表示	几何信息（形状、位置和颜色等）	几何信息（模型实体尺寸、形状、位置和颜色等）	产品信息（概算）	
场地	几何信息（模型实体尺寸、形状、位置和颜色）	技术信息（材质信息，含粗略面划分）	技术信息（详细面层信息，包含材质，附节点详图）	产品信息（供应商、产品合格证、生产厂家、生产日期、价格等）	维保信息（使用年限、保修年限、维保频率、维保单位等）
墙	不表示	几何信息（形状、位置和颜色等）			
散水	几何信息（嵌板+分隔）	几何信息（带简单竖梃）	几何信息（具体的竖梃截面，有连接构件）	技术信息（幕墙与结构连接方式），产品信息（供应商、产品合格证、生产厂家、生产日期、价格等	维保信息（使用年限、保修年限、维保频率、维保单位等）
建筑柱	几何信息（模型实体尺寸、形状、位置和颜色）	技术信息（包括装饰面、材质）	技术信息（包括装饰面、材质）	产品信息（供应商、产品合格证、生产厂家、生产日期、价格等）	维保信息（使用年限、保修年限、维保频率、维保单位等）
门窗	几何信息（形状、位置）	几何信息（模型实体尺寸、形状、位置和颜色）	几何信息（门窗大样图、门窗详图）	产品信息（供应商、产品合格证、生产厂家、生产日期、价格等）	维保信息（使用年限、保修年限、维保频率、维保单位等）

续表

项　目	LOD100	LOD200	LOD300	LOD400	LOD500
屋顶	几何信息（悬挑、厚度、坡度）	几何信息（檐口、封檐带、排水沟）	几何信息（节点详图、材料和材质信息）	产品信息（供应商、产品合格证、生产厂家、生产日期、价格等）	维保信息（使用年限、保修年限、维保频率、维保单位等）
楼板	几何信息（坡度、厚度、材质）	几何信息（楼板分层、降板、洞口、楼板边缘）	几何信息（楼板分层细部做法、洞口详细信息）	产品信息（供应商、产品合格证、生产厂家、生产日期、价格等）	维保信息（使用年限、保修年限、维保频率、维保单位等）
天花板	几何信息（用一块整板代替，只表达边界）	几何信息（厚度，局部降板，准确分割，包括材质信息）	几何信息（龙骨、预留洞口、风口等，包括节点详图）	产品信息（供应商、产品合格证、生产厂家、生产日期、价格等）	维保信息（使用年限、保修年限、维保频率、维保单位等）
（含坡道、台阶）	几何信息（形状）	几何信息（详细建模，包括栏杆）	几何信息（楼梯详图）	建造信息（安装日期、操作单位）	维保信息（使用年限、保修年限、维保频率、维保单位等）
直电梯	几何信息（电梯门，用简单二维符号表示）	几何信息（用详细二维符号表示）	几何信息（节点详图）	产品信息（供应商、产品合格证、生产厂家、生产日期、价格等）	维保信息（使用年限、保修年限、维保频率、维保单位等）
电扶梯	几何信息（电梯门，用简单二维符号表示）	几何信息（用详细二维符号表示）	几何信息（节点详图）	产品信息（供应商、产品合格证、生产厂家、生产日期、价格等）	维保信息（使用年限、保修年限、维保频率、维保单位等）
家具	不表示	几何信息（形状、位置和颜色等）	几何信息（尺寸、位置和颜色等）	产品信息（供应商、产品合格证、生产厂家、生产日期、价格等）	维保信息（使用年限、保修年限、维保频率、维保单位等）
结构专业					
板（混凝土结构）	几何信息（板厚、板长、板宽、表面材质和颜色）	技术信息（材料和材质信息）	几何信息（分层做法、楼板详图，附带节点详图、钢筋布置图），技术信息（材料信息）	产品信息（供应商、产品合格证、生产厂家、生产日期、价格等）	维保信息（使用年限、保修年限、维保频率、维保单位等）
梁（混凝土结构）	几何信息（梁长、梁宽、梁高、表面材质和颜色）	技术信息（材料和材质信息）	几何信息（梁标识，附带节点详图、钢筋布置图），技术信息（材料信息）	产品信息（供应商、产品合格证、生产厂家、生产日期、价格等）	维保信息（使用年限、保修年限、维保频率、维保单位等）
柱（混凝土结构）	几何信息（柱长、柱宽、柱高、表面材质和颜色）	技术信息（材料和材质信息）	几何信息（柱标识，附带节点详图、钢筋布置图），技术信息（材料信息）	产品信息（供应商、产品合格证、生产厂家、生产日期、价格等）	维保信息（使用年限、保修年限、维保频率、维保单位等）

续表

项　目	LOD100	LOD200	LOD300	LOD400	LOD500
结构专业					
梁柱节点	不表示	几何信息（连接方式、节点详图、材质）	几何信息（连接方式、节点详图），技术信息（钢筋型号）	产品信息（供应商、产品合格证、生产厂家、生产日期、价格等）	维保信息（使用年限、保修年限、维保频率、维保单位等）
墙（混凝土结构）	几何信息（墙厚、墙长、墙宽、表面材料）	技术信息（材料和材质信息）	几何信息（分层做法、墙身打样详图、洞口加固等节点详图、钢筋布置图），技术信息（材料信息）	产品信息（供应商、产品合格证、生产厂家、生产日期、价格等）	维保信息（使用年限、保修年限、维保频率、维保单位等）
预埋盒吊环（混凝土结构）	不表示	几何信息（长、宽、高、轮廓），技术信息（材料和材质信息）	几何信息（大样详图、节点详图、钢筋布置图），技术信息（材料和材质信息）	产品信息（供应商、产品合格证、生产厂家、生产日期、价格等	维保信息（使用年限、保修年限、维保频率、维保单位等）
基础	不表示	几何信息（长、宽、高、轮廓、颜色），技术信息（材质）	几何信息（大样详图、钢筋布置图），技术信息（材料信息）	产品信（供应商、产品合格证、生产厂家、生产日期、价格等）	维保信息（使用年限、保修年限、维保频率、维保单位等）
基坑工程	不表示	几何信息（基坑宽度、高度、表面）	几何信息（基坑围护结构构件尺寸及轮廓、钢筋布置图）	产品信息（供应商、产品合格证、生产厂家、生产日期、价格等）	维保信息（使用年限、保修年限、维保频率、维保单位等）
柱（钢结构）	几何信息（钢柱长度、宽度、高度、表面材质和颜色）	技术信息（材料和材质信息，根据钢材型号表示详细轮廓）	几何信息（钢柱标识，附带节点详图）	产品信息（供应商、产品合格证、生产厂家、生产日期、价格等	维保信息（使用年限、保修年限、维保频率、维保单位等）
桁架（钢结构）	几何信息（长度、宽度、高度、表面材质和颜色）	技术信息（材料和材质信息）	几何信息（桁架标识、桁架杆件连接构造，附带节点详图）	产品信息（供应商、产品合格证、生产厂家、生产日期、价格等）	维保信息（使用年限、保修年限、维保频率、维保单位等）
梁（钢结构）	几何信息（长度、宽度、高度、表面材质和颜色）	技术信息（材料和材质信息，根据钢材型号表示详细轮廓）	几何信息（钢梁标识，附带节点详图）	产品信息（供应商、产品合格证、生产厂家、生产日期、价格等）	维保信息（使用年限、保修年限、维保频率、维保单位等）
柱脚（钢结构）	不表示	几何信息（柱脚长、宽、高用体量表示）	几何信息（柱脚详细轮廓信息、柱脚标识，附带节点详图），技术信息（材料信息）	产品信息（供应商、产品合格证、生产厂家、生产日期、价格等）	维保信息（使用年限、保修年限、维保频率、维保单位等）

续表

项　目	LOD100	LOD200	LOD300	LOD400	LOD500
电气专业					
设备	不建模	几何信息（基本族）	几何信息（基本族、名称、符合标准的二维符号、相应标高）	几何信息（准确尺寸的族、名称），技术信息（所属系统）	几何信息（准确尺寸的族、名称），技术信息（所属系统），产品信息（供应商、产品合格证、生产厂家、生产日期、价格等）
母线桥架线槽	不建模	几何信息（基本路由）	几何信息（基本路由、尺寸标高）	几何信息（具体路由、数量），技术信息（材料和材质、所属系统）	几何信息（准确尺寸的族、名称），技术信息（所属系统），产品信息（供应商、产品合格证、生产厂家、生产日期、价格等）
管路	不建模	几何信息（基本路由、数量）	几何信息（基本路由、数量、所属系统）	几何信息（具体路由、数量），技术信息（材料和材质信息、所属系统）	几何信息（准确尺寸的族、名称），技术信息（所属系统），产品信息（供应商、产品合格证、生产厂家、生产日期、价格等）
暖通专业					
管道	几何信息（管道类型、管径、主管线标高）	几何信息（支管线标高）	几何信息（加保温层，管道进设备机房）	技术信息（材料和材质信息、技术参数等）	维保信息（使用年限、保修年限、维护频率、维保单位等）
阀门	不表示	几何信息（统一规格）	几何信息（分类绘制）	技术信息（材料和材质信息、技术参数等），产品信息（供应商、产品合格证、生产厂家、生产日期、价格等）	维保信息（使用年限、保修年限、维护频率、维保单位等）
附件	不表示	几何信息（统一形状）	几何信息（分类绘制）	技术信息（材料和材质信息、技术参数等），产品信息（供应商、产品合格证、生产厂家、生产日期、价格等）	维保信息（使用年限、保修年限、维护频率、维保单位等）
仪表	不表示	几何信息（统一规格）	几何信息（分类绘制）	技术信息（材料和材质信息、技术参数等），产品信息（供应商、产品合格证、生产厂家、生产日期、价格等）	维保信息（使用年限、保修年限、维护频率、维保单位等）

续表

项　目	LOD100	LOD200	LOD300	LOD400	LOD500
暖通专业					
卫生器具	不表示	几何信息（简单体量）	几何信息（具体类别、形状及尺寸）	技术信息（材料和材质信息、技术参数等），产品信息（供应商、产品合格证、生产厂家、生产日期、价格等）	维保信息（使用年限、保修年限、维护频率、维保单位等）
设备	不表示	几何信息（简单体量）	几何信息（具体类别、形状及尺寸）	技术信息（材料和材质信息、技术参数等），产品信息（供应商、产品合格证、生产厂家、生产日期、价格等）	维保信息（使用年限、保修年限、维护频率、维保单位等）
风管道	不表示	几何信息（只绘制主管线，标高可自行定义，按照系统添加不同颜色）	几何信息（绘制支管线，有准确的标高和管径，添加保温层）	技术信息（材料和材质信息、技术参数等）	维保信息（使用年限、保修年限、维护频率、维保单位等）
管件（风系统）	不表示	几何信息（绘制主管线上的管件）	几何信息（绘制支管线上的管件）	技术信息（材料和材质信息、技术参数等），产品信息（供应商、产品合格证、生产厂家、生产日期、价格等）	维保信息（使用年限、保修年限、维护频率、维保单位等）
附件（风系统）	不表示	几何信息（绘制主管线上的附件）	几何信息（绘制支管线上的附件，添加连接件）	技术信息（材料和材质信息、技术参数等），产品信息（供应商、产品合格证、生产厂家、生产日期、价格等）	维保信息（使用年限、保修年限、维护频率、维保单位等）
末端（风系统）	不表示	几何信息（示意，无尺寸和标高要求）	几何信息（有具体外形尺寸，添加连接件）	技术信息（材料和材质信息、技术参数等），产品信息（供应商、产品合格证、生产厂家、生产日期、价格等）	维保信息（使用年限、保修年限、维护频率、维保单位等）
阀门（风系统）	不表示	不表示	几何信息（尺寸、形状、位置，添加连接件）	技术信息（材料和材质信息、技术参数等），产品信息（供应商、产品合格证、生产厂家、生产日期、价格等）	维保信息（使用年限、保修年限、维护频率、维保单位等）

续表

项 目	LOD100	LOD200	LOD300	LOD400	LOD500
暖通专业					
机械设备（风系统）	不表示	不表示	几何信息（尺寸、形状、位置，添加连接件）	技术信息（材料和材质信息、技术参数等），产品信息（供应商、产品合格证、生产厂家、生产日期、价格等）	维保信息（使用年限、保修年限、维护频率、维保单位等）
暖通水管道	不表示	几何信息（只绘制主管线，标高可自行定义，按系统添加不同颜色）	几何信息（绘制支管线，有准确的标高、管径和坡度，添加保温层）	技术信息（材料和材质信息、技术参数等），产品信息（供应商、产品合格证、生产厂家、生产日期、价格等）	维保信息（使用年限、保修年限、维护频率、维保单位等）
管件（水系统）	不表示	几何信息（绘制主管线上的管件）	几何信息（绘制支管线上的管件）	技术信息（材料和材质信息、技术参数等），产品信息（供应商、产品合格证、生产厂家、生产日期、价格等）	维保信息（使用年限、保修年限、维护频率、维保单位等）
附件（水系统）	不表示	几何信息（绘制主管线上的附件）	几何信息（绘制支管线上的附件，添加连接件）	技术信息（材料和材质信息、技术参数等），产品信息（供应商、产品合格证、生产厂家、生产日期、价格等）	维保信息（使用年限、保修年限、维护频率、维保单位等）
阀门（水系统）	不表示	不表示	几何信息（有具体外形尺寸，添加连接件）	技术信息（材料和材质信息、技术参数等），产品信息（供应商、产品合格证、生产厂家、生产日期、价格等）	维保信息（使用年限、保修年限、维护频率、维保单位等）
设备（水系统）	不表示	不表示	几何信息（有具体外形尺寸，添加连接件）	技术信息（材料和材质信息、技术参数等），产品信息（供应商、产品合格证、生产厂家、生产日期、价格等）	维保信息（使用年限、保修年限、维护频率、维保单位等）
仪表（水系统）	不表示	不表示	几何信息（有具体外形尺寸，添加连接件）	技术信息（材料和材质信息、技术参数等），产品信息（供应商、产品合格证、生产厂家、生产日期、价格等）	维保信息（使用年限、保修年限、维护频率、维保单位等）

5.4.2 BIM 交付与存储

1. 信息化移交

大型工程一般较复杂，面临着工期紧张、专业多、图纸问题多、分包单位多、数据共享困难等难题。因此，应通过、全方位的 BIM 技术应用实现工程的虚拟建造协调及信息化管理，对施工全过程进行指导与管理，同时为业主后期的运营维护提供高质量的建筑信息模型。

对于每个建筑项目而言，项目的总承包方在竣工验收时都需要将竣工文档移交给业主。交接过程的主要挑战是确保建筑信息的完整性，而 BIM 技术能够很好地解决这一问题，因为它反映了实际的建筑条件与各种信息。建筑信息模型可以作为信息存储库存储竣工信息，而且其在信息获取和共享方面具有很高的灵活性。

基于 BIM 技术的管理平台可以将运营、维保阶段需要的信息，包括维护计划、检验报告、工作清单、设备故障时间等，集成到 BIM 模型中，实现高效的协同管理；项目总承包方交付给业主的是经过几个阶段不断完善的 BIM 模型，其中包含各专业、各阶段的全部信息，可为日后各专业的设备管理与维护提供依据；BIM 技术可实现项目全生命周期管理，为业主提供项目信息服务和决策支持。

基于 BIM 技术的管理平台采用各种先进的计算机技术与网络技术，可确保数据永不丢失，能有效地提高管理水平和降低管理成本。

综上所述，BIM 技术的应用可缩短建筑工程的施工周期，节省建筑工程所需要投入的资金，避免信息不畅导致的错误施工情况，并且能为建筑后期的管理和维护提供巨大的帮助。因此，基于 BIM 技术的信息化移交对于我国的建筑业发展而言具有很大的价值。

2. 信息化移交方式

基于 BIM 技术的信息化移交方式有以下三种。

（1）设计方使用 BIM 模型及相关信息系统承载整个项目的信息，并按照约定的要求将它们移交给业主运行。

（2）设计方使用自己的系统积累信息，以 BIM 模型为载体，将信息迁移到业主或运行方准备的系统中，在项目结束时移交这个系统。

（3）设计方使用自己的系统积累信息，并按照约定的 BIM 模型和信息格式将信息移交给业主或运行方，加载到已运行的系统中。

3. 信息化移交的优点

（1）可随时提取任意范围内的设备、材料详表和汇总表，为设备和材料分批订货、施工备料管理提供依据和手段。

（2）可进行施工进度模拟，实现工程进度和计划的可视化管理；可以模拟重要施工工序，优化施工方案。

（3）可提前进行备品备件管理，并可进行检修过程模拟。

（4）可实现对工程造价的适时、动态跟踪控制。

（5）可实现工程数据库管理，通过互联网为不同的用户提供数据。

5.5 数字孪生空间模型

数字孪生空间模型将真实世界的建筑结构元数据完整地映射到计算机模型中，利用图形数据库形成一种类似图谱的关系管理，将每个建筑结构元数据作为一个节点，节点之间根据真实世界的建筑结构产生关联，同时叠加描述性的标签集，这样真实世界中建筑的层次结构及空间关系就可以在计算机模型中被完整定义。

5.5.1 基于 BIM 建立数字孪生空间模型

借助物联网技术，采集传感器、弱电系统的时序数据并叠加，使 BIM 模型与数据完成连接。连接数据的 BIM 模型元素一般称为 BIM 模型的信息集成元素。BIM 模型的信息集成元素通常分为两类，一类是空间元素，另一类是设备元素。

通过 OpenAPI 服务，将标准化的空间元素输出至数字孪生空间模型，根据输出数据中每个空间元素的唯一标识符生成虚拟世界中映射的空间节点，并通过人工手段对空间节点进行修正，从而建立符合用户实际应用场景的标准数字孪生空间模型。

5.5.2 数字孪生空间模型层次结构

在获得元数据后，需要建立数字孪生空间模型层次结构，数字孪生空间模型层次结构应按照真实世界中建筑的实际结构建立。常用的数字孪生空间模型层次结构如下：项目—项目分区—楼栋—楼层—楼层区域—空间。

如果真实世界中的建筑结构缺失某一层级，那么在数字孪生空间模型中也缺失该层级，这并不影响整个层次结构的建立。例如，某建筑物的实际建筑结构中不存在项目分区、楼层区域，那么相应的数字孪生空间模型层次结构如下：××项目—项目分区缺失—A 栋—8 楼—楼层区域缺失—801。

也可以根据实际需求对上述数字孪生空间模型层次结构进行扩展。例如，近几年共享办公的商业模式逐渐兴起，这种商业模式对于建筑物的空间管理通常需要细化到空间层级下的某个位置点，这时就需要将数字孪生空间模型层次结构扩展为：项目—项目分区—楼栋—楼层—楼层区域—空间—点位。

5.5.3 空间命名规则及空间关系

建立数字孪生空间模型的层次结构和空间节点后，为了使数字孪生空间模型更容易被人理解，需要对每个空间节点进行命名。常用的命名规则如下：项目_项目分区_楼栋_楼层_楼层区域_空间。

例如，可将 3 楼西区大厅命名为“项目_项目分区_楼栋_3 楼_西区_大厅”。

同时，为了更好地映射真实世界建筑结构，提供更丰富的轻量化应用，需要明确空间节点之间的关联关系，常见的关联关系包括从属关系、上下关系、相邻关系等。关联关系示例如图 5-1 所示。

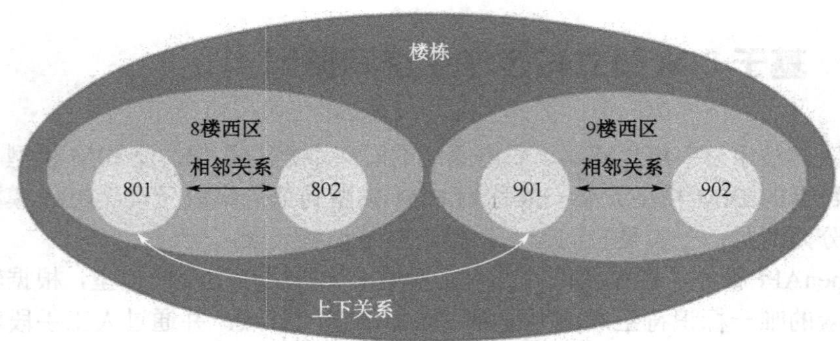

图 5-1　关联关系示例

从属关系是指上一层级的空间节点包含下一层级的空间节点。例如，“项目_项目分区_楼栋_8 楼”与“项目_项目分区_楼栋_8 楼_西区”为从属关系。

上下关系是指同一层级的空间节点在位置上一上一下。例如，“项目_项目分区_楼栋_8 楼_西区_801”与“项目_项目分区_楼栋_9 楼_西区_901”为上下关系。

相邻关系是指同一层级的空间节点位置相邻，例如，“项目_项目分区_楼栋_8 楼_西区_801”与“项目_项目分区_楼栋_8 楼_西区_802”为相邻关系。

5.6 BIM 叠加物联网的应用

目前，建筑物的可视化运维一般是指采用 BIM 技术，基于物联网架构，以云服务为集中管控中心，以 BIM 模型为载体对建筑物运维过程中的各个系统（如安防、消防、物业、自控、能耗等）进行整合，实现人、设备与建筑物之间的互联互通，同时结合数据分析、性能分析与模型分析，为建筑物运维提供一个综合性平台。这就是 BIM 叠加物联网的应用。

5.6.1 物联网设备与 BIM 模型映射

物联网设备与 BIM 模型映射（图 5-2）主要包括以下几个步骤。

（1）先建立项目的数字孪生空间模型，再将 BIM 模型导入，自动生成并关联对应空间结构。

（2）添加设备，通过设备唯一标识符关联数字孪生空间模型。

（3）添加逻辑规则，选择应用单个设备或空间结构下的一类设备。

（4）接收设备时序数据，通过设备唯一标识符与设备模型关联，进行实时数据展现。

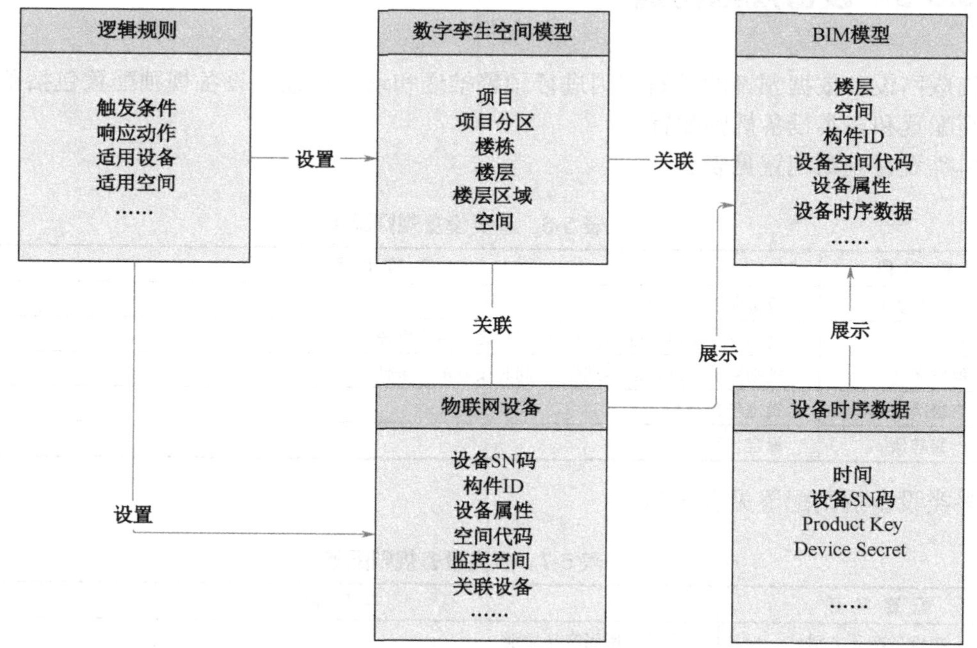

图 5-2 物联网设备与 BIM 模型映射

5.6.2 BIM 模型中包含的物联网设备数据

BIM 模型中包含的物联网设备数据分为构件属性和设备属性两类，具体见表 5-5。

表 5-5 构件属性与设备属性

类 别	属性名称	说 明
构件属性	构件ID	构件唯一标识符
	构件名称	为构件定义的名称，可重复
	数字孪生空间模型层次结构	如项目—项目分区—楼栋—楼层—楼层区域—空间
	空间边界点	通过多个坐标点标识空间结构
	构件范围	标识构件所属范围
	构件分组	标识构件的分组
设备属性	设备SN码	设备唯一标识符
	产品名称	设备所属的产品名称
	产品类型	设备所属的产品类型
	设备空间代码	设备所属的空间结构代码，如XXDS-1-A-8F-NQ-801

5.6.3 设备规则配置

物联网设备依据预设的逻辑规则进行预警推送和动作反馈。设备规则配置包括单类设备规则配置和多类设备规则配置。

单类设备规则配置见表5-6。

表 5-6 单类设备规则配置

配置字段	字段说明
设备产品类别	设备所属产品类别
触发字段	规则判断字段，list类型，可同时设置多个字段
触发条件	规则判断标准，list类型，可同时设置多个条件
告警类型	设定告警类型
告警等级	设定告警等级

多类设备规则配置见表5-7。

表 5-7 多类设备规则配置

配置字段	字段说明
主设备产品类别	主设备所属产品类别
主设备触发字段	规则判断字段，list类型，可同时设置多个字段
主设备触发条件	规则判断标准，list类型，可同时设置多个条件
附属设备产品类别	附属设备所属产品类别
附属设备触发字段	规则判断字段，list类型，可同时设置多个字段
附属设备触发条件	规则判断标准，list类型，可同时设置多个条件
告警类型	设定告警类型
告警等级	设定告警等级

单类设备规则配置示例如图 5-3 所示。

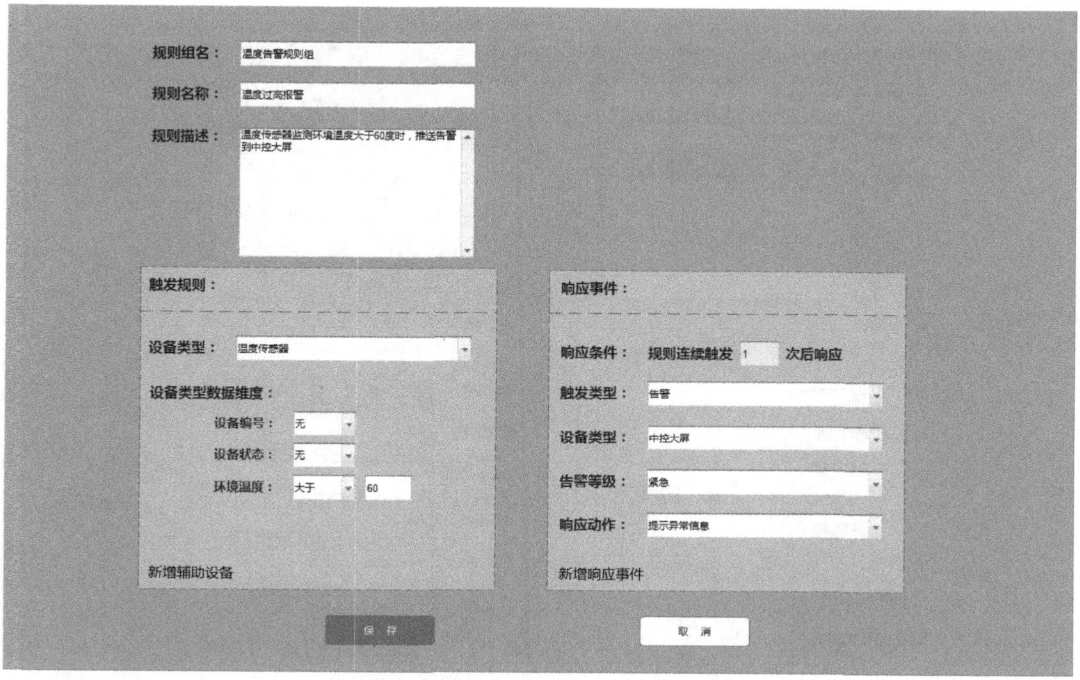

图 5-3　单类设备规则配置示例

多类设备规则配置示例如图 5-4 所示。

将设备规则泛化到数字孪生空间的示例如图 5-5 所示。

5.6.4 设备联动

设备联动规则配置见表 5-8。

表 5-8　设备联动规则配置

配 置 字 段	字 段 说 明
产品类别	设备所属产品类别
触发字段	规则判断字段，list 类型，可同时设置多个字段
触发条件	规则判断标准，list 类型，可同时设置多个条件
响应设备产品类型	进行联动的设备产品类型
响应设备空间关系	响应设备与触发设备的空间关系
响应设备动作	设定响应设备进行联动的动作

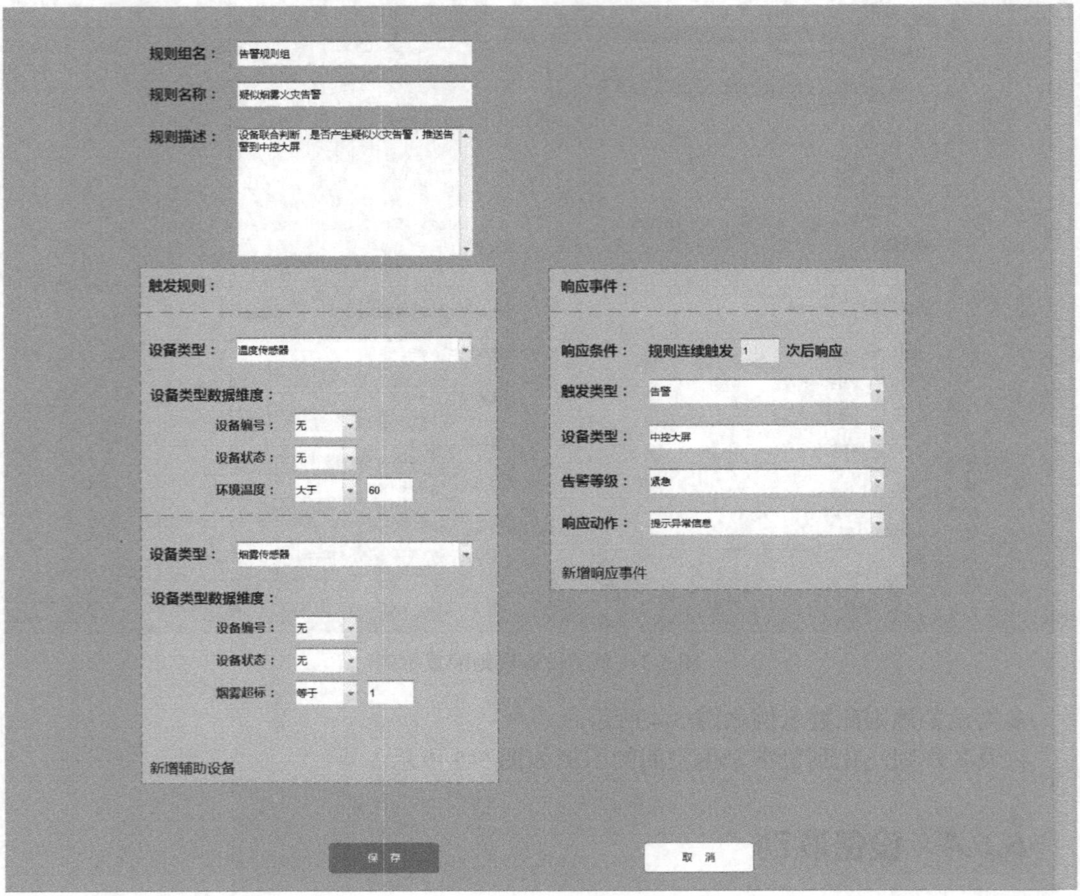

图 5-4　多类设备规则配置示例

设备联动规则配置示例如图 5-6 所示。

将设备联动规则泛化到数字孪生空间的示例如图 5-7 所示。

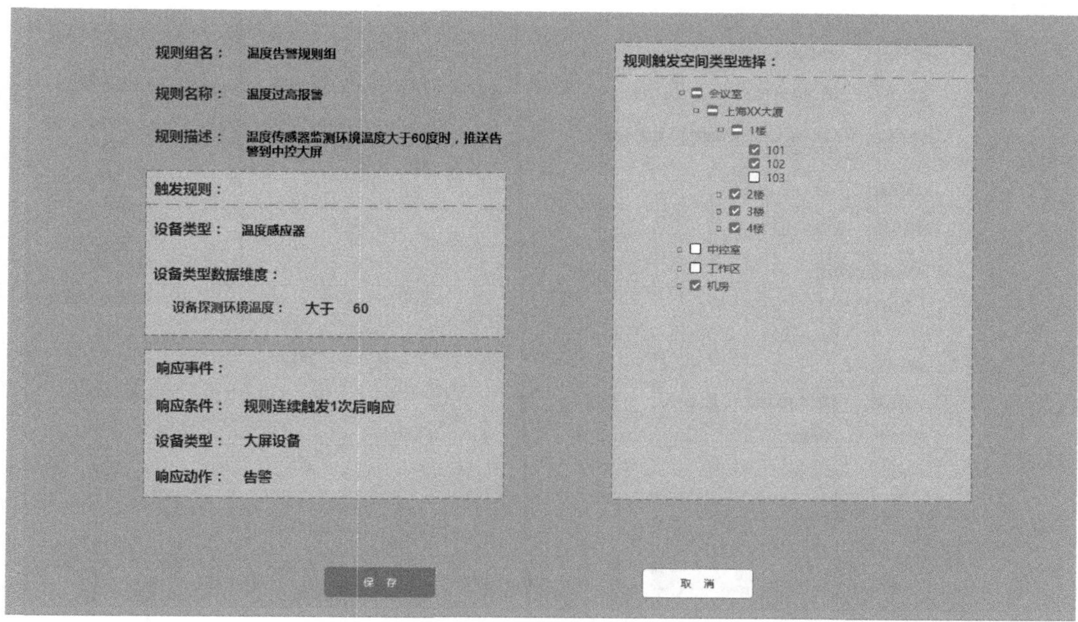

图 5-5 将设备规则泛化到数字孪生空间的示例

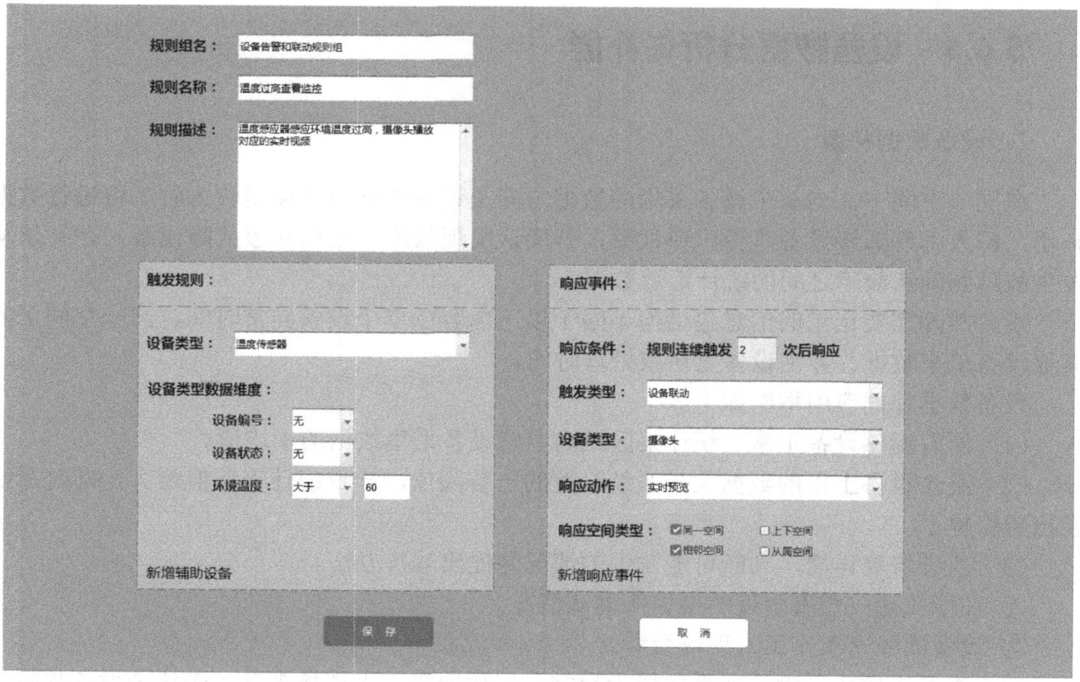

规则组名：设备告警和联动规则组

规则名称：温度过高查看监控

规则描述：温度感应器感应环境温度过高，摄像头播放对应的实时视频

触发规则：

设备类型：温度传感器

设备类型数据维度：

设备编号：无

设备状态：无

环境温度：大于 60

新增辅助设备

响应事件：

响应条件：规则连续触发 2 次后响应

触发类型：设备联动

设备类型：摄像头

响应动作：实时预览

响应空间类型：同一空间 上下空间 相邻空间 从属空间

新增响应事件

保 存 取 消

图 5-6 设备联动规则配置示例

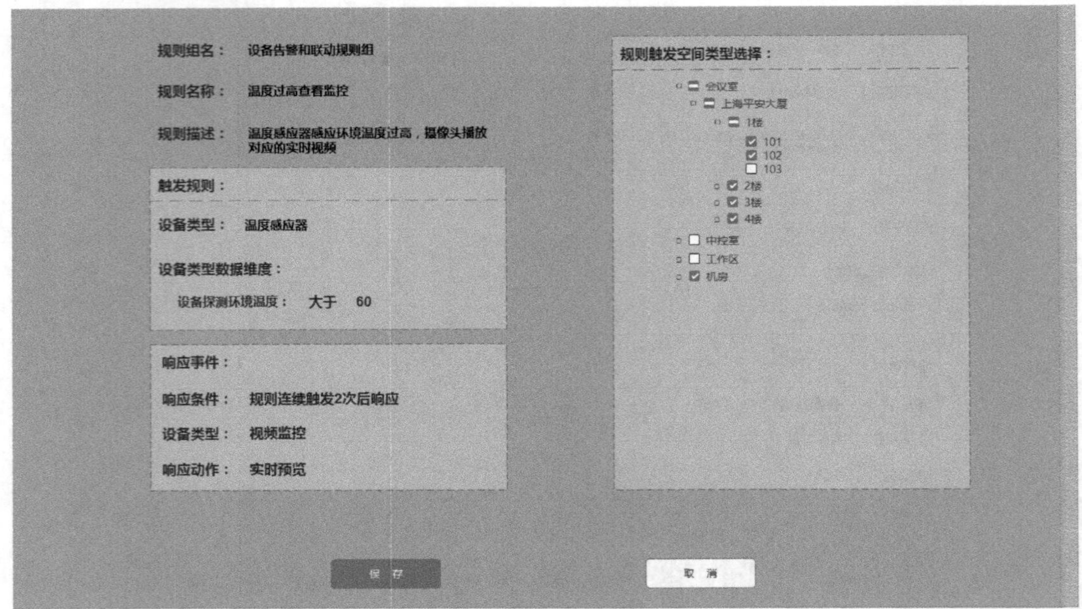

图 5-7 将设备联动规则泛化到数字孪生空间的示例

5.6.5 设备数据分析与补偿

1. 设备数据补偿

在同一空间下，当单个设备采集的数据与同类设备数据均值偏差较大时，可进行数据补偿，即人为判断该设备是否出现故障，若确认出现故障，则剔除该故障设备，并补偿从发生故障到确认故障之间的统计汇总数据。

设备故障需要记录的信息包括但不限于以下内容：单个设备异常时间、同一空间下的其他设备采集数据、异常设备更换或处理时间。

设备数据补偿应用举例如下。

（1）所有温感设备正常，统计某区域内温感设备采集数据的平均值。

（2）某个设备上报的数据大于系统设置的告警阈值，导致统计平均值增大，同时系统发出告警提示。

（3）查看告警详情，判断可能发生的情况并提出解决办法。

① 环境变化→查看附近的摄像头确认情况。

② 设备故障→安排工人现场查看。

（4）查看摄像头后确认附近环境无异常，然后安排工人现场查看，确认是设备故障引起数据异常。

（5）系统主动进行数据补偿，并对比补偿前后的统计平均值。

2．针对未来趋势的预测性分析

一般通过业务场景分析、算法模型建立、历史数据训练、模型验证、参数调优这 5 个主要步骤进行预测性分析建模。设备数据通常包含预设参数、运行数据和环境数据。

预设参数包括但不限于以下内容：设备运行模式、设备能耗模式、设备设定目标值、设备内部结构点位。

运行数据包括但不限于以下内容：设备或内部部件运行电流、电压、气压、温度、流量、流速、运转速度、燃料或辅助物存量。

环境数据包括但不限于以下内容：设备所属空间温度、高度、气压、朝向、光照时长、空间供电功率。

例如，基于多维度的历史数据，通过数据模型预测空调机组未来一段时间内的用电量，如图 5-8 所示。

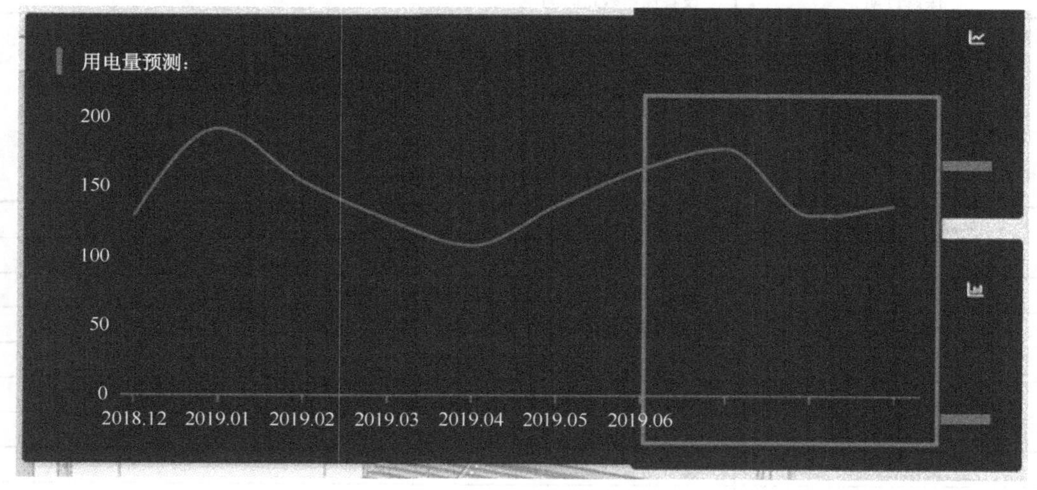

图 5-8　预测空调机组用电量

5.7 业务数据

5.7.1 设备数据

设备数据包括设备静态属性和设备动态属性。

1. 设备静态属性

设备静态属性见表5-9。

表5-9 设备静态属性

属性名称	说明
设备名称	硬件名称，默认出厂设置名称
是否为IoT设备	设备是否为物联网设备
设备厂商	设备生产厂商的名称
设备类型	设备的硬件类型
设备型号	设备的硬件型号
设备SN码	设备本身的物理编码
供应商	设备供应商的名称
产品名称	由硬件厂商在设备管理服务中创建产品时自定义
安装日期	设备安装的时间
保修日期	设备保修截止时间

2. 设备动态属性

设备动态属性见表5-10。

表5-10 设备动态属性

属性名称	说明
维护人	设备日常维护的责任人
使用状态	设备所处状态，包括待启用、使用中、维修中、已报废等
在离线状态	物联网设备的网关在离线状态
归属系统	设备归属的专业系统，包括暖通系统、给排水系统、消防系统、循环水系统等
所在楼层	设备安装后所处的空间位置信息
所在地点	设备安装后所处的空间位置信息
是否展示在模型中	设备是否增加构件关联展示在模型中
展示在模型中的坐标值	设备构件关联展示在模型中的坐标值
故障排查清单	设备发生故障时的排查及维修步骤

5.7.2 人员数据

人员数据包括人员静态属性及人员动态属性。

1. 人员静态属性

人员静态属性见表5-11。

表 5-11 人员静态属性

属 性 名 称	说　　明
姓名	人员的名称
性别	人员的性别
年龄	人员的年龄
身份证号码	人员的身份证号码
籍贯	人员的籍贯

2. 人员动态属性

人员动态属性见表 5-12。

表 5-12 人员动态属性

属 性 名 称	说　　明
电话号码	人员的电话号码
联系地址	人员的联系地址
所属企业	人员就职的企业名称
职位名称	人员在就职企业的职位名称
角色名称	人员在系统中所属的角色名称

5.7.3 任务计划数据

任务计划数据见表 5-13。

表 5-13 任务计划数据

数 据 名 称	说　　明
任务名称	任务的名称
任务描述	任务的描述
任务类型	任务的类型，包括日常巡检、设备故障、紧急预警
任务优先级	任务的优先级
是否重复	任务是不是周期性任务
重复间隔	任务重复的周期
开始时间	任务执行周期的开始时间
结束时间	任务执行周期的结束时间
执行人	任务对应的执行人

5.7.4 维保记录数据

维保记录数据见表5-14。

表5-14 维保记录数据

数据名称	说明
工单名称	工单的名称
工单描述	工单的描述
工单类型	工单的类型，包括日常巡检、设备故障、紧急预警
工单优先级	工单的优先级
截止时间	工单结单的截止时间
状态	工单的状态，包括待指定、已指定、进行中、已完成、已结束
执行人	工单的执行人
关注人	工单的关注人
工时	执行工单对应的时长
关联设备	工单关联的设备
关联排查清单	工单关联的排查清单
位置	工单对应故障或维修点的空间位置
其他	工单描述的补充图片等

第 6 章 设备运维

6.1 设备管理

可以将设备添加到运维系统中，统一进行设备管理，如图 6-1 所示。这样可以了解设备的信息和对应的维护人，追踪设备的状态变化，提高企业设备管理能力和工作效率。

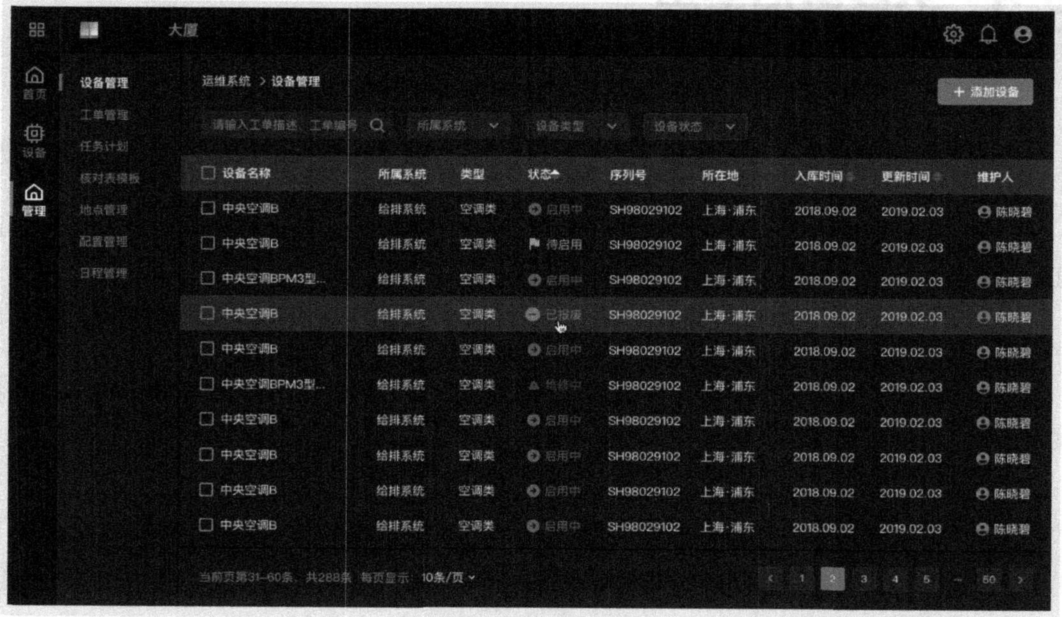

图 6-1 设备管理

必要时，也可以将设备从运维系统中删除，如图 6-2 所示。

图 6-2 删除设备

6.2 设备维保流程

设备维保流程如图 6-3 所示。

（1）通过设备状态监控与自动报警、突发性故障与手动报警、预防性计划与巡检生成工单。

（2）经过故障诊断后，将需要审核的工单上报给管理人员审核，将不需要审核的工单直接派发给相应的维修人员。

（3）管理人员审核后将需要处理的工单手动派发给维修人员，将不需要处理的工单直接关闭，存储到设备维保档案中。

（4）维修人员收到工单后对设备进行维修并录入维修结果，将工单存储到设备维保档案中。

上述流程实现了故障监测→故障上报→故障诊断→故障审核与工单派发→故障处理→故障存档的闭环。

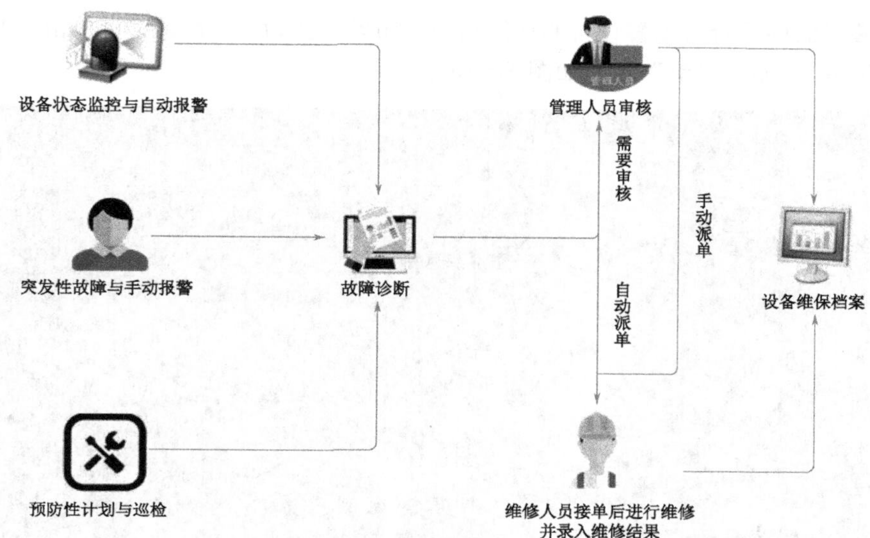

图 6-3　设备维保流程

6.2.1 设备状态监控与自动报警

系统实时监控设备的运行情况，发现异常后会自动报警。
报警界面如图 6-4 所示。

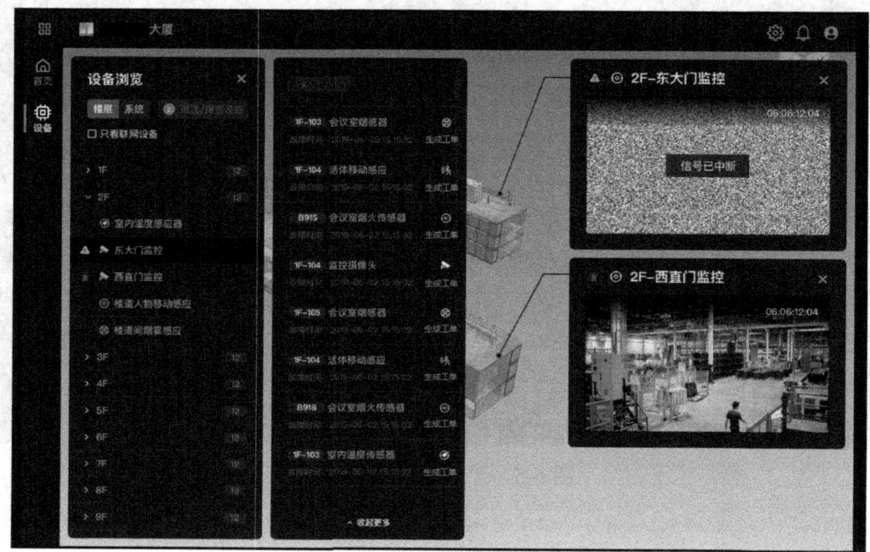

图 6-4　报警界面

在报警界面中可查看报警设备的详细信息，如果确认为设备故障，可单击“生成工单”按钮添加工单，“添加工单”界面如图 6-5 所示。

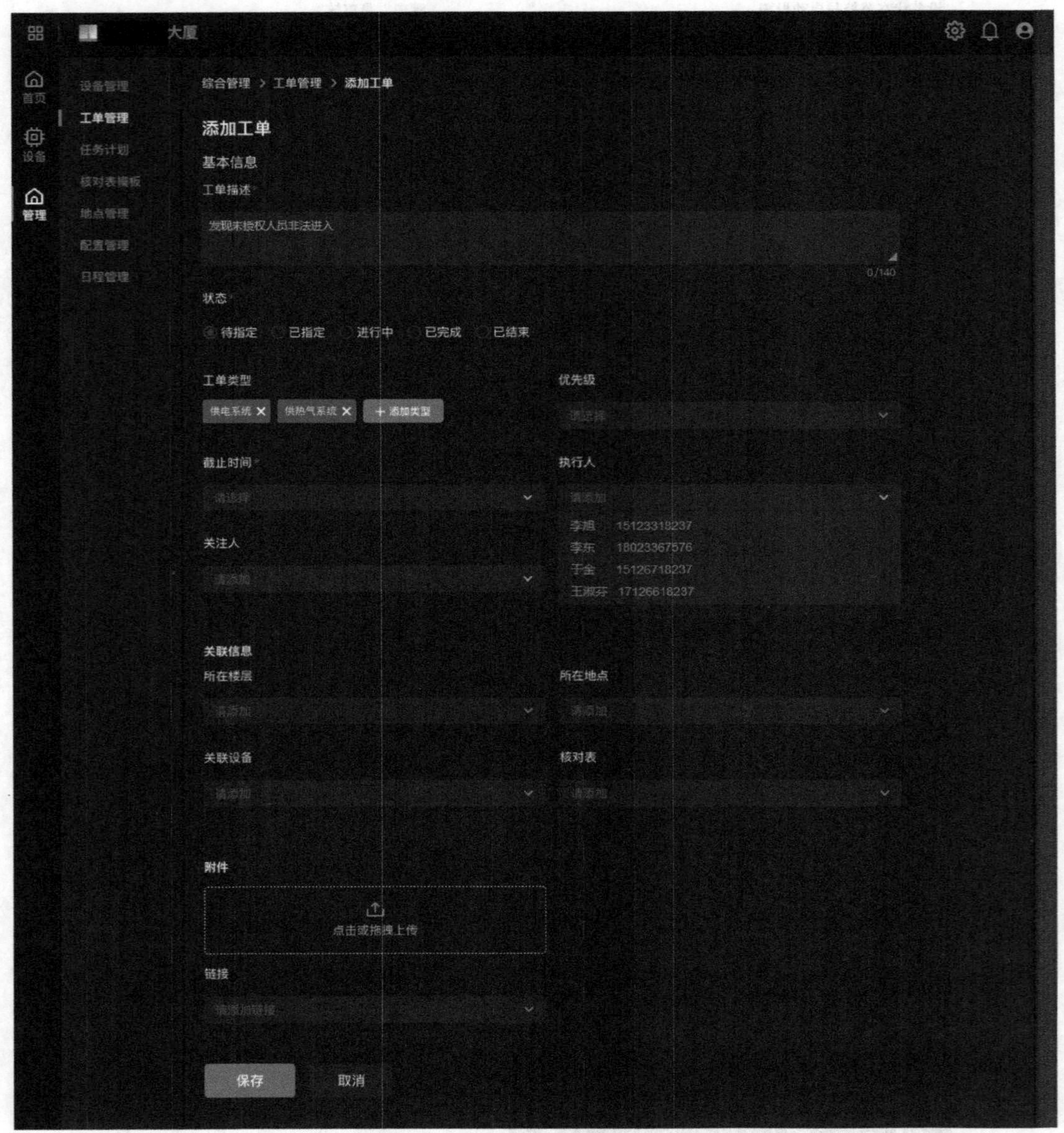

图 6-5 “添加工单”界面

6.2.2 突发性故障与手动报警

任何人员发现设备出现故障时，都可以直接在手机上手动添加工单，如图 6-6 所示。在“添加工单”界面中填写工单信息，保存之后即可上报工单，如图 6-7 所示。

图 6-6　在手机上手动添加工单

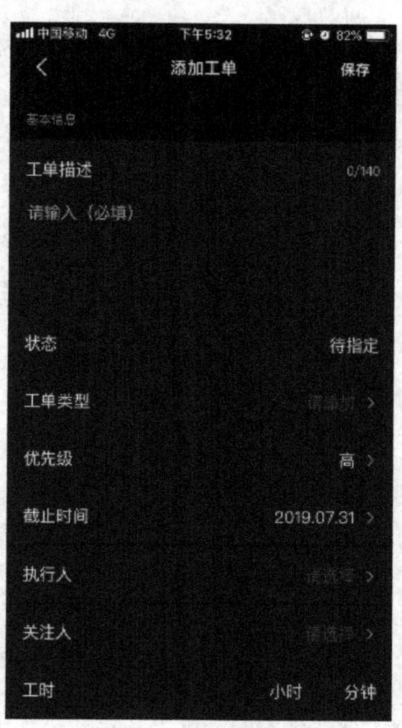

图 6-7　填写工单信息

6.2.3 预防性计划与巡检

制订预防性计划和定期巡检计划，能够有效防止设备故障的发生，大幅提高设备安全性和保养有效性，降低企业成本。

“添加任务计划”界面如图 6-8 所示。在该界面中填写任务计划的详细信息并保存，就能生成相应的工单，如图 6-9 所示。

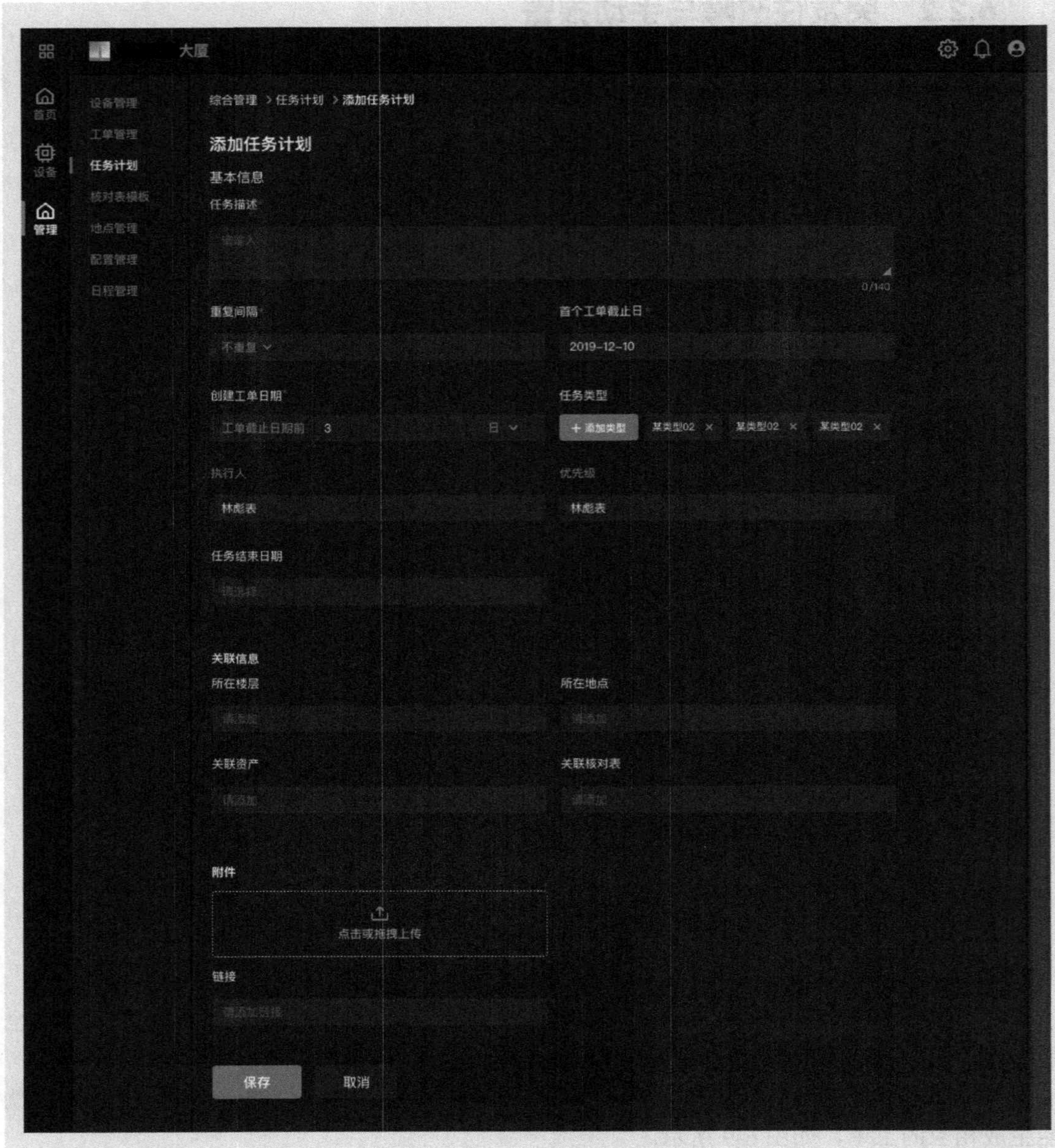

图 6-8 “添加任务计划”界面

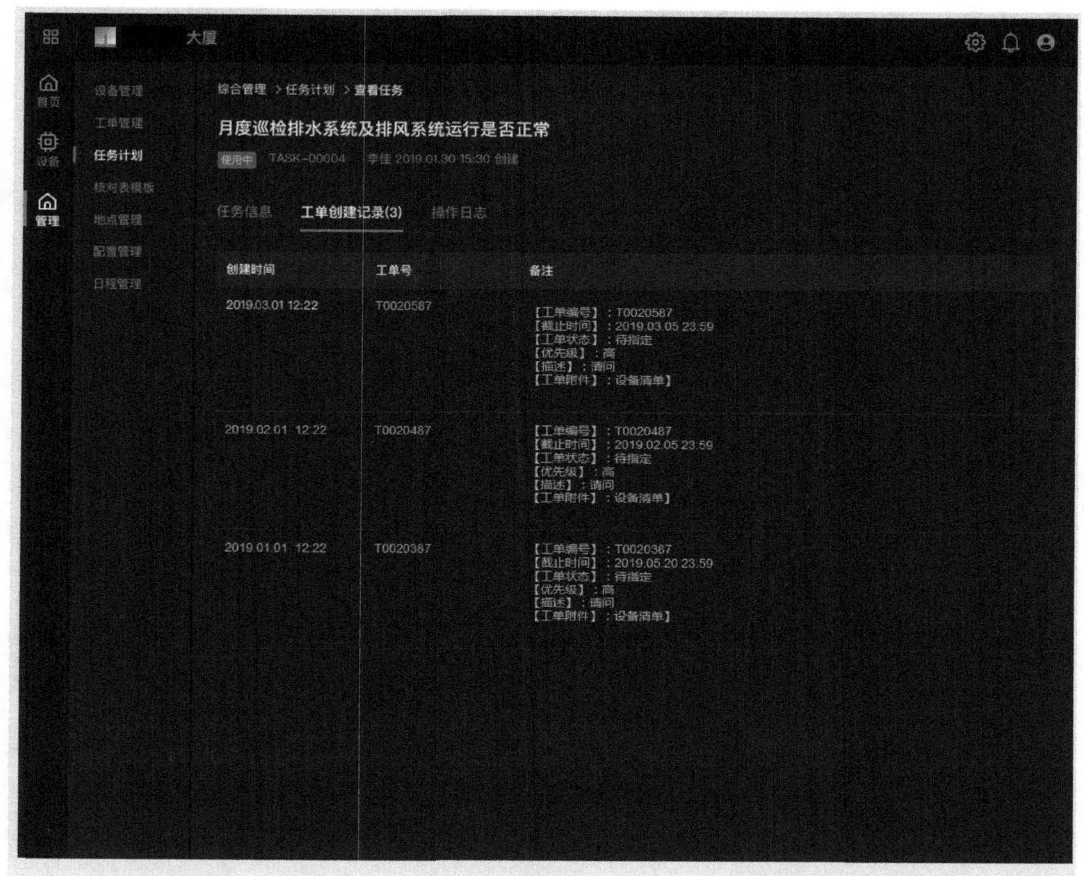

图 6-9　生成相应的工单

6.2.4 故障诊断与工单分配

工单上报成功后，系统将需要审核的工单上报给管理人员，由管理人员审核后进行工单派发；将不需要审核的工单直接派发给相应的维修人员。

6.2.5 故障处理

维修人员收到工单后，可查看工单详细信息，如图 6-10 所示。维修人员根据工单进行故障处理，并将处理结果记录到设备维保档案中。

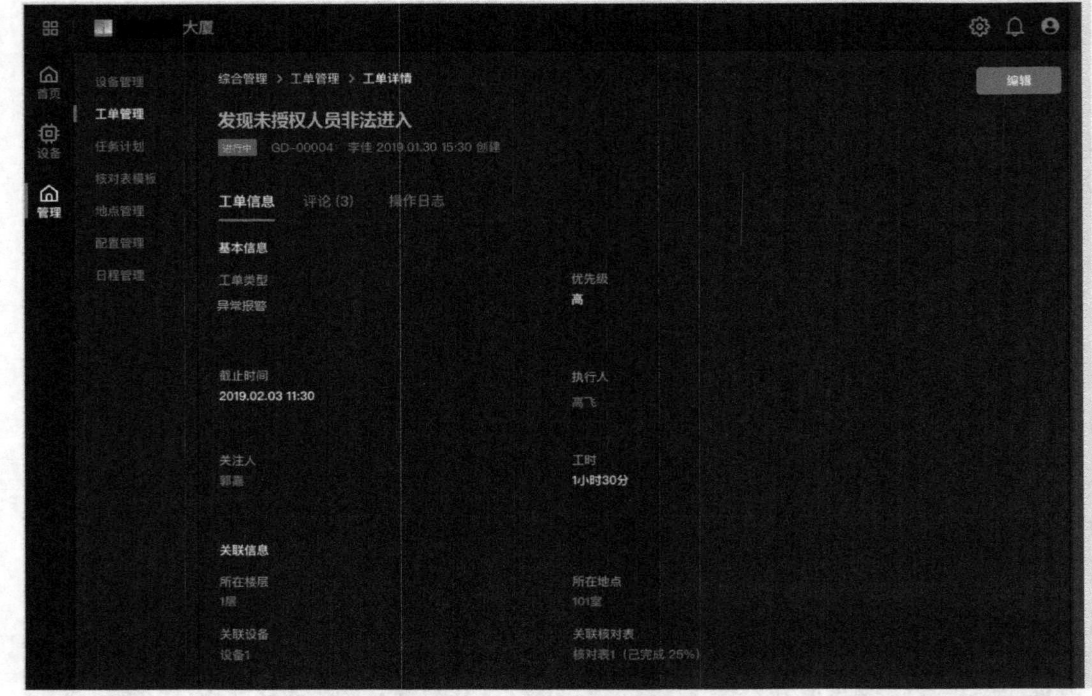

图 6-10　查看工单详细信息

6.2.6 设备维保档案

设备维保档案中记录了设备维保信息，以供相关用户查看。

用户可在“工单管理”界面中，根据工单描述、工单编号搜索工单，也可根据工单状态、优先级、日期筛选工单，如图 6-11 所示。

如图 6-12 所示，用户可在“任务计划”界面中，根据任务名称、任务编号搜索任务，也可根据任务状态、任务开始和结束日期筛选任务。

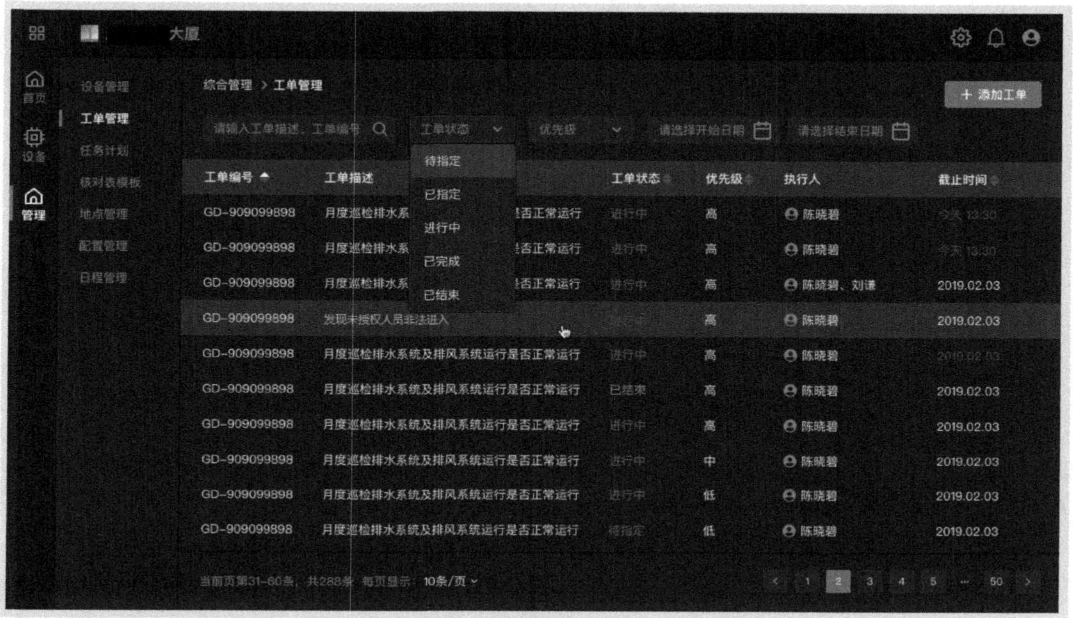

图 6-11 “工单管理”界面

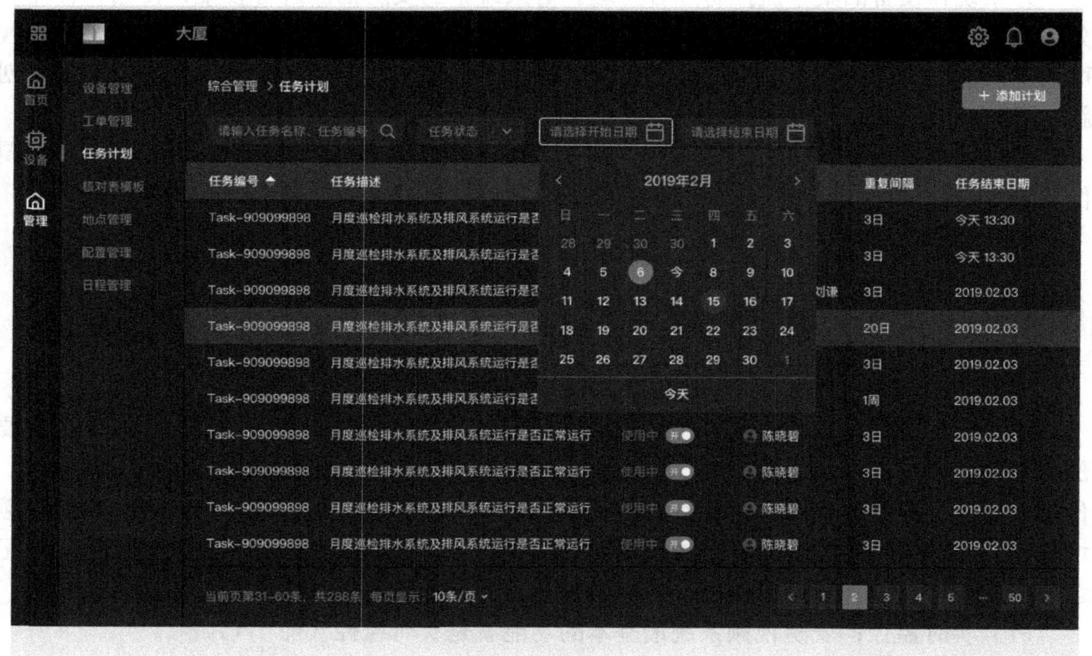

图 6-12 “任务计划”界面

第7章 安防管理

7.1 安防集成系统

安防集成系统是大规模、分布式安全监控和多级联网管理的综合性安保平台，可实现对模拟视频系统、数字视频系统、防范报警系统、门禁与通道管理系统、巡更系统及其他第三方系统和设备的集中监控与综合管理。对系统中的安防信息进行收集、传输、存储、分类、融合分析及分发共享，并通过标准化的接口和协议与用户的具体业务应用紧密结合，可为用户提供先进的安全管理模型和流程优化工具，辅助用户进行业务决策和管理机制创新。安防集成系统具有以下特点。

（1）规模自定义：可通过设备集群构建大型安防监控系统，也可用一台计算机实现图像显示、视频录像、门禁控制、考勤管理、设备控制、报警管理及安防联动等功能。

（2）业务自定义：可根据用户需求自由组合不同业务，如门禁、报警、巡更等。

7.2 安防视频系统

安防视频系统是安防集成系统的核心，一般由前端、传输、控制及显示记录四个主要部分组成。前端部分包括摄像机，以及与之配套的镜头、云台、防护罩、解码驱动器等；传输部分包括电缆、光缆，以及有线或无线信号调制解调设备等；控制部分主要包括视频切换器、云台和镜头控制器、操作键盘、通信接口、电源、控制台、监视器柜等；显示记录部分主要包括监视器、录像机、多画面分割器等。安防视频系统具有以下功能。

（1）实时监控：安防视频系统最基本的功能就是实时监控（图 7-1）。

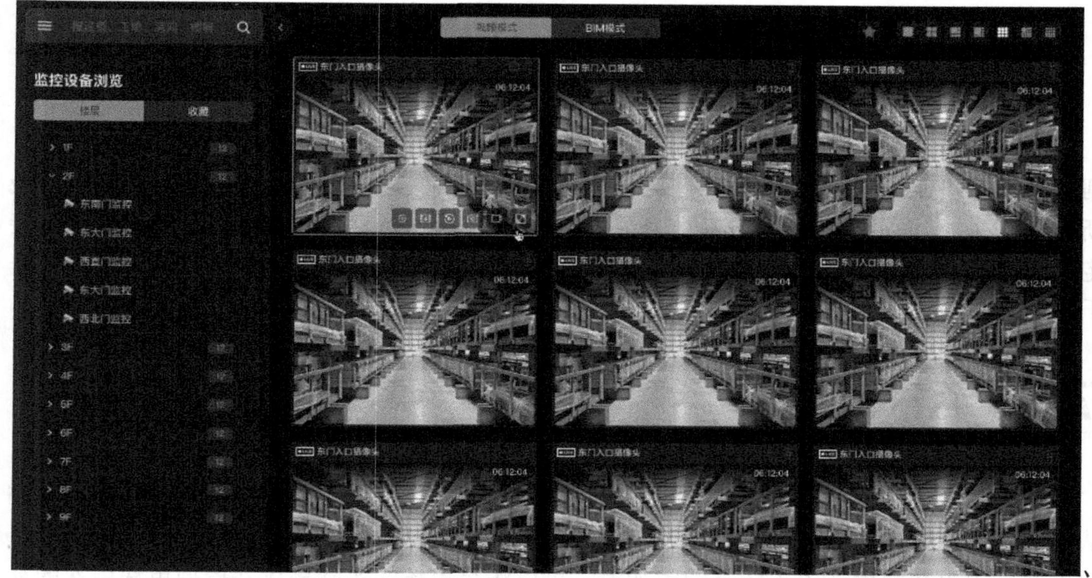

图 7-1　实时监控

（2）视频回放（图 7-2）：视频回放功能有助于事后排查问题，可根据设备存储空间大小定义保存的视频长短。

图 7-2　视频回放

（3）拍照：对一些重要画面进行拍照存证。

（4）视频下载：对选中时间段的视频进行下载。

（5）报警：支持手动或自动报警。

（6）电子地图模式：所谓电子地图模式，就是将摄像头所处位置显示在二维地图上，帮助使用者快速找到指定位置的摄像头，从而减少查找设备的时间，提高作业效率。而最新的 BIM 技术面世后，领先的运维平台已经将二维地图升级成 BIM 模型，将摄像头直接定位至 BIM 模型中，这使建筑物的安防设备定位效率有了极大的提升。有的平台还可以基于 BIM 模型进行安防视频轮询，实现不出工位，巡更全楼。

7.3 AI+安防

随着基础设施的持续建设和房地产市场的不断开发，我国安防行业也不断发展，正在从基础建设阶段向应用与运维阶段过渡，加之安防行业供给侧不断研发新技术和新产品，通过产品的更新换代产生了较高的附加值，可以满足市场的实际需求并挖掘更深层次的社会价值。其中，AI+安防吸起引了社会各界的普遍关注，而安防行业的 AI 技术主要集中在人脸识别、车辆识别、行人识别、行为识别、结构化分析、大规模视频检索等方面。2018 年中国 AI+安防产业图谱如图 7-3 所示。

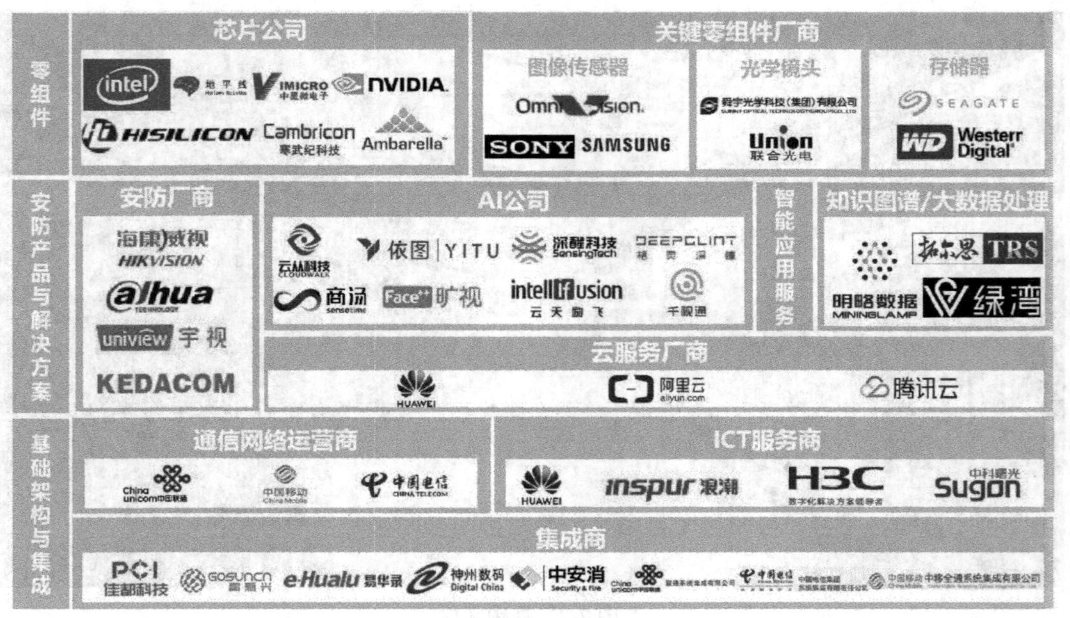

图 7-3　2018 年中国 AI+安防产业图谱

AI+安防的重点在于监控设备及智能算法。而随着国产化进程的不断深入，监控设备成本不断下降，智能算法日趋成熟，AI+安防的综合成本近几年也不断下降。2012—2020 年中国城市级视频监控系统成本走势图如图 7-4 所示。

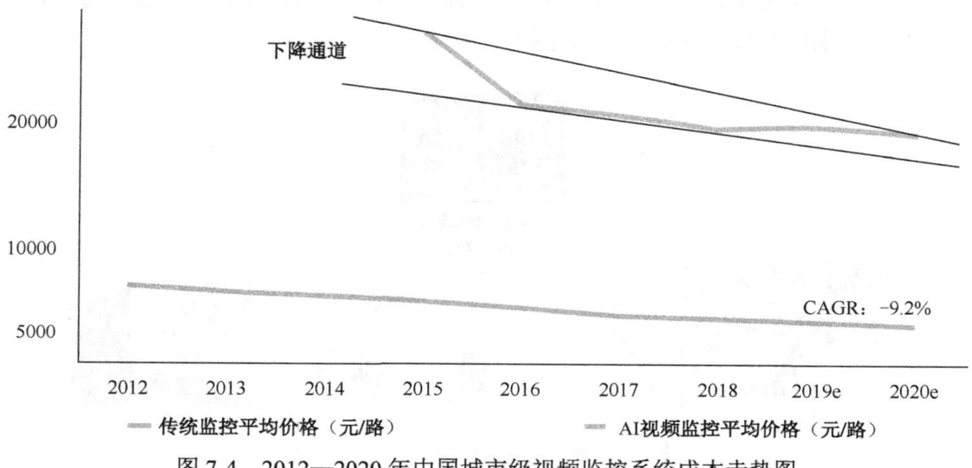

图 7-4 2012—2020 年中国城市级视频监控系统成本走势图

AI+安防技术主要分为动态捕捉和静态对比。其中，静态对比是将抓拍获取的静态图片和已有信息进行对比，主要用于身份识别；动态捕捉则是对提取的视频流进行分析，识别预置规则的关键动作，主要用于异常行为告警。下面将对 AI+安防技术在运维阶段的一些典型应用进行介绍。

7.3.1 人脸识别

以人脸识别为代表的生物特征识别技术在当今社会中扮演着越来越重要的角色。小到刷脸打卡、车站和机场安检，大到犯罪嫌疑人追踪与金融交易，生物特征识别技术均有着广阔的应用空间。

生物特征识别技术中的指纹识别、虹膜识别、手势识别等虽然在部分领域有一定优势，但它们有一个共同的缺陷，那就是只能应用于“主动识别”场景，即识别对象必须“主动配合”识别过程，如伸出手指或做出特定的动作。而人脸识别则是一种既可以应用于“主动识别”场景，又可以应用于“被动识别”场景的生物特征识别技术，因此具有更加广阔的应用空间与市场。

人脸识别在运维阶段有以下一些典型应用。

1．门禁

随着人工智能、物联网、云计算等技术的发展，AI+门禁已然成为近几年的行业发展主流。众多物联网解决方案供应商进军 AI+门禁领域，通过不断创新极大地丰富了门禁系统的内涵。人脸识别门禁管理解决方案如图 7-5 所示。

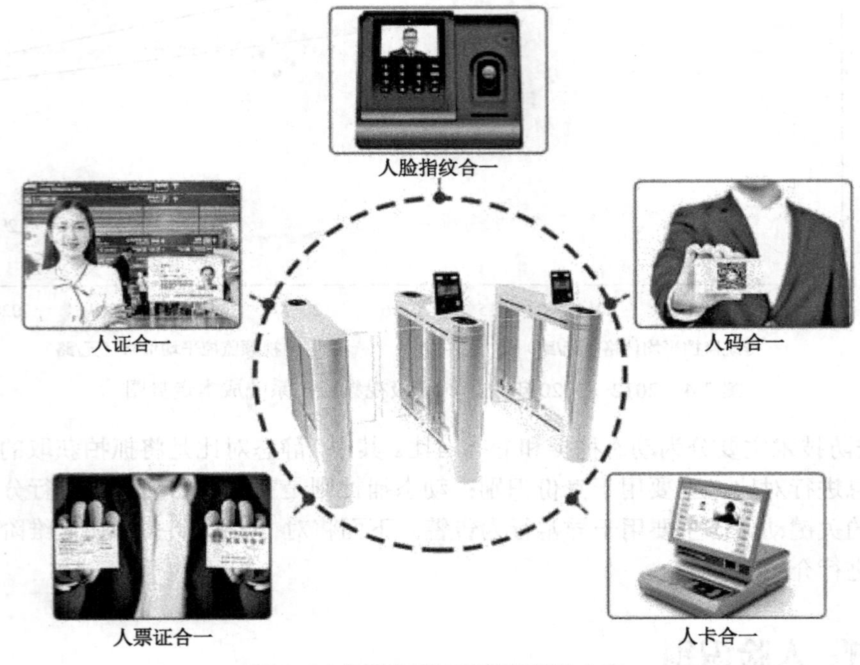

图 7-5　人脸识别门禁管理解决方案

2．考勤

人脸识别技术结合活体检测技术，可有效用于考勤管理。这种技术识别速度快，用户无感知，可有效杜绝造假，实现在线考勤记录。人脸考勤签到系统如图 7-6 所示。

3．安保

人脸识别技术能动态截取人员面部特征，和黑名单进行匹配。例如，澳大利亚昆士兰州准备采用人脸识别技术阻止可疑人员进入体育场馆。当地政府将投入 800 多万澳元（约合 4040 万元人民币）升级现有监控设备和防护设施。

图 7-6　人脸考勤签到系统

7.3.2 异常告警

现阶段的安防视频系统多数还停留在事后排查，无法做到预防和实时告警。原因很简单，人工查看监控视频费时费力。如果引入 AI 技术，实现智能化视频分析和自动告警，则能够大大提高工作效率（图 7-7）。

图 7-7　将 AI 技术引入安防视频系统

（1）烟火识别（图 7-8）：对特定区域进行烟雾、火检测，发现有烟火时立即告警，使火情第一时间得到控制。

图 7-8 烟火识别

（2）物体识别：可以识别不同场景中的特定物品，如在安保场景中识别管制刀具、易燃易爆物品等。

（3）行为识别：可以通过构建行为运动分析模型和行人姿态分析模型，判断是否有异常的个体和群体行为，并及时向后台发出预警信息。

（4）区域监控：通过深度学习人体特征和动作，能够自动标记出人员的位置，当发现有人入侵重点区域，或者发现异常行为时，能够自动进行告警。

（5）车辆识别：根据车牌号识别车主身份，可用于停车场。

7.3.3 轨迹识别

基于深度学习和计算机视觉技术，可以实时统计监控视频中的经过人数及拥挤情况。也可以针对人员密集场所的监管需求，构建群体聚集分析模型，智能判断某区域是否有拥挤堵塞、异常聚集等现象。

在运维阶段，轨迹识别主要用于实现客流分析（图 7-9）、人员访问名单管理等，监控建筑物的进出人流量和停留的区域等，为人群疏导、区域规划等提供数据支持。

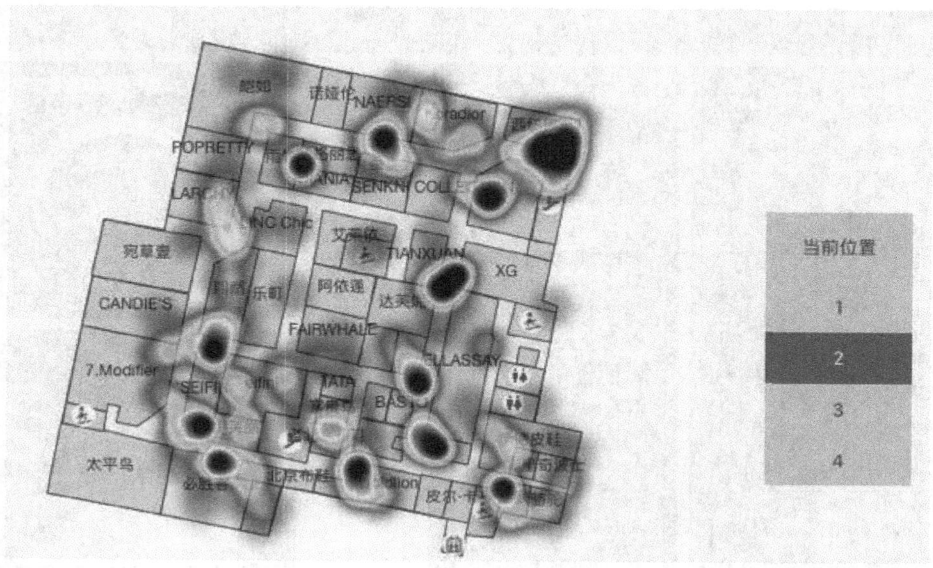

图 7-9　客流分析

7.4 设备联动

随着运维场景越来越复杂，运维管理逐渐趋于精细化，单一系统已不能满足管理需求，人们开始谋求多个系统的综合应用，即多系统联动。

以消防应用为例，传统的消防系统主要由烟火传感器负责监控，当烟火传感器报警时，通常需要派人前往现场确认。如果确认时间过长，则不利于快速处理险情。如果实现多系统联动，就可以预先设置联动规则。一旦发生火灾，烟火传感器发出警报，值班人员就可以根据联动规则调用附近的摄像头进行确认。如果引入 AI 技术，还可以实现摄像头自动识别烟火信息和自动报警，免去人工确认的环节，快速进入应急处理流程，最大限度地减少损失。设备联动如图 7-10 所示。

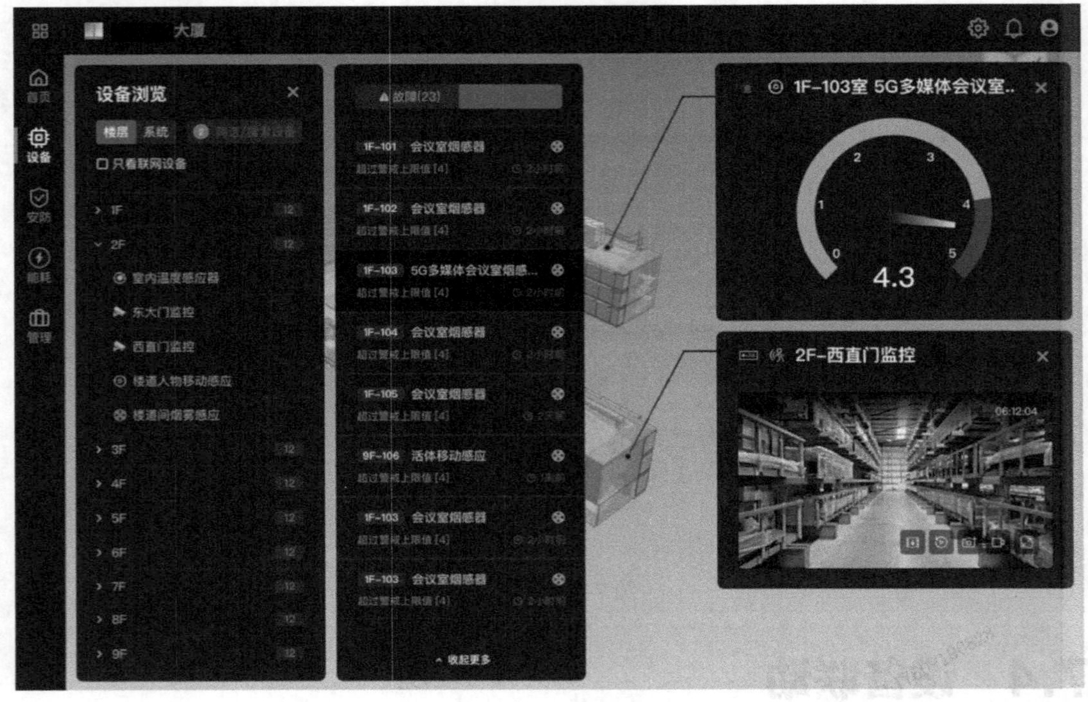
大厦
首页
设备
安防
能耗
管理
设备浏览
楼层
系统
只看联网设备
1F
2F
室内温度感应器
东大门监控
西直门监控
楼道人物移动感应
楼道间烟雾感应
3F
4F
5F
6F
7F
8F
9F
故障(23)
1F-101 会议室烟感器
1F-102 会议室烟感器
1F-103 5G多媒体会议室烟感...
1F-104 会议室烟感器
1F-105 会议室烟感器
9F-106 活体移动感应
1F-103 会议室烟感器
1F-103 会议室烟感器
收起更多
1F-103室 5G多媒体会议室..
0
1
2
3
4
5
4.3
2F-西直门监控
06:12:04

图 7-10　设备联动

第 8 章 能源管理

通过能源管理，可实现能耗监测、能耗分析、能耗优化等功能，提高楼宇运维效率，降低楼宇运维费用。

8.1 能耗监测

一个开放的楼宇能源与机电设备数据云平台（以下简称平台），能够稳定、可靠地汇聚楼宇能源与机电设备运行相关的各类数据，并基于数据提供多种增值软件、算法服务和功能。平台基于分布式架构，将多维数据（如能源数据、机电数据、天气数据、客流数据等）进行有机融合，最终实现建筑环境和机电设备的优化管理，科学节省能源费用。

平台可通过已有的 BA 系统获取设备的实时运行数据，并叠加设备的其他属性，对运行数据进行分类处理。

例如，借助智能电表获取各种设备的耗电量，然后对其进行分析和展示。

平台能够从系统、区域、设备等维度对能耗进行监测，结合时间、类别、趋势等，满足不同用户对于能耗监测数据展示的需求（图 8-1）。

结合 BIM 模型，可实现楼层与系统功能的切换，支持各楼层和各个房间的能耗对比。

结合热力图，可直观地显示建筑物中不同区域的能耗分布。

在能耗监测数据的基础上，利用机器学习算法、专家库和机理模型，对重要能源与动力设备、系统进行异常检测与故障诊断，包括供电线路、照明回路、冷水机组、空调箱、风机盘管、新风机组、水泵、冷冻机房系统、冷冻水系统等。

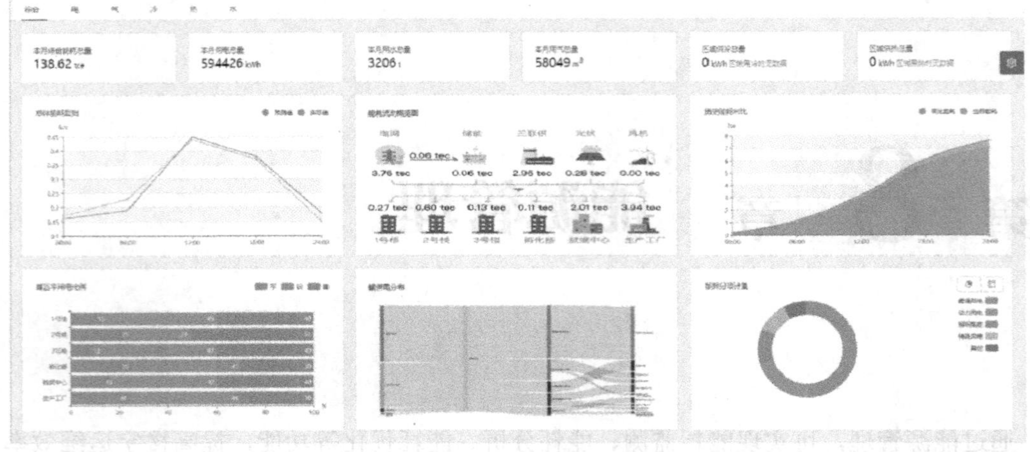

图 8-1　能耗监测数据展示

8.2 能耗分析

采用占比、同比、环比、趋势统计等形式，通过饼状图、柱状分布图、折线趋势图等，对能耗历史数据进行分析和展示（图 8-2）。这有助于用户进行用能行为分析、电能质量分析等。

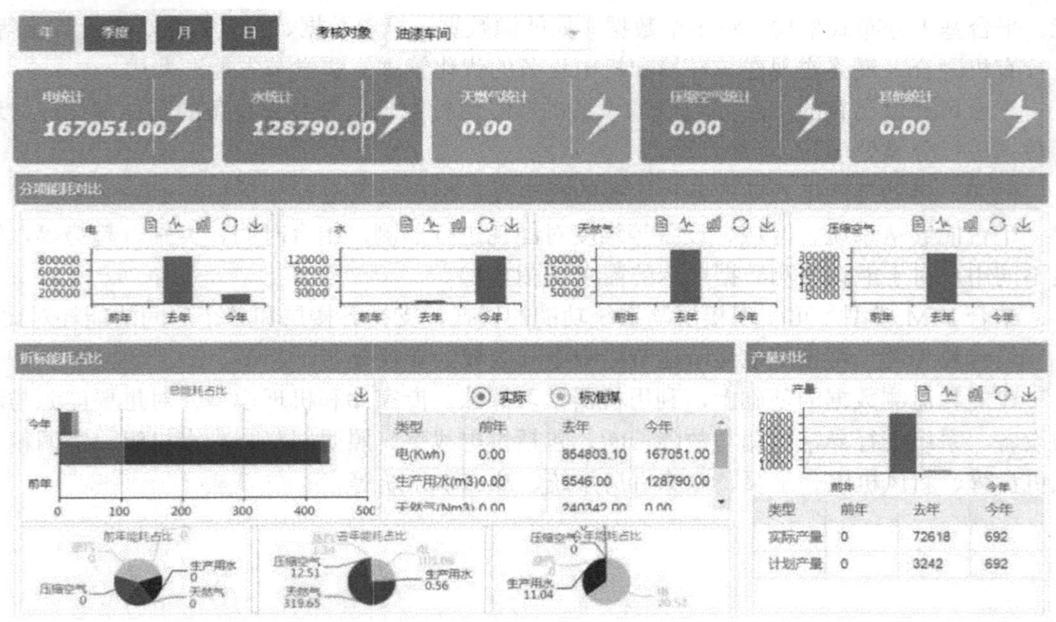

图 8-2　能耗历史数据分析与展示

为了提供优化策略，平台还支持对室内外环境的监控。例如，监控室内外环境的温度和湿度，如图 8-3 所示。。

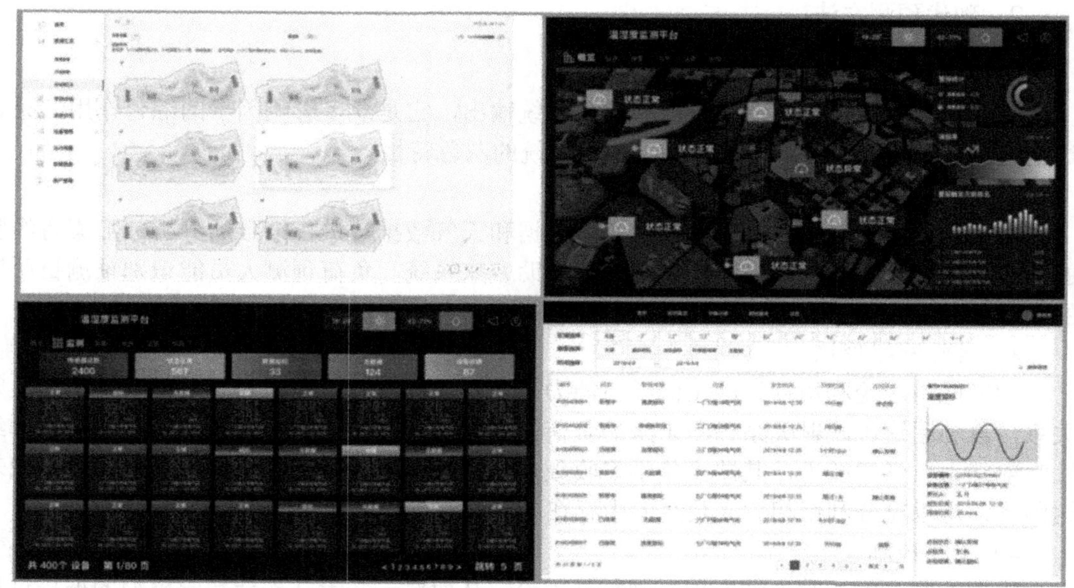

图 8-3　监控环境温度和湿度

在积累了一定历史数据和室内外环境监控数据的基础上，通过数据清洗、AI 建模等方式，对未来的能耗做出预测，即负荷预测。负荷预测示例如图 8-4 所示。

负荷预测方法分为两类：经典预测方法和现代预测方法。

1．经典预测方法

1）趋势外推法

趋势外推法是指根据负荷的变化趋势对未来的负荷情况做出预测。电力负荷虽然具有随机性和不确定性，但在一定条件下，仍具有明显的变化趋势。以农业用电为例，在气候条件变化较小的冬季，日用电量相对稳定，表现为较平稳的变化趋势。这种变化趋势可为线性或非线性、周期性或非周期性等。

2）时间序列法

时间序列法是一种最为常见的短期负荷预测方法，它根据观测序列呈现出的某种随机过程的特性，建立和估计产生实际序列的随机过程的模型，然后用这个模型对未来的负荷进行预测。它利用了电力负荷变动的惯性特征和时间上的延续性，通过对历史数据时间序列的分析，确定其基本特征和变化规律，用于预测未来负荷。

3）回归分析法

回归分析法就是根据历史负荷资料，建立相应的数学模型，对未来的负荷进行预测。

2. 现代预测方法

1）灰色数学理论

灰色数学理论把负荷序列看成真实的系统输出，它是众多影响因子的综合作用结果。这些影响因子的未知性和不确定性，称为系统的灰色特性。

2）专家系统方法

专家系统方法是指对过去几年的负荷数据和天气数据等进行细致的分析，汇集有经验的负荷预测人员的知识，提取相关规则。借助专家系统，负荷预测人员能识别预测日所属的类型，考虑天气因素对负荷预测的影响，按照一定的规则进行负荷预测。

3）神经网络理论

神经网络理论利用神经网络的学习能力，使计算机学习包含在历史负荷数据中的映射关系，再利用这种映射关系预测未来的负荷。该方法具有很强的鲁棒性、记忆能力、非线性映射能力自学习能力。其缺点是学习收敛速度慢，可能收敛到局部最小点；并且知识表达困难，难以充分利用相关人员经验中存在的模糊知识。

4）模糊控制

模糊控制是对控制方法应用模糊数学理论，从而对一些无法构造数学模型的被控过程进行有效控制。

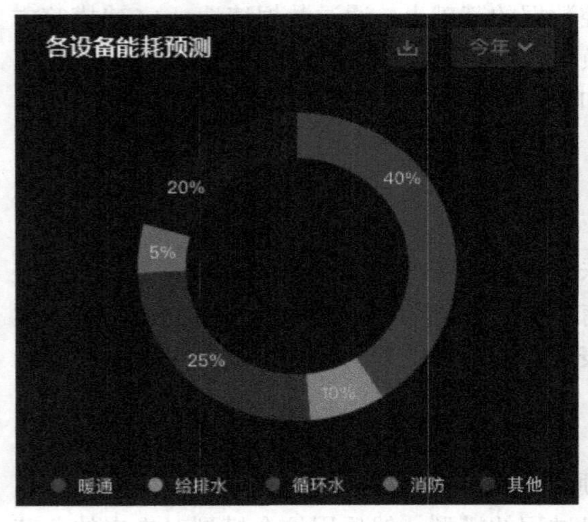

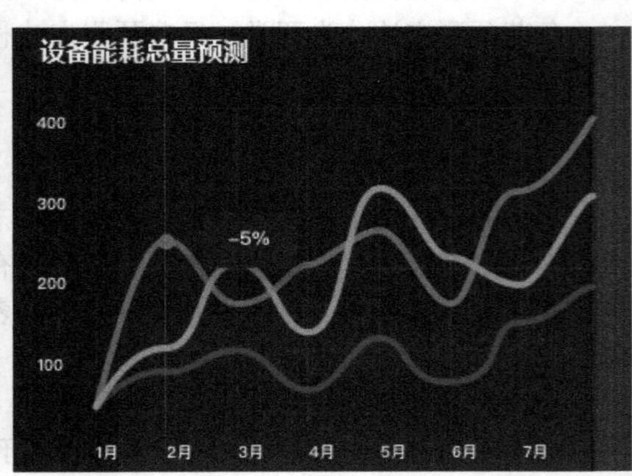

图 8-4 负荷预测示例

8.3 能耗优化

从能源供应端到能源需求端，基于 AI 算法及精准负荷预测，对各能源子系统进行深度节能优化，提供清晰、可操作的节能建议，降低单体或园区能耗。

能耗优化的建模过程分为三步：历史数据分析与预处理、差异化建模、机器学习与模型算法修正。

1．历史数据分析与预处理

这一步主要对模型输入变量进行数据清洗。通过交叉验证、特征值检索等方法，识别出数据质量较差的变量，对其进行剔除或替代。该过程需要使用一定时间长度且具有足够代表性的历史运行数据，如历史数据量不足，则需要额外增加数据采集时间，以便完整地反映原系统的数据质量情况。

2．差异化建模

这一步主要针对实际设备情况进行建模，以上一步预处理后的数据作为输入。

3．机器学习与模型算法修正

采用机器学习对模型的参数变量进行自学习，在自学习的过程中不断调整参数变量，以对模型算法进行修正，使模型与实际设备的匹配度达到 90%以上。

最终，将模型与软件系统进行关联，完成整体的功能测试和优化。整个过程遵循敏捷开发流程，以确保最终的软件具有较高的可靠性。

能源管理需要采集的数据见表 8-1。

表 8-1 能源管理需要采集的数据

系统	设备	数据
BA 系统、冷机群控系统	主机	主机运行状态、出水温度设定值、蒸发器进水温度、蒸发器出水温度、冷凝器进水温度、冷凝器出水温度、负荷率、实时能耗
	水泵	启停状态、频率设定值、频率反馈值、实时能耗
	冷却塔	启停状态、风扇频率控制值、风扇频率反馈值、实时能耗
	冷却水总管	冷却水进水温度设定值、冷却水总管供水温度、冷却水总管回水温度、旁通阀开度
	冷冻水管路	供水温度、供水压力、回水温度、回水压力、回水流量、旁通阀开度
	末端	启停状态、新风阀开度、回风阀开度、送风温度、送风温度设定值、送风压力、送风压力设定值、冷盘管阀门开度、风机频率控制值、风机频率反馈值

续表

系　统	设　备	数　据
锅炉系统	燃气锅炉	锅炉启停状态、锅炉故障状态、锅炉热水温度设定值、锅炉供/回水温度、负载率、实时燃气消耗量
	热水板换	板换一次侧进/出水温度、板换二次侧进/出水温度
	热水总管	供水温度、供水压力、回水温度、回水压力、回水流量、热水泵运行状态和故障状态
能源监测系统	用能数据	冷源系统主机、水泵、冷却塔等相关设备实时能耗，锅炉系统水泵等相关设备实时能耗，各主要分项和用电设备的计量数据
其他	室外环境	室外干球温度、室外相对湿度、室外辐照度
	室内环境	温度、相对湿度
	客流	总人数、各出入口人流、分项人流

第 9 章 智慧运维平台部署及网络配置

智慧运维平台（以下简称平台）支持不同的部署方式（本地部署、私有云、公有云），可以将平台的软件服务、数据库服务、边缘网关服务与算法服务等部署于项目现场的服务器，也可以通过网络获取所需的服务资源，即云部署。如果平台采用本地部署方式，除必要的硬件配置外，服务器还必须具备外部网络访问能力，以便实现系统的远程维护、升级及第三方数据的载入。

9.1 服务器及网络配置

9.1.1 云部署的网络配置

平台支持公有云和私有云部署方式。边缘网关服务集成了建筑内多个弱电系统与相关独立终端设备的数据，应保证边缘网关服务与公有云或私有云所在的网络环境连接顺畅，使边缘网关服务能够实时上传运行数据、上报告警事件至公有云或私有云平台。公有云或私有云平台通过集成的弱电系统对本地终端设备进行远程反向控制。

数据采集频率为分钟级，云服务器资源为 10TB，内存为 8GB，上行带宽为 100Mbis/s，下行带宽为 50Mbit/s，具体的网络布线与组网方案可根据现场实际情况灵活配置与设计。

9.1.2 本地部署的服务器配置

采用本地部署方式时，需要软件服务器、数据库服务器与算法服务器等设备，推荐的服务器配置见表 9-1。

表 9-1 服务器配置

序号	Intel E3-1200 v5 至强处理器	数量	配置				其他		
			核心	内存	带宽	硬盘	网络	外网 IP	内网 IP
1	网站服务	1	4	8GB	10Mbit/s	100GB（SSD）	内/外网	开通	开通
2	数据采集	1	4	16GB	10Mbit/s	80GB（SSD）	内/外网	开通	开通
3	采集中转	1	4	8GB	—	500GB（SSD）	内/外网	非必需	开通
4	MySQL 主数据库	1	8	16GB	—	150GB（SSD）	内/外网	非必需	开通
5	MySQL 备用数据库	1	8	16GB	—	150GB（SSD）	内/外网	非必需	开通
6	数据存储	1	8	16GB	—	500GB（SSD）	内/外网	非必需	开通
7	数据存储备份	1	8	16GB	—	500GB（SSD）	内/外网	非必需	开通
8	算法任务	2	8	32GB	—	100GB（SSD）	内/外网	非必需	开通

9.2 平台对接条件

（1）确认 BA 系统的现状，包括控制点数量、控制的设备类型、设备的品牌和型号、弱电施工点表、设备图纸、网络类型、网络服务供应商等。

（2）确认 FA 系统的现状，包括系统供应商、设备台账、弱电施工点表、设备图纸、网络类型、网络服务供应商等。

（3）确认 SA 系统的现状，包括系统供应商，设备台账，监控摄像头的 IP 地址、端口、访问用户名、访问密码，弱电施工点表等。

（4）开放 BA 系统、SA 系统、FA 系统、CA 系统、OA 系统及其他所需监控系统的数据接口，将所有数据集成到同一网络端。

（5）如果采用云部署方式，还要为边缘网关服务提供一个访问外部网络的接口，可根据现场实际情况选用 HTTPS 或 MQTT 协议。

9.3 采集设备要求

边缘网关服务采集数据后，将数据发送至本地部署的 IoT 平台。数据采集频率为分钟级。

边缘网关选用工业级微型计算机，搭载 Linux 系统，并通过 MTBF 认证和 MIL 规范测试，具有较高的可靠性。边缘网关服务设备必须与所监控的系统在同一网段，而且必须与公有云或私有云平台相连，具备向公有云或私有云平台发送数据的能力。边缘网关服务设备配置参数见表 9-2。

表 9-2 边缘网关服务设备配置参数

名 称	参 数
型号	OptiPlex 7050
数量	2 台
处理器	Intel i5-7500T
内存	16GB
硬盘	500GB，2.5 英寸，SATA
网络接口	3 个

9.4 采集数据要求

平台提供建筑弱电系统的实时监测、设备联动、故障报警与预测性分析等服务，需要相应的数据进行支撑，具体数据见表 9-3。

表 9-3 平台所需数据

弱电系统	子系统	设备	主要数据
BA 系统	变配电	电表	设备能耗、三相有功/无功功率、功率因数、各相相电压和相电流等
	暖通空调	主机	主机运行状态、出水温度设定值、蒸发器进水温度、蒸发器出水温度、冷凝器进水温度、冷凝器出水温度、负荷率、实时能耗
		水泵	启停状态、频率设定值、频率反馈值、实时能耗
		冷却塔	启停状态、风扇频率控制值、风扇频率反馈值、实时能耗
		冷却水总管	冷却水进水温度设定值、冷却水总管供水温度、冷却水总管回水温度、旁通阀开度
		冷冻水管路	供水温度、供水压力、回水温度、回水压力、回水流量、旁通阀开度
		末端	启停状态、新风阀开度、回风阀开度、送风温度、送风温度设定值、送风压力、送风压力设定值、冷盘管阀门开度、风机频率控制值、风机频率反馈值
		燃气锅炉	锅炉启停状态、锅炉故障状态、锅炉热水温度设定值、锅炉供/回水温度、负载率、实时燃气消耗量
		热水板换	板换一次侧进/出水温度、板换二次侧进/出水温度
		热水总管	供水温度、供水压力、回水温度、回水压力、回水流量、热水泵运行状态和故障状态

续表

弱电系统	子系统	设备	主要数据
BA 系统	环境监控	环境监控设备	室外环境：干球温度、相对湿度、风速、噪声、PM2.5 浓度、PM10 浓度、PM100 浓度、室外辐照度 室内环境：温度、相对湿度
	电梯监控	电梯	停靠楼层、停靠时间、设备状态、门闸状态
	停车场管理	停车场门禁	车道名称、车道类型、放行规则、出入车牌号、时间、收费规则类型、付费状态、付款方式、车辆图片、控闸命令
		停车位检测设备	总车位数、剩余车位数
	照明监控	灯	照明状态；
SA 系统	视频监控	视频监控设备	实时预览 HLS 流、录像回放 HLS 流、抓图图片、报警时间、报警输出数
	入侵报警	电子警报器	报警时间、报警事件、报警状态、布防状态
	出入口控制	门禁	门禁设备名称、门禁点数量、门禁点状态、客流开始与结束时间、门禁计划 ID、客流流量、经过人、门禁事件、联动照片、黑名单人员信息
	可视对讲	楼栋单元对讲机	是否为主门口机、可视对讲通道数、发布信息接收方、信息类型、信息主题、信息内容、上报事件类型、上报事件时间
	电子巡更	电子巡更仪	巡查事件触发时间、巡查人员
FA 系统	火灾自动报警	烟感报警器	烟雾浓度、报警时间、报警事件、联动命令
	消防联动	灭火器	门闸调控时间、门闸调控事件、门闸状态、喷射等级
		防排烟	门闸调控时间、门闸调控事件、闸口开关幅度
CA 系统	多媒体系统	有线电视	播放状态、播放时间、播放 HLS 流
		公共广播	播放状态、播放人、播放时间、播放音频流
		语音通信	通话状态、通话方、通话时间、通话音频/视频流
OA 系统	会议预定系统	无	预定人、预定房间、会议起始时间
	HR 系统		员工姓名、工号、职位、组织架构、办公地点、工位、日常考勤时间
	ERP 系统		资产信息：资产名称、资产类型、资产价值
	CRM 系统		客户信息：客户名称、客户类型、客户地址、联系方式 合同信息：有效期、交易价格、付款方式
	SCM 系统		供应商信息：供应商名称、提供的服务、地址、联系方式

第10章 智慧运维安全保障体系

10.1 智慧运维安全保障体系的逻辑架构

智慧运维安全保障体系是以人力资源和组织架构为核心，以网络安全政策法规、制度标准、技术指南为指导，以网络安全运行机制为保障，以网络安全技术、产品、系统、平台为支撑的闭环式系统（图 10-1）。

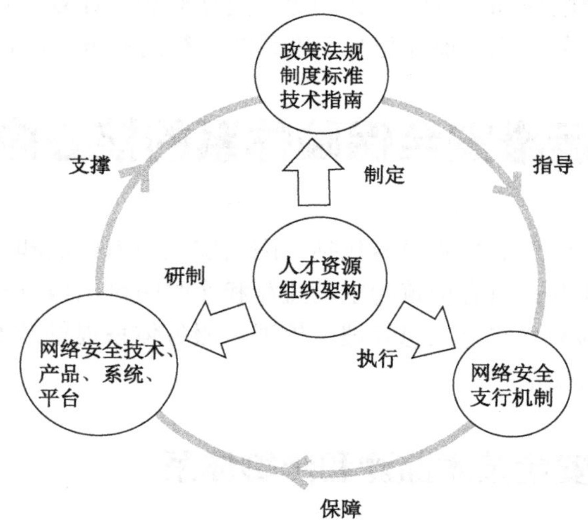

图 10-1　智慧运维安全保障体系

组织架构和人才资源是构建智慧运维安全保障体系的核心要素。智慧运维安全保障体系要配备和设立安全决策、管理、执行及监管的主要责任岗位和机构，明确角色与责任，确保认识到位、责任到位、措施到位、投入到位。

政策法规、制度标准、技术指南是智慧运维安全保障体系软环境的基本构件，是智慧运维网络安全建设、运营和保障人员的行为准则、依据和指导，是形成完善、可行的网络安全制度的基础性要求。例如，制定网络安全工程建设、运行维护、安全服务等规范，明确网络安全日常工作流程；制定网络安全业务应用服务规范和标准，规范相关职能业务在确保网络安全条件下的工作程序、内容和要求等。

网络安全运行机制是智慧运维安全软环境和硬设施协调运转的保障。其中，有以下三项内容需要重点关注。

（1）要建立跨部门的协调工作机制，统筹网络安全规划制定、顶层设计、信息系统运维保障、考核评估等环节的工作机制。

（2）要完善网络安全管理与控制的流程，将高层人员参与、安全绩效考核、人员信息安全意识与技能培训等纳入其中，保证智慧运维系统安全运行。

（3）要建立有效的风险识别、控制和处置机制，定期开展现状调研、风险评估，实施信息系统安全等级保护测评等安全测评过程，对存在的风险状况进行评估，并采取相应的有效措施。

网络安全技术、产品、系统、平台是智慧运维安全保障体系的硬设施。在技术、产品研发方面，要不断开发适应信息安全新形势的新技术与新产品，实现不同层次的身份鉴别、访问控制、数据完整性、数据保密性和抗抵赖等安全功能。在安全项目布局方面，要建立业务连续性计划、应急响应和灾难恢复计划等，定期对相关计划进行有效性评测和完善，定期开展全员参与的应急演练，保证智慧运维系统运行的业务连续性。

10.2 智慧运维安全保障体系的核心内容

智慧运维安全保障体系的核心内容包括：网络安全技术监测和防御体系及网络安全应急管理、处理、服务体系。前者构筑起主动监测和实时防御的数据资源基础，通过挖掘技术监测和防御数据，为网络安全应急管理、处理、服务体系提供技术和数据支撑，从而全面保护智慧运维系统的安全。

10.2.1 网络安全技术监测和防御体系

网络安全技术监测和防御体系包括对云、网、端的技术监测和防御。云是指各种公有云、私有云和混合云，网是指各种网络，端是指各种操作系统和应用系统。云计算及虚拟化环境、大型网络边界、政府及企事业单位内网都应该在监测范围之内。同时，应覆盖系统漏洞、病毒木马、黑客攻击、外接设备、应用程序、网络使用、系统使用、网站性能、可用性、操作系统、移动终端接入、移动应用等方面。通过多手段、全覆盖的信息采集做多维度安全攻击印证，以此形成网络安全数据分析体系，并开展持续、动态的监测与防御。

10.2.2 网络安全应急管理、处理、服务体系

网络安全应急管理、处理、服务体系由网络安全数据交换平台、威胁大数据分析处理中心、网络安全应急平台组成。

网络安全数据交换平台通过标准的数据接口和通信协议与智慧运维系统的各个信息节点进行实时数据交换，对不同来源的数据进行标准化处理，它是连接各个应用节点与网络安全应急平台的数据枢纽。

威胁大数据分析处理中心是全域、全网、全过程安全威胁数据信息的存储、分析、挖掘、研判中心，其作用是规范化处理来自网络安全数据交换平台的各类数据信息，利用数据分析处理模型对安全数据进行分析处理，为网络安全应急平台提供网络安全分析结果，支撑网络安全应急应用。

网络安全应急平台按照“积极预防、及时发现、快速响应、力保恢复”的方针，针对智慧运维系统建设与运行的特点，建立“协同指挥、立体联动”的工作机制，构建操作性强、效率高的信息安全应急响应体系；制定智慧运维信息安全应急预案，定期组织相关人员进行信息安全应急知识培训，积极开展应急演练，根据实践不断调整和优化应急预案，不断提高信息安全应急响应能力。

第 11 章 智慧工地

11.1 概述

11.1.1 智慧工地的发展背景

继 2010 年 IBM 正式提出智慧城市的概念后，包括我国在内的很多国家都提出了符合自身定位的智慧城市实施方案，如新加坡的“智慧国计划”、韩国的“U-City 计划”。经过多年的快速发展，智慧城市的概念逐渐精细化，并衍生出智慧工地的概念。

随着我国城镇化进程的不断推进，工程建设项目的建设工序日趋复杂，在效率至上及劳务成本的双重压力下，施工企业对工期的要求也越来越紧，使项目的安全管理面临巨大的挑战。传统的管理模式不仅需要的管理人员多，而且很难保证面面俱到，稍不留意就会留下各种安全隐患。为了科学、规范地实现工地现场“人的不安全行为”“物的不安全状态”和“环境的不安全因素”的综合管理，预防安全事故，降低企业经营风险，促进社会和谐，以中建、中铁建、中冶建等国企、央企为代表的大型施工企业逐步开始了智慧工地的探索与实施，并取得了一定的应用成效，引领了国内建筑施工行业的科技发展和科技进步。只有充分了解工地现状，结合物联网、云计算、大数据等前沿技术，明确符合企业实际的智慧工地项目设计和实施的基本原则，才能合理、有序地推进智慧工地建设。

11.1.2 智慧工地的概念和特征

智慧工地是智慧城市理念在建筑施工行业的具体展现，是一种支持人和物全面感知、施工技术全面智能、工作互联互通、信息协同共享、决策科学分析、风险智慧可控的新型信息化管理理念。它围绕人、机、料、法、环等关键要素，综合运用 BIM、物联网、云计算、大数据等信息化技术，提高工程建设生产效率、管理效率和决策能力等，实现项目管理数字化、精细化、智慧化。

智慧工地具有以下 4 个特征。

（1）聚焦建设过程生产活动，融合信息化技术，实现生产过程信息化。突破传统的信息化应用模式，将信息化技术应用到解决现场实际问题中。

（2）数据实时获取与共享。充分利用互联网、物联网等技术手段，实时获取现场管理数据，并通过网络实现数据传输与实时共享，避免数据孤岛。

（3）基于数据集成与分析，提高风险预测能力，辅助科学决策。建立数据归集、整理、分析、展示机制，对现场采集的数据、管理过程中的信息进行关联性分析，形成知识库，预测趋势及编制预案，同时通过移动设备进行预警和响应。

（4）综合运用各种平台、软件、硬件，满足现场管理需求。通过运用各类管理系统和新型信息化技术，改进组织与人员的交互方式，提高交互的准确性、效率、灵活性和响应速度。例如，采用物联网技术，将感应器植入人员穿戴设备、机械、建筑构件中，实现万物互联；通过集成化平台，实现数据的统一汇总与分析。

11.1.3 智慧工地的关键技术

智慧工地就是综合运用各种信息化技术来解决建设过程中的管理问题，包括大数据技术、智能化技术、云计算技术、移动互联网技术、物联网技术和 BIM 技术等。工程项目管理通常包括事前策划、过程控制和决策分析三方面。在事前策划方面，以 BIM 技术为主导，对设计与建造方案进行模拟、分析，以达到优化设计与建造方案、缩短工期、降低造价的目的。在过程控制方面，通过传感器、射频识别（RFID）、二维码、植入芯片等物联网技术和移动 App，实现实时采集数据、实时获取信息和现场全面感知；同时，通过移动互联网或云平台实现数据信息安全传送、实时交互与共享。在决策分析方面，通过数据集成和大数据分析技术进行数据信息关联性分析，实现智慧预测、实时预警反馈和自动控制。

1. 大数据技术

麦肯锡全球研究所给出的大数据定义如下：一种规模大到在获取、存储、管理、分析方面大大超出了传统数据库软件工具能力范围的数据集合，具有数据规模大、数据流转快、数据类型多和价值密度低四大特征。大数据技术的目的在于提高对数据的“加工能力”，通过“加工”实现数据“增值”。

2. 智能化技术

智能化技术主要包括计算机技术、精密传感技术、自动控制技术、GPS 定位技术、无线网络传输技术等。智能化技术能提高工程建设的自动化程度和智能化水平。

3. 云计算技术

云计算是网络计算、分布式计算、并行计算、效用计算、网络存储、虚拟化和负载均衡等计算机技术与网络技术发展和融合的产物。它具有以下三个特征。

（1）通过网络把计算实体整合成一个具有强大计算能力的系统。

（2）建立在互联网的基础上。

（3）使计算能力像普通商品一样交付和使用。

4. 移动互联网技术

移动互联网是一种依靠智能移动终端，采用无线方式获取业务和服务的新型技术，其包含终端（手机、平板电脑等）、软件（操作系统、中间件、数据库等）和应用三个层面。以手机 App 为例，在现场沟通、安全巡检、材料验收等方面，手机 App 应用广泛。同时，手机 App 可集成 BIM 技术、物联网技术、云计算技术，实现移动监控、跟踪、检查、文档协同等高效管理。

5. 物联网技术

物联网技术是通过在工地现场安装各种信息传感设备，把工程建设相关的人员和物品通过互联网连接起来，实现工地现场全方位的实时感知。物联网具有三大特征：一是全面感知，二是实时数据获取、交互、共享，三是智能处理和智能控制。

6. BIM 技术

BIM 技术已被广泛应用到工程建设管理中。BIM 技术以三维模型为载体集成各种建筑信息，形成数字化的建筑信息模型，然后围绕模型实现碰撞检测、施工模拟、算量分析等数字化应用。利用 BIM 技术，能实现设计协同和虚拟化建造、运维，优化设计方案并指导实际作业，从而提高设计质量，减少变更带来的浪费。

11.1.4 智慧工地建设

1. 智慧工地建设框架

智慧工地建设框架如图 11-1 所示。

技术层包括感知与传输两方面，其运用 RFID、GPS、红外感应、移动终端等技术和设备采集建筑实体、管理过程和施工现场的相关信息，并通过互联网、物联网、通信网等实现信息的高效传递与归集。

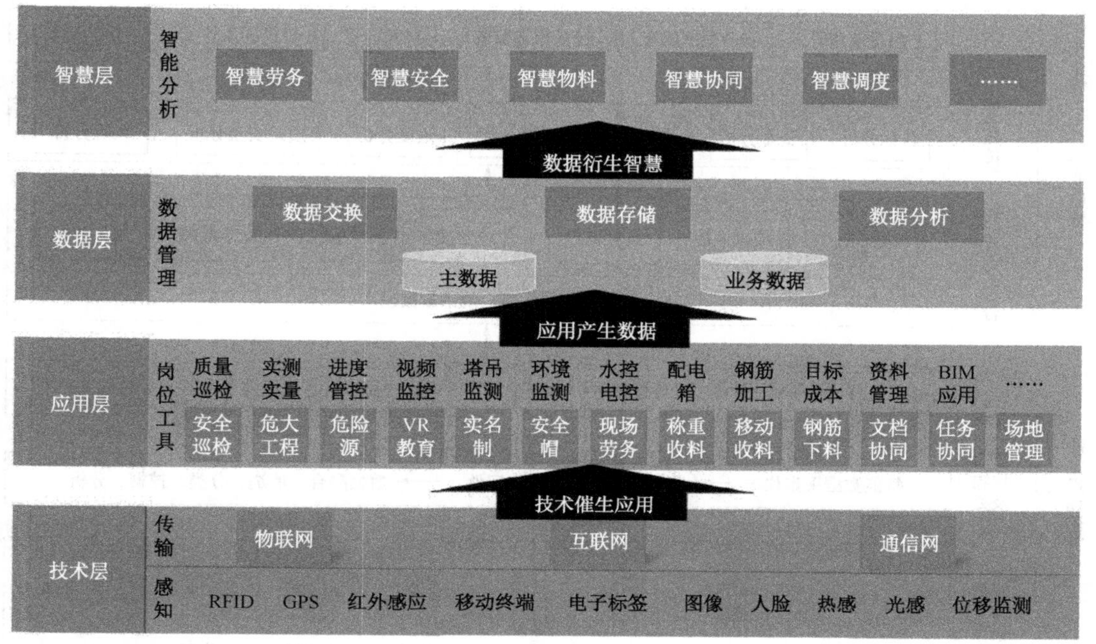

图 11-1 智慧工地建设框架

应用层聚焦施工生产一线具体工作，通过不同专业的应用软件、系统解决不同业务问题。应用层追求数据的真实性、准确性实时性和有效性。

数据层的功能是数据管理，包括数据交换、数据存储和数据分析。

智慧层通过数据挖掘技术，挖掘不同业务之间的关联，实现智能分析和预测，辅助项目管理者进行决策或实现事前控制。

2. 智慧工地监管体系

智慧工地监管体系如图 11-2 所示，其分为以下三个层次。

1）施工现场监管

施工现场利用传感器、移动设备等物联网终端实时感知各监管要素的状态，再通过数据传输及数据处理形成管理人员可用的信息，以实现施工现场协同管理。

2）企业监管

企业通过智慧监管平台进行业务管理，并通过数据挖掘进行经营分析。

3）行业监管

行业主管部门对建筑施工相关企业进行持续监督和跟踪改进。

智慧工地监管体系可大幅提升施工现场、企业和政府的管理效率，保障建设目标顺利实现。

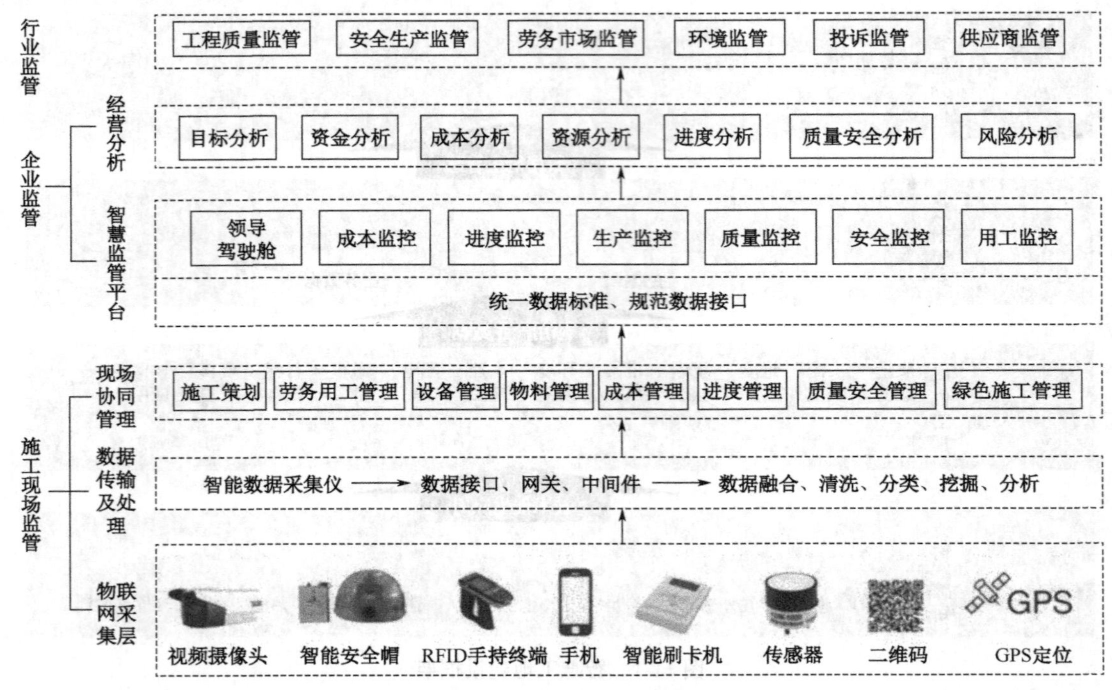

图 11-2　智慧工地监管体系

3. 智慧工地建设影响因素

智慧工地建设影响因素如图 11-3 所示。

智慧工地建设影响因素指标体系如图 11-4 所示。

4. 智慧工地施工协同管理体系

智慧工地施工协同管理体系如图 11-5 所示。施工现场网络传输路径如图 11-6 所示。

5. 智慧工地人员管理数据信息流

在项目管理中，人员管理难度最大。智慧工地人员管理数据信息流如图 11-7 所示。人员信息按时间稳定性可分为动态信息和静态信息，动态信息以描述运动变化过程为目的，静态信息以反映当前状况为目的。工程项目人员变动比较大，并无绝对的静态信息。因此，这里的静态信息是相对的，主要指项目建设过程中变动频次不高的人员信息，包括资质证书、培训教育、健康状况、诚信状况；而动态信息包括考勤、区域作业人数、班前安全教育、作业状态等。

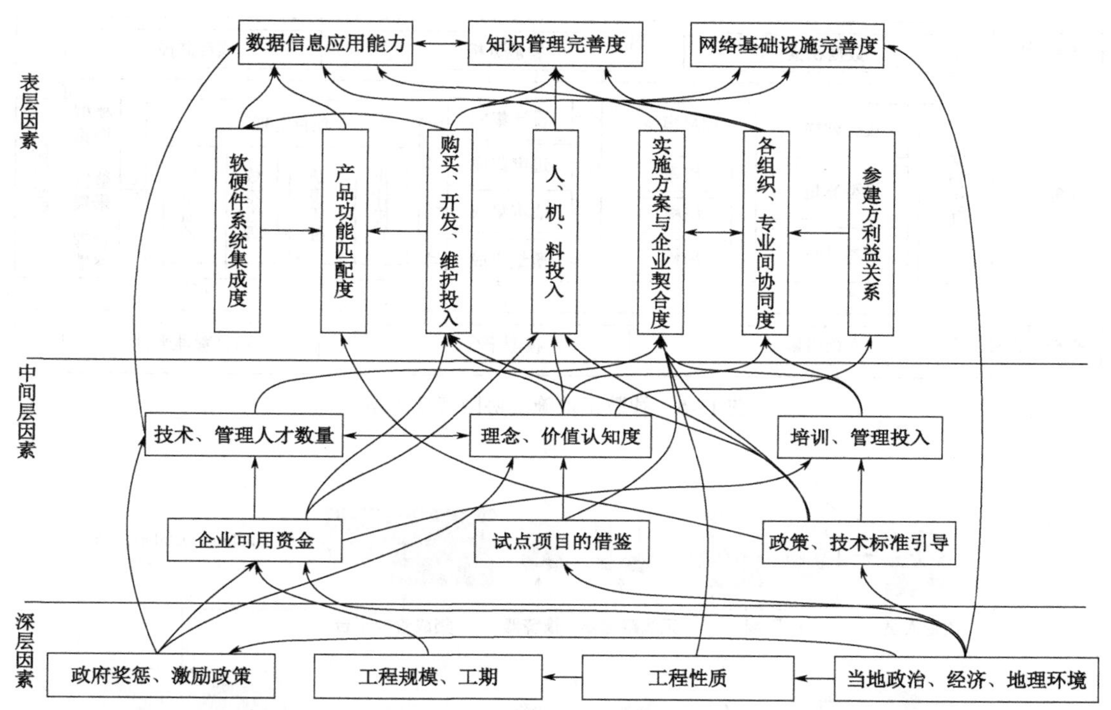

图 11-3　智慧工地建设影响因素

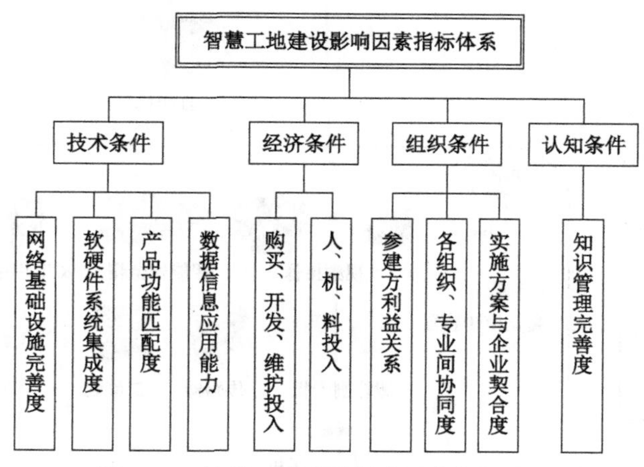

图 11-4　智慧工地建设影响因素指标体系

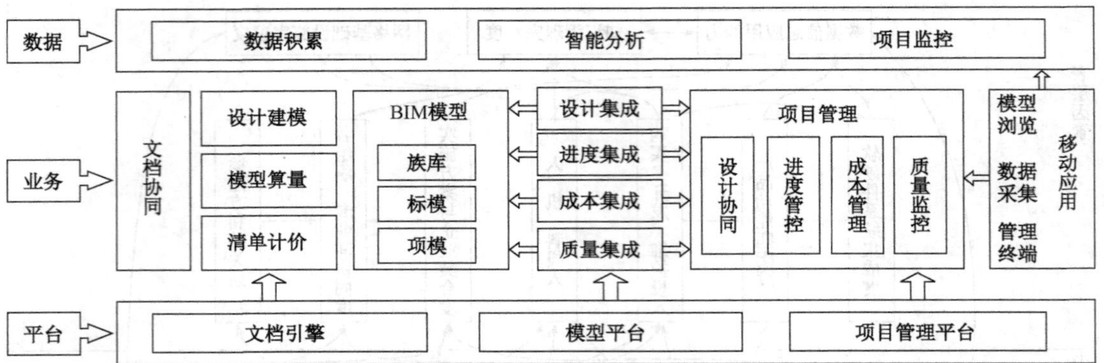

图 11-5　智慧工地施工协同管理体系

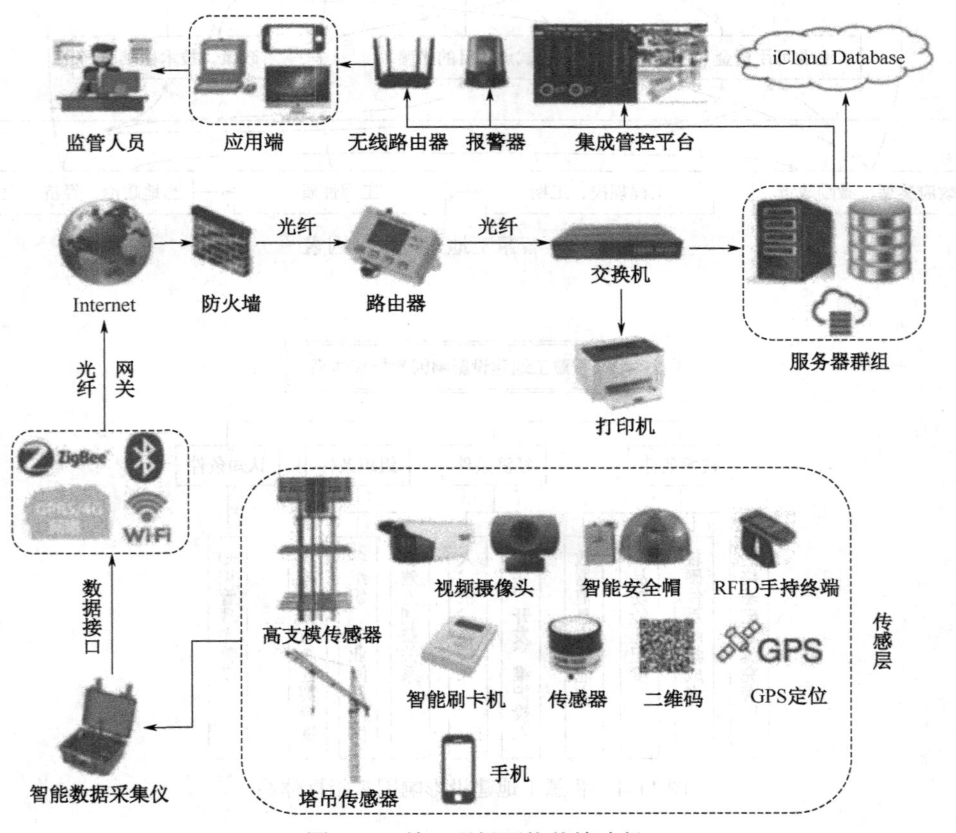

图 11-6　施工现场网络传输路径

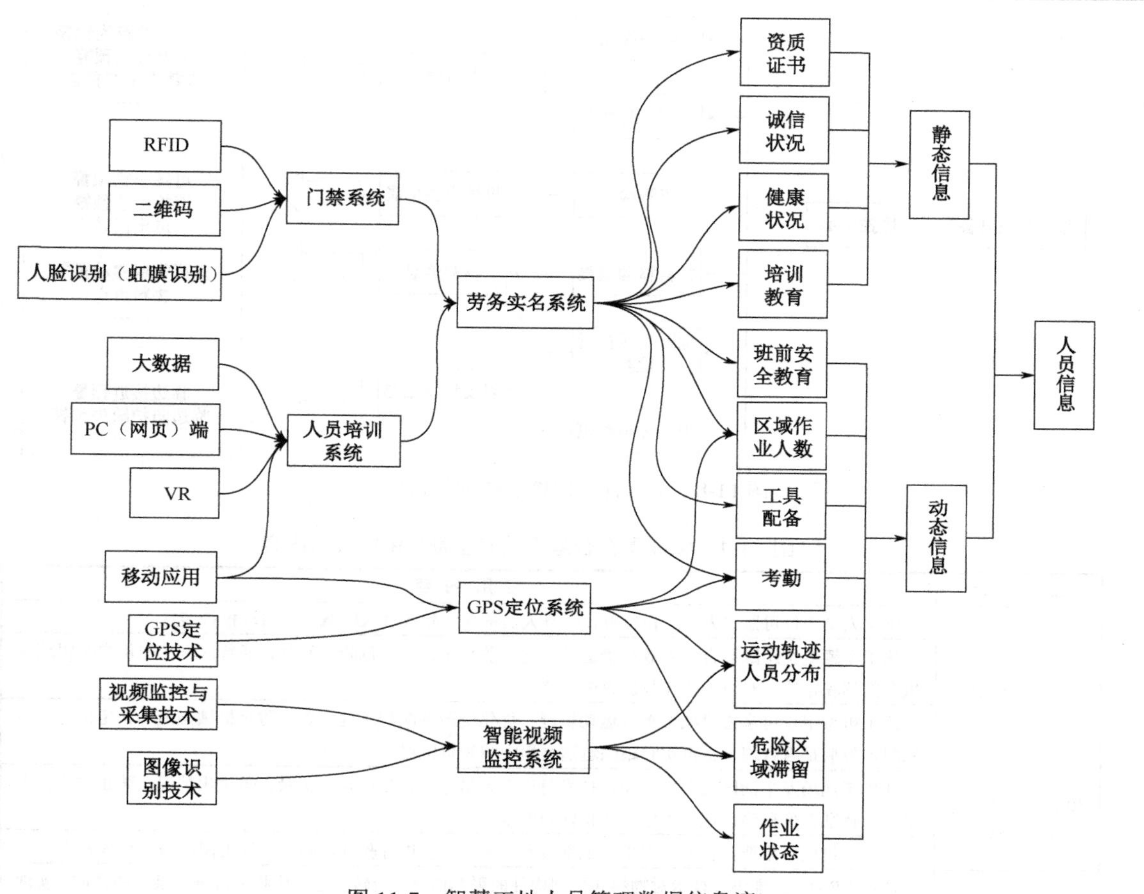

图 11-7　智慧工地人员管理数据信息流

6. 基于视频监控系统的数据信息流

除获得传统的监控视频影像信息外，基于视频监控系统，还能利用图像识别技术对现场工人的行为进行姿态分析，从逻辑上判断当前人物正在做什么或处于何种状态，从而获得作业状态信息。

此外，利用视频监控系统还能进行车牌检测、安全帽检测、物料移动检测、危险区域接近检测、现场环境检测，获取与机械设备、物料、现场环境有关的数据信息。

基于视频监控系统的数据信息流发图 11-8 所示。

7. 基于物联网的智慧工地安全管控体系

物联网在智慧工地安全管控中的应用内容见表 11-1。

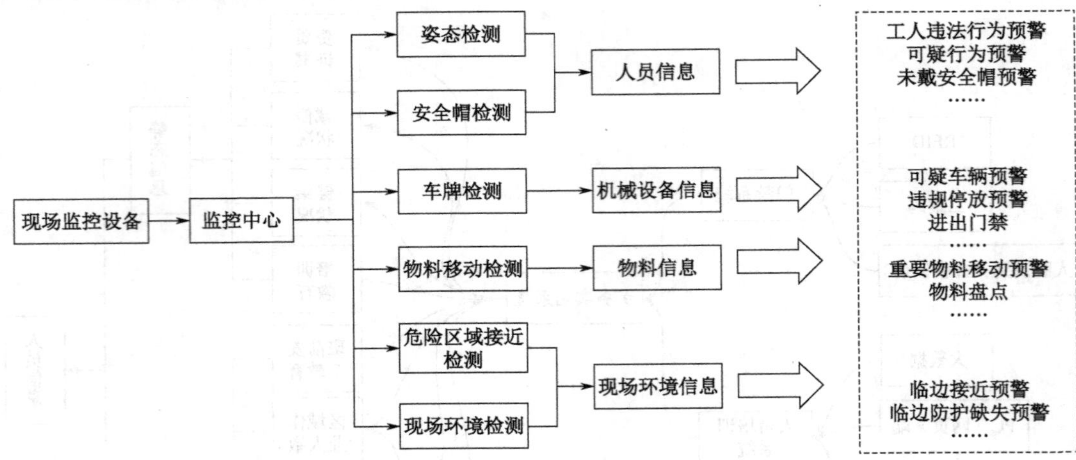

图 11-8　基于视频监控系统的数据信息流

图 11-1　物联网在智慧工地安全管控中的应用内容

应　用　点	应 用 内 容
人、机、料定位	施工人员定位可监控人员工作位置，一旦人员进入危险或禁入区域，就启动报警装置
	施工车辆定位跟踪可合理完成车辆运营调度，防止车辆进入危险区和禁止通行区域；也可实时跟踪垃圾车的驾驶路线，对垃圾的卸载倒放进行监控
	施工机械定位可掌握机械位置及运动轨迹，优化资源调配和场地布置，防止机械碰撞物料定位可监控物料堆放后是否合理，也可实时跟踪运送过程中的物料位置
作业、管理人员权限识别	在施工现场及生活区应用生物识别技术对进入人员进行权限识别，记录人员进出情况，防止非工作人员进入扰乱工作秩序，保证工地财产物资的安全
	在大型机械或重要作业区应用生物识别技术对人员身份进行验证，防止无证上岗，减少事故发生
物料跟踪和检测验收	通过 RFID、二维码等技术对物料和预制构件的采购信息、流转状态、检测报告进行录入和读取，实现材料的计划、采购、运输、库存全过程追踪，提高建筑材料质量安全和进场验收效率，减少人力投入
	通过 RFID 等自动识别技术与 BIM 的集成应用来大大提高装配式建筑的生产和装配效率，提高装配精度和结构安全
结构变形监测	基于激光测距原理，应用 3D 激光扫描技术对建构筑物的空间外形、结构进行扫描，形成空间点云数据，以此建立三维数字模型并与 BIM 模型进行比较。实现高精度钢结构质量检测和变形监测
	通过位移传感器等监测结构或基坑的位移变形，通过数据超标预警来预防安全事故的发生
机械设备运行参数监测	通过在塔机、升降机、工人电梯、卸料平台等危险性较高的大型施工机械隐患点安装传感器，实时监测机械的应力、高度和位移等数据，并将监测数据通过图表和模型进行可视化展示，实时监测机械运行状态，在数据超标时及时预警
工地可视化和视频监控	通过机器视觉高效辨别作业人员位置并追踪人员工作状态，对违规行为进行自动识别和报警，如在危险工作区域吸烟，未戴安全帽，未系安全带等
	通过机器视觉自动识别场地内塔吊、挖掘机等重大机械及危险源，对其位置、变形等要素进行可视化监控，自动辨识异常状态
	通过视频监控记录工地出入口、料厂和仓库的人员及车辆进出，以便在出现生产安全及财产安全问题时进行责任追溯

续表

应用点	应用内容
环境危险源监控	通过传感器对工地风速、湿度、温度等环境数据进行感知和监控，以保障施工作业的环境适宜性
	通过监测烟雾、有害气体、水阀、电缆末端等，减少工地作业环境的安全隐患
	通过扬尘、噪声监测以及超限报警和喷淋设备联动来降低环境对作业人员健康的损害

基于物联网的智慧工地安全管控体系如图11-9所示，其利用物联网终端设备对施工现场监管要素进行数据采集，然后通过数据接口、传输协议将施工现场监管数据传送到数据处理层，形成视频、位移、应力、位置等数据，以完善安全监管数据库。对预警数据进行统计分析，可有效预防安全风险发生；将物联网数据与BIM、GIS等数据集成展示，可实现更高效的智慧工地协同管理，并支持大屏、固定终端和移动终端等多平台分发和轻量化展示。

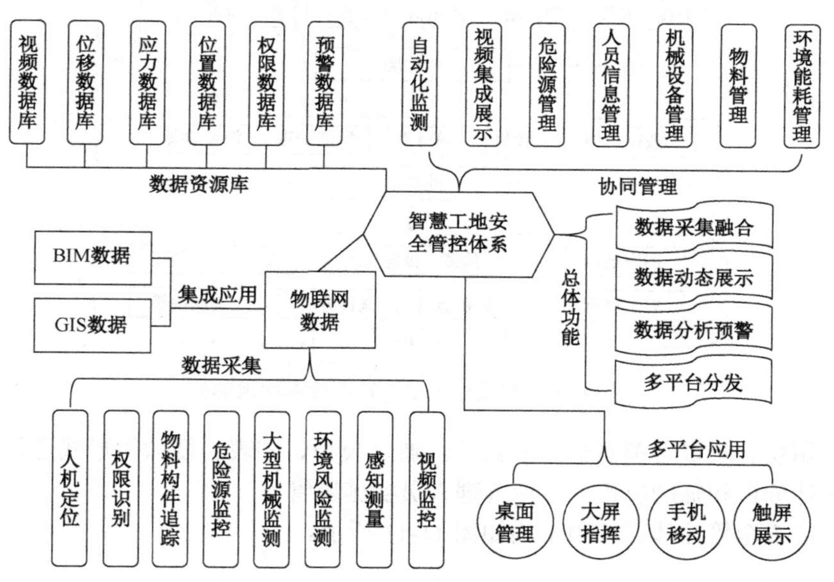

图11-9　基于物联网的智慧工地安全管控体系

智慧工地安全管控体系技术架构如图11-10所示。

（1）感知层。利用自动识别技术、传感技术、图像采集技术和定位跟踪技术等物联网技术，通过物联网终端采集各类数据，通过内网将数据传递给采集分站，由采集分站通过无线网络传输给网关，由网关负责统一上传。

（2）传输层。利用各种网络技术将感知层采集的各类数据传输到物联网中间件服务器，再传输到应用软件系统。

（3）处理层。利用云计算、大数据挖掘等技术对原始数据进行解析与处理，以供应用层使用。

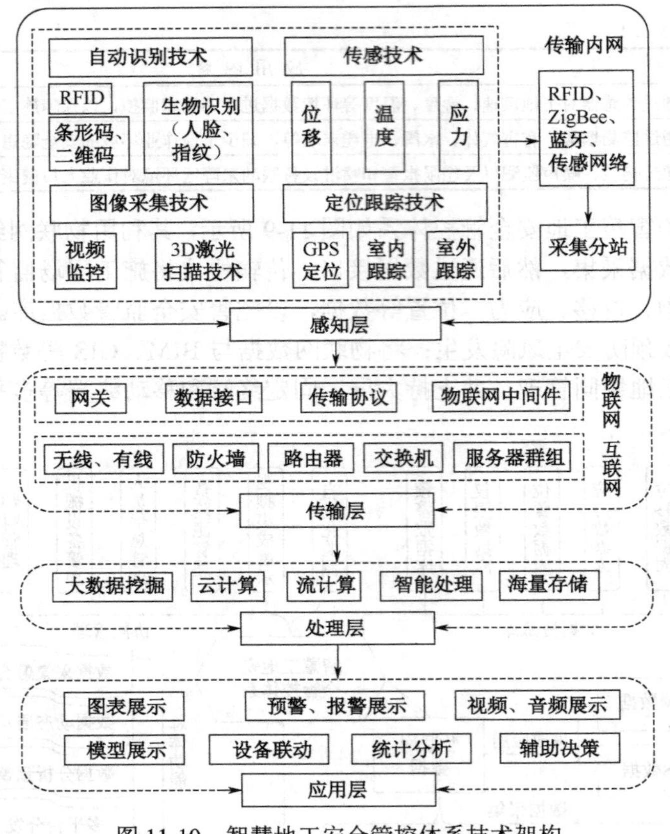

图 11-10　智慧地工安全管控体系技术架构

（4）应用层。提取各类有价值的数据，通过模型、图表、视频等形式进行展示，同时实现自动统计分析和辅助决策，方便管理人员实施监管。

智慧工地安全管控体系应用架构如图 11-11 所示。

8. 数据信息管理中心组织架构

数据信息管理中心应由业主方牵头组建，其定位为项目信息化管理部门，以数据信息协同管理为核心，指导、评价、监督各参与方基于项目的信息化建设，提高各参与方沟通效率和现场管理效率，辅助现场决策。数据信息管理中心组织架构如图 11-12 所示。

数据信息管理中心对项目各参与方及其下设的各职能部门进行数据信息协同管理。数据信息管理中心由抽调于项目各参与方的专业人组成，这些专业人员除对本单位负责外，还对数据信息管理中心各专业信息管理组负责。数据信息管理中心统筹管理各专业信息管理组，并直接对项目指挥部负责。

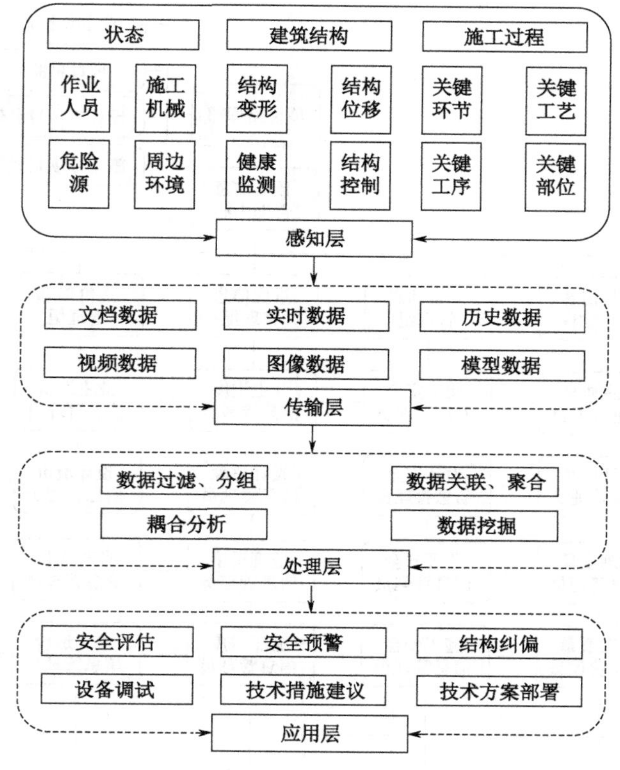

图 11-11 智慧工地安全管控体系应用架构

9．数据信息集成管理平台

1）构建思路

数据信息集成管理平台的构建思路是整合智慧工地的结构化信息和非结构化信息，为项目各参与方交流与沟通提供统一的平台，实现工程项目信息的集成与协同，保障数据信息的安全。

2）构建原则

（1）以项目为中心。

数据信息集成管理平台应以项目为中心，充分整合资源，提高各参与方的工作协同度。

（2）数据信息的集成性和安全性。

数据信息集成管理平台应着眼全局，有效集成各参与方使用的软件系统，并实现充分协同。同时，应对数据信息进行集中存储和有效管理，并采取完善的安全策略和可靠的安全措施，以保障平台的正常运行及数据信息的安全、保密、完整。

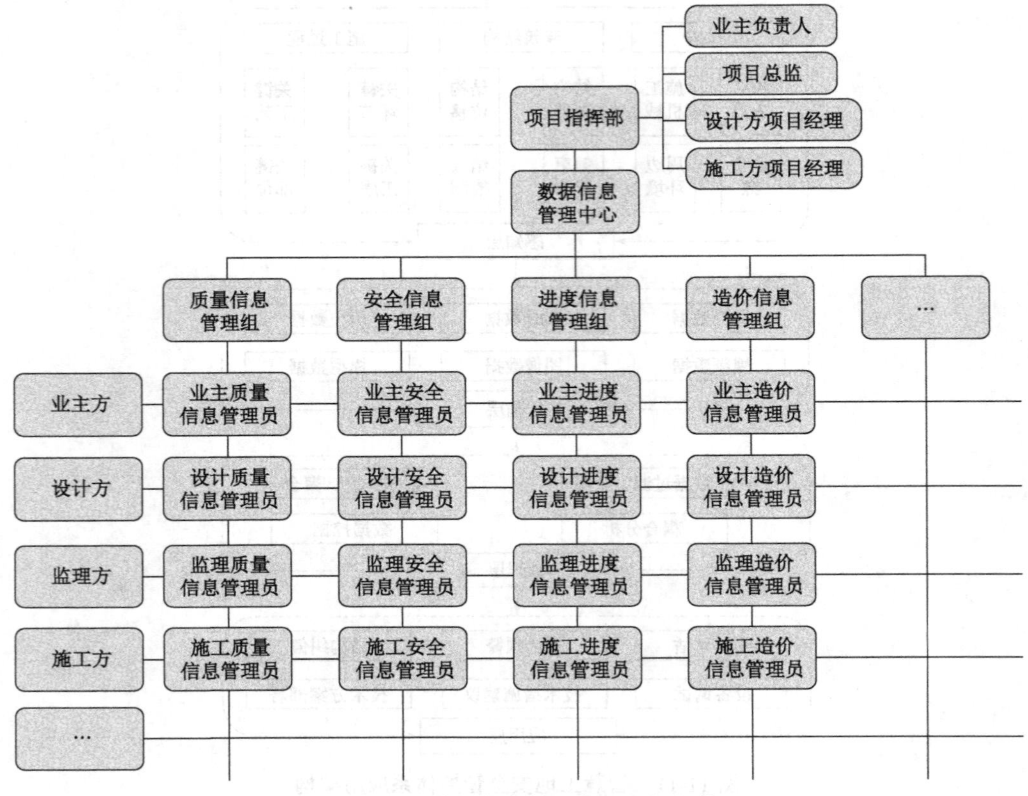

图 11-12　数据信息管理中心组织架构

（3）稳定性和可靠性。

数据信息集成管理平台应具备很高的稳定性和可靠性，能快速、稳定地传递和处理大量的实时数据。

（4）数据信息的充分共享和可视化。

数据信息集成管理平台应保证各参与方可在任何时间、任何地点获得各自所需的数据信息。同时，平台应实现数据可视化。

（5）实用性和易用性。

数据信息集成管理平台应简单易用、界面友好，操作应符合当前主流应用习惯。

3）管理模块

数据信息集成管理平台管理模块见表 11-2。

表 11-2 数据信息集成管理平台管理模块

<table>
<tr><th>序号</th><th>模块名称</th><th>模块功能</th><th>需求细节描述</th></tr>
<tr><td>1</td><td>项目概况模块</td><td>显示项目基本信息、实时进场人数、安全和质量统计信息、宣传视频</td><td>（1）后台可上传、更换视频
（2）实时进场人数对接劳务管理
（3）安全和质量统计信息对接安全和质量管理模块
（4）主页面应显示工期倒计时</td></tr>
<tr><td>2</td><td>生产管理模块</td><td>劳务管理、塔吊监控、视频监控、环境监控</td><td>（1）4 个子模块分页展示
（2）塔吊监控模块可对接不同塔吊监控系统
（3）劳务管理模块可在后台划分工区和工种</td></tr>
<tr><td>3</td><td>定位服务模块</td><td>人员定位、流动机械设备定位</td><td>界面可显示车辆、人员的静态信息（车辆基本信息、人员基本信息、车牌、交底信息）和动态信息（行动轨迹）</td></tr>
<tr><td>4</td><td>质量管理模块</td><td>质量问题分类、统计、排名，质量问题趋势分析，质量红黑榜，报表生成</td><td rowspan="2">（1）质量和安全管理模块应集成监理、总包巡检系统数据
（2）质量和安全问题可在后台划分工区
（3）质量和安全问题可在同一张地图上分区显示和对比
（4）应集成随手拍功能
（5）通知单、联系单、日志、台账可在后台自动生成、统一导出</td></tr>
<tr><td>5</td><td>安全管理模块</td><td>安全问题分类、统计、排名，安全问题趋势分析，危大工程展示，报表生成</td></tr>
<tr><td>6</td><td>进度管理模块</td><td>进度计划、进度模拟、航拍进度展示</td><td>（1）航拍视频可在后台上传
（2）进度计划可在后台更新</td></tr>
<tr><td>7</td><td>BIM 5D 模块</td><td>BIM 模型浏览、BIM 进度模拟、BIM 工程量和算量分析、BIM 生成派工单</td><td>模型可附加进度报表</td></tr>
<tr><td>8</td><td>多方信息协同模块</td><td>基于文档、资料、模型、图纸的协同工作平台</td><td>（1）版本管理
（2）文档权限管理</td></tr>
<tr><td>9</td><td>物料验收模块</td><td>收料情况显示、收料情况分析、供货偏差分析</td><td>集成各类地磅系统与地磅视频监控系统</td></tr>
</table>

4）基本架构

数据信息集成管理平台基本架构如图 11-13 所示，包括决策层、运营层、业务层和基础层。

第一层是决策层，其主要进行数据分析和决策分析，基于协同机制解决数据信息管理中的各类问题。

第二层是运营层，管理者通过运营层实现数据信息的高效传递与管理行为的闭环，达到高效协同工作和管理活动标准化。运营层应实现组织与组织之间的数据信息协同，以及人与人之间的数据信息协同。

第三层是业务层，它是整个平台的核心，主要实现外部系统的集成和跨系统的数据信息调用。

第四层是基础层，其通过各类软硬件和集成的各类外部系统实现数据的传递与存储。

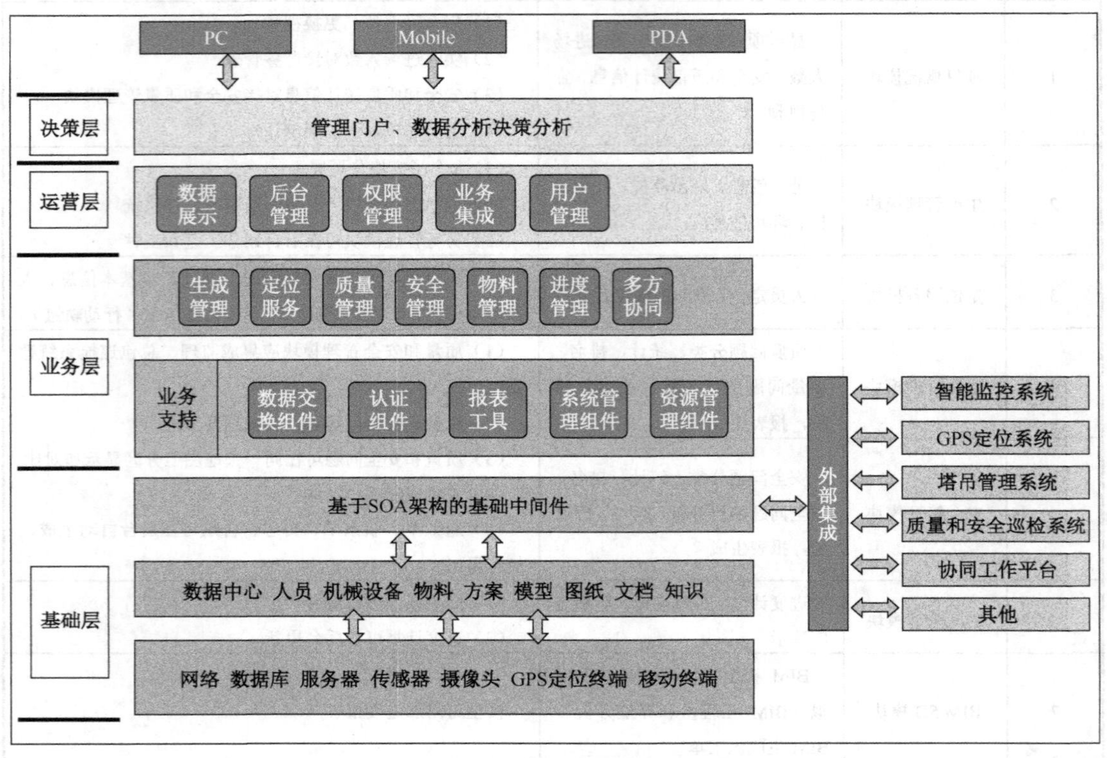

图 11-13　数据信息集成管理平台基本架构

5）业务架构

数据信息集成管理平台业务架构如图 11-14 所示，包括展现层、业务逻辑层、数据层和运维层。

展现层：展现层包括对外系统和管理中后台。对外系统可以是 PC 客户端、Web 端、微信小程序、手机 App 等。管理中后台包括 CMS、数据管理、账号管理、设备管理、BIM 模型管理、视图文档管理等。

业务逻辑层：业务逻辑层可分为业务单元支持系统和基本架构支持系统。业务单元支持系统包括支持不同业务的单元系统。基本架构支持系统包括各种基本业务逻辑。

数据层：包括数据库和算法。

运维层：主要指各系统的硬件环境。

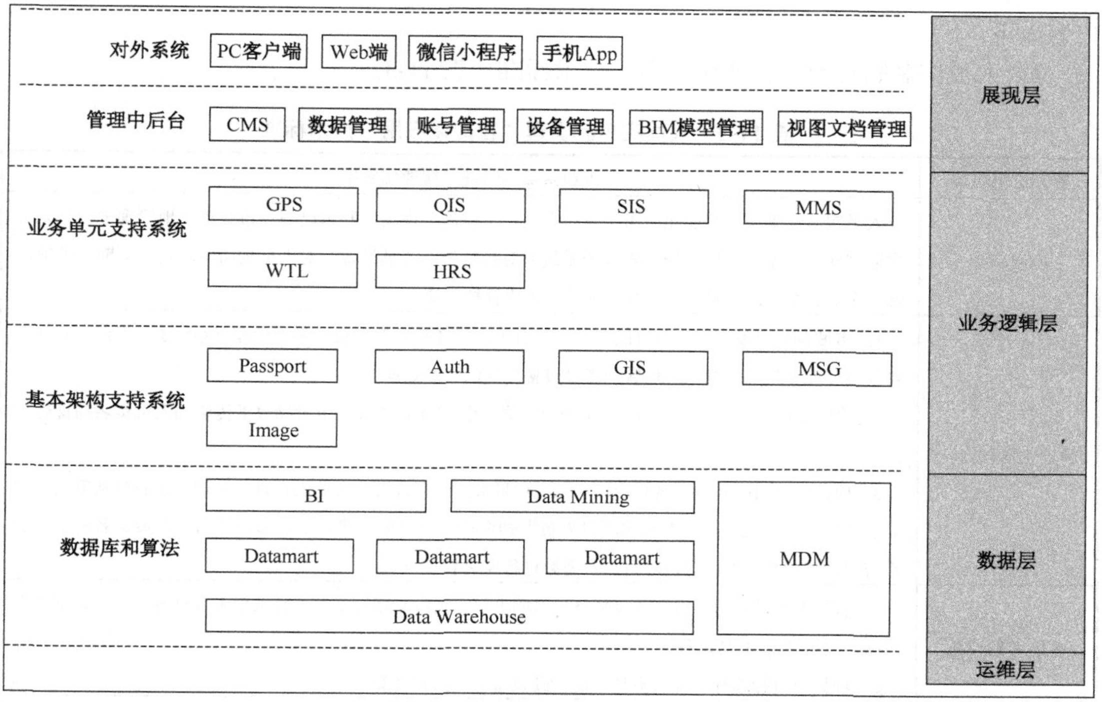

系统	组件	层次
对外系统	PC客户端、Web端、微信小程序、手机App	展现层
管理中后台	CMS、数据管理、账号管理、设备管理、BIM模型管理、视图文档管理	展现层
业务单元支持系统	GPS、QIS、SIS、MMS、WTL、HRS	业务逻辑层
基本架构支持系统	Passport、Auth、GIS、MSG、Image	业务逻辑层
数据库和算法	BI、Data Mining、Datamart、Datamart、Datamart、Data Warehouse、MDM	数据层
		运维层

图 11-14　数据信息集成管理平台业务架构

11.1.5 智慧工地相关标准

1．已发布的标准

（1）《智慧工地技术规程》（DB11/T 1710—2019），发布部门：北京市市场监督管理局。

（2）《智慧工地建设技术标准》（DB64/T 1684—2020），发布部门：宁夏回族自治区市场监督管理厅。

（3）《智慧工地建设技术标准》[DB13(J)/T 8312—2019]，布部部门：河北省住房和城乡建设厅。

（4）《2018 年“智慧工地”建设技术标准》和《2019 年“智慧工地”建设技术标准》，发布部门：重庆市城乡建设委员会。

（5）《建筑工程施工现场监管信息系统技术标准》（JGJ/T 434—2018），发布部门：中华人民共和国住房和城乡建设部。

2．主要内容

以重庆市城乡建设委员会发布的《2018 年“智慧工地”建设技术标准》为例，其主要内容如下。

1）人员实名制管理“智能化应用”技术标准（表 11-3）

表 11-3 人员实名制管理“智能化应用”技术标准

智慧应用名称	人员实名制管理“智能化应用”
应用简介	人员实名制管理“智能化应用”是指在建筑工程施工现场，利用已与“市智慧工地管理平台”人员实名制管理子系统（原平安卡管理子系统）对接的智能考勤设备，对人员到岗情况实施考勤，供项目部、企业、主管部门对人员进行管理的智能化管控措施
建设主体与内容	1. 市城乡建设委员会负责对既有“市智慧工地管理平台”人员实名制管理子系统进行升级、维护，接收并处理建筑工程施工现场智能考勤设备传送的考勤数据 2. 建筑工程施工总包单位负责自行选用智能考勤设备，并将人员考勤数据传送到人员实名制管理子系统 3. 项目部应利用人员实名制管理子系统项目端，对项目人员考勤进行具体管理；企业应利用人员实名制管理子系统企业端，对承建项目人员考勤进行综合管理；建设主管部门可利用人员实名制管理子系统主管部门端，对辖区内项目人员考勤进行监督管理
智能考勤设备	1. 智能考勤设备的类型主要包括平安卡刷卡机、指纹考勤设备、人脸识别考勤设备、射频识别考勤设备、手机 App 考勤设备等 2. 项目应自行选择一种或多种智能考勤设备进行人员考勤
设备技术要求	智能考勤设备应能从人员实名制管理子系统读取本项目已录入实名制信息的人员的信息数据，并按照相应考勤方式进行信息关联、融合
数据存储与传输要求	1. 智能考勤设备应支持互联网接入，存储数据量不低于 1 万条记录 2. 智能考勤设备上传考勤数据，应满足人员实名制管理子系统数据通信协议，能正确采集通信协议中需要上报的内容 3. 应满足人员实名制管理子系统对数据上传的接口要求
其他要求	1. 全市建筑工程建设、施工、监理单位应严格按照我市建筑业从业人员实名制管理相关制度，将管理人员与建筑工人的实名制信息录入人员实名制管理子系统 2. 即日起，全市平安卡实体卡片的制作、发放工作全面停止。市城乡建设委员会将组织开发人员实名制手机考勤 App，在原平安卡实体刷卡考勤的基础上，拓展出无卡手机考勤的功能，无偿提供给全市使用 3. 施工总包单位应做好建筑工人实名制考勤管理工作，为农民工工资专户管理及银行代发提供必要保障 4. 应满足国家现行相关法律法规、标准规范的要求。

2）视频监控“智能化应用”技术标准

表 11-4 视频监控“智能化应用”技术标准

智慧应用名称	视频监控“智能化应用”
应用简介	视频监控“智能化应用”是指建筑工程施工总包单位在施工现场，利用视频监控设备及其配套监控软件对现场进行实时视频监控，同时，视频可供“市智慧工地管理平台”远程视频监控子系统进行实时点播的智能化管控措施
建设主体与内容	1．市城乡建设委员会负责“市智慧工地管理平台”远程视频监控子系统的升级、维护，能实时点播施工现场视频监控设备拍摄的视频图像 2．建筑工程施工总包单位负责自行选用视频监控设备，并实现远程视频监控子系统实时点播相关视频图像 3．施工总包单位、项目部应利用视频监控设备及其配套的可视化监控软件，对施工现场状况进行具体管理；建设主管部门可利用远程视频监控子系统，对辖区内施工现场进行监督管理
视频监控设备	1．项目视频监控系统设备应由捕影部分、传输部分和显示部分构成 2．在施工现场出入口内外侧、主要作业面、料场、材料加工区、仓库、围墙、塔吊等重点部位应安装监控点，监控部位应无监控盲区。要重点拍摄车辆及人员进出场、车辆冲洗及是否存在带泥上路、主要作业面进展等情况 3．房屋建筑工程：建筑面积在 5 万平方米及以下的项目，监控点数量不应少于 3 个；建筑面积在 5 万～10 万平方米的项目，监控点数量不应少于 5 个；建筑面积在 10 万平方米及以上的项目，监控点数量不应少于 8 个。市政基础设施工程：每个项目监控点数量不应少于 3 个，并确保重点部位监控全覆盖
设备技术要求	1．项目视频监控的图像分辨率应达到 D4 标准（1280×720，水平 720 线，逐行扫描） 2．具备远程视频直播功能，根据远程视频监控子系统的需要，提供安全的互联网访问通道
数据存储与传输要求	1．视频监控数据应在本地保存至少 2 个月 2．视频监控设备能够输出兼容 HTML5 标准的 HLS 视频流，可直接用于浏览器和移动端播放 3．视频监控设备输出的视频流应采用 H264 编码，能够支持最大 1080P 分辨率的视频流稳定传输，并支持多路视频输出 4．视频数据接入应满足远程视频监控子系统通信协议，能够正确采集通信协议中需要上报的内容
其他要求	1．施工总包单位应安排专人定期对视频监控设备运行情况进行检查、维护；项目应提供视频监控设备正常工作所需条件，避免人为损坏 2．鼓励项目使用视频电子围栏技术，在人员进入禁入区域时预警并抓拍 3．鼓励项目采用视频图像识别技术，识别并抓取作业人员未戴安全帽、未系安全带等常见违章行为的图像 4．应满足国家现行相关法律法规、标准规范的要求

3）扬尘噪声监测“智能化应用”技术标准（表 11-5）

表 11-5 扬尘噪声监测“智能化应用”技术标准

智慧应用名称	扬尘噪声监测“智能化应用”
应用简介	扬尘噪声监测“智能化应用”，是指在建筑工程施工现场设置扬尘噪声监测设备及其配套监控软件，实时采集现场 PM2.5、PM10、噪声等相关环境数据并进行现场处置，同时，将现场 PM2.5、PM10、噪声数据实时传送至“市智慧工地管理平台”扬尘噪声监测子系统的智能化管控措施
建设主体与内容	1. 市城乡建设委员会负责“市智慧工地管理平台”扬尘噪声监测子系统的升级、维护，接收施工现场扬尘噪声监测设备传送的 PM2.5、PM10、噪声数据 2. 建筑工程施工总包单位负责自行选用扬尘噪声监测设备，并将 PM2.5、PM10、噪声数据传送到扬尘噪声监测子系统 3. 施工总包单位、项目部应利用扬尘噪声监测设备及其配套的可视化监控软件，对施工现场扬尘噪声状况进行具体管理；建设主管部门可利用扬尘噪声监测子系统，对辖区内施工现场扬尘噪声污染防治进行监督管理
扬尘噪声监测设备	1. 建筑工程施工现场应至少设置 1 套扬尘噪声监测设备，实时监测 PM2.5、PM10、噪声等相关环境数据 2. 监控设备应设置在项目施工现场大门主出入口内侧，其颗粒物采样口应设在距地面 3.5m±0.5m 处，四周应无遮挡
设备技术要求	1. 能够连续、自动、准确监测扬尘、噪声等环境数据，具备实时显示功能 2. 设备应能在室外环境可靠工作，具备自动校准功能
数据存储与传输要求	1. 应支持互联网通信，并具备离线存储和上传功能，现场监测数据存储时间不少于 6 个月 2. 监测数据接入应满足扬尘噪声监测子系统数据通信协议，能够正确采集通信协议中需要上报的内容
其他要求	1. 鼓励项目实现扬尘噪声监测设备与现场雾炮等喷淋设施智能联动 2. 应满足国家现行相关法律法规、标准规范的要求

4）施工升降机安全监控“智能化应用”技术标准（表 11-6）

表 11-6 施工升降机安全监控“智能化应用”技术标准

智慧应用名称	施工升降机安全监控“智能化应用”
应用简介	施工升降机安全监控“智能化应用”是指在建筑工程施工现场的施工升降机内安装安全监控设备，并利用其配套监控软件实现驾驶员身份识别、升降机运行状态实时监控、预警，同时，将运行状态关键数据实时传送至“市智慧工地管理平台”起重设备安全监控子系统的智能化管控措施
建设主体与内容	1. 市城乡建设委员会负责“市智慧工地管理平台”起重设备安全监控子系统的升级、维护，接收施工升降机安全监控设备传送的运行状态关键数据 2. 建筑工程施工总包单位负责自行选用施工升降机安全监控设备，并将运行状态关键数据传送到起重设备安全监控子系统 3. 施工总包单位、项目部应利用施工升降机安全监控设备及其配套的可视化监控软件，对施工升降机安全运行进行具体管理；建设主管部门可利用起重设备安全监控子系统，对辖区内施工现场的施工升降机进行监督管理

续表

智慧应用名称	施工升降机安全监控"智能化应用"
施工升降机安全监控设备	建筑工程施工现场使用的施工升降机，应安装、使用施工升降机安全监控设备
设备技术要求	1．应具有操作人员指纹识别或人脸识别功能 2．应具有对施工升降机的载重量、提升速度、提升高度等进行实时监测和数据存储的功能 3．安全监控设备应能以图形、图表或文字的形式，显示施工升降机当前主要工作参数及其与施工升降机额定能力比对的信息，工作参数至少应包括载重量、提升速度、提升高度 4．当单项工作参数超标时，设备能进行声光报警
数据存储与传输要求	1．本地至少存储施工升降机最近1个月内的工作信息，以及对应的起止工作时刻信息 2．运行状态关键数据接入应满足起重设备安全监控子系统数据通信协议，能够正确采集通信协议中需要上报的内容
其他要求	1．在既有施工升降机上升级加装安全监控设备时，严禁损害施工升降机受力结构，不得改变原有安全装置及电气控制系统的功能和性能 2．应满足国家现行相关法律法规、标准规范的要求

5）塔式起重机安全监控"智能化应用"技术标准（表11-7）

表11-7 塔式起重机安全监控"智能化应用"技术标准

智慧应用名称	塔式起重机安全监控"智能化应用"
应用简介	塔式起重机安全监控"智能化应用"是指在建筑工程施工现场的塔式起重机内安装安全监控设备，并利用其配套监控软件实现驾驶员身份识别、塔式起重机运行状态实时监控、预警，同时，将运行状态关键数据实时传送至"市智慧工地管理平台"起重设备安全监控子系统的智能化管控措施
建设主体与内容	1．市城乡建设委员会负责"市智慧工地管理平台"起重设备安全监控子系统的升级、维护，接收塔式起重机安全监控设备传送的运行状态关键数据 2．建筑工程施工总包单位负责自行选用塔式起重机安全监控设备，并将运行状态关键数据传送到起重设备安全监控子系统 3．施工总包单位、项目部应利用塔式起重机安全监控设备及其配套的可视化监控软件，对塔式起重机安全运行进行具体管理；建设主管部门可利用起重设备安全监控子系统，对辖区内施工现场的塔式起重机进行监督管理
塔式起重机安全监控设备	建筑工程施工现场使用的塔式起重机，应安装、使用安全监控设备
设备技术要求	1．应具有操作人员指纹识别或人脸识别功能 2．应具有对塔式起重机的起重量、起重力矩、起升高度、幅度、回转角度、运行行程等进行实时监测和数据存储的功能 3．安全监控设备应能以图形、图表或文字的形式，显示塔式起重机当前主要工作参数及其与塔式起重机额定能力比对的信息，工作参数至少应包括起重量、起重力矩、起升高度、幅度、回转角度、运行行程、倍率 4．当任何一项工作参数超标时，设备能进行声光报警

续表

智慧应用名称	塔式起重机安全监控“智能化应用”
数据存储与传输要求	1．本地至少存储塔式起重机最近 1.6×10^4 个工作循环信息及对应的起止工作时刻信息 2．运行状态关键数据接入应满足起重设备安全监控子系统数据通信协议，能够正确采集通信协议中需要上报的内容
其他要求	1．在既有塔机上升级加装安全监控设备时，严禁损害塔机受力结构，不得改变原有安全装置及电气控制系统的功能和性能 2．应符合《建筑塔式起重机安全监控系统应用技术规程》（JGJ 332—2014）的要求 3．应满足国家现行相关法律法规、标准规范的要求

6）工程监理报告“智能化应用”技术标准（表 11-8）

表 11-8　工程监理报告“智能化应用”技术标准

智慧应用名称	工程监理报告“智能化应用”
应用简介	工程监理报告“智能化应用”是指全市监理企业通过“市智慧工地管理平台”监理行业管理子系统，按照《关于开展房屋建筑和市政基础设施工程监理报告制度试点工作的通知》（渝建〔2017〕540 号）等要求，向建设主管部门报送涉及工程质量、施工安全、民工工资拖欠等方面的监理专报、监理急报和监理季报等的智能化管理措施
建设主体与内容	1．市城乡建设委员会负责建立“市智慧工地管理平台”监理行业管理子系统，接收并处理监理企业报送的报告 2．全市监理企业负责将监理专报、监理急报和监理季报等报送至监理行业管理子系统
硬件设备要求	连接互联网的计算机
其他要求	应满足国家现行相关法律法规、标准规范的要求

7）工程质量验收管理“智能化应用”技术标准（表 11-9）

表 11-9　工程质量验收管理“智能化应用”技术标准

智慧应用名称	工程质量验收管理“智能化应用”
应用简介	工程质量验收管理“智能化应用”是指通过建立“市智慧工地管理平台”工程质量验收管理子系统，对建设工程重要节点验收过程中的验收组织、验收程序及验收内容等各环节实施有效的动态监管的智能化管理措施
建设主体与内容	1．市城乡建设委员会负责建立“市智慧工地管理平台”工程质量验收管理子系统，接收并处理监理单位报送的验收数据 2．监理单位在组织工程重要分部验收（地基基础、主体结构、节能分部、工程预验收、工程验收）时，应将验收成果上传至“市智慧工地管理平台”工程质量验收管理子系统，并随验收进度实时更新。建设单位应对监理单位报送信息进行符合性审查
硬件设备要求	连接互联网的计算机
其他要求	应满足国家现行相关法律法规、标准规范的要求

8）建材质量监管“智能化应用”技术标准（表 11-10）

表 11-10　建材质量监管“智能化应用”技术标准

智慧应用名称	建材质量监管“智能化应用”
应用简介	建材质量监管“智能化应用”是指通过建立“市智慧工地管理平台”建材质量监管子系统，对预拌混凝土原材料质量、配合比设计及出厂检验质量实施有效的动态监管的智能化管理措施
建设主体与内容	1．市城乡建设委员会负责建立“市智慧工地管理平台”建材质量监管子系统，接收并处理预拌混凝土生产企业传送的数据 2．预拌混凝土生产企业通过建材质量监管子系统取得操作权限，按规定上传企业基本信息、人员信息、设备信息，以及混凝土生产下料数据、混凝土原材料检测报告、混凝土配合比设计报告和混凝土出厂质量检验报告
硬件设备要求	连接互联网的计算机
其他要求	应满足国家现行相关法律法规、标准规范的要求

9）工程质量检测监管“智能化应用”技术标准（表 11-11）

表 11-11　工程质量检测监管“智能化应用”技术标准

智慧应用名称	工程质量检测监管“智能化应用”
应用简介	工程质量检测监管“智能化应用”是指通过建立“市智慧工地管理平台”工程质量检测监管子系统，针对工程质量检测行业，对检测数据、检测报告实施大数据分析和对检测行为进行过程监管的智能化管理措施
建设主体与内容	市城乡建设委员会负责建立“市智慧工地管理平台”工程质量检测监管子系统，包含检测机构、检测人员、检测数据信息库，负责接收检测过程中上传的检测图片、检测视频、检测数据和检测报告
硬件设备要求	1．连接互联网的计算机 2．检测机构配置二维码扫码枪 3．工地见证取样工区实现 4G 或 Wi-Fi 无线网络信号覆盖
设备技术要求	二维码扫码枪：USB（USB-KBW/USB-COM）；通信距离：有线不低于 1.5m，无线不低于 30m

10）BIM 施工“智能化应用”技术标准（表 11-12）

表 11-12　BIM 施工“智能化应用”技术标准

智慧应用名称	BIM 施工“智能化应用”
应用简介	BIM 施工“智能化应用”是指将深化出的 BIM 施工阶段模型，有效应用于建筑工程场地布置、施工方案与工艺模拟、施工进度管理、工程质量验收管理、施工安全管理等的智能化管控措施
建设主体与内容	1．市城乡建设委员会负责建立“市智慧工地管理平台”BIM 施工应用管理子系统，接收建筑工程项目传送的 BIM 轻量化模型与 BIM 施工应用管理数据 2．建筑工程施工总包单位负责会同 BIM 设计阶段模型的设计单位或具备相关能力的机构，深化出 BIM 施工阶段模型，将其应用于施工管理；同时，按要求将 BIM 轻量化模型与 BIM 施工应用管理数据传送到 BIM 施工应用管理子系统 3．建设、施工、监理单位及项目部应利用 BIM 技术，对施工全过程进行具体管理；建设主管部门可利用 BIM 施工应用管理子系统，对辖区内具备 BIM 施工“智能化应用”的施工现场进行监督管理

续表

智慧应用名称	BIM 施工“智能化应用”
BIM 软件要求	采用国家主流的通用 BIM 软件
BIM 模型认定	1. 按照渝建发〔2018〕19 号文件规定，利用已通过建设主管部门施工图设计审批的 BIM 设计阶段模型深化出的 BIM 施工阶段模型，可认定为符合 BIM 施工“智能化应用”要求的 BIM 模型 2. 上述情况以外深化出的 BIM 施工阶段模型，经市质监总站组织 BIM 专家评审合格后，可认定为符合 BIM 施工“智能化应用”要求的 BIM 模型
应用技术要求	1. 场地布置：运用 BIM 施工阶段模型进行建筑工程场地布置（包括围墙与大门、场地分区、拟建物、活动板房、基坑与围护、建筑起重机械、脚手架、料场加工棚、道路、标志牌等现场实体），并能实现可视化虚拟演示 2. 施工方案与工艺模拟：运用 BIM 施工阶段模型进行建筑工程关键施工技术方案、危大工程安全专项施工方案、复杂建（构）筑物施工工艺流程的 3D 数字模拟，并能实现可视化虚拟演示 3. 施工进度管理：运用 BIM 施工阶段模型定期对工程施工进度进行模拟 4. 工程质量验收管理：运用 BIM 施工阶段模型自动生成检验批、检查项目和检查点，利用移动智能设备完成施工单位自检录入和监理单位复验审核，并自动生成验收资料；实现工程预警、远程巡查；与工程技术资料相关联，形成可交付归档的数字档案 5. 施工安全管理：运用 BIM 施工阶段模型模拟现场各施工阶段的临边防护、外防护脚手架等重要安全防护措施；在深基坑、高大模板支架、隧道开挖等危大工程施工前，运用 BIM 施工阶段模型进行专项方案编制、论证和安全交底
数据传输要求	项目应将以下资料或数据传送至 BIM 施工应用管理子系统： 1. 及时上传最新的 BIM 施工阶段轻量化模型 2. 建设主管部门对工程施工图设计审批通过的批复、建筑工程项目建筑信息模型设计说明书（符合渝建发〔2018〕19 号文件规定的项目须提供） 3. BIM 场地布置 3D 模型多视角照片或动画 4. BIM 施工方案与工艺模拟动画 5 每月上传当前工程施工进度 BIM 多视角照片 6. 利用 BIM 技术生成的工程技术资料 7. BIM 安全防护设施多视角照片或动画，以及专项方案、论证与交底影像等资料 8. 上述动画应采用 MP4 格式，不低于 1080P
其他要求	应满足国家现行相关法律法规、标准规范的要求

11）工资专用账户管理“智能化应用”技术标准（表 11-13）

表 11-13 工资专用账户管理“智能化应用”技术标准

智慧应用名称	工资专用账户管理“智能化应用”
应用简介	工资专用账户管理“智能化应用”是指通过“市智慧工地管理平台” 工资专用账户管理子系统，对项目工资款拨付及农民工工资发放情况实行动态监管，自动进行拖欠风险预警提示，及时进行风险处理的智能化管控措施
建设主体与内容	市城乡建设委会员负责建立“市智慧工地管理平台”工资专用账户管理子系统，接收并处理施工总包单位、银行等传送的工资管理数据，并供各级建设主管部门进行监管

续表

智慧应用名称	工资专用账户管理“智能化应用”
硬件设备要求	连接互联网的计算机
应用要求	1．施工总包单位应及时填报合同备案信息，每月报送工资款到账及农民工工资支付情况；建设、监理单位及造价咨询机构应及时登录工资专用账户管理子系统，配合施工总包单位填报或审核相应信息 2．对于存在拖欠风险的项目，施工总包单位应进行重点监控，及时采取风险处理措施
其他要求	应满足国家现行相关法律法规、标准规范的要求。

11.1.6 国内智慧工地应用情况综述

智慧工地的应用价值已逐步被国内建筑施工企业所认可。绝大部分建筑施工企业出于自身需求而开展智慧工地应用，并将其提升至企业战略发展层面。借助智慧工地打造企业核心竞争力是企业开展智慧工地应用的主要驱动力。

目前，智慧工地应用集中于重点项目，以及结构复杂、参与方多、协调和施工难度大的项目，一般建设项目极少应用智慧工地，这说明智慧工地应用还需要进一步普及（图 11-15）。

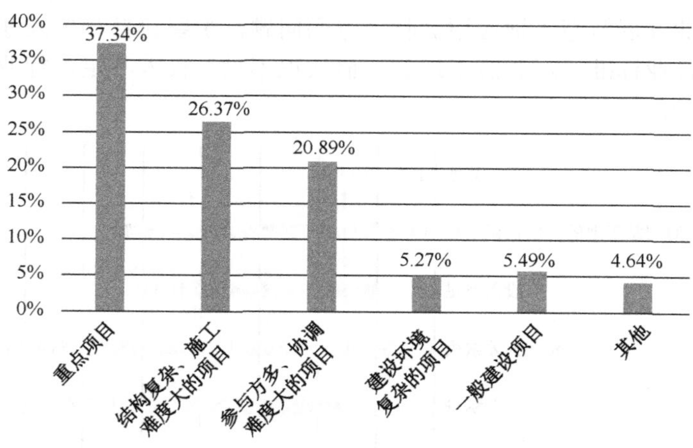

图 11-15　开展智慧工地应用的项目

目前，智慧工地主要应用于进度管理、人员管理、成本管理、施工策划、项目协同管理、质量管理、安全管理、机械设备管理、物料管理、集成管控平台、绿色施工等方面，如图 11-16 所示。智慧工地应用主要集中于工程施工现场管理，并围绕人、机、料等关键要素进行。智慧工地的集成应用、延展性应用相对较少，这说明智慧工地应用有待深入。

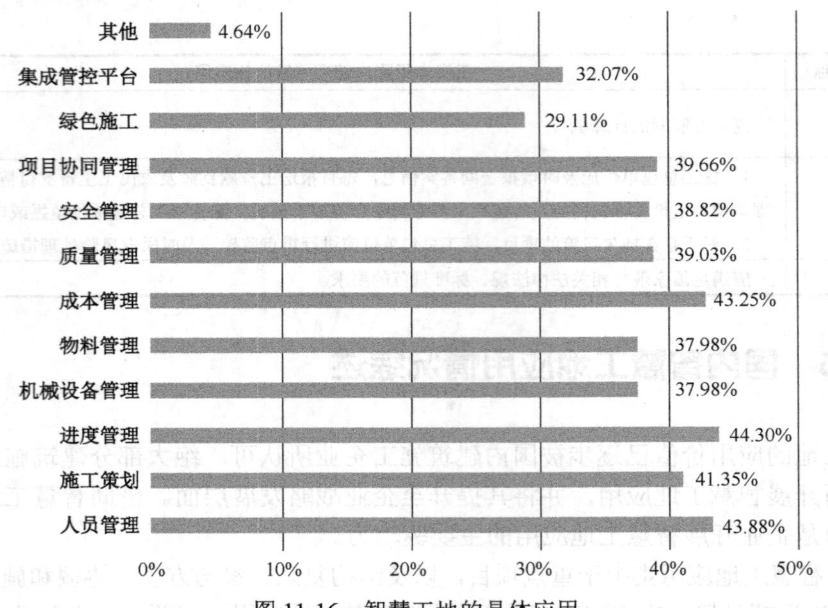

图 11-16 智慧工地的具体应用

建筑施工企业开展智慧工地应用面临多方面问题，主要包括相关人才缺失、配套软硬件不成熟、缺乏行业标准、对智慧工地的价值认识不足、投入不足、行业主管部门的引导不够等（图 11-17）。

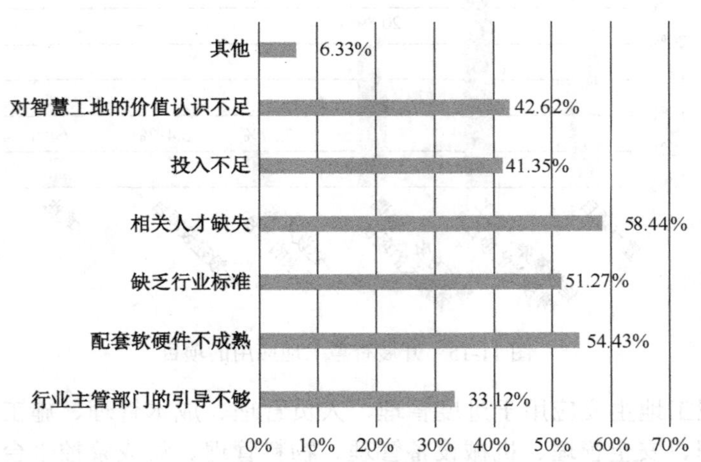

图 11-17 建筑施工企业开展智慧工地应用面临的问题

这些问题中在技术、政策和人才三个层面。

（1）政策：目前，建筑施工行业的智慧工地应用缺乏相关标准、规范，法律责任界限不明确，同时缺少政府层面的政策引导。

（2）人才：人才缺失是当前建筑施工企业开展智慧工地应用面临的主要问题，因此必须培养、吸引专业人才。

（3）技术：配套软硬件不够成熟，难以支撑智慧工地和其他专业软件的集成应用。网络基础设施参差不齐是智慧工地应用的瓶颈。因此，必须改进软件功能，完善配套设施，进一步加大智慧工地的推广力度。

11.2 国内智慧工地系统介绍

11.2.1 品茗智慧工地系统

品茗公司成立于2011年，主要面向工程建设行业提供基于BIM技术的专业软件产品和解决方案，在BIM造价、BIM项目施工、BIM智慧工地等BIM落地应用场景中竞争优势突出，处于领先地位。

品茗智慧工地系统分为前端数据采集系统、网络传输系统和后端集中管理平台三大部分。前端数据采集系统可以实时采集和上传施工机械运行信息、工地现场环境信息、进出工地人员信息和施工管理人员工作信息；网络传输系统结合施工工地实际情况，采用无线技术进行数据传输；后端集中管理平台能够汇聚各类数据，过滤出有效信息，以可视化的形式提供给项目管理者，辅助其进行管理决策。

品茗智慧工地系统能够为项目现场工程管理提供先进的技术手段，构建工地智能监控和控制体系，实现对人、机、料、法、环的全方位实时监控。同时，该系统将VR技术引入施工安全教育，真正体现了“安全第一、预防为主、综合治理”的安全生产方针。

品茗智慧工地系统架构图如图11-18所示。

1. 功能特色

1）工地信息化

利用品茗智慧工地系统，可以将施工现场的施工过程、安全管理、人员管理、绿色施工等内容，从传统的定性表达转变为定量表达，实现工地的信息化管理。利用物联网技术对施工现场的塔机安全、施工升降机安全、现场作业安全、人员安全、人员数量、工地扬尘污染情况等进行自动数据采集，对危险情况进行自动反映和自动控制，为项目管理和工程信息化管理提供数据支撑。

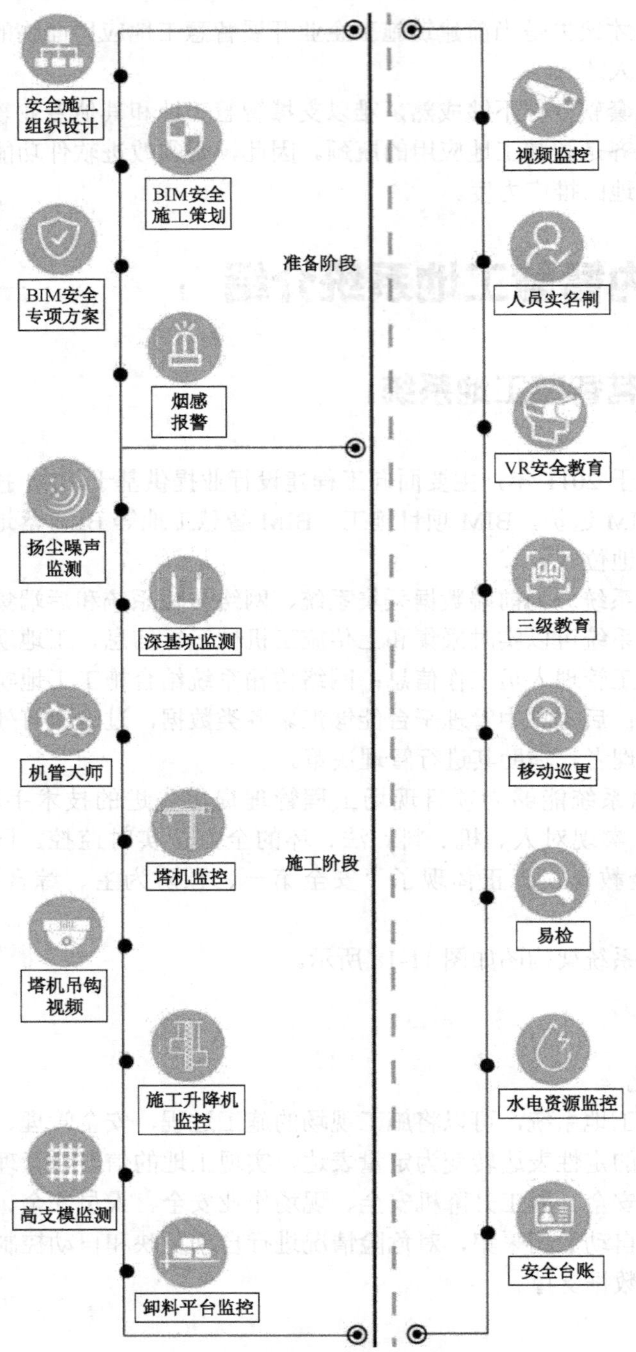

图 11-18 品茗智慧工地系统架构图

2）管理全方位化

（1）物的不安全状态管理。

塔机监控子系统、施工升降机监控子系统能够自动根据设备的工况，对现场的超载和超限、特种作业人员合法性、设备定期维保等内容进行自动控制和数据上报，实现对物的不安全状态的全过程监控。深基坑、高支模等监测子系统能提前发现安全隐患，及时提醒管理人员采取相应措施。

（2）环境的不安全因素管理。

易检子系统、移动巡更子系统、机管大师子系统、视频监控子系统、安全帽定位子系统、便携式周界防护子系统等管理系统可以自动对环境的不安全因素进行实时跟踪，从而可以提前发现安全风险，减少安全事故。

（3）人的不安全行为管理。

将人员实名制、VR 安全教育、工地进场前的安全教育等相结合，可以进一步提高工作人员的安全意识，实现对人的不安全行为的管理。

3）平台集中化

智慧工地云平台（图 11-19）可以集中展示施工现场各子系统的信息化数据，自动进行数据筛选和综合分析，为项目管理提供数据支撑。

4）数据集成化

智慧工地建设是一个数据高度集成的过程，可以通过互联网、物联网、云平台和大数据技术，集成各个子系统的应用，实现同步显示、同步查看、同步汇总，避免多账号、多系统的重复登录过程。

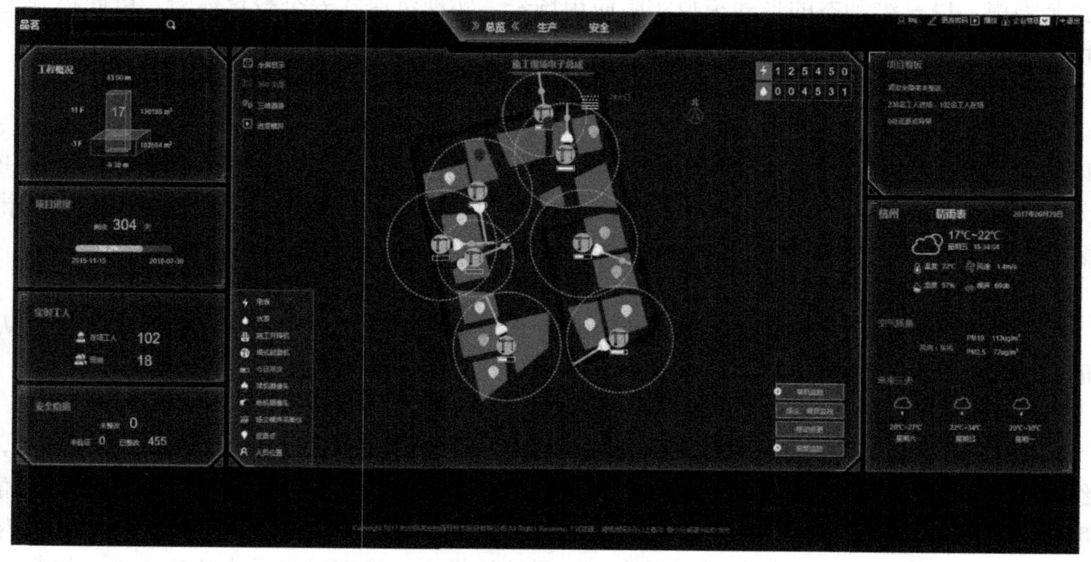

图 11-19　智慧工地云平台

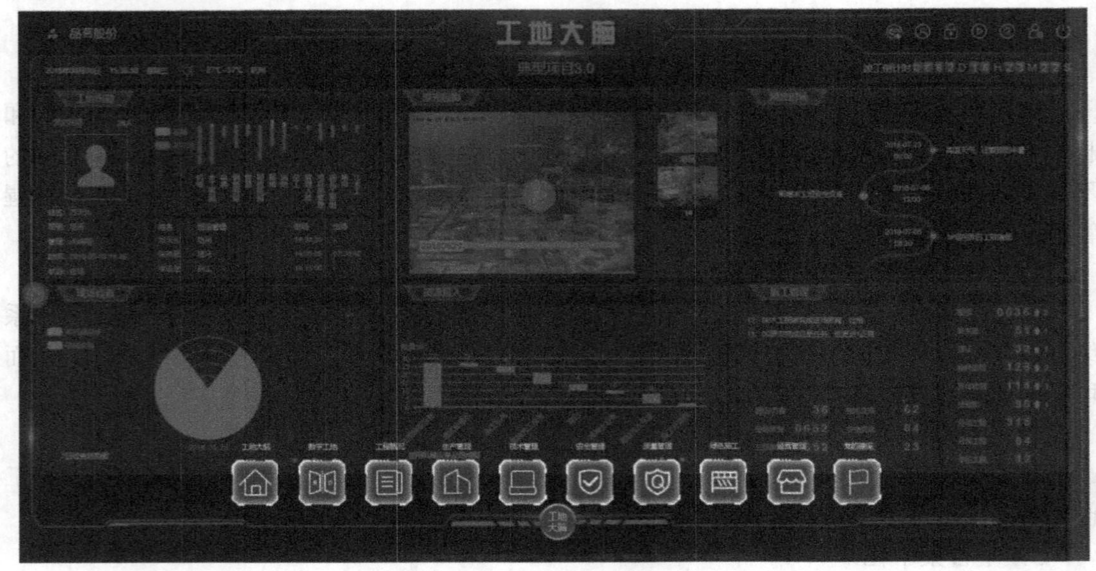

图 11-19 智慧工地云平台（续）

2．子系统介绍

1）VR 安全教育子系统

VR 安全教育子系统采用成熟的 VR 和 AR 技术，以及优质的硬件产品（VR 头盔、VR 眼镜、手柄、基站、服务器、3D 投影仪、智能电视等），充分考量工程施工中各个阶段的安全隐患，以三维动态的形式模拟实际应用场景，实现沉浸式安全教育体验，以此提升工作人员安全意识，预防安全事故。

2）扬尘噪声监测子系统

扬尘噪声监测子系统可对建设工程施工现场的 PM2.5、PM10、TSP 等扬尘数据，风速、风向、温度、湿度、大气压等环境数据和噪声数据进行采集，并可对以上数据进行展示和分时段统计；还可与施工现场的喷淋装置实现联动，在相关数据超过阈值时自动启动喷淋装置，达到喷淋降噪的目的。扬尘噪声监测子系统应用效果图如图 11-20 所示。

3）塔机监控子系统

塔机监控子系统可用于塔机防超载、特种作业人员管理、塔机群塔作业防碰撞等，从而减少安全事故的发生。塔机监控子系统及监控数据如图 11-21 所示。

4）塔机吊钩视频子系统

塔机吊钩视频子系统（图 11-22）通过精密传感器实时采集吊钩高度和小车幅度数据，经过计算获得吊钩和摄像机的角度和距离参数，然后以此为依据，对摄像机镜头的倾斜角度和放大倍数进行实时控制，使吊钩下方所吊重物的视频图像清晰地呈现在塔机驾驶舱内的显示器上，从而指导司机的吊物操作。该系统能极大地提高司机操作的安全性。视频图像存储于设备内置的固态硬盘中，也可通过无线网络传送到地面项目部和远程监控平台塔机吊钩视频子系统应用效果图如图 11-23 所示。

图 11-20　扬尘噪声监测子系统应用效果图

5）人员实名制子系统

在传统管理模式下，常因劳务人员信息不全、合同备案混乱、工资发放数额不清等问题而引发劳务纠纷，给企业和项目部造成很大的损失。

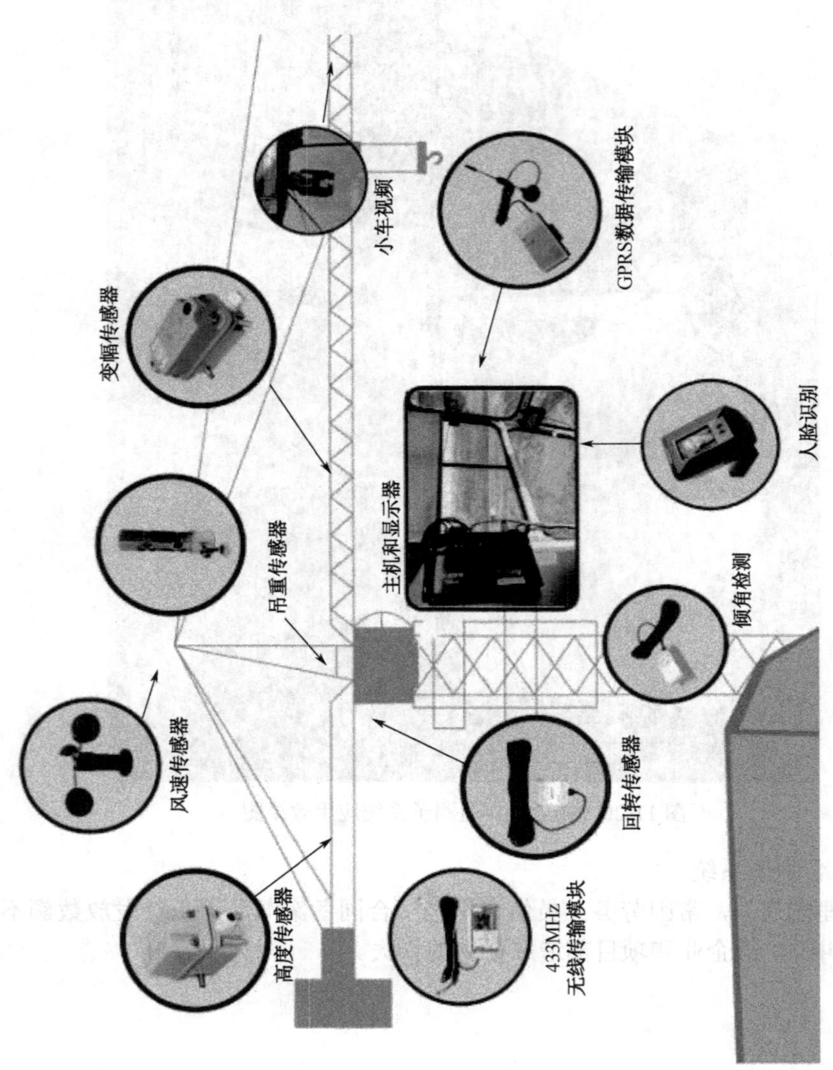

图 11-21 塔机监控子系统及监控数据

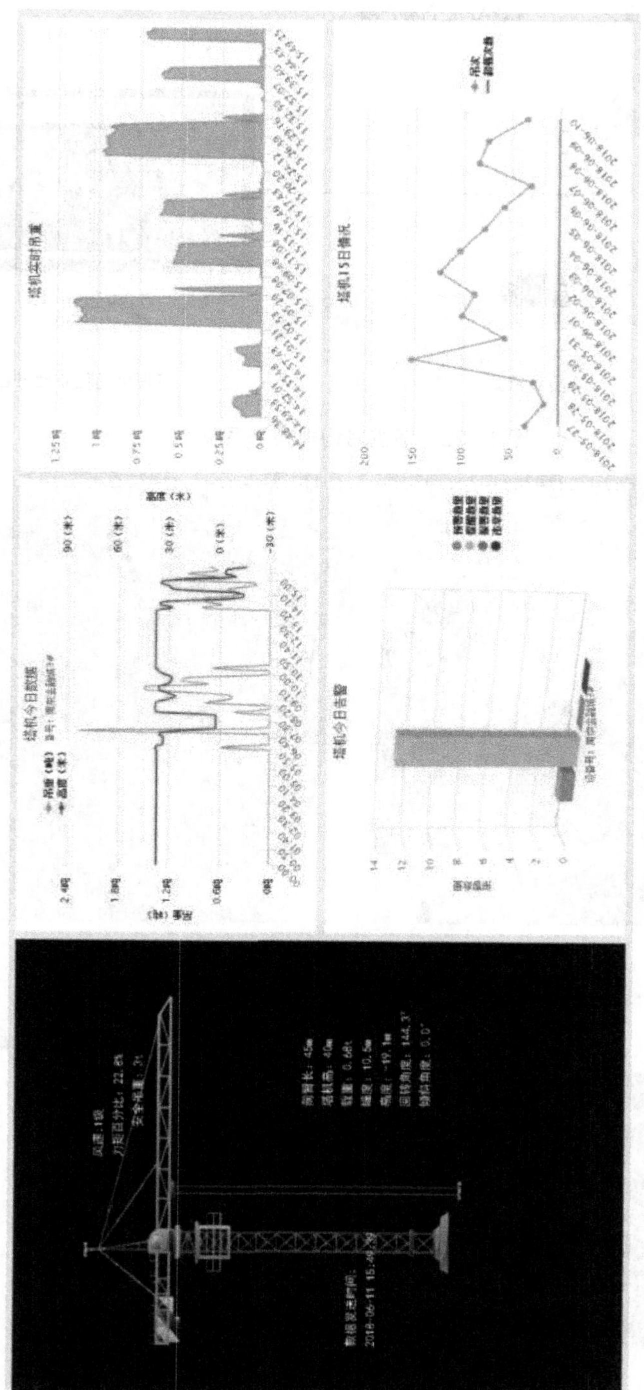

图11-21 塔机监控子系统及监控数据（续）

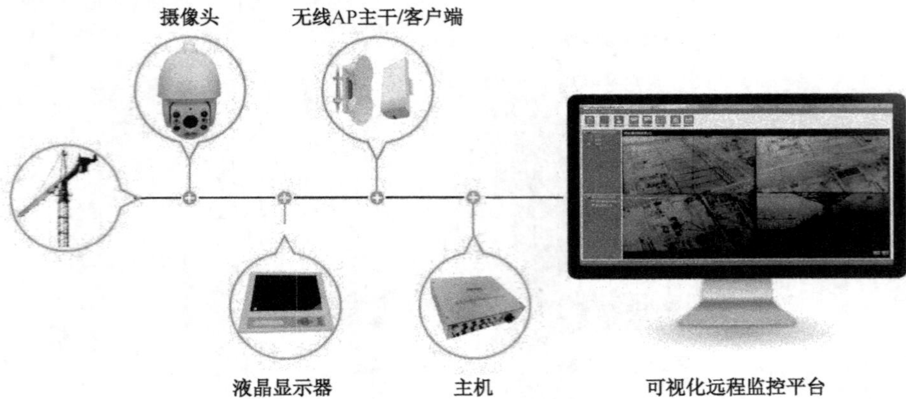

图 11-22 塔机吊钩视频子系统

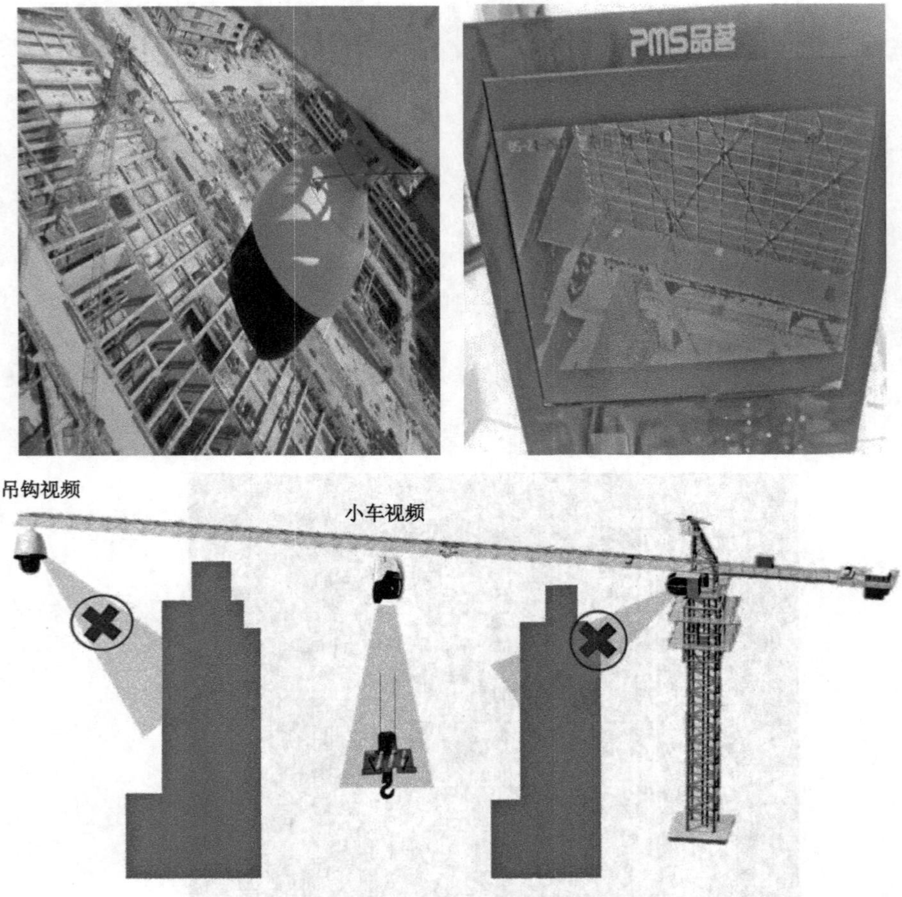

PMS品茗

吊钩视频

小车视频

图 11-23 塔机吊钩视频子系统应用效果图

采用人员实名制子系统可以很好地解决这些问题。在项目施工现场安装三辊闸和翼闸（图 11-24 和图 11-25），可以实现人员进出管理。人员实名制子系统人员管理界面如图 11-26 所示，人员管理数据如图 11-27 所示。

图 11-24 三辊闸安装效果图

图 11-25 翼闸安装效果图

安控移动事业部 工作 通讯录 聊天 批量导入 邀请 管理 | 退出 马怡海

消息中心 同事圈 微会议 项目 考勤 审批 文件 人员管理 工资条

统计报表 人员 出工 安全培训 工资记录 设置

花名册 出工表 工资表 选择月份 搜索

劳务公司	所在班组	姓名	出工	正常	异常
哈哈	木工	张志伟	8	0	8
哈哈	水电	张三丰	6	0	6
哈哈	油漆	油漆工	1	0	1
哈哈	木工	张五丰	3	0	3

导出数据

首页 上一页 1 2 下一页 尾页

图 11-26 人员实名制子系统人员管理界面

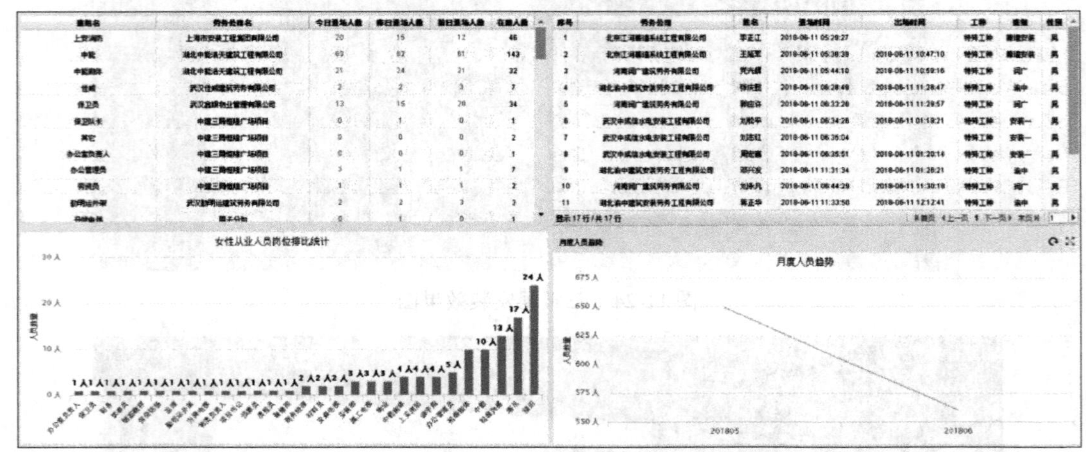

图 11-27 人员实名制子系统人员管理数据

6）施工升降机监控子系统

施工升降机监控子系统（图 11-28）重点针对施工升降机非法人员操控、维保不及时和安全装置易失效等安全隐患进行防控，可将施工升降机运行数据实时传输至控制终端和智慧工地云平台，实现“事后留痕可溯可查，事前安全可看可防”。

施工升降机监控子系统监控数据如图 11-29 所示。

防冲顶接收模块
（吊笼顶部）

防冲顶发射模块
（标准节顶部）

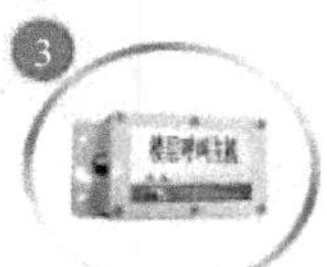
楼层呼叫主机
（吊笼舱内）

楼层呼叫模块
（楼层内侧）

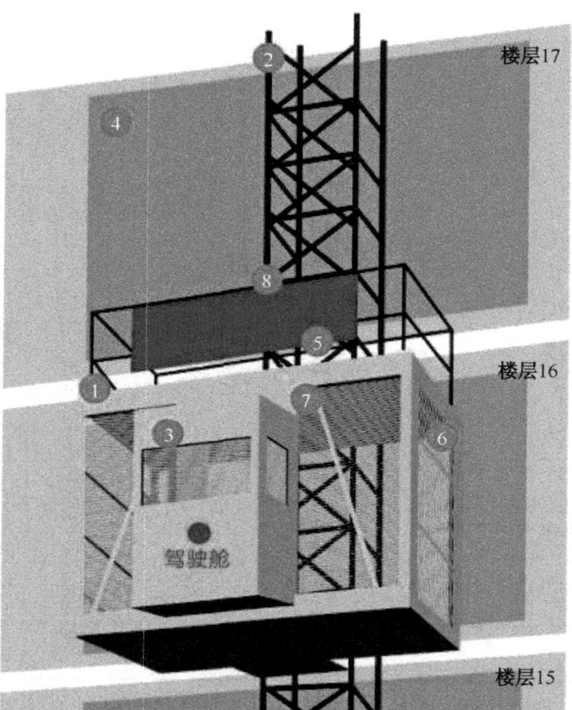

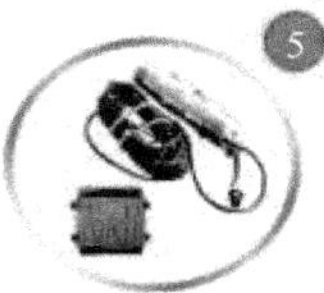
载重传感器
（吊笼与驱动电机结合的部位）

上下限位
内外门检测

人数识别模块
（吊笼内侧顶部）

楼层检测
（与标准节齿条啮合）

主机
（驾驶舱）

人脸识别模块
（驾驶舱）

运行状态检测
（驾驶舱）

显示器
（驾驶舱）

图 11-28　施工升降机监控子系统

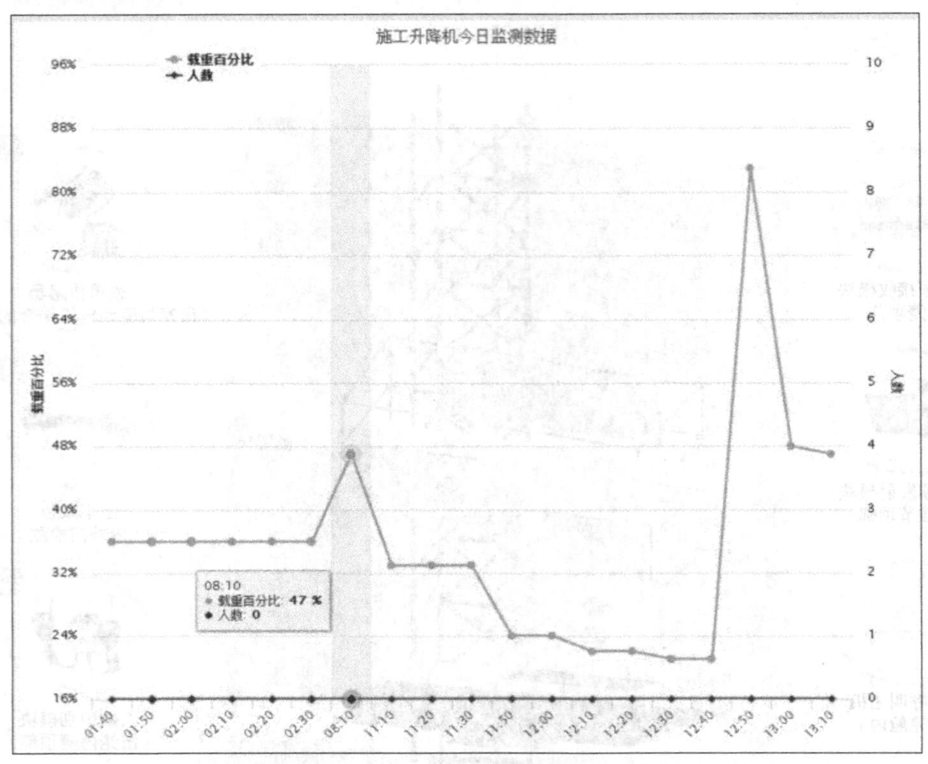

图 11-29　施工升降机监控子系统监控数据

7）卸料平台监控子系统

卸料平台监控子系统基于嵌入式控制技术、蓝牙通信技术和 LoRa 无线传输技术，结合施工现场的应用环境，采用工业级 ARM 处理器，实现了对施工现场卸料平台因堆载不规范导致的超载、超限问题的实时监控和报警。其应用效果图如图 11-30 所示。

图 11-30　卸料平台监控子系统应用效果图

8）移动巡更子系统

移动巡更子系统可以帮助项目管理方解决信息反馈滞后和难以共享等问题。其应用效果图如图 11-31 所示。

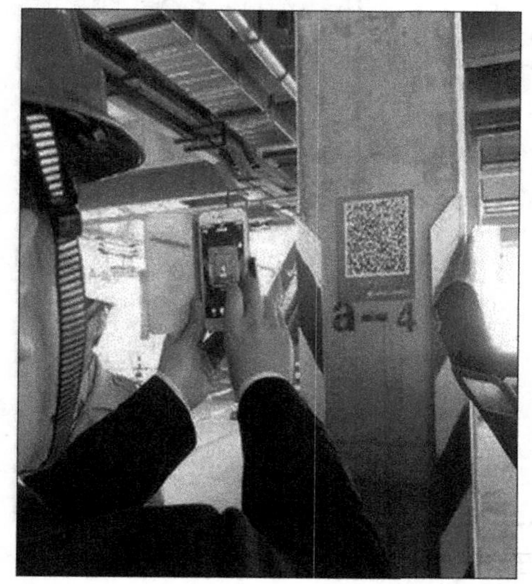

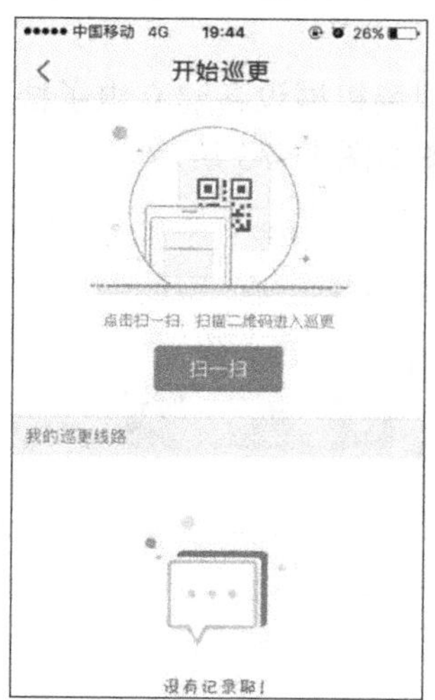

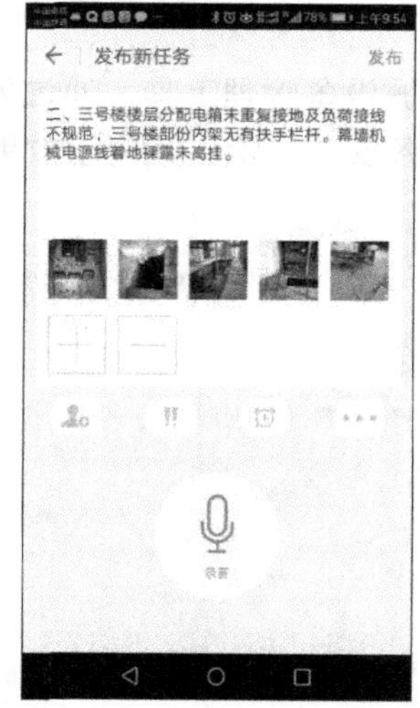

图 11-31　移动巡更子系统应用效果图

9）易检子系统

易检子系统主要是为建筑施工企业提高项目检查完成率、减少项目安全隐患而设计的一款移动端建筑信息化产品，旨在为建筑施工企业承担项目安全检查职责的成员服务。安全检查人员能够通过移动端发布项目需要整改的安全检查事项，实时跟进项目的整改情况，对问题的整改过程进行跟踪、指导及最终确定，从而为项目的安全实施提供支持。易检子系统应用效果图如图 11-32 所示。

图 11-32　易检子系统应用效果图

10）机管大师子系统

机管大师子系统是专业的机械设备管理工具，通过为现场机械设备建立电子档案，提高专职员工履职率，降低机械设备安全风险。其应用效果图如图 11-33 所示。

图 11-33　机管大师子系统应用效果图

11）配电箱监控报警子系统

配电箱监控报警子系统（图 11-34）是一套电气火灾预警和预防管理系统。该系统基于物联网技术体系，应用于 200～400V 低压配电系统中。其通过对配电柜、二级箱柜等关键节点的电流、漏电流和温度的监测，及时掌握用电安全隐患。

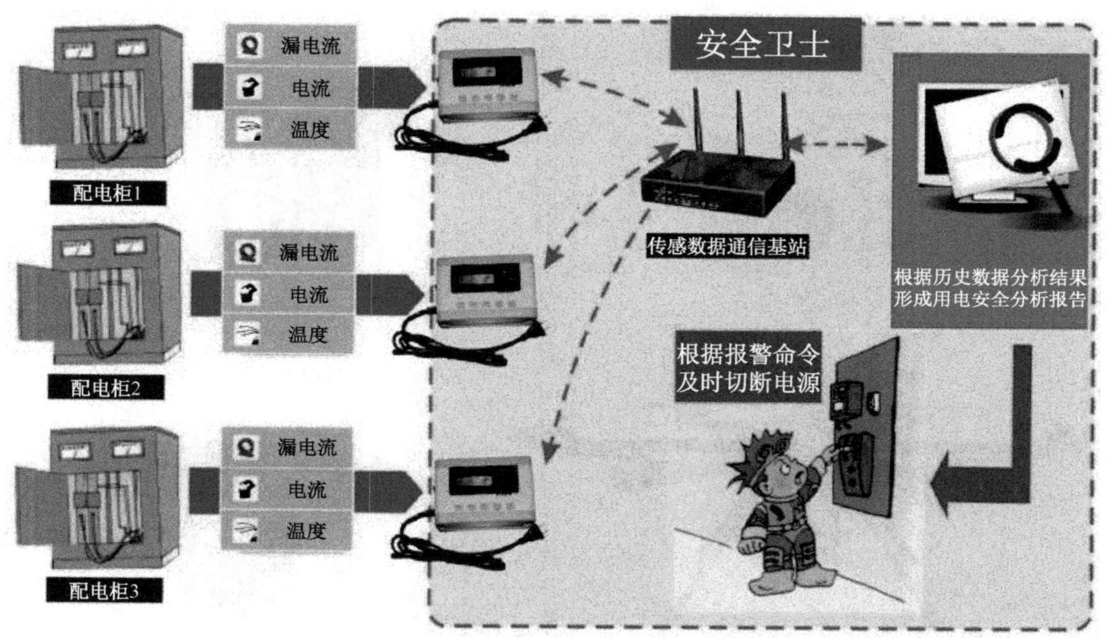

图 11-34　配电箱监控报警子系统

12）视频监控子系统

视频监控子系统可实时监测施工现场安全生产措施的落实情况，对施工操作工作面上的各安全要素实施有效监控，同时消除施工安全隐患，加强和改善建设工程的安全与质量管理，实现建设工程监管模式的创新。视频监控子系统采用的设备如图 11-35 所示。

13）水电资源监控子系统

水电资源监控子系统采用先进的物联网技术，通过实时采集和上传施工现场的水表、电表计量数据，实现施工企业对工程能源消耗的高效把控，减少水电资源的浪费。水电资源监控子系统设备及应用效果图如图 11-36 所示。

14）协同办公子系统

协同办公子系统具有公告通知、移动微会议、工作任务分发与跟踪、项目进度跟进、移动考勤、同事圈、文件分享等功能，它为各参建单位之间协同工作提供了一个良好的移动办公平台。协同办公子系统应用效果图如图 11-37 所示。

HIKVISION
HIKVISION
海康威视
HIKVISION

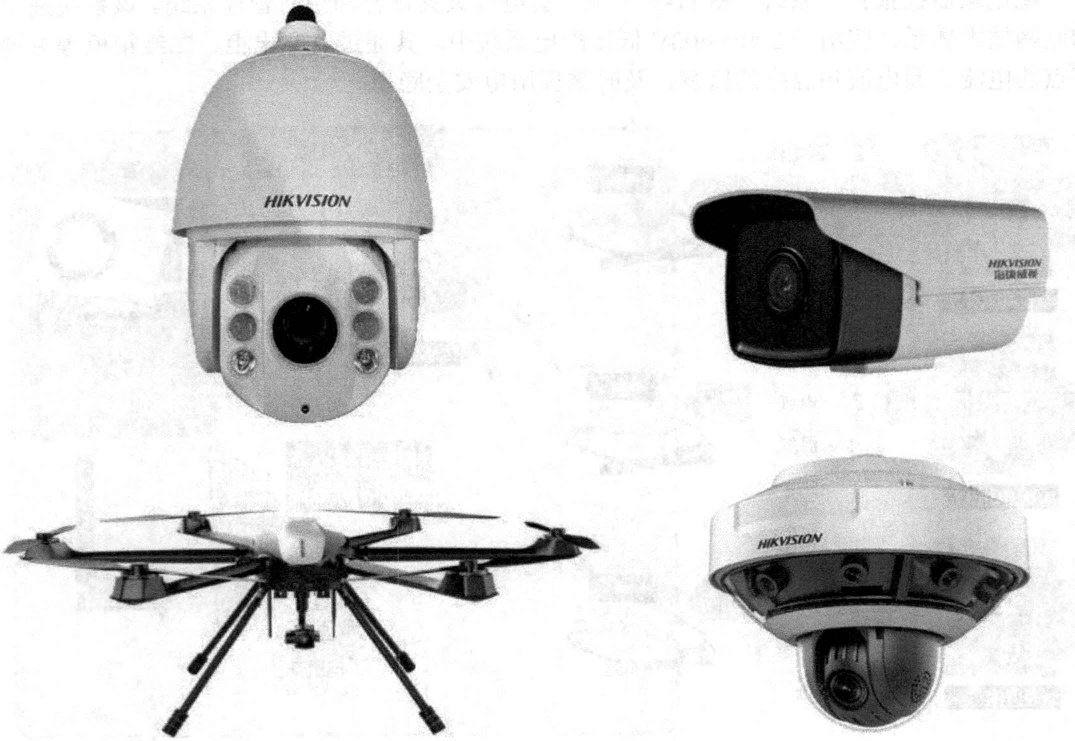

图 11-35 视频监控子系统采用的设备

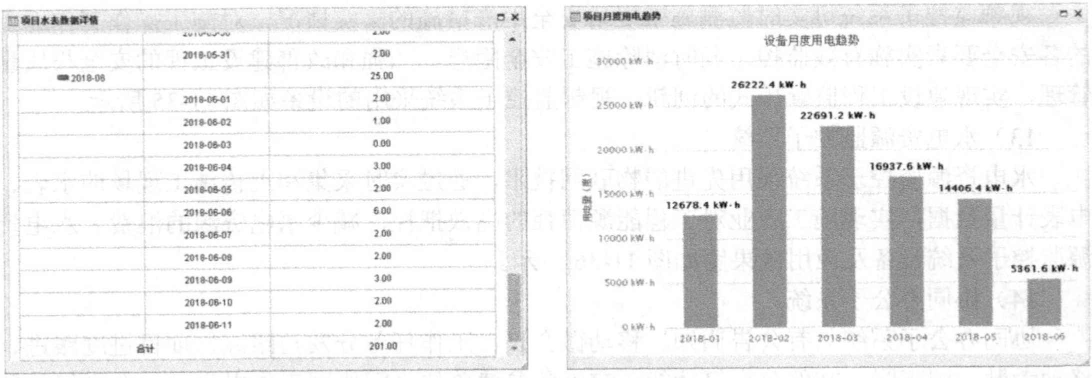

项目水表数据详情
2018-05-31
2.00
2018-06
25.00
2018-06-01
2.00
2018-06-02
1.00
2018-06-03
0.00
2018-06-04
3.00
2018-06-05
2.00
2018-06-06
6.00
2018-06-07
2.00
2018-06-08
2.00
2018-06-09
3.00
2018-06-10
2.00
2018-06-11
2.00
合计
201.00
项目月度用电趋势
设备月度用电趋势
30000 kW·h
25000 kW·h
20000 kW·h
15000 kW·h
10000 kW·h
5000 kW·h
0 kW·h
12678.4 kW·h
26222.4 kW·h
22691.2 kW·h
16937.6 kW·h
14406.4 kW·h
5361.6 kW·h
2018-01
2018-02
2018-03
2018-04
2018-05
2018-06

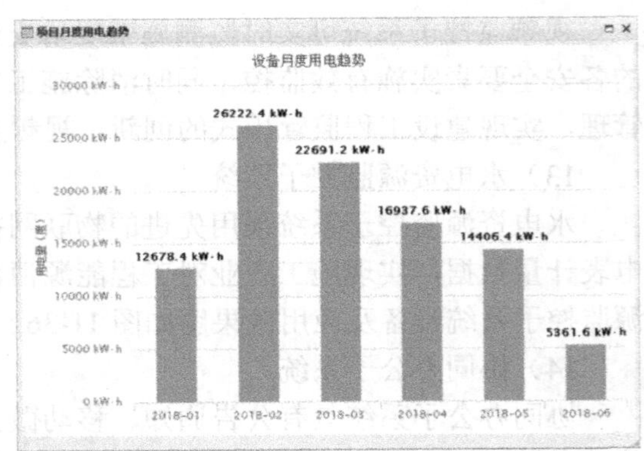

图 11-36 水电资源监控子系统设备及应用效果图

图 11-36　水电资源监控子系统设备及应用效果图（续）

图 11-37　协同办公子系统应用效果图

15）工地广播子系统

工地广播子系统安装在工人生活区，是工程管理部和工人之间的信息传输通道。该系统由遥控寻呼话筒、调谐器、前置放大器、主备切换器、双通道功放、外置音响等组成。该系统采用的设备如图 11-38 所示。

16）安全帽定位子系统

该系统采用 LoRa 和 4G 技术，前端由蓝牙信标、安全帽和安全宝（图 11-39～图 11-41）组成，将高灵敏度蓝牙信标内置于安全帽中，将安全宝安装在施工现场各关键点，通过安全宝与蓝牙信标之间的感应，记录施工人员的进出时间和位置；将上述数据通过物联网上传到云端，再经过云端服务器处理，得出施工人员的分布信息和移动轨迹。该系统应用效果图如图 11-42 所示。

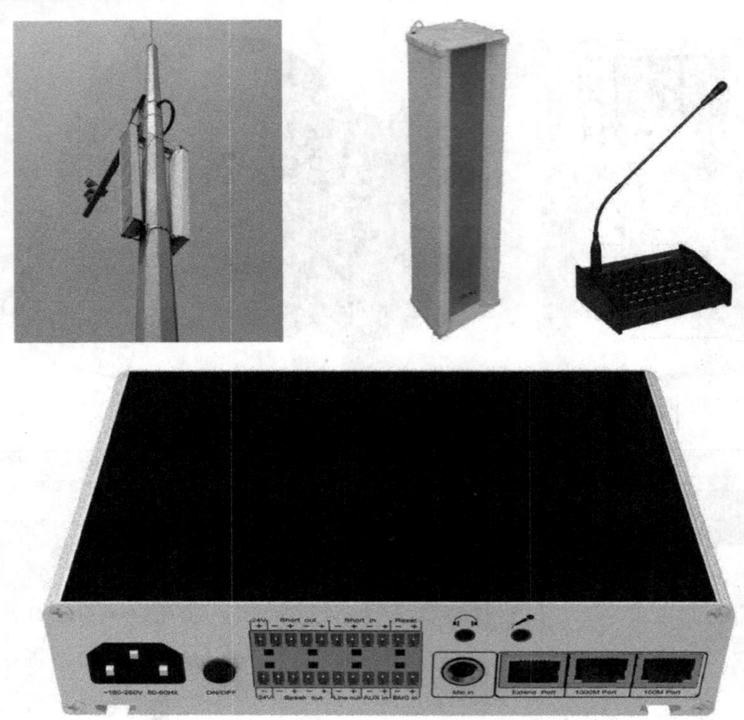

图 11-38　工地广播子系统采用的设备

图 11-39　安全宝

图 11-40　蓝牙信标

图 11-41　安全帽

17）自动计量子系统

自动计量子系统由包括远距离车牌自动识别系统、自动语音指挥系统、称重图像即时抓拍系统、红绿灯控制系统、红外防作弊系统、道闸控制系统、远程监管系统等构成，可实现自动计量、自动判别、自动处理、自动控制。自动计量子系统安装示意图如图 11-43 所示。

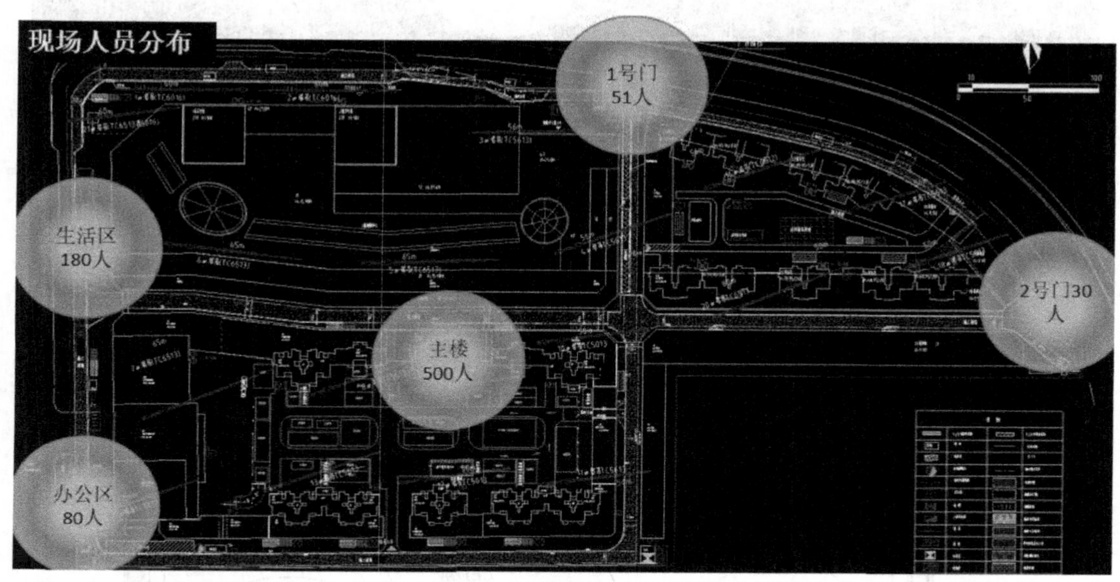

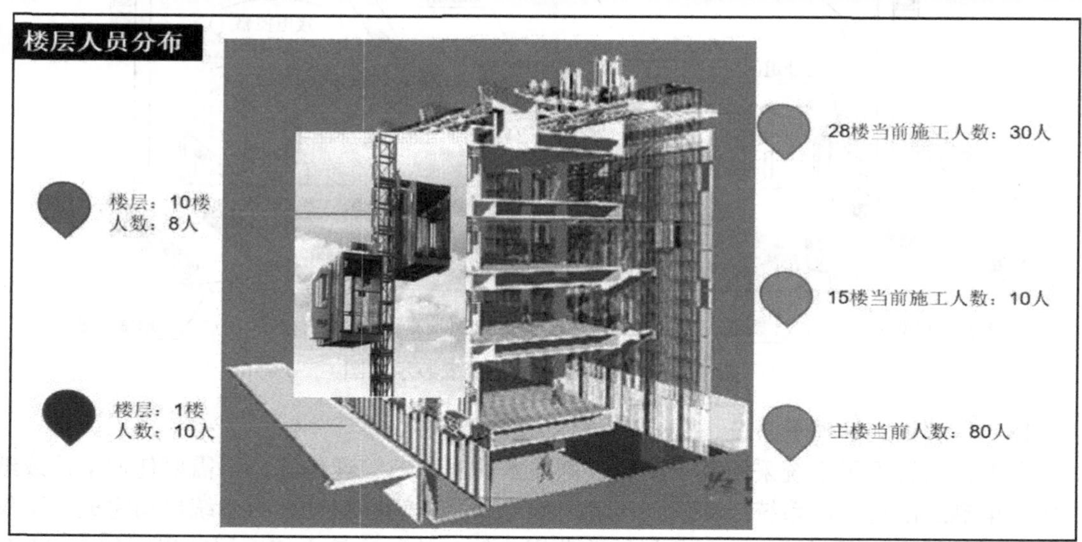

图 11-42 安全帽定位子系统应用效果图

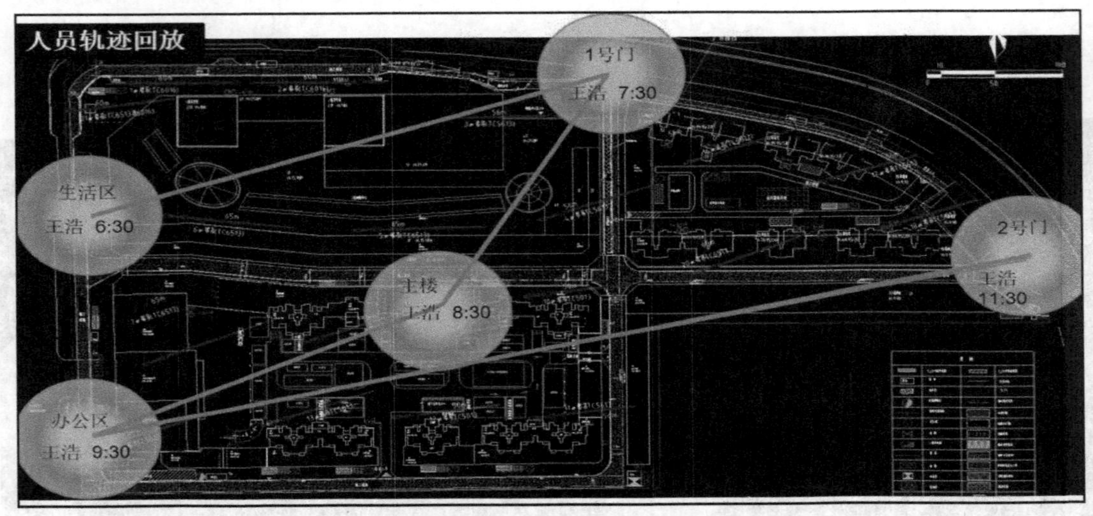

图 11-42　安全帽定位子系统应用效果图（续）

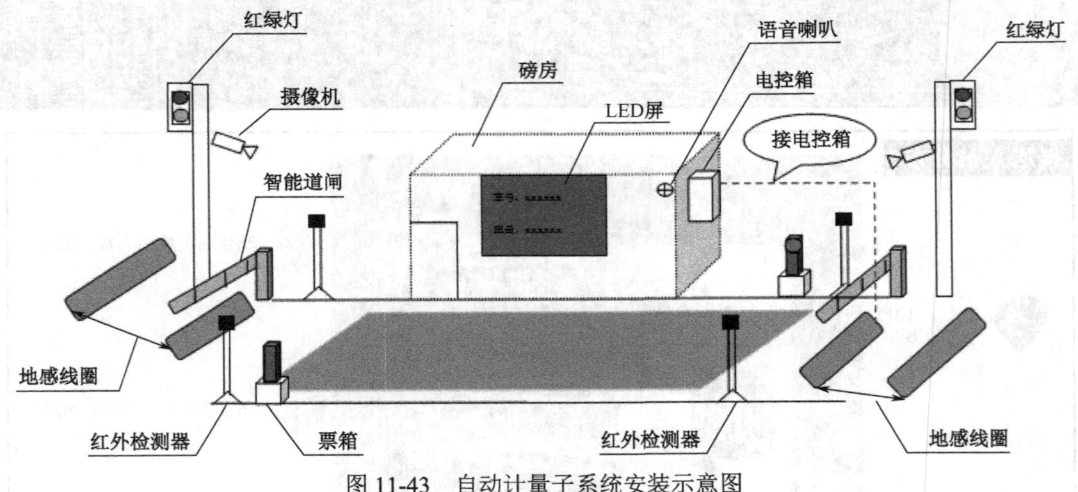

图 11-43　自动计量子系统安装示意图

18）车牌识别管理子系统

车牌识别管理子系统采用基于车牌识别技术的出入口管理模式，不需要任何卡片或纸票作为车辆进出凭证，系统自动识别车辆车牌号码，车辆鉴权过程由系统自动完成，不仅能够大大提高车辆通行效率，而且能够改善用户停车体验。该系统应用效果图如图 11-44 所示。

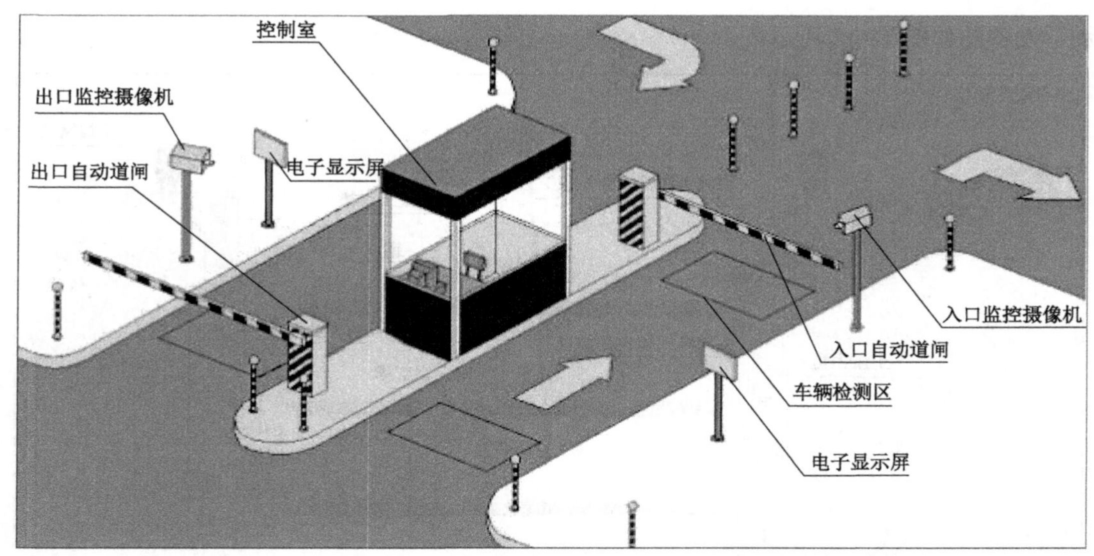

图 11-44　车牌识别管理子系统应用效果图

19）便携式周界防护子系统

工程施工现场的预留洞口、电梯井口、通道口、楼梯口及破损护栏等位置容易发生人员跌落等安全事故。便携式周界防护子系统可以在这些危险区域起到安全防护的作用。其应用效果图如图 11-45 所示。

图 11-45　便携式周界防护子系统应用效果图

20）深基坑监测子系统

深基坑监测子系统通过土压力盒、轴力计、孔隙水压计等智能传感设备，实时监测基坑开挖阶段、支护施工阶段、地下建筑施工阶段及竣工后周边相邻建筑物、附属设施的稳定情况，对现场监测数据进行采集、复核、汇总、整理、分析与传送，并对超警戒数据进行报警，为设计、施工提供可靠的数据支持。深基坑监测子系统安装示意图如图 11-46 所示，设备图如图 11-47 所示。

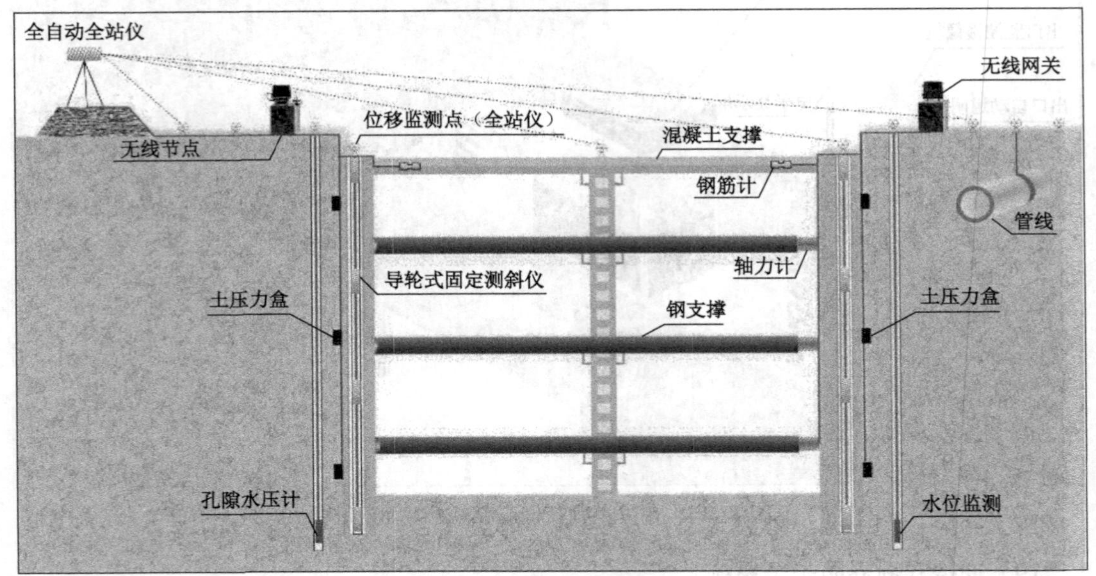

图 11-46 深基坑监测子系统安装示意图

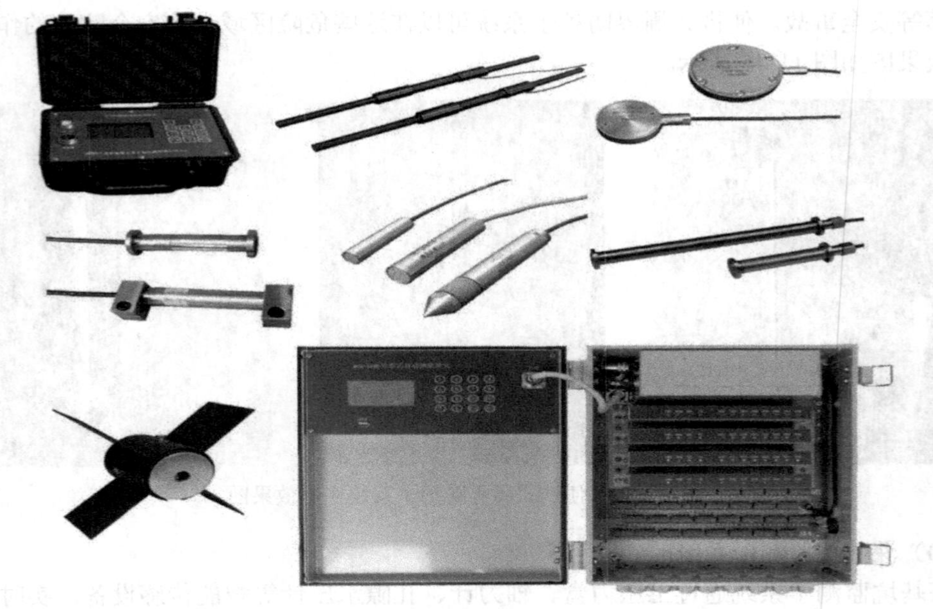

图 11-47 深基坑监测子系统设备图

21）养护提醒子系统

养护提醒子系统可以实现对混凝土试块或砂浆试块的养护和送检提醒功能。该系统应用效果图如图 11-48 所示。

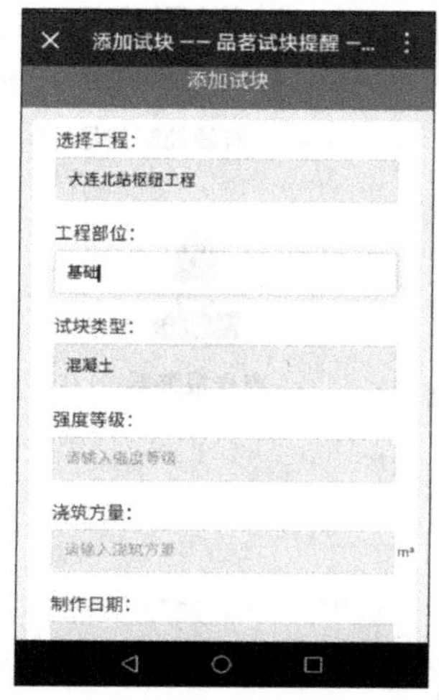

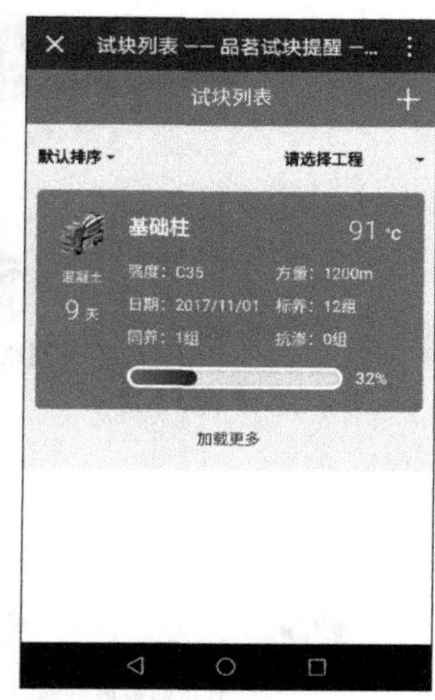

图 11-48　养护提醒子系统应用效果图

22）工地一卡通子系统

工地一卡通子系统可基于智能 IC 卡实现多种管理功能。工地一卡通子系统架构图如图 11-49 所示。

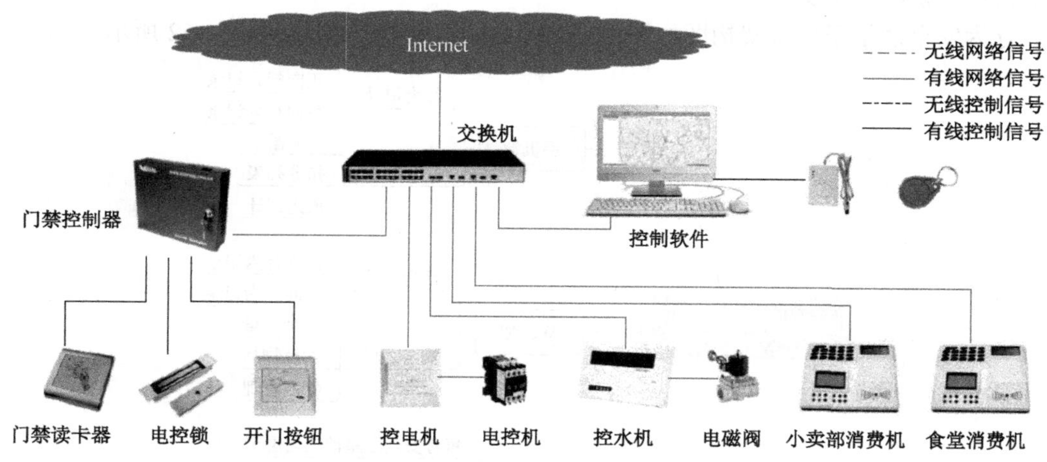

图 11-49　工地一卡通子系统架构图

23）烟感报警子系统

施工现场工人生活区和办公区人员密度大、易燃物品多，极易发生火灾事故。烟感报警子系统能够在火灾初期探测到燃烧的烟雾，及时发现火情，降低事故损失。烟感报警子系统架构图如图 11-50 所示。

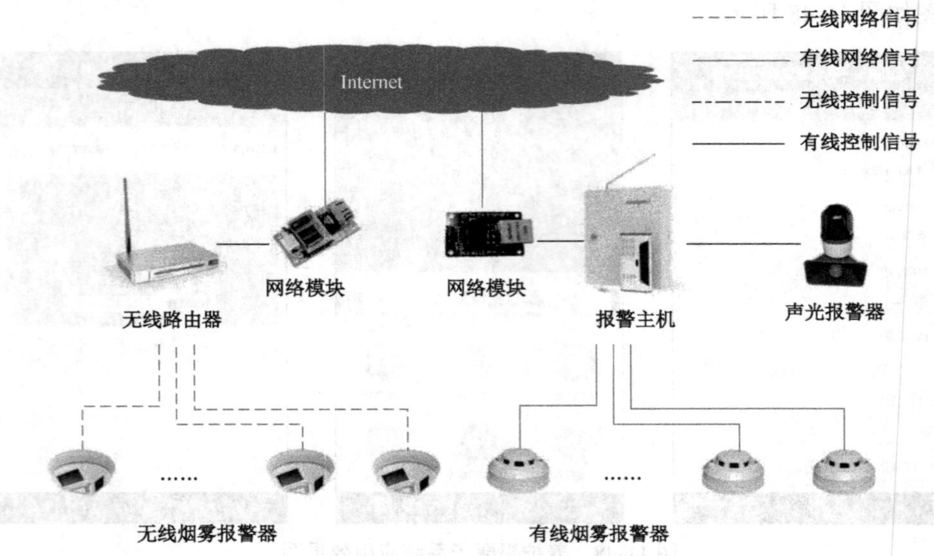

图 11-50 烟感报警子系统架构图

24）行为安全之星子系统

行为安全之星子系统可激发员工参与安全生产的积极性，构建全员参与、相互监督的安全自控体系，筑牢安全防线。

行为安全之星子系统架构图如图 11-51 所示，其应用效果图如图 11-52 所示。

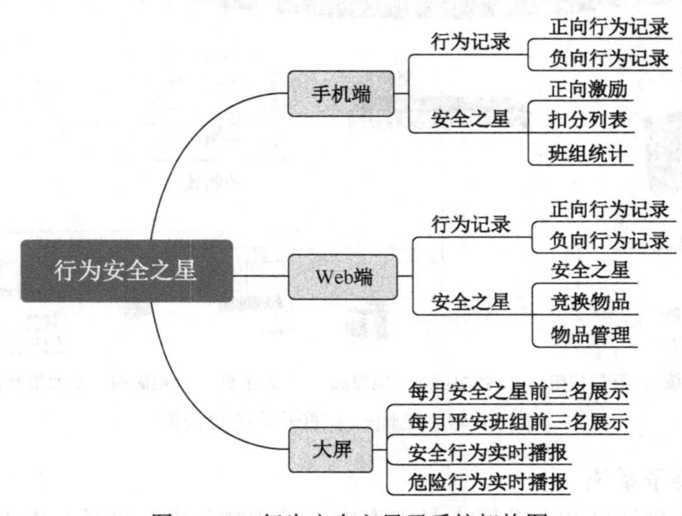

图 11-51 行为安全之星子系统架构图

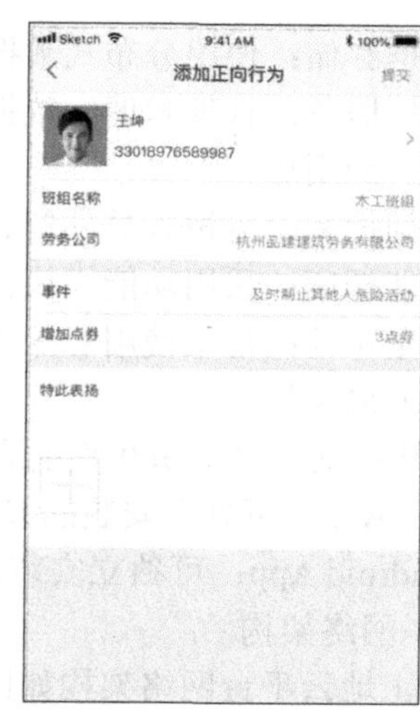

图 11-52　行为安全之星子系统应用效果图

3. 智慧工地云平台

1）基本架构

智慧工地云平台采用 BIM、物联网、互联网、大数据、云计算、云存储等前沿技术，围绕“人、机、料、法、环”五要素开展管理，为企业构建数字化、信息化的智慧工地，从而更好地帮助企业解决项目中的安全、质量、绿色施工管理难题。智慧工地云平台基本架构如图 11-53 所示。

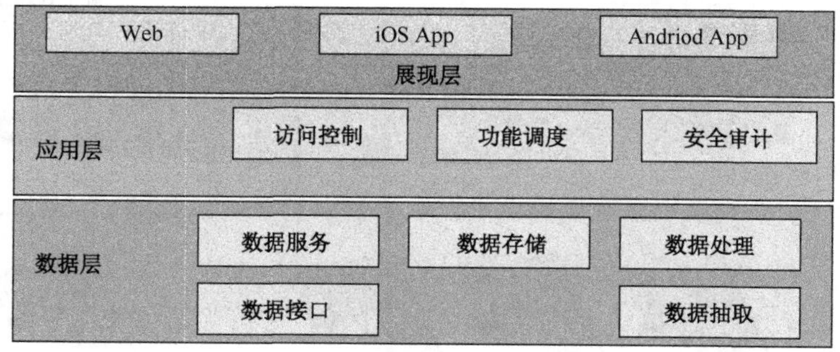

图 11-53　智慧工地云平台基本架构

（1）数据层。

数据接口：用于对接外部系统，为第三方平台提供 RestFUL 数据上报接口。

数据抽取：用于对接内部系统，主动抓取数据。

数据处理：用于后台处理复杂的数据逻辑，定时分析和处理数据。

数据存储：使用分布式数据存储，提升系统可伸缩性。

数据服务：管理和调度数据源，按功能要求从不同数据源调取数据。

（2）应用层。

访问控制：可按人员部门、角色控制访问的资源。

功能调度：采用功能模块化设计，按配置调度运行功能模块。

安全审计：记录使用者操作路径，用于回溯系统问题。

（3）展现层。

Web：支持 IE、360 等主流浏览器。

iOS App：可独立安装的 iOS App。

Android App：可独立安装的 Android App。

2）网络架构

智工地云平台网络架构如图 11-54 所示。智慧工地云平台采用云端服务器，所有施工项目子系统都接入互联网，通过网络将数据上传至云端服务器。企业管理用户通过登录 Web 客户端或下载手机 App，实现对智慧工地云平台的使用和对施工项目子系统的控制。采用云端服务的方式，可以简化用户的操作，只要有用户名和密码，在任何地点都可使用该平台。

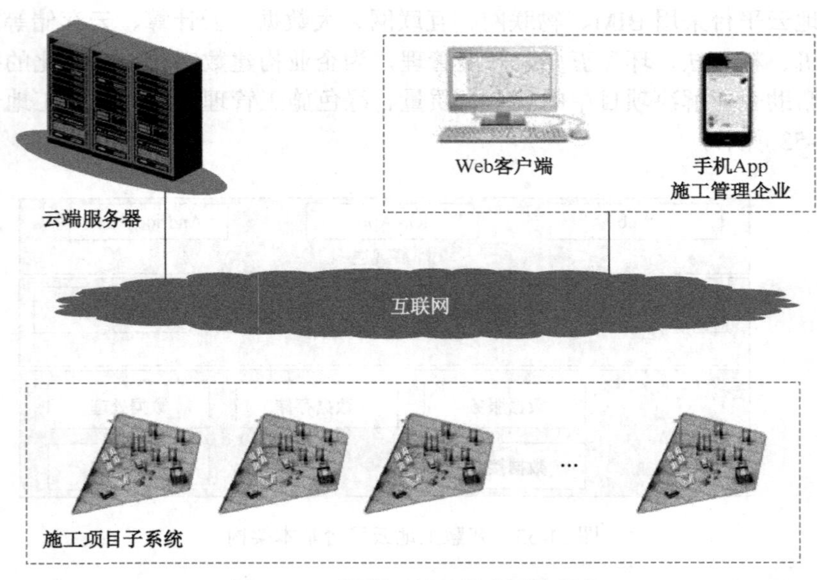

图 11-54　智慧工地云平台网络架构

3）主要功能

智慧工地云平台主要有五大功能，即组织及用户管理功能、工程信息维护功能、项目总览功能、项目生产功能、项目安全功能。

4）主要特点

（1）数据接入。

智慧工地云平台能够集中前端各个子系统的数据，并提供数据接口对接外部系统，从而实现项目管理和数据展示。

（2）过滤信息。

智慧工地云平台实时获取前端十几个子系统发送的数据，并从这些纷繁复杂的数据中自动筛选出有用信息，从而帮助用户及时发现问题。

（3）可视化展示。

智慧工地云平台将抽象的数字化信息以形象的图标、图表、图片的形式展现给企业用户，为用户决策提供依据。

（4）与时俱进。

品茗公司扎根建筑行业20载，积累了丰富的行业经验，培养了大批专业人才。借助这些经验和人才，品茗公司不断完善智慧工地云平台的功能，使之贴近用户实际使用需求，解决用户的痛点。

11.2.2 海康威视智慧工地系统

海康威视公司是以视频为核心的智能物联网解决方案和大数据服务提供商，主要为公共服务领域用户、企事业用户和中小企业用户提供服务，致力于构筑云边融合、物信融合、数智融合的智慧城市和数字化企业。

海康威视智慧工地系统由传统安防系统扩展而成，可实现施工现场统一管理和控制。

1. 设计原则

- 系统可靠，能实现视频类数据大流量、远距离可靠传输。
- 系统可用，功能可落地、可复制，能以最小的代价满足最迫切的应用需求。
- 系统安全，人员权限清晰可控。
- 系统易用，能满足工地基层人员简单操作需求。
- 系统易维护。
- 系统易扩展。
- 系统开放，可接入其他业务系统或平台。

2. 总体架构

海康威视智慧工地系统总体架构如图11-55所示，系统拓扑图如图11-56所示。

访问层	浏览器	CS客户端	App		PAD
集团中心/分公司应用层	人员管理	实名制考勤	环境监测	安全帽管理	数据看板
	人员统计	工地出勤对比	工地环境排名	佩戴率统计	集团工地分布
		出勤人员统计	工地环境对比		工地管控排名
工地项目部应用层	人员信息录入	工地人员管控	实时监测数据	佩戴状态统计	在场人员管控
	进出场管理	人员出勤统计	环境状况统计	人员分布管理	实时环境状况
		单位出勤对比	异常告警处理		安全生产状况
					设备资产统计
系统管理层	区域管理	工地管理	人员信息管理	设备接入管理	综合管控管理
					网络运维管理

图 11-55　海康威视智慧工地系统总体架构

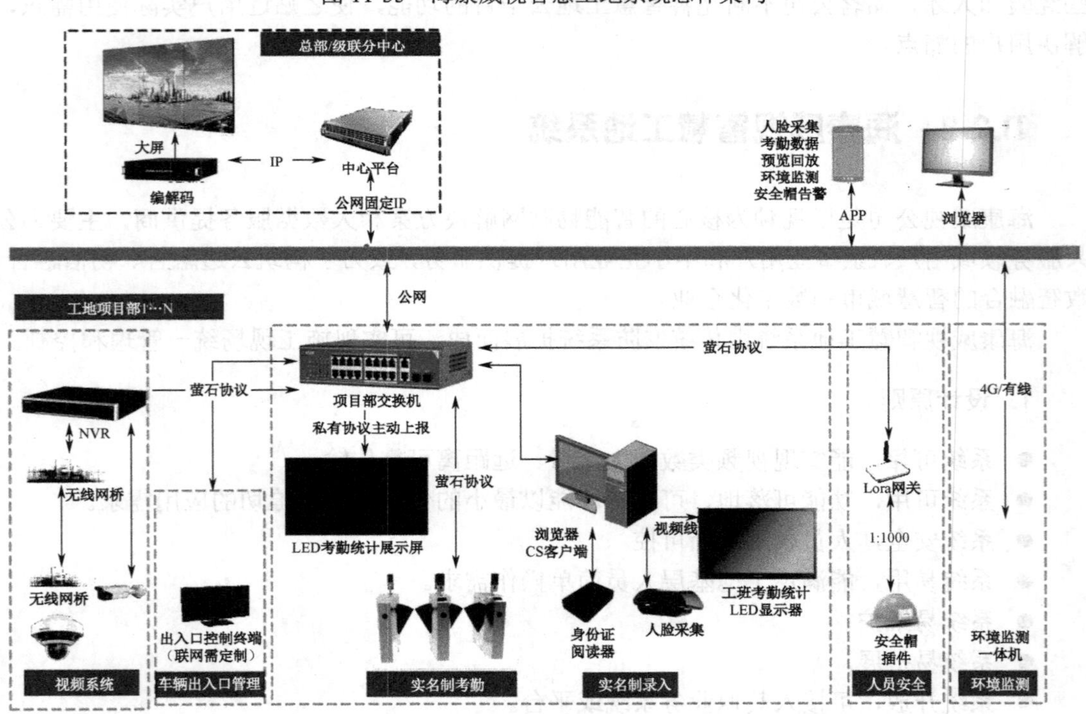

图 11-56　系统拓扑图

3．系统功能

1）总部数据看板

总部数据看板如图 11-57 所示，其主要功能如下。

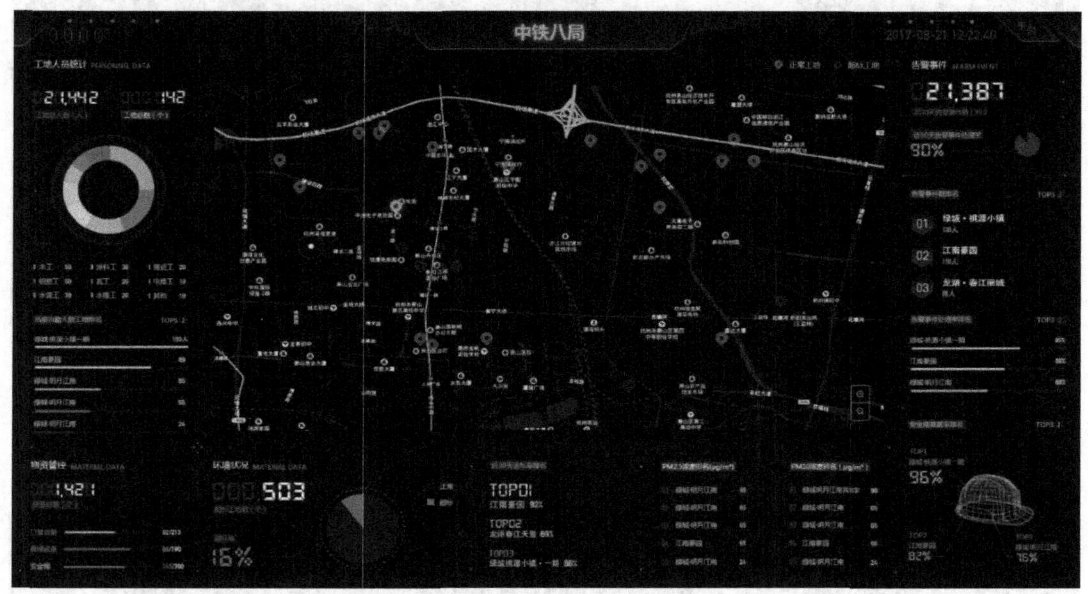

图 11-57　总部数据看板

（1）展示工地数量、工人数量、物资和设备数量。

（2）展示工地环境状况。

（3）展示工地安全帽告警事件总数、近 30 天告警事件处理率、告警事件数排名、告警事件处理率排名、安全帽佩戴率排名等。

（4）展示工地分布情况。

2）项目部数据看板

项目部数据看板如图 11-58 所示，其主要功能如下。

（1）展示工地基本信息、各班组到岗人数统计信息、近 30 天出勤人数变化信息。

（2）展示环境监测数据，包括近 30 天环境监测数据和近 24 小时环境变化趋势。

（3）展示安全帽告警事件数据、安全帽状态数据、物资管控数据。

（4）展示工地视频画面和地图。

3）视频联网系统

视频联网系统主要用于项目工地现场施工安全管理和质量管理，可展示工程总体情况和施工过程，通过视频抓拍与视频告警排除施工现场安全隐患。

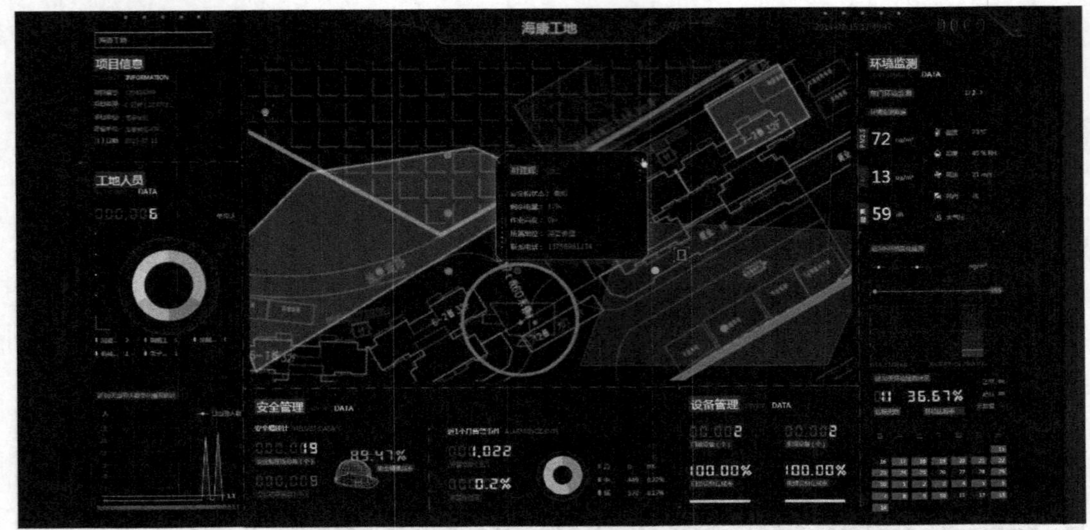

图 11-58 项目部数据看板

4）实名制考勤系统

实名制考勤系统如图 11-59 所示。

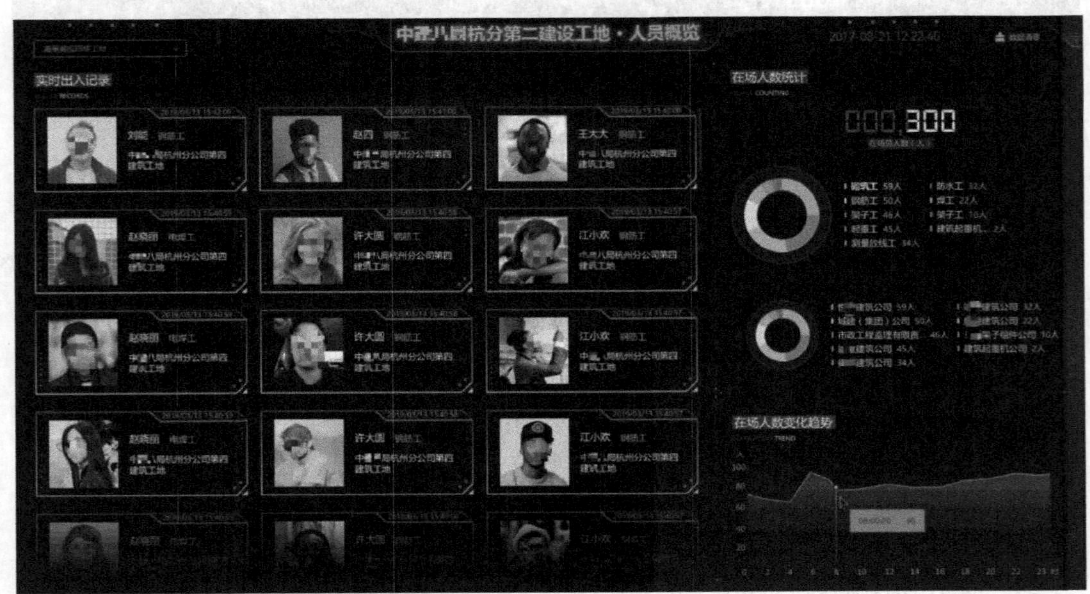

图 11-59 实名制考勤系统

实名制考勤系统可展示实时考勤统计、考勤结果统计、人员出勤统计、工地出勤状况等信息。

5）全生产系统

安全生产系统如图 11-60 所示，该系统具有安全帽管理、戴帽情况统计、异常事件统计和危险源越界统计等功能。

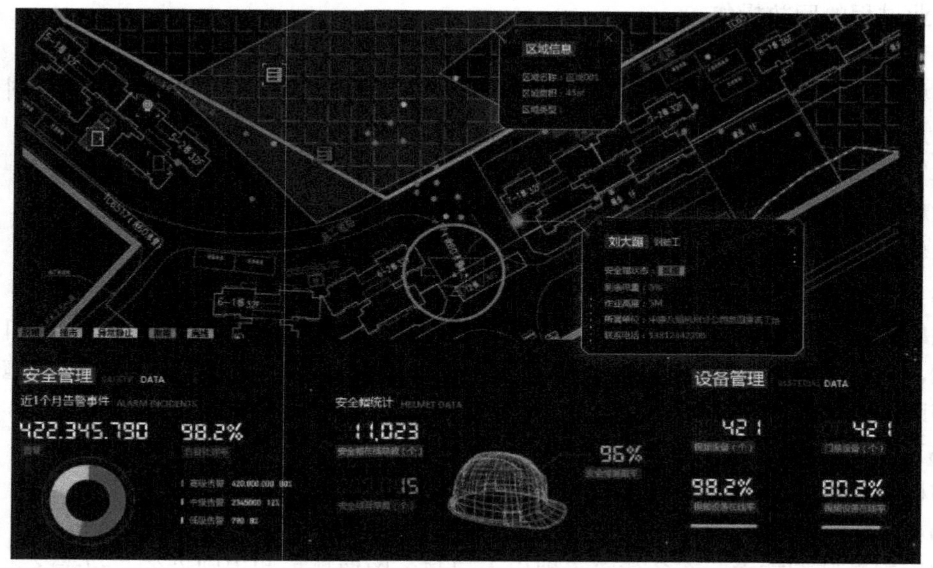

图 11-60　安全生产系统

安全帽管理可展示安全帽序列号、关联人员、佩戴状态、是否启用、剩余电量等信息。

戴帽情况统计是统计各单位的戴帽率，统计结果可导出。

异常事件统计是对与安全帽有关的异常事件进行统计，统计结果可导出。

危险源越界统计是对越界告警事件进行统计，统计结果可导出。

6）塔机安全监控系统

该系统可实时监测塔机载重、小车幅度、起吊高度、回转角度、作业高度、风速等参数，具有超限报警、超载控制、数据远程存储、区域防碰撞和 GPRS 远程监控功能。

7）施工升降机安全监控系统

该系统可实时监控施工升降机作业情况，并能将施工升降机运行工况数据和报警信息实时发送到远程监控平台，同时自动向相关人员发送手机短信，从而实现施工升降机的实时动态监控。

该系统主要包括以下几个模块。

（1）升降机备案资料管理模块。

根据建设工程质量安全监督工作的业务流程及管理要求，涵盖从施工升降机产权登记、安装告知、使用告知到拆卸告知全过程的监督管理内容，加强监督站对施工升降机使用过程的跟踪、汇总、统计和分析。

（2）实时监控管理模块。

控制器采集施工升降机运行状态数据并实时传输到管理中心服务器。施工升降机远程监控终端能够根据上传的实时数据及施工升降机基本参数进行动态模拟，也可实现施工升降机作业过程的回放操作。

（3）信息管理模块。

该模块是施工升降机安全监控系统的基础管理模块，具有施工升降机基本资料管理、工地信息管理、企业信息管理、用户权限管理、信息查询等功能。

（4）数据管理模块。

该模块对监控设备上传的数据进行管理，具有实时数据管理、历史数据管理、故障统计、报警记录统计等功能。

（5）报警管理模块。

该模块根据报警规则进行报警数据的处理，通过自动短信报警提醒施工升降机责任主体单位，并且提供施工升降机操作责任主体单位和施工升降机操作监督单位针对施工升降机报警联动的处置流程。

（6）系统管理模块。

该模块具有用户管理、角色管理、日志管理、系统参数管理等功能。

8）车辆出入管理系统

利用视频监控技术，在各建筑工地出入口装备图像抓拍和识别设备，记录各类车辆进出信息和状态信息，结合车辆黑名单预防黑车出入导致的车辆事故，同时将车辆出入信息推送至地磅等第三方系统。

9）环境监测系统

环境监测系统可对工地的环境进行集中监测，具有组织机构管理、服务器管理、设备管理、环境量配置、环境数据监测、数据记录与查询等功能。该系统通过环境监测设备对温度、湿度、噪声、粉尘、气象等数据进行监测、收集和报警联动。

环境监测数据包括实时数据、小时数据、日数据。环境监测数据可实时显示，支持表格和图片的切换模式，也可将数据导出到Excel中。

11.3 智慧工地未来发展分析

11.3.1 人工智能的应用

1. 智能语音交互

智能语音交互即实现人与机器以语音为纽带的通信。其完整过程如下：对语音信号进行前端处理，将语音转换为文字供机器处理，机器生成文本形式的处理结果，利用语音合成技术将上述结果文本转换为语音。

例如，某项目研发出智能化喷淋系统，只要说出“打开喷淋”，智能语音识别系统就会自动打开基坑周边及塔机大臂上的喷淋设备。

2．视频编解码及结构化

人工智能设备可以对高清视频进行编解码。例如，截取视频流中的一帧进行智能识别，输出识别结果。

3．基于人脸抓拍的AI应用

当监控画面中出现人脸时，可以自动检测出人脸，然后对人脸进行抠图处理并以元数据的形式上传。

4．智能中控AI

智能识别设备中的中控AI会自动学习视频结构化所积累的数据，并根据时间段的不同来消除光照等外部条件对智能识别的影响。

5．车牌识别

当车辆经过监控视野时，车牌识别算法先对车辆进行检测和跟踪，在跟踪过程中确定车牌的位置；然后对车牌进行预处理，如车牌去模糊化、车牌矫正处理等；最后进行车牌识别。

6．安全帽识别

当监控画面中持续出现安全帽时，安全帽识别算法先对安全帽进行检测和跟踪，然后进行人员定位和识别。

7．电子周界检测

当目标出现在预先设定的监控范围内，并且目标的像素变化超过预设值时，触发快速移动检测告警，提醒相关人员注意。

8．基于无人机的AI系统

（1）基于无人机的建筑表面裂缝快速检测系统：以无人机和图像处理技术为核心，实现高层建筑物外表面裂缝非接触式自动快速识别与测量。

（2）基于无人机的玻璃幕墙损伤快速检测系统：以无人机和图像处理技术为核心，实现超高层幕墙损伤的自动快速识别与定位。

（3）基于无人机的外脚手架自动快速检查系统：以无人机和图像处理技术为核心，实现施工现场外脚手架杆件角度、跨距、水平度及缺失等安全状况的自动快速检查。

（4）基于无人机的扬尘污染源自动快速监管系统：以无人机和图像处理技术为核心，实现大面积施工现场扬尘污染源的快速识别与检测。

9. 其他解决方案

（1）基于图像识别的渣土车自动监管系统：以图像识别技术为核心，实现渣土车装载情况自动监管、车身污迹快速检测及进出权限管理等。

（2）建筑工人安全装备智能快速检查系统：基于图像识别技术，实现建筑工人安全装备正确佩戴快速检查。

（3）基坑安全全天候远程自动预警系统：以深度图像技术为核心，实时监测基坑表面变形情况，实现基坑表面安全状况的全天候远程自动预警。

（4）道路边坡安全全天候远程自动预警系统：以深度图像技术为核心，实现道路边坡变形情况的全天候远程自动预警。

（5）基于图像识别的钢筋工程质量快速检查系统：以图像处理技术为核心，自动获取钢筋的直径、平行度、间距及搭接部分的长度，实现钢筋工程的快速检查。

（6）建筑工人高处坠落事故智能预警系统：基于 BIM 和 RFID 技术，实现工人位置信息实时采集及工人高处坠落危险智能分析，根据危险等级进行预警。

11.3.2 物联网技术的应用

1. 智能可穿戴设备

交互：智能可穿戴设备能满足随时看、随地看、看细节、看全局、可通话、可追溯的需求。

增效：Sarcos Robotics 研制出一种外骨骼设备，可以帮助工人轻松地举起重物。

安全：智能可穿戴设备可用于人员定位、脱帽检测等。

2. 边缘计算

采用传统计算方法，网络带宽和图像分辨率可能达不到分析要求，且通过多级网络和交换机、路由器转发数据，会存在数据帧丢失的情况，导致分析结果不准确。

边缘计算在安全与隐私保护等方面更有优势，采用边缘计算能解决中心端的网络、计算、硬件、费用、人力等方面的问题，使系统结构更安全、更稳定。

3. 新型传感器

新型传感器是相对于传统传感器而言的，其特点包括：智能化、多功能化、综合化、微型化、集成化和网络化等，检测信号的种类丰富，检测功能强大，检测精度高。

11.3.3 大数据技术的应用

1. 建筑施工行业大数据技术应用范围

建筑施工行业大数据技术应用范围见表 11-14。

表 11-14 建筑施工行业大数据技术应用范围

工程项目应用	企业应用	行业应用
劳务管理 物料管理 质量安全管理 绿色施工	工程项目综合管理 市场营销管理 成本管理 采购管理 生产安全管理 综合决策	交易市场监管与服务 造价信息服务 质量安全监管 行业诚信监管

2. 建筑施工行业大数据技术应用点

建筑施工行业大数据技术应用点如图 11-61 所示。

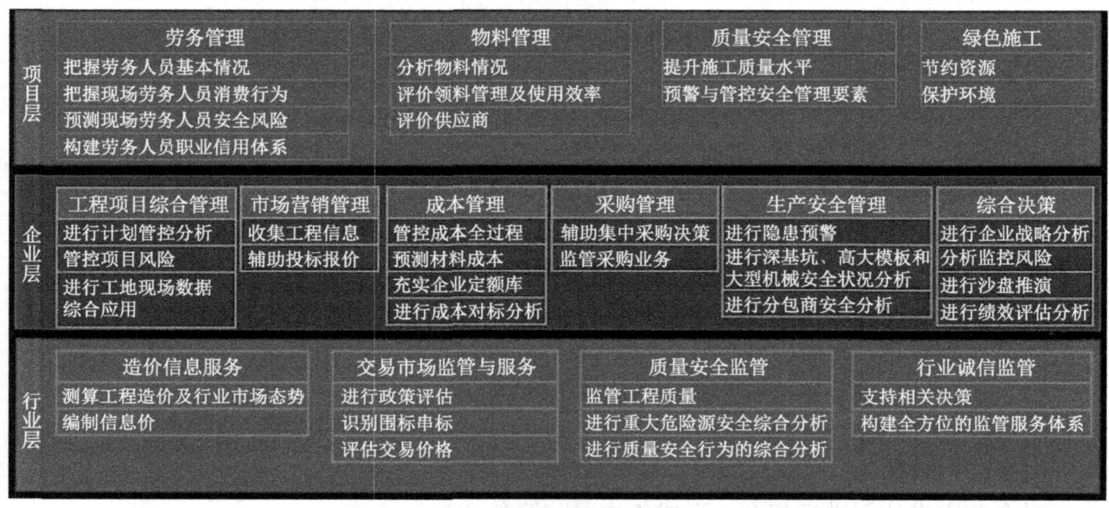

图 11-61 建筑施工行业大数据技术应用点

3. 应用示例

1）基于大数据的劳务人员在线安全教育考试结果分析

（1）应用目的。

通过手机端在线安全教育，结合学习成绩评比等机制，增强现场劳务人员的现场安全施工、文明施工意识。

通过对安全教育考试结果的统计、分析，对未来现场作业安全风险进行评估。

（2）应用内容。

分析安全教育试题的基础数据（题目涵盖科目、题型、难度、有效覆盖率）及专业数据（队伍、班组、工种），客观评价安全教育的侧重内容和教育方向。

（3）应用结果。

确保不同工种、不同专业的群体能获得相应的教育。

2）基于大数据的物料现场验收管控

（1）应用目的。

通过智能化、集成化、互联化、数据化、移动化手段，解决物料现场验收管控难、效率低、成本高、风险大等问题。

（2）应用内容。

运用物联网技术，自动采集数据，通过地磅周边的硬件设备智能监控作弊行为。

及时掌握一手数据，进行多项目数据监测和全维度智能分析。

（3）应用结果。

大幅提升管理效率，减少 50%～70%的工作时间。

变被动监管为主动监控，有效遏制“跑冒漏滴”、进场就亏等现象。

3）基于施工工艺大数据的企业定额编制

（1）应用目的。

针对施工现场，按照标准工艺要求的人工班组配置、班组工效、标准工序，根据实际材料、机械设备产能数据等，编制企业定额。

（2）应用内容。

建立标准化工序库。

建立每道工序的定额测算模板。

采集工序数据，形成工序定额数据。

（3）应用结果。

为企业提供定额数据分析和成库的方法及平台。

4）基于大数据的集中采购物资项确认

（1）应用目的。

对企业需求计划进行整合，形成集中采购清单。

（2）应用内容。

提供采购频次最多的物资类别、采购金额最大的物资类别及采购需求量最大的物资类别等信息，帮助企业判断在下一个管理周期内要对哪些物资实施集中采购。

（3）应用结果。

集中展示物资编码、物资进场时间及所供应项目名称，形成物资需求资源池，由采购人员决定是否进行集中采购。

5）基于大数据的企业声誉风险分析

（1）应用目的。

在当前新媒体多元化、信息传播更为迅速、网民更有话语权的形势下，舆论对企业声誉的影响也更大，企业必须实时监控舆情。

（2）应用内容。

建立舆情监控体系。

利用大规模集群化爬虫、拟人化爬虫工具，通过自然语言处理及人工智能机器自学习进行语义分析。

（3）应用结果。

及时发现异常情况交进行预警。

及时定位信息传播途径。

及时开展危机公关处理。

6）基于大数据的围标串标识别

（1）应用目的。

利用大数据技术构造招标和投标主体之间的关系网，据此判断招标和投标主体之间是否存在围标串标的行为。

（2）应用内容。

以每个企业为顶点，以两个企业一同参与投标的次数作为两个顶点之间的权重，构建企业间的关系网。

（3）应用结果。

行业竞争越小，要求越严苛，投标主体之间抱团的概率越高，而且通过抱团能大幅提高中标率。

4. 建筑施工行业大数据技术应用趋势

建筑施工行业大数据技术应用目前还处于初级阶段。随着政府及公共信息的有序公开、物联网技术的深度应用、BIM 模型应用的普及建筑施工行业将出现集成化的大数据应用平台，行业大数据应用水平将不断提高。

11.3.4 其他新技术的应用

1. 数字孪生

以工程设计及施工资料为信息基础，以 BIM 技术进行信息表达，以三维模型为信息载体，通过无人机倾斜摄影获取精确的地面环境三维信息。将以上信息整合到以 GIS 为统一坐标系统的三维虚拟空间中，实现数字模型与现场施工环境的高度匹配。

2. 高精度、低延迟、低成本的感知设备

要实现自动化、无人化施工，必须全面应用高精度、低延迟、低成本的感知设备。

可通过研发新型传感器及相关技术来实现高精度。

可通过 5G 网络的全面覆盖来实现低延迟。

低成本依赖大规模生产及上下游产业链生态的支持。

第12章 数字孪生成功案例介绍

12.1 北京亦庄经济技术开发区智慧园区项目

1. 项目背景

当前，以 BIM、GIS、5G、物联网、大数据、人工智能等新技术为代表的数字浪潮席卷全球，基于数字孪生技术的智慧园区、智慧城市建设与运营作为新兴发展模式，正在全国各地逐步推进。在这一背景下，新兴的现代信息技术在数字底板上的融合和集成应用日趋深入，并带动产业、社会、经济、民生、政府管理等方面的技术升级和机制创新，实现城市运行中经济、交通、安全、环境、民生、政务等多领域、多数据的可视化监控、预警分析与综合决策，达到“一屏观天下，一网管全城”的效果。

2. 项目概况

亦庄经济技术开发区位于中国北京大兴亦庄地区，是北京市唯一同时享受国家级经济技术开发区和国家高新技术产业园区双重优惠政策的经济技术开发区。它包括亦庄核心区部分（核心区、河西区、路东区、路南区）、大兴区部分（旧宫镇、瀛海地区、青云店及长子营北部）、通州区部分（光机电、台湖、马驹桥镇、金桥），以及飞地（青云店及采育工业园）。亦庄经济技术开发区近年来大力推进智慧城市建设，已完成大量基础设施建设工作，信息化基础设施已基本覆盖全区，汇聚了大量与智慧城市相关的政务、社会、经济等数据，初步实现了智慧城市大数据汇总、分析、融合与展示。

本项目利用数字孪生技术，针对亦庄经济技术开发区内 22 个重要园区制作智慧园区数字底板，将各个园区的运营数据（包括设备运行数据、能耗数据、环境数据、业务数据等）汇聚到同一平台，实现物理和虚拟的动态一致，建成一个代入感强、展示效果优、科技感强、数据信息直观展示的智慧管理平台，并逐步实现智慧赋能。

项目一期主要建设亦城科技中心园区，项目定位为总部办公，拥有满足不同类型企业需求的高端写字楼及完善的商务商业配套功能。项目位于北京亦庄经济技术开发区荣华南路，1 号写字楼高 70.85 米，共 16 层，地上建筑面积为 12280 平方米，标准层面积为 775 平方米。楼内系统包括变配电监测系统、空调系统、安防系统（包括门禁和视频监控等）、消防系统、给排水系统、照明系统、停车场智能管理系统、客户信息管理系统等。本项目原有综合能源管理系统已无法满足当前的信息化发展需求，主要表现在以下方面：设施及设备的运行管理复杂、低效，数据信息的保存、处理、分析、反馈和呈现方式落后、单一，人员管理负担较重，运营成本呈逐年递增的态势。

3. 现状分析

（1）顶层设计层面：缺乏完整体系的建设、科学规划的导向及切实可行的实施框架。

在推进节能工作时，往往以局部节能改造为主，偏重于对某些大功率设备的效率提升。而能源管理体系以能耗数据为基础，包含评估、预判、管理、调节、改造、改造效果评估等一系列工作，最终达到能源使用科学、合理、可评估和效用最大化的目的。

（2）管理应用层面：缺乏统一管控，亟待优化管理流程。

各部门、各专业分工较细，管理涉及面广，在能源管理方面难以形成统一、高效的管理模式。这种情况一方面需要通过管理组织体系进行调整，另一方面需要通过较为合理的系统进行信息整合，将所有与能源有关的系统、设备、部门、人员及业务都纳入其中，形成更高效、便捷的管理模式。

（3）技术集成层面：缺乏多系统数据联动。

本项目既有系统较多，且专业化程度较高，导致信息共享、交互、联动存在障碍。必须打破信息孤岛，实现信息共享、联动，提升数据价值，同时考虑实用性、安全性、先进性、经济性、平台接口及对数据标准的支持，实现可视化、数字化、集成化和智能化管理。

4. 建设目标

本项目将建立完整的能源在线监控系统，通过管理手段取得每年 5%～8%的节能量，提高物业管理水平（除取得节能量外，本项目还会对整体的物业管理、设备管理提出针对性建议，可量化指标包括维保成本的降低、无故障运行时间的延长、管理效率的提升），提升环境品质和用户满意度，以数据说话，对实际的节能减排效果、室内环境状况等公众关注热点进行量化展示，打造“节能、环保、舒适”的形象。

本项目将开展智能楼宇一体化综合管理平台研究，探索 BIM 等新技术与后勤管理的契合点，达到提升管理效率、解决后勤管理薄弱环节的目的。

本项目将对综合管理服务进行分类汇总，在保证用户能快速找到所需服务的同时，形成标准统一、业务统一、数据统一、方法统一的管理模式，实现高度的数据共享，保证数据的完整性、统一性、时效性和准确性。

5. 建设内容

本项目旨在建设一套综合管理系统，涵盖项目建筑管理服务的相关功能，同时通过各子系统的数据集成及大数据的应用形成智慧管理方案。本项目主要包含以下几个功能模块。

1）领导驾驶舱（图 12-1）

通过 GIS+BIM 的形式建立整个亦庄经济技术开发区的数字底板，标出重点园区与道路，可进行各园区平均能耗对比，并以此计算亦庄指数。

图 12-1　领导驾驶舱

2）变配电管理（图 12-2～图 12-4）

对园区提供电力供给的变电站进行全面监控，确保大楼用电安全。对变配电室运营环境进行整体把控，对变配电室内温度和湿度、水浸情况、门的开关状态进行实时监测。主要监测内容如下。

图 12-2　变配电管理（1）

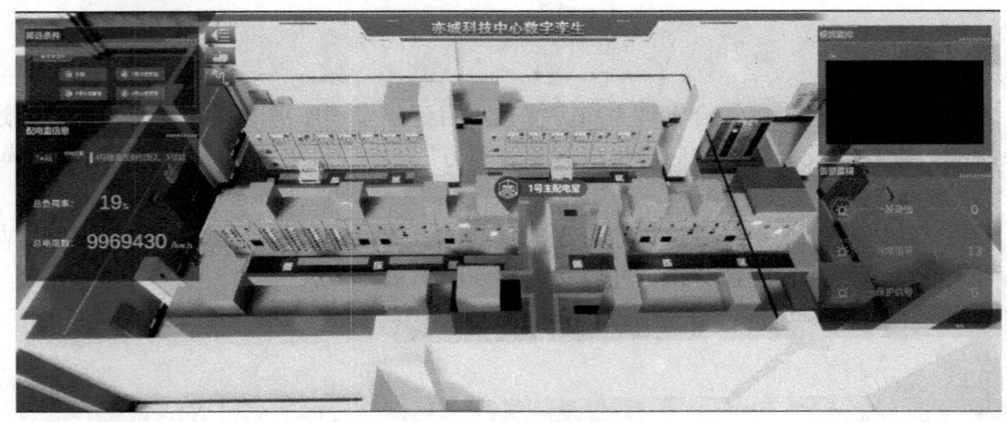

图 12-3 变配电管理（2）

遥信点：受总、母联、各路馈线、电容器等开关分合位置监测，以及各路电压配电仪表通信故障监测，电容器位置设置了烟感报警。

遥测点：监测受总、电容器、母联及各路馈线的电压、电流、功率，同时采集各路馈线的电度数，对变压器进行温度监测。

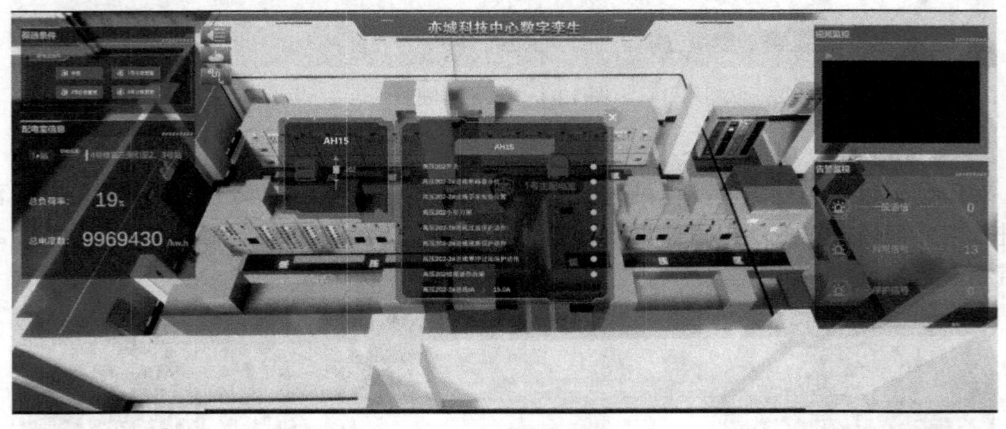

图 12-4 变配电管理（3）

3）环境品质管理（图 12-5 和图 12-6）

环境品质管理主要监测室内外环境数据，并通过对比室内外环境，对室内环境和空调设备做出优化调整。

此外，还对环境异常房间数进行统计，并用不同的颜色区分不同状态的区域。

4）空调系统管理（图 12-7 和图 12-8）

可以监测所有空调的状态，设置空调工作模式（制冷、制热、通风）、温度、风速、开启和关闭时间。

图 12-5　环境品质管理（1）

图 12-6　环境品质管理（2）

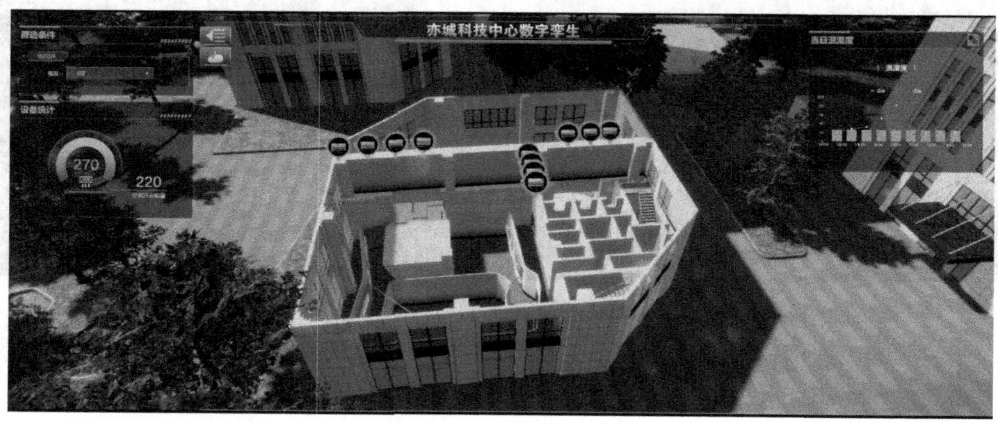

图 12-7　空调系统管理（1）

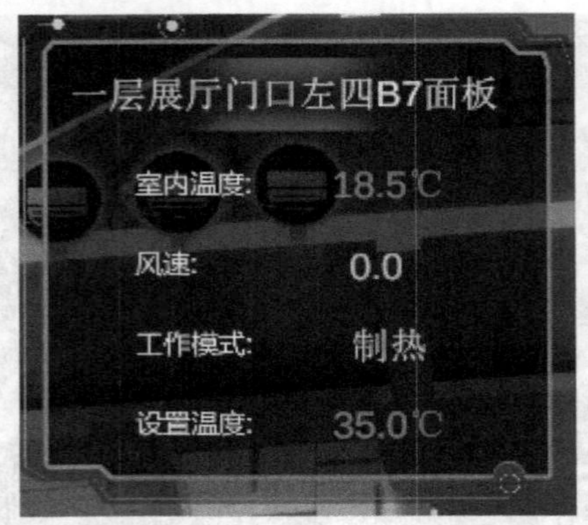

图 12-8　空调系统管理（2）

此外，还可根据室内环境监测结果对室内环境进行调控。例如，夏季监测到某区域温度过高时，提醒开启该区域风机盘管，降低区域温度，营造舒适的办公环境。

5）漫游巡检（图 12-9 和图 12-10）

对大楼内大厅及设备机房（消防水泵房、变配电室、生活水泵房等）进行精细建模，从而实现虚拟漫游巡检。根据实际情况设置巡检路线，巡检时鼠标在设备模型上悬停，会弹出对应的设备信息。

图 12-9　漫游巡检（1）

图 12-10　漫游巡检（2）

6）能耗总览（图 12-11 和图 12-12）

能耗总览模块可对大楼总用电量、楼层用电量、房间用电量等进行监测，并可进行数据对比和能耗排名。

（1）对不同楼层、不同区域用电量进行排名。

（2）对大楼总用电量进行同比及环比分析。

（3）对空调用电、动力用电、特殊用电、照明用电等不同用途的电力消耗进行对比，优化用电策略。

图 12-11　能耗总览（1）

（4）对不同楼层、不同区域间的电量进行对比，挖掘用电节能空间。

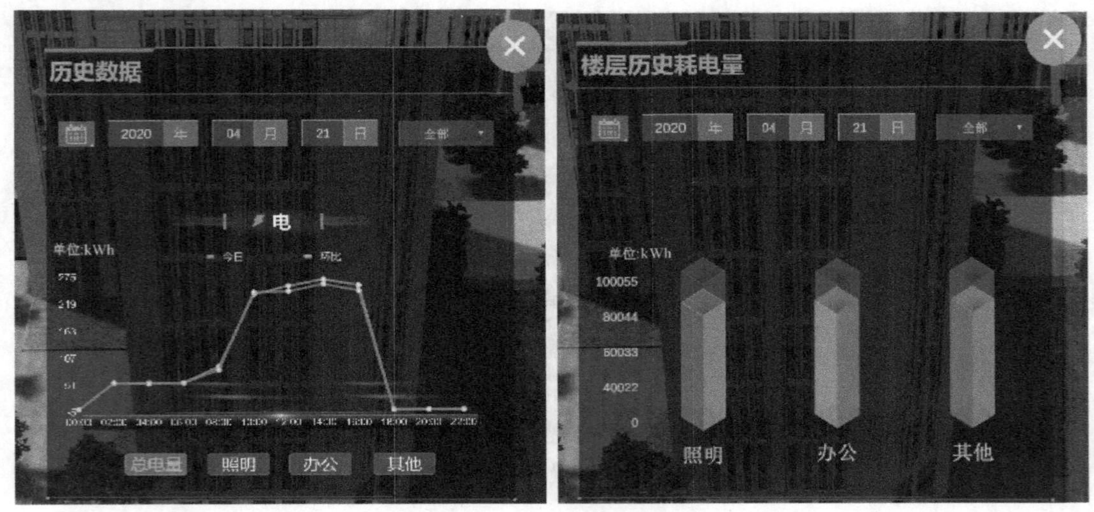

图 12-12　能耗总览（2）

7）安防管理（图 12-13）

安防管理模块包含视频监控系统和门禁系统，可显示摄像头的数量、位置，以及实际监控画面。

图 12-13　安防管理

8）设备管理（图 12-14）

设备管理模块主要对空调机房、生活水泵房、消防水泵房及报警阀室内的设备进行管理，监测空调主机运行状态、水泵运行状态、系统管网压力、水箱和水池液位及漏水情况。

图 12-14　设备管理

9）消防管理（图 12-15）

消防管理模块主要对消防系统状态、管网水压、水池和水箱液位、报警阀压力状态、烟感报警及其他火警信息进行集成管理，并提供应急预案，方便管理者进行消防演练和应急模拟。

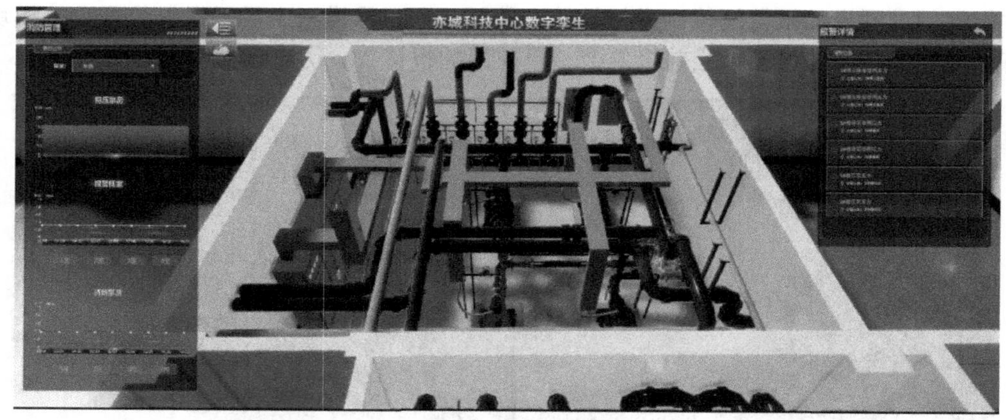

图 12-15　消防管理

10）照明管理（图 12-16 和图 12-17）

对停车场及各层主要照明区域（会议室、办公区、活动室、公共走廊等）的照明状态进行可视化模拟，并用不同的颜色进行区分，使管理者可以直观了解照明情况。此外，还可进行远程照明控制和照明时间设置。

图 12-16　照明管理（1）

11）电梯运行管理（图 12-18）

对电梯运行过程中的异常情况进行监测，主要包括异常停梯、运行中开门、开门走梯、到达平层不开关门、反复开关门等。

12）报警管理（图 12-19）

报警管理模块主要监控 4 类报警信息，即环境异常、能耗超标、设备故障、消防报警。相关指标超过预设的报警阈值则进行报警，并且可在三维模型中显示报警位置。该模块还具有报警统计功能，可显示当前报警数、已取消的报警数、历史报警数等。

图 12-17　照明管理（2）

图 12-18 电梯运行管理

图 12-19 报警管理

6. 项目总结

1）智慧管理

获取设备终端及外部感知数据的技术手段已日趋成熟，但如何将这些数据真正用于管理决策仍是实施难点。因此在本项目实施过程中，从物联网管理平台获取数据后，先通过科学分析模型，准确找到管理漏洞，形成有效的解决机制，然后通过控制手段及时纠偏，并针对场景应用特点，形成一键式运行优化策略。

（1）对设备的管理。

对设备的管理不仅仅是对设备数据的采集，还要通过数据模型的判断形成设备间的有效联动，并实时监控设备的状态，及时安排维保计划，监控维修流程，确保设备处于良好的运行状态中，使管理人员对设备运行做到心中有数。

（2）对流程的管理。

加强对物业管理流程的监控，包括资产管理、仓储管理、供应商管理、文档资料管理等。

（3）对费用的管理。

在保证效果的前提下，有效降低运行费用，做好计划安排。通过对能源费用和运行费用的管控，以及财务计划的执行与监督，使各级部门明确费用的使用情况，减少不必要的浪费。

2）有效防范

在智慧管理的基础上，采取有效的安全防范措施，充分考虑各种安全问题与突发情况，确保发生危险时能够及时应对、有效处理。

（1）日常安全监控。

通过摄像头及传感器全面监控日常安全，包括闯入报警、巡更巡逻等，形成相应的联动流程，一旦安全警报被触发，管理人员能够及时了解情况并进行相应的处置。

（2）灾害防范。

发生火灾、水灾等险情后，能够准确定位，及时采取相应措施。例如，火灾发生后，能够及时找到最近的灭火装置，及时清理道路及消防救援面，及时疏散人群。

（3）应急协同处理。

一旦发生危险，现场人员往往很难掌控全局，指挥中心又很难掌握现场状况。因此形成一二级指挥联动，甚至与相关救援部门形成信息联动，从而有效指挥现场作业，快速确定救援方案。

3）数据应用

综合管理平台不仅仅是功能集成平台，更是数据集成平台，包括从外部系统接入的传感数据、运行数据，以及从移动终端接入的反馈数据。

一方面，需要保障数据的有效性、准确性与安全性。从数据的采集、提取、清洗等方面保障数据的有效性，从数据的存储、加密、容灾、恢复等方面保障数据的安全性。

另一方面，在获取有效数据的前提下，需要对数据进行深度挖掘，建立完善的分析模型，形成科学的决策机制，对管理进行有效支撑。

4）信息透明

（1）信息配置。

为不同的角色配置相应的管理界面，做到分区域、分楼、分部门、分专业的自由配置，使不同的管理者都有针对其管理范围的信息配置。

（2）信息统计。

根据集成的多源信息生成相应的控制指标。这些指标能够帮助管理者了解设备或系统运行情况，迅速定位问题。

5）生态构建

（1）融合真实流程。

综合管理平台的功能与管理流程不能凭空臆想，必须与实际工作流程保持一致。

（2）形成有效规范。

对于部分管理流程必须形成相应的规范并有效执行，如资产管理和仓储管理。

通过以上措施使管理人员愿意使用平台，并在平台使用过程中不断形成数据积累与功能抽象，构建完整的服务生态。

6）直观展示

综合管理平台在各个子系统成熟应用的基础上，加入 GIS+BIM 可视化技术，使管理更为直观，操作更为便捷。

从系统集成的角度看，三维可视化系统较二维系统具有更高的集成度。

三维可视化系统降低了人员的操作要求，避免了二维系统带来的操作误差，使管理人员能直接对设备进行定位。

三维可视化系统具有非常强的代入感，而且具有良好的扩展性，可以对接 VR、AR 和 MR 设备，是未来的主流应用趋势。

12.2 中建广场项目

1．项目背景

中建广场项目邻近上海世博园区，位于高科西路与东明路交会处。项目总占地面积为 16500 平方米，建筑面积为 75700 平方米，其中地上 50000 平方米，地下 25700 平方米，容积率为 3.0，绿地率为 20%，建筑密度为 44.3%。项目主要业态为商办综合体，建成后为知名央企办公总部，整体可分为四部分，其中 1 号主楼为 17 层办公楼，2 号辅楼为 10 层办公楼，3 号裙楼为 4 层商业楼，地下室为两层。为解决工程施工困难及满足绿色性能需求，引入 BIM 技术辅助进行项目设计、施工及运营维护，力争将绿色设计、绿色施工和绿色生活的理念贯穿于项目建设全过程，达到自然、建筑与人的和谐统一。项目效果图如图 12-20 所示。

作为自持的高端物业，建设方对于 BIM+FM 技术的应用充满期待，并专门成立了以公司领导为组长、物业领导为副组长的推动小组，在项目建设期间着重推动 BIM 技术在项目设计、施工阶段的应用，在项目竣工交付期着重推动 BIM+FM 技术的应用。

BIM 技术的逐渐成熟及其带来的实际收益，让越来越多的建设企业或项目参与方投入到 BIM 技术的应用推广中，而作为建设阶段的延续，运维阶段是建筑全生命周期中时间最长、管理成本最高的阶段，通过充分利用建设阶段 BIM 竣工交付模型，搭建智能运维管理平台，有效提高运维管理的可视化、数字化、集成化和智能化水平的成功案例却并不多见。目前，围绕 BIM 技术的应用与发展，国家及上海市陆续出台了多项推进政策。《上海市建筑信息模型技术应用推广“十三五”发展规划纲要》中提出，扩大基于 BIM 技术的运营维护应用，建立 BIM 运营维护模型，建设运营维护管理平台，加强设备运行监控。

图 12-20　项目效果图

本项目充分运用先进的网络和信息化技术，以智慧建筑服务与管理业务为核心，实现信息的有效集成、共享、更新和管理，为管理决策提供数据支撑。在此基础上，深入探索人工智能耦合 BI 技术的能源管理优化算法、基于物联网的微环境自适应型建筑设备优化控制方法、结合 BI 技术的 BIM+FM 可视化能源高效运营管理系统等创新技术，构建基于 BIM+FM 技术的大型综合办公建筑能源高效运营管理与诊断分析平台，从而实现节能 15% 以上的目标。

2. 项目实施

1）前期调研

物业管理涉及的业务范围非常广泛，包括房屋建筑主体管理、房屋设备和设施管理、环境卫生管理、绿化管理、安保管理、消防管理、车辆和道路管理等。BIM 模型作为建筑信息集成体，其所包含的信息量非常大，但这些数据信息尚不足以支撑物业管理的所有需求。因此，本项目以“综合性、实用性、展示性及技术引领适当性”为总体原则，充分调研了 BIM+FM 技术对现有竣工模型的影响，最终确定了以传统物业管理为主、BIM 运维为辅的局部领先的新型物业管理模式。

经过充分的市场调研，选取华建数创自主研发的 ARCTRON FM 系统进行本项目的运维实施。该系统具有以下特点。

（1）具有良好的BIM标准支持、开放的数据接口，能实现建设期到运维期的数据无缝对接。

（2）集成了能耗监测系统，能实时、高效采集能耗数据，为能耗分析提供基础信息。

（3）具有统一运维管理门户，提供文档管理（BIM模型文件、维护手册、规章制度文件等）、通讯录、公文流转等协同功能，并集成了主要FM功能入口。

运维平台总体架构如图12-21所示。

2）需求分析

在项目实施前，通过与专业物业管理团队进行交流沟通，对物业管理需求进行了梳理，具体如图12-22所示。

利用BIM技术能实现以下功能。

（1）空间管理：提供建筑空间基础数据，管理自用区域、出租区域、租赁客户和租约。

（2）设备管理：将楼宇设备、办公设备和家具与空间位置、使用及维护人员结合在一起进行管理。

（3）运维管理：对建筑物相关设施和设备进行日常运营维护。

（4）集成监控与报警：与楼宇弱电智能化系统集成，通过统一的界面提供常用的设备运行数据和状态报警。

（5）能耗监控：监控楼宇能耗状态，有效降低能源消耗和运营成本；采集绿色运营数据，协助通过绿色运营星级评定。

最终，依据物业管理的实际需求，以BIM模型作为中建广场物业管理的核心数据来源和操作载体，集成楼宇弱电智能化系统，配置空间管理、设备管理、运维管理、能耗监控等功能模块，实现中建广场物业管理的三维可视化、智能化和流程化。

3）数据准备

（1）运维模型制作。

现阶段建设和运维过程中各自为政的现象还比较突出，缺乏统一的数据交换格式，不同系统间的信息共享效率低下。因此，将竣工模型准确、高效地与运维模型进行对接是数据准备工作的基础。本项目竣工模型包含大量的建设阶段信息，其中一些信息在运维阶段属于无效信息，而运维阶段关注的信息在竣工模型中却未涵盖全面。因此，需要对竣工模型进行必要的轻量化处理，清洗无效信息，并针对物业运维的实际需求检查模型属性，收集必要信息，如空间管理需要在模型中输入所有的房间信息，设备管理需要制作设备清册及设备点位图等，能耗监控则需要集成IBMS系统。

除此之外，在国内常规项目实施过程中，竣工模型一般都依据竣工图纸完成，而竣工图纸和现场的吻合度并不高。因此，如果想依据模型实现精细化的物业管理，必须核查模型与现场的吻合度，并依据物业运维需求复勘现场，然后根据复勘报告修正运维模型。

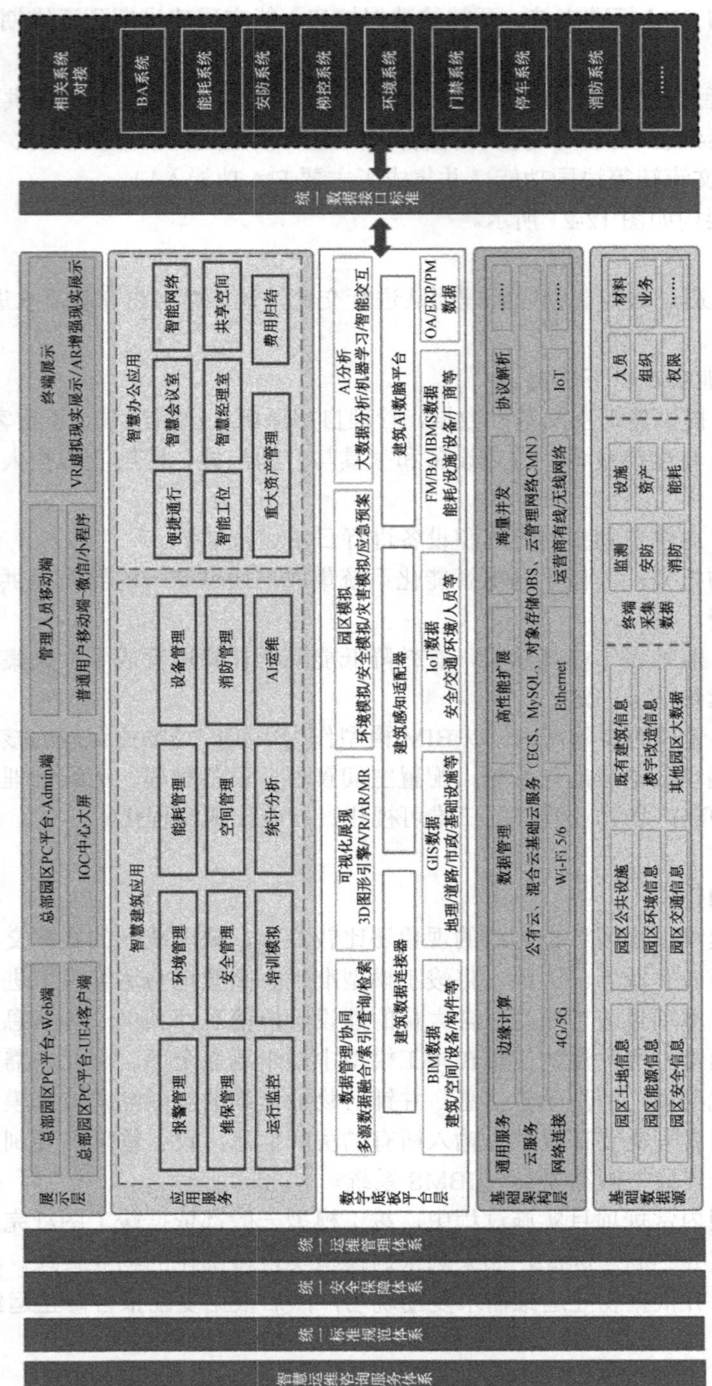

图 12-21 运维平台总体架构

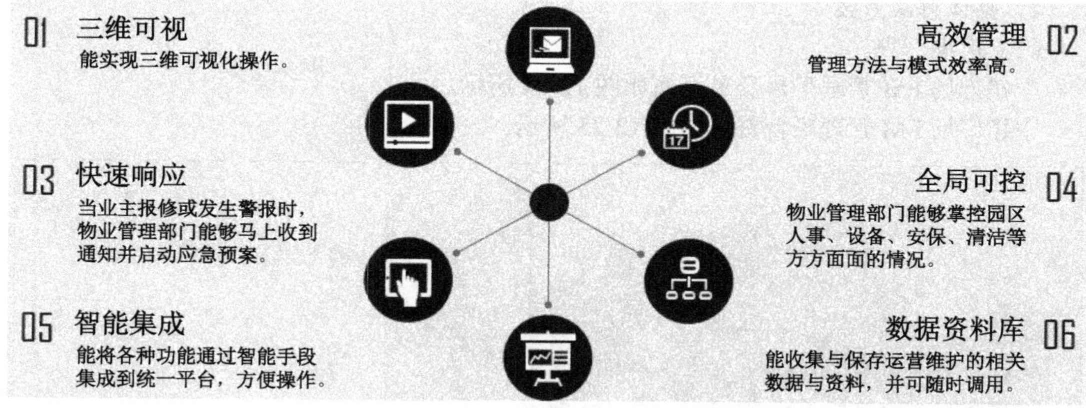

图 12-22　物业管理需求

（2）运维数据交互。

BIM 运维模型中的每个设备都包含 ARCTRON FM 系统提供的唯一编码（设备编码，利用 Revit 参数 Mark 存放），同时提供 Revit 共享参数 Equipment Standard，用于存放 ARCTRON FM 系统中的设备规格编码。设备清册如图 12-23 所示。

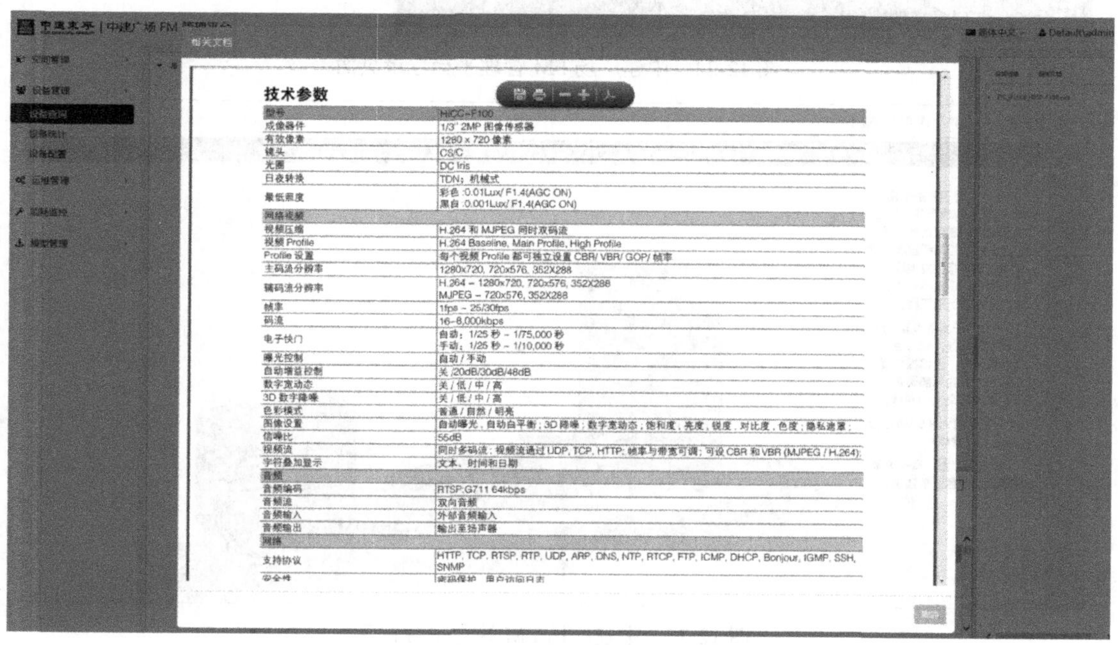

技术参数

型号	HICC-F100
成像器件	1/3" 2MP 图像传感器
有效像素	1280 x 720 像素
镜头	CS/C
光圈	DC Iris
日夜转换	TDN；机械式
最低照度	彩色 :0.01Lux/ F1.4(AGC ON) 黑白 :0.001Lux/ F1.4(AGC ON)
网络视频	
视频压缩	H.264 和 MJPEG 同时双码流
视频 Profile	H.264 Baseline, Main Profile, High Profile
Profile 设置	每个视频 Profile 都可独立设置 CBR/ VBR/ GOP/ 帧率
主码流分辨率	1280x720, 720x576, 352X288
辅码流分辨率	H.264 – 1280x720, 720x576, 352X288 MJPEG – 720x576, 352X288
帧率	1fps – 25/30fps
码流	16–8,000kbps
电子快门	自动：1/25 秒 – 1/75,000 秒 手动：1/25 秒 – 1/10,000 秒
曝光控制	自动 / 手动
自动增益控制	关 /20dB/30dB/48dB
数字宽动态	关 / 低 / 中 / 高
3D 数字降噪	关 / 低 / 中 / 高
色彩模式	普通 / 自然 / 明亮
图像设置	自动曝光，自动白平衡；3D 降噪；数字宽动态；饱和度，亮度，锐度，对比度，色度；隐私遮罩；
信噪比	55dB
视频流	同时多码流：视频流通过 UDP, TCP, HTTP；帧率与带宽可调；可设 CBR 和 VBR (MJPEG / H.264);
字符叠加显示	文本、时间和日期
音频	
音频编码	RTSP:G711 64kbps
音频流	双向音频
音频输入	外部音频输入
音频输出	输出至扬声器
网络	
支持协议	HTTP, TCP, RTSP, RTP, UDP, ARP, DNS, NTP, RTCP, FTP, ICMP, DHCP, Bonjour, IGMP, SSH, SNMP

图 12-23　设备清册

4）整体解决方案

（1）运维门户。

中建方场 FM 管理平台登录页面如图 12-24 所示。

中建广场 FM 管理平台首页如图 12-25 所示。

图 12-24　中建广场 FM 管理平台登录页面

图 12-25　中建广场 FM 管理平台首页

（2）空间管理模块（图 12-26 和图 12-27）。

空间管理模块具有以下功能。

① 将建筑物的空间数据与企业的组织架构、人力资源进行整合，随时掌握各个部门和人员的空间使用情况。

② 合理规划设施空间的分配、租赁与使用，确保租约签订与履行，优化空间利用率，提高租赁收入，降低业务成本。

③ 按部门自动分摊空间费用，实现精细管理。

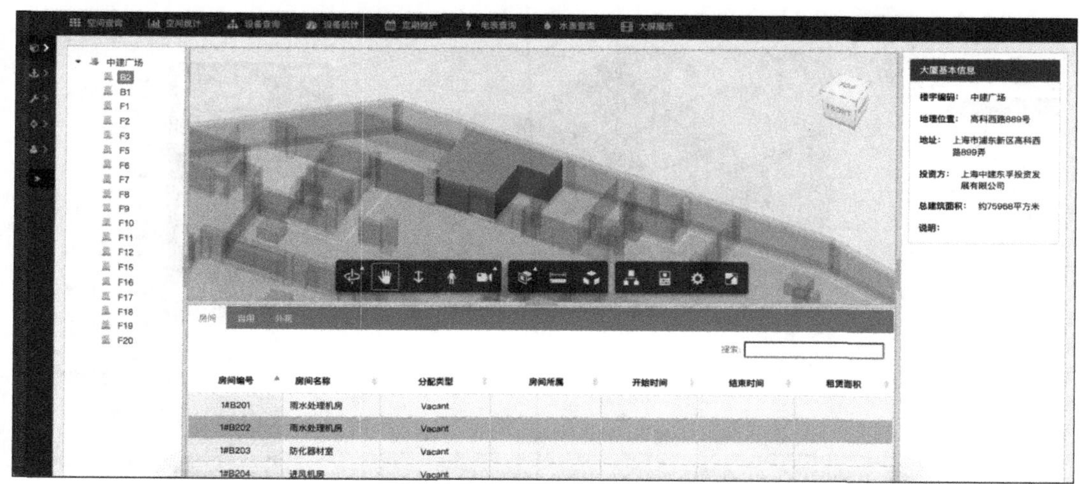

图 12-26　空间管理模块（BIM 展示）

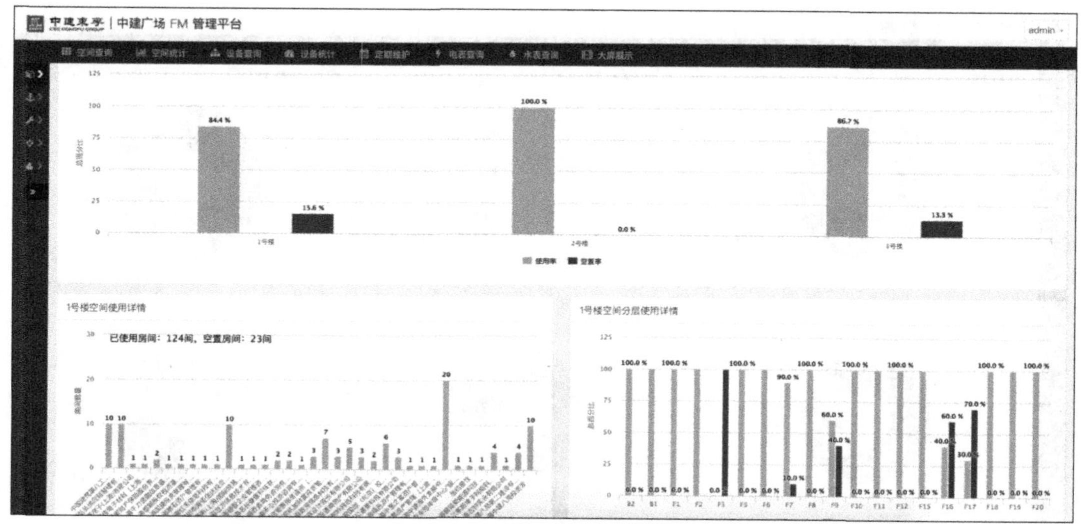

图 12-27　空间管理模块（统计分析）

（3）设备管理模块（图 12-28 和图 12-29）。

设备管理模块具有以下功能。

① 从 BIM 模型导入设备信息，建立设备台账，满足设备维修、保养、更换等工作的跟踪和记录要求。

② 通过 BIM 模型获取设备属性（外形尺寸、空间定位、材质、生产厂家、品牌、型号、编号等信息）、维护记录等。

③ 通过二维码跟踪设备的检查、维护和更换。

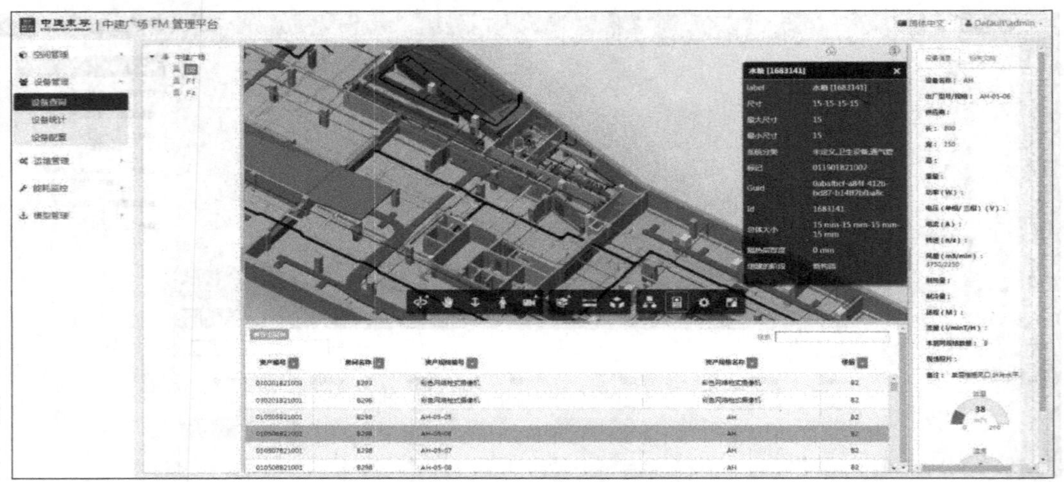

图 12-28　设备管理模块（属性查询）

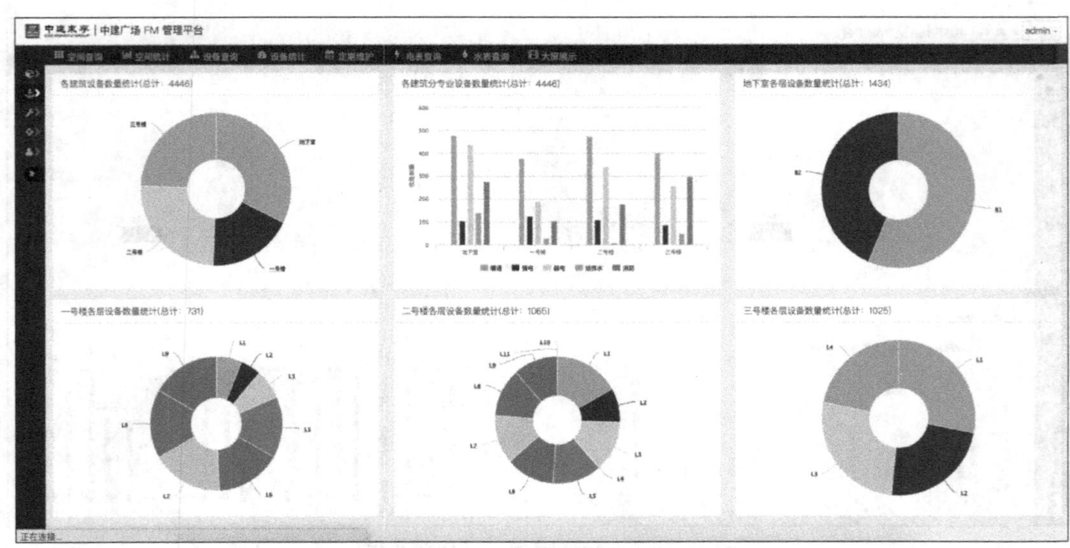

图 12-29　设备管理模块（汇总统计）

（4）运维管理模块（图 12-30 和图 12-31）

本项目中的运维管理包括定期维护及设备大中修。定期维护可以定义检查、校正、清洗、润滑、配件更换、测试等任务，并能按一定的时间间隔进行，从而保证设备正常工作。

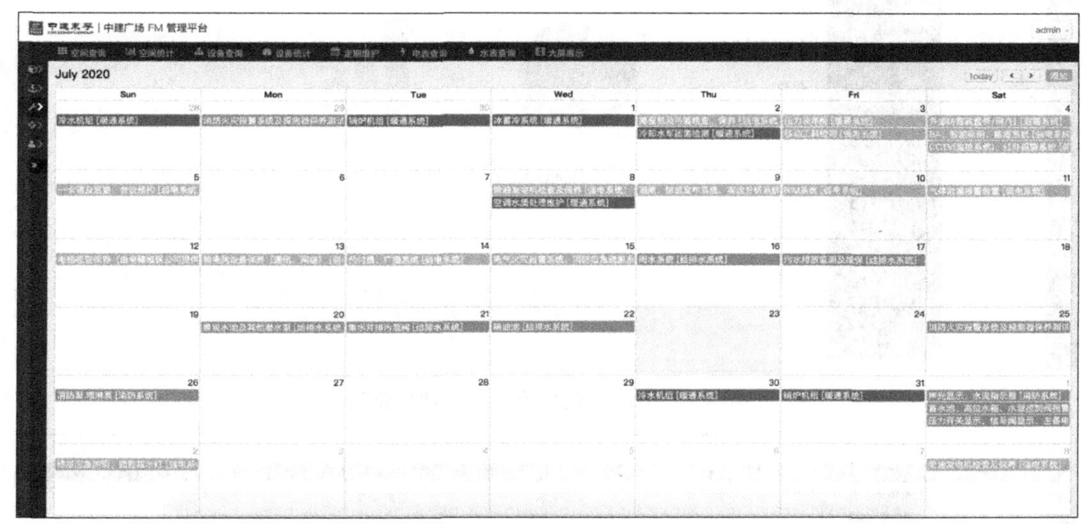

图 12-30 运维管理模块（维保计划）

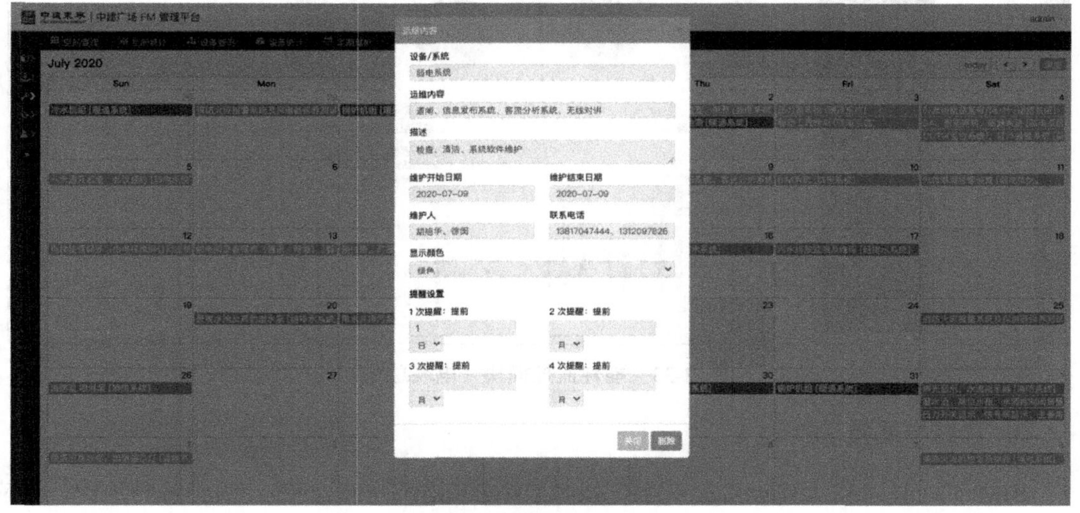

图 12-31 运维管理模块（定期维护）

（5）能耗监控模块（图 12-32 和图 12-33）

能耗监控模块能够实现项目能耗监测及数据统计。通过精确或模糊搜索能快速定位到项目中的任何一个智能设备，并读取其实时数据或历史数据。

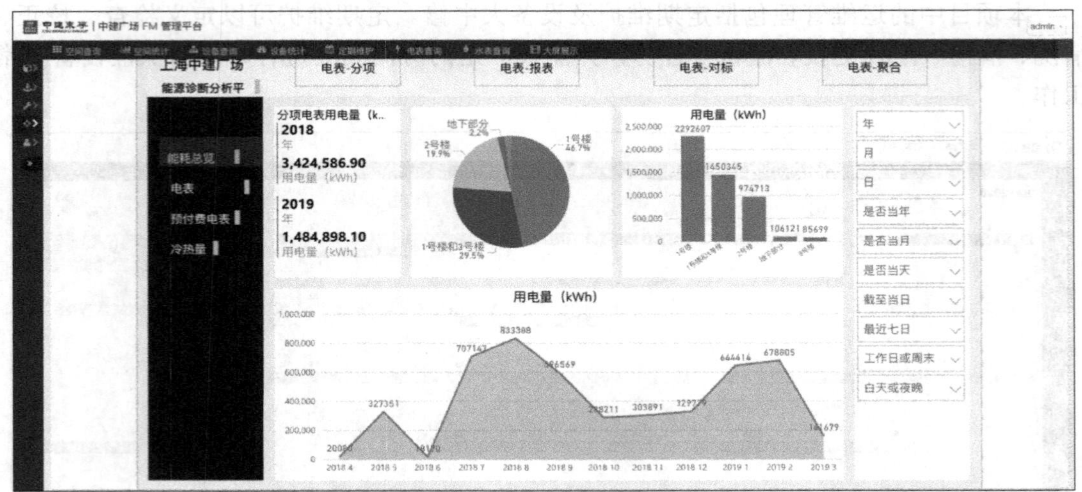

图 12-32　能耗监控模块（能耗总览）

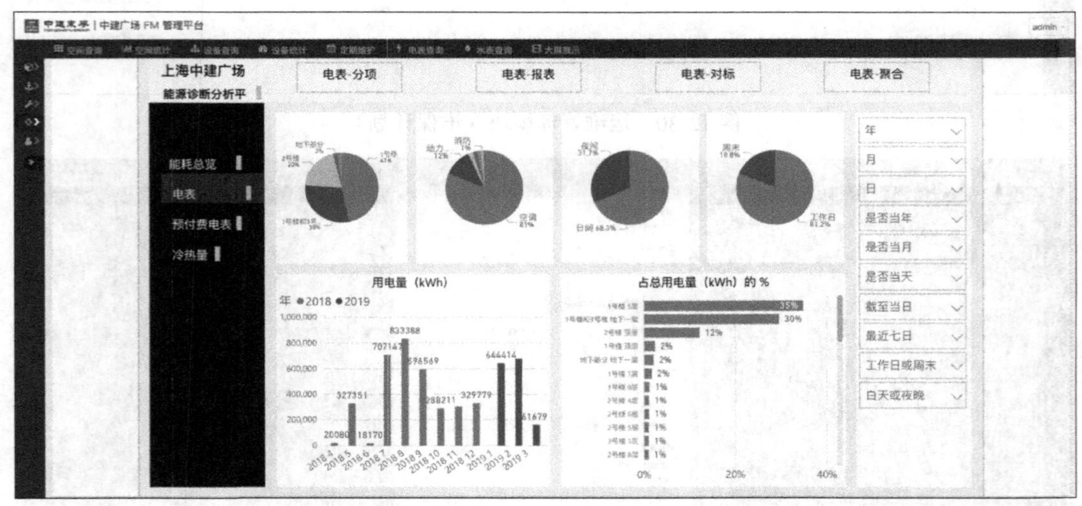

图 12-33　能耗监控模块（电表总览）

3．总结与展望

BIM+FM 技术作为建设阶段数字化技术应用在运维阶段的延伸，由于各种原因，其应用价值并未得到普遍认可。BIM+FM 技术在工程建设项目中的全面应用需要企业自上而下地推动，需要和项目物业实际情况紧密结合。

在中建广场项目中，基于国内运维系统 ARCTRON FM 制订的 BIM+FM 技术实施路线在很大程度上解决了目前国外运维产品“水土不服”的问题，通过对物业最为关心的相关业务进行融合应用，验证了 BIM+FM 技术及数据标准的可行性。基于 BIM+FM 技术的运维管理目前在本项目中尚处于调试阶段，但已使物业管理效率有了一定程度的提升，随着应用的不断深入，BIM+FM 技术所带来的优势将更为明显。

未来，本项目将接入更多的物联网及弱电设备，增加智能安防、智能停车、应急维修、应急预案等应用场景，实现楼宇的智慧化运营，为智慧建筑运维标准制订、全域实践奠定基础、创造条件，从而有力推动大型公共建筑运维管控的能级提升。

12.3 北京协和医院 BIM 可视化医院综合安全管理系统

1. 项目概况

医院的安全运行是医院开展正常医疗工作的基本前提，也是医院后勤管理的重点工作。然而，近年来，大型医院的安全形势日益复杂：医院规模越来越大，院区范围内人群密集；医院运营的基础保障系统繁杂，对设备安全运行的要求越来越高；医院后勤管理社会化外包普遍，对外委服务商安全保卫的及时性和有效性要求不断提升。如何有效提升医院综合安全管理效率，如何对各类安全报警信息进行精准定位、鉴别和快速处置，如何为现代大型医院的安全运行提供有力保障，都成为医院安全管理的重要课题。大型医院普遍建设了各类安全管理系统，如中央监控系统、消防系统、门禁系统、巡更系统、应急报警系统等，但这些系统各自独立运行，这种孤立的系统设置和分散的信息数据给医院安全管理的快速响应、资源调配与流程优化带来了较大难度。而大型医院的规模不断扩大、结构形式愈加复杂、建设时间跨度拉大、改造工程增多、异地多院区设置越来越普遍等特点又进一步增大了医院安全管理的复杂程度。为应对安全管理压力而进行的安全系统升级改造设计是否科学合理、是否具备系统性，也是医院建设过程中安全管理投资规划需要考虑的重点问题。

近十年，国家大力推行 BIM 技术在建筑设计、施工管理和运维阶段的深度应用。基于 BIM 技术实现医院建筑全专业数据化建模，并且基于完整的医院建筑信息实现信息集成、动态交互、三维可视、智能分析的多维管理，为医院的综合安全管理提供了创新的技术手段与全新的管理模式。以 BIM 可视化基础数据为核心，将医院的空间管理、视频监控、消防报警、安全巡更、电子门禁、设备安全监控、应急报警等多个安全相关系统进行全面集成和数据融合，建设 BIM 可视化医院综合安全管理系统，在大大提升医院安全管理效率和应急响应速度的同时，也为降低医院综合安全管理成本提供了技术基础。同时，BIM 技术在大型医院的运维管理中也有着广泛的用途，如建筑空间与房屋资产管理、设备管理、管线管理、能耗管理、作业维修管理等，这些典型应用和综合安全管理系统一起构成了医院后勤的综合管理平台。

2．BIM 可视化医院综合安全管理系统

建筑信息模型是建筑设施物理与功能特征的数字化表达，可以把建筑设施的各种信息集成在模型要素上，并立体、直观地展示出来。BIM 技术作为信息时代建筑业发展的新趋势有着广阔的发展和应用前景，BIM 技术已经贯穿医院建设工程项目全生命周期的各个阶段，并且在不同阶段的应用都产生了巨大的技术、管理和经济成效。

1）系统定义

BIM 可视化医院综合安全管理系统是基于医院统一数据字典，以医院 BIM 空间信息、设备信息为核心，以监控视频为纽带，集成现有视频监控、消防安全、应急报警、门禁、保安巡更、设备安全等系统，将传统的中央监控中心改造为多合一的综合安全监控中心和应急指挥中心，创新性地将设备安全监控集成到中央监控体系中，将 BIM 可视化技术与数据集成、智能分析等技术相结合，建立大型医院全方位的综合安全管理体系。

2）系统架构

BIM 可视化医院综合安全管理系统架构如图 12-34 所示。以 BIM 空间数据为基础，将中央监控系统与消防报警系统、门禁系统、巡更系统、停车管理系统、应急报警系统及设备安全监控系统集成为一个可视化综合安全管理系统，以此解决医院安全管理效率低下的问题。利用该系统，可以实时监控任何位置的安全状况，而不必到视频监控中心机房去调取历史视频数据。

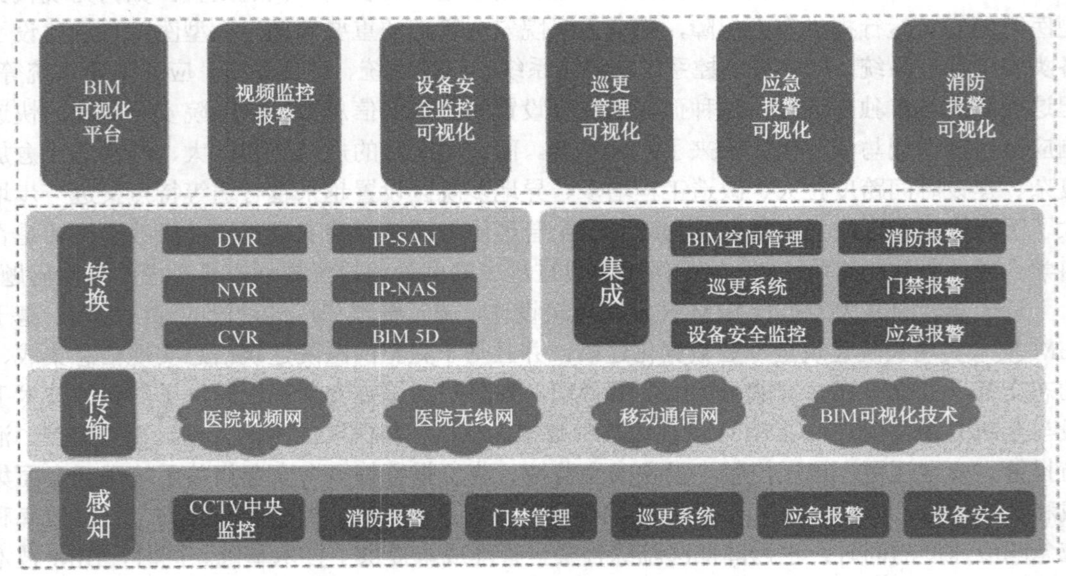

图 12-34　BIM 可视化医院综合安全管理系统架构

3）系统特点

（1）可视化。

基于 BIM 空间数据，通过安全点位实现 BIM 可视化应用。以北京协和医院东院北区 22 万平方米的建筑为例，其安全点位分布见表 12-1。

表 12-1 医院安全点位分布

安全类别	安全设置信息	安全点位数量	监测内容	BIM 可视化应用
保安巡更	保安巡更、应急处置	210	巡更路线、应急处置过程	保安位置、事故定位、巡更路线
视频监控	监控报警	1200	人员异常、事件鉴定	监控位置、保安位置
消防报警	烟感、温感报警	20000	消防报警状况、事故处置过程	报警位置、保安位置、视频辅助
门禁监控	非法入侵、门禁故障报警	1200	人员越界入侵、门禁故障定位	人员越界定位与事件处置、门禁故障定位与排除
停车状况	车位状况、非法停放等	800	车位空余状况、非法停车干预	车位信息、车辆定位等
设备监控	设备运行安全监控	1800	空调、锅炉、电梯、供配电、医疗气体运行状况	设备定位、设备安全与影响范围、事故处理过程

（2）集成化。

BIM 可视化医院综合安全管理系统将分散的安全信息集成在一起，并与 BIM 空间信息进行关联，形成一个统一的安全监控指挥中心，在事故发生时能够统一指挥、协同处理，从而大幅降低医院安全管理成本。

（3）智能化。

将 BIM 数据与各类监控设备和监测仪器的数据进行关联，结合安全专业的知识库及大数据来设计医院综合安全管理系统。利用中央监控系统及传感器自动检测系统，实现故障检测、报警和处置，结合历史信息制订预防性管理计划。

3. 核心功能

1）中央监控系统可视化（图 12-35）

（1）报警实时定位与处置。

目前，大部分医院已经完成了中央监控系统的改造，新一代高清监控系统已经具备一定的自动分析功能和报警功能，如人脸识别、物体滞留、人员拥挤、人员徘徊、越界报警等。BIM 可视化医院综合安全管理系统将医院内的监控摄像头与空间位置进行关联，同时集成高清监控系统的报警信号，当出现视频监控报警时，系统会自动匹配相应的位置信息，并将相应的视频信号调取出来，中控室监控人员就可以确定报警信息产生的位置与现场状况，以确定是否需要安排相关人员现场干预。

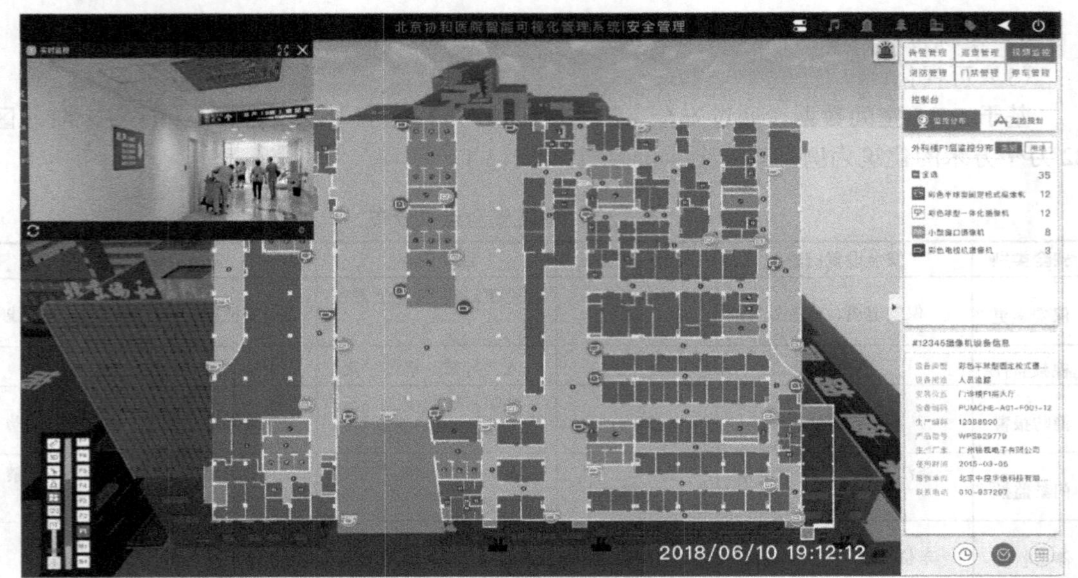

图 12-35 中央监控系统可视化

（2）历史监控信息复查。

用户可以调取任意一个监控点位的历史监控视频，复查历史监控信息。

（3）安全规划与改造可视化。

该系统不仅能够实现报警定位与处置，还可以用于安全规划与改造，可以根据医院的安全区域级别、监控设备的功能参数、空间区域的特征等，完成规划或改造方案的对比与可行性论证。

2）消防系统可视化

（1）消防系统分布可视化。

医院的消防系统相对复杂，包括给排水系统（消防泵、消火栓、自动喷淋系统）、灭火器、消防报警设备（烟感设备、温感设备）、报警反应设备、消防联动系统等。以 10 万平方米的大型医院为例，其消防系统中的设备超过 1 万个，如此复杂的系统仅依靠人工不可能实现精细化管理。BIM 可视化医院综合安全管理系统可实现医院消防系统的三维数字化，清晰显示点位分布情况。

（2）消防报警可视化。

BIM 可视化医院综合安全管理系统可实现消防报警信号的实时传递和精确定位，并能调出相应位置的视频信息，以便管理人员实时判断现场情况，确定是否需要人工介入。

（3）消防设备生命周期管理。

BIM 可视化医院综合安全管理系统可对消防设备的维修、保养、巡检及更新信息进行管理，并可对过保或过期设备进行警示，从而保障消防系统运行安全。

3）保安管理和巡更可视化

（1）保安人员信息可视化。

对医院自行管理的保安人员及外包保安人员的身份信息、技能与经验、个人管理范围进行全面管理，以便在发生安全事故时高效调配保安资源，高质量完成事故处置。保安人员信息可视化内容包括：保安人员个人信息卡片、安全责任区划分可视化、重点安全区域对应保安人员可视化、应急报警可视化。

（2）保安巡更可视化。

BIM 可视化医院综合安全管理系统可将保安的常规巡更路线标准化，集成保安巡更的时间及实际路线，有效复核保安的工作状态，并与其工作绩效对应，从而有效防范保安巡更形式化及不规范的现象。

4）门禁管理可视化

（1）门禁信息可视化。

将门禁信息与相应的门禁卡持有人进行对应，以解决门禁信息不匹配的问题。

（2）门禁报警可视化。

对门禁运行状况进行监控，与门禁报警系统进行实时通信，并调出相应位置的监控视频信号，以确定现场状况，判断是否需要人工介入。

（3）越界可视化。

对特定区域的越界报警信息进行集成，根据报警信号启动报警通知流程，实时阻止相应的越界行为。

5）设备安全运行可视化（图 12-36）

图 12-36　设备安全运行可视化

BIM 可视化医院综合安全管理系统改变了大型医院的设备安全管理模式。

该系统可实现对全院设备的搜索、定位、信息查询等功能。在 BIM 模型中集成设备信息，通过对 BIM 模型的操作可以快速查询设备信息，如生产厂商、使用寿命、运行维护情况及设备所在位置等。通过对设备运行周期的预警管理，可以有效防止事故发生。利用终端设备和二维码、RFID 技术，可迅速对发生故障的设备进行检修。

4．效益分析和应用要点

1）效益分析

相对于传统管理模式，应用 BIM 可视化医院综合安全管理系统可以在各个管理维度产生明显的收益。某医院基于 BIM 技术开展综合安全管理的前后对比见表 12-2。

表 12-2　某医院基于 BIM 技术开展综合安全管理的前后对比

基 本 情 况	传统管理模式	应用 BIM 可视化医院综合安全管理系统
建筑空间：某医院北区建筑面积约为 22 万平方米，各类建筑功能区域/房间总数超过 5000 间	建筑空间分布复杂，应用情况和权属分布不清，遇到安全事件难以准确定位	可视化建筑和空间信息，建立应用台账，并根据改扩建和应用调整情况实时更新，通过统一数据字典的空间编码唯一标识，应急情况下可实现快速定位，责任权属明确
管线安全管理：涉及 14 类管线，超过 40 万米，运维人员约 80 人	管线分布隐蔽，导致事故排查困难；管线普遍超龄服务，事故频出，人力成本居高不下，制约当前医院发展	可视化管线分布，精细到每个配件，覆盖全生命周期，提升管线维修效率；基于 BIM 技术实现管线预防式维保，减少管线安全隐患，杜绝重大事故发生，减少运维人员
安防视频监控：点位超过 1200 个，要求全覆盖、无死角，随着医院建设发展需要不断改造、增补	视频监控系统升级改造涉及面广，覆盖范围大，集成运维和一体化建设存在诸多不确定因素	可视化视频监控规划，科学合理布局视频监控，控制预算成本；一体化运行监控，整合监控点位和空间信息，快速定位异常情况，关联路径和点位清晰明了
消防安全管理：温感和烟感点位 12000 多个，消火栓 800 多套，防火卷帘 55 套，消防电梯 24 个，门禁点位 1600 个，入侵报警点位 45 个，车辆出入口 5 个，一键式报警点位 256 个，巡更点位 150 个	各系统独立运行，与视频监控系统不相连，应急联动效率不高	集成视频监控系统、消防报警系统、设备安全监控系统，准确判断安全报警级别，有效管控安全状态
管理人员：监控值机员和保安员合计 148 人，安防设备由保卫部门及专业维保技术人员共同负责	维保人员实施单项维修、维护，多头施工，安全风险大，无法集成监督控制。保安人员缺乏有效工具和科学指导，工作效率低下	随时、随地云端监控，精准掌握保安人员工作动态和现场管理秩序，可实现实时远程调度、应急演练和安全事件复盘

2）应用要点

（1）BIM 代表一种新的建筑营造和管理模式，在建筑设计、建造阶段应用广泛并取得了良好的收益，而在建筑运维阶段的应用刚刚起步，可借鉴的经验不多。特别是如何将 BIM

技术和医院的特点相结合，服务于医院的各级流程，需要不断地摸索和总结。

（2）大型医院通常历史悠久，医院建筑和设备设施的建设年代跨度较大，普遍存在缺乏基础资料的情况，大量的勘查、验证工作导致医院 BIM 模型的初始构建费用较高。医院应用 BIM 技术时需要进行详细的成本和效益分析，选择合适的实施范围和建设方案。

（3）基于 BIM 技术的综合安全管理强调集成、联动、综合调度，打破了原来的系统设计和管理模式，要求医院后勤保障部门的人员技能、工作流程、组织结构做相应的调整和变革，组织结构的调整和人员信息化技能的提高是一个缓慢的过程，需要持续的投入和管理团队的支持。

5. 总结

大型医院的综合安全管理状况直接关系到医院是否能够正常运行。本项目以 BIM 空间数据为核心，以中央监控系统为纽带，集成智能监控、消防报警、保安巡更、门禁管理、应急报警、停车管理、设备运行安全管理等功能，构建了 BIM 可视化医院综合安全管理系统，极大地提升了大型医院安全管理效率，为现代医院的综合安全管理提供了可借鉴的范例。

12.4 绍兴市智慧快速路 BIM 全寿命周期管理平台

1. 项目概况

建设智慧快速路，是绍兴市贯彻杭绍甬一体化战略目标，“发展大绍兴，拥抱大湾区”的重要前提。当前，绍兴市智慧快速路建设工作正处于全面铺开、攻坚克难的关键时期，绍兴城投集团引入 BIM 与物联网等新技术，打造信息化统一平台，实现智慧快速路建设的可视化分析、数字化管理和全过程掌控。

本项目包括 4 条智慧快速路，分别为越东路、二环北路、329 国道和二环西路。项目全长约 73.45 千米，主线桥梁全部采用预制拼装方案，是绍兴市“六横、八纵”快速路网规划中的重要组成部分，将助力绍兴市加强基础设施建设，加速城市各区融合互通。

2. 项目特点

本项目是全国超大体量项目之一，复杂程度高，工程进度紧，参建单位多，社会关注度高。本项目致力于打造国际领先、国内一流、省内顶尖的城市快速路。本项目采用 UGBP 体系进行全方位实施， U 是指无人机，G 是指 GIS，B 是指 BIM，P 是指针对项目自主研发的管理平台。同时，充分融合 IoT、AR 等新技术，为项目建设提供有力支撑。

3．BIM 设计

周边环境是市政工程设计工作开展的重要边界条件，本项目采用无人机倾斜摄影的方式，利用无人机对指定区域进行空中测量，通过数据加工和影像处理，生成和制作相关航摄成果，为设计工作的顺利开展提供有力保障。项目周边环境如图 12-37 所示。

图 12-37 项目周边环境

在此基础上，采用 Civil 3D、InfraWorks、3ds max、Revit、Inventor 等软件建立各专业 BIM 模型，通过 BIM 模型及时发现设计过程中存在的各种问题，避免后期不必要的设计修改和变更。软件应用如图 12-38 所示。

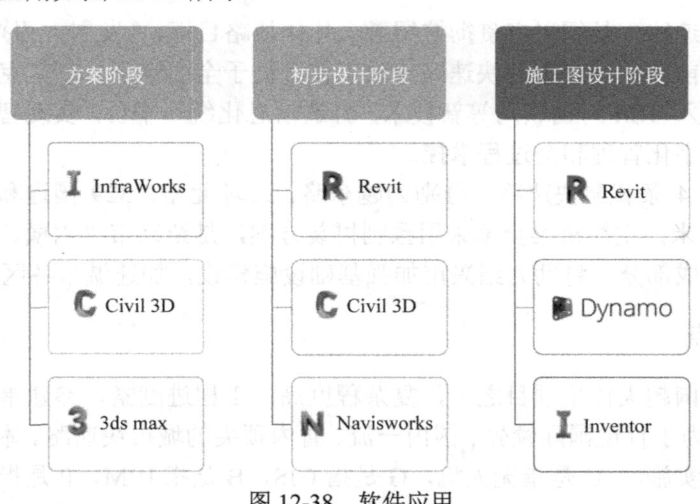

图 12-38 软件应用

项目前期，BIM 技术应用着眼于工程中的关键节点，通过 Civil 3D 与 InfraWorks 两款软件的交互协同，建立可视化的三维模型，使方案表达更为清晰，如图 12-39 所示。

图 12-39 方案设计

在施工图设计阶段，需要将方案模型逐渐细化，达到施工图模型深度的要求。通过进行参数化软件 Dynamo 及 Revit 二次开发形成道路、桥梁、交通标线等建模辅助工具，极大地提高了建模效率和精度，使应用时效性得到了保障。另外，用数据驱动方式建立的模型也便于检查和修改，使人为误差降至最低。

通过自主研发结构正向设计信息处理平台 BIM3D，提升桥梁正向设计的信息应用能力。采用迈达斯软件建立计算模型，将计算信息一键导入 BIM3D 生成对应的 BIM 模型，并在 BIM3D 中对预应力信息进行参数化补充后自动生成 CAD 施工图。施工图设计如图 12-40 所示。

图 12-40 施工图设计

4. 平台介绍

绍兴市智慧快速路 BIM 全寿命周期管理平台（以下简称 BIM 平台）全方位服务于绍兴市快速路建设，目前已应用于绍兴市在建的 4 条快速路、5 个标段，总里程超过 70 千米，不同角色用户超过 1000 人。该平台首页如图 12-41 所示，平台架构图如图 12-42 所示。

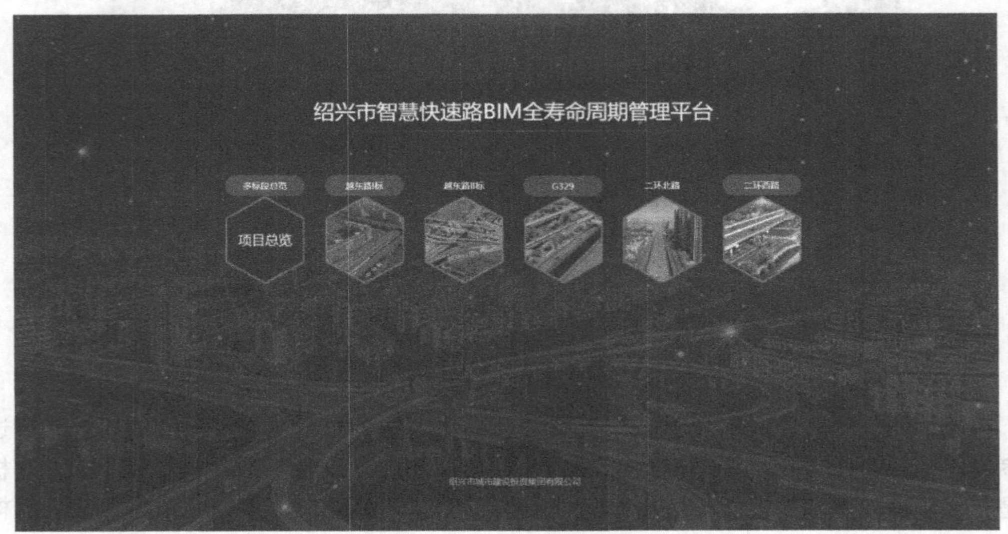

图 12-41 绍兴市智慧快速路 BIM 全寿命周期管理平台首页

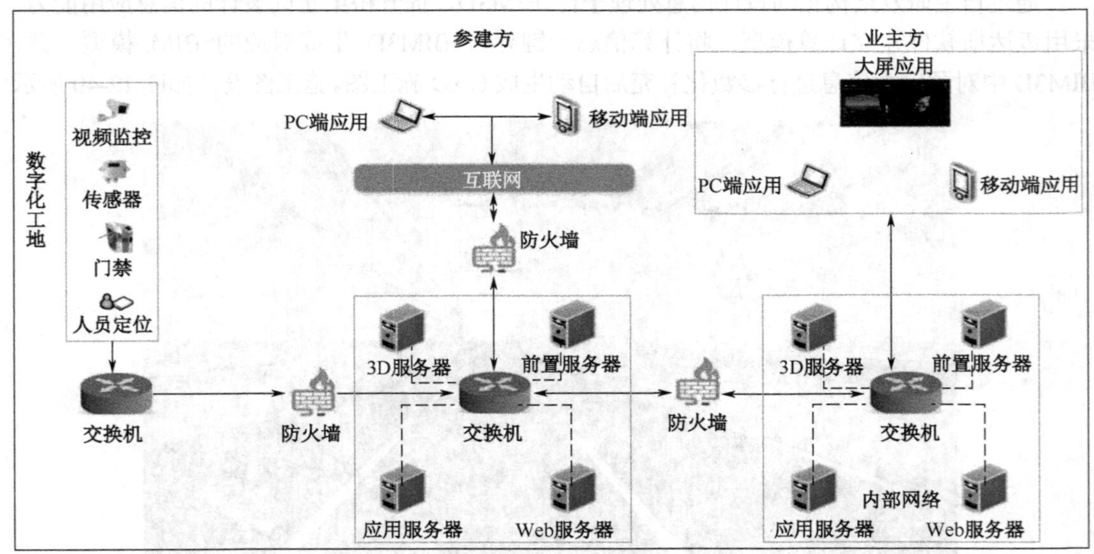

图 12-42 平台架构图

BIM 平台以高性能 BIM+GIS 三维可视化引擎为基础，依托物联网、大数据等先进技术，打造 PC 端、移动端和大屏端三类入口，分别实现工程项目日常数据查询和业务处理、施工现场信息采集上传、大数据汇总分析展示等功能，覆盖了工程管理现场施工、监理等各方作业人员的需求。

在快速路建设过程中，BIM 平台可发挥以下作用。

（1）高精度仿真。

BIM 平台融合了道路、桥梁、隧道模型与无人机三维、物探、地质、影像及规划等海量信息，数据量达 TB 级，能够真实反映快速路工程与周边环境的关系，大大提高了工程空间信息表达的直观性，可帮助管理者在道路保通、动拆迁等重要环节制定更加合理的方案。高清三维仿真场景如图 12-43 所示。

图 12-43　高清三维仿真场景

（2）多方位协同高效作业。

各种设计及施工方案的讨论很难在现场进行，利用 BIM 平台，所有用户都可以结合三维模型表达自己的观点和意见，从而优化设计方案、指导施工作业、辅助各项决策，为快速路的高效建设保驾护航。多方位协同如图 12-44 所示。线上线下同步讨论如图 12-45 所示。

（3）全过程数字化管理决策。

在 BIM 平台中，根据绍兴当地管理和施工特色，完整定义了施工进度、质量、安全等关键业务信息的填写规范和审核流程，串联业主、施工、监理等角色，并依托 BIM 模型实现数据的沉淀和分析，真正实现信息的真实记录、实时上报、统一管理、综合分析。在 BIM 平台中累计存储数据已超 10 万条，通过 BIM 平台可对数据实现全自动分析与可视化呈现，实时生成每日、每月、每季度的进度报表，为科学决策提供有力支撑。

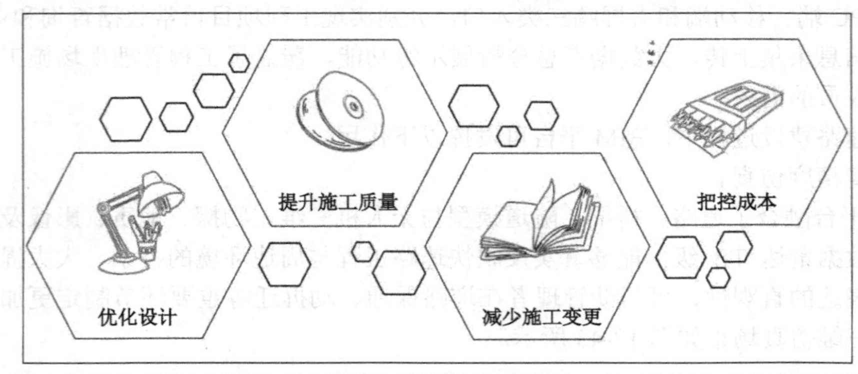

图 12-44　多方位协同

图 12-45　线上线下同步讨论

例如，业主可通过 BIM 平台浏览标段施工信息，如图 12-46 所示。现场工作人员可通过手机 App 记录工序验收数据，实时登记设备信息，如图 12-47 和图 12-48 所示。

（4）智能物联网把控现场。

BIM 平台制定了统一的物联网数据接口标准，接入参建各方现场视频监控点、环境监测站的信息，并与真实空间地理位置关联。目前，BIM 平台已接入 69 路视频、21 个环境监测站的数据和 15 处无人机实时飞行数据，可实时反映现场施工情况和环境指标。物联网数据展示如图 12-49 所示。

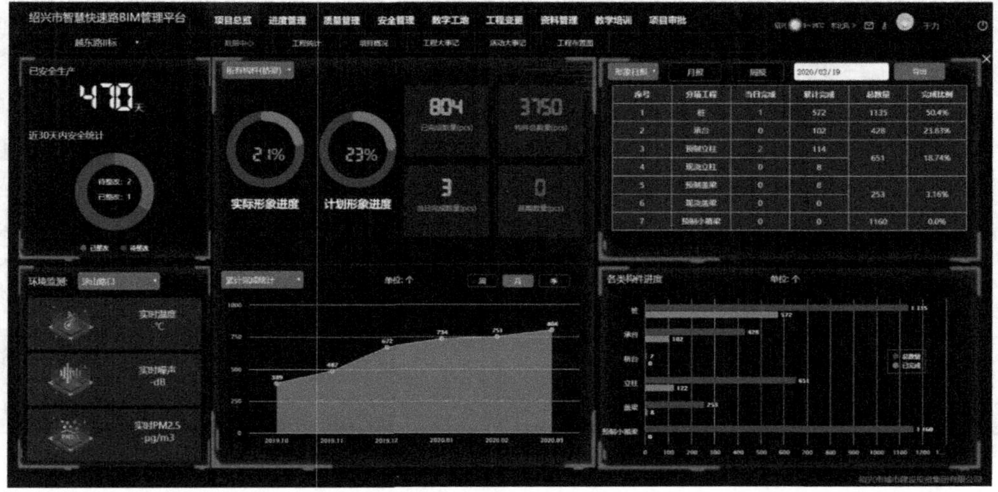

图 12-46　标段施工信息

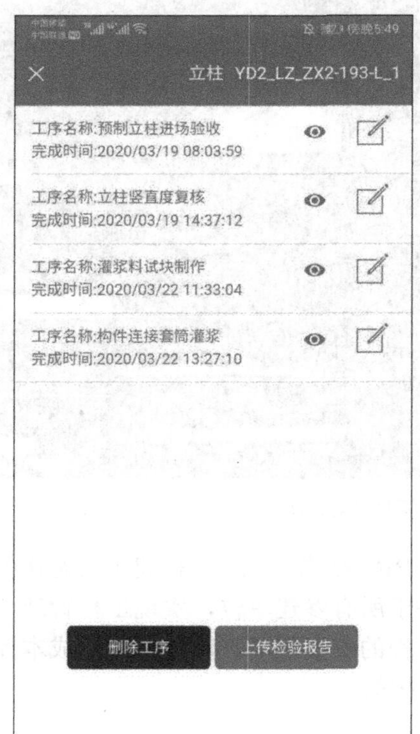

图 12-47　现场记录工序验收数据

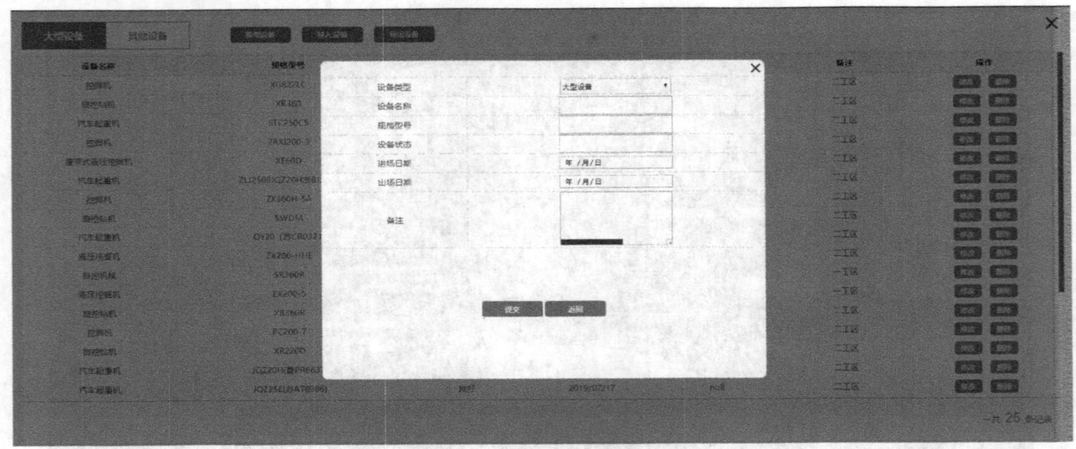

图 12-48　现场设备信息实时登记

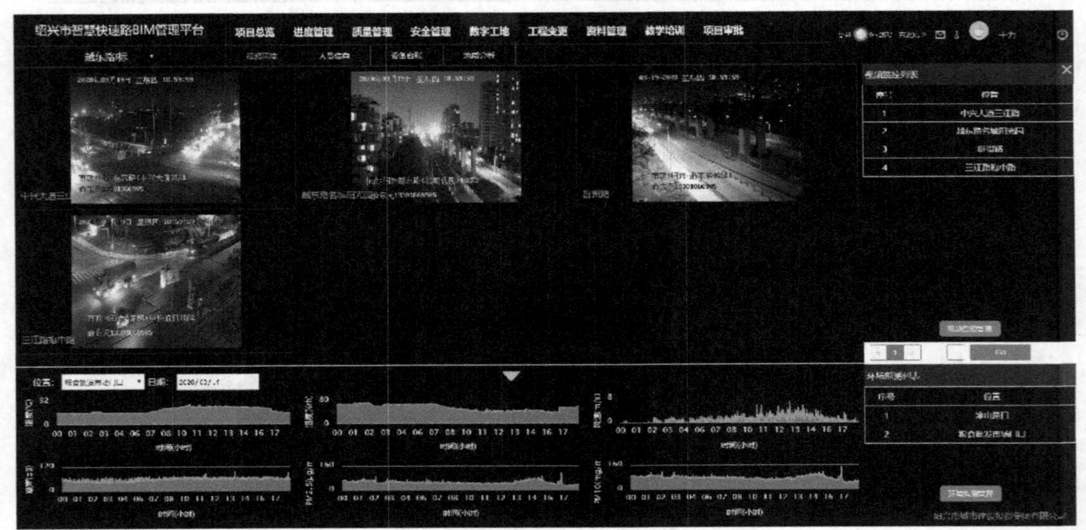

图 12-49　物联网数据展示

BIM 平台通过互联网、大数据、物联网与 BIM 技术的融合，构建了常态化信息交互新模式，打造了智慧协同数据新业态，广泛服务于所有参建单位，实现工程管理一盘棋、工程信息一张纸和所有数据可追溯，对快速路工程的安全生产、质量保障、成本控制、按期交付起到了关键作用，切实为快速路建设保驾护航。

5. 未来展望

绍兴市智慧快速路是浙江省第一条真正意义上的智慧快速路，项目竣工后，BIM 平台还将接入自动驾驶系统、智能交通系统、桥梁健康监测系统，集成智慧快速路所有元素，秉承“可查询、可追溯、可预判、可感知”的宗旨，实现精细化管理。

12.5 南京禄口“绿色+智慧”国际机场

1．项目概况

南京禄口国际机场二期建设工程项目包括2号航站楼、交通中心及停车楼等建筑单体，建成后将成为我国大型枢纽机场之一，以及大型航空货物与快件集散中心。工程按照2020年旅客吞吐量3000万人次、货邮吞吐量80万吨的目标进行设计，新建长3600米、宽60米的第二跑道和滑行道系统，飞行区等级指标为4F，建设26万平方米的2号航站楼、52万平方米的停机坪及相应配套设施，满足年处理旅客1800万人次的规模。

2号航站楼项目为集国内旅客、国际旅客需求为一体，包含出发、到达、中转等各类旅客功能流程的综合航站楼。航站楼建筑面积为23万平方米，指廊长约1200米，最大宽度约170米。局部地下1层，地上3层。地下一层为空调机房和管道共同沟；一层为到达、机坪层的主要部分，主要功能空间为行李提取大厅和迎客大厅；二层为局部夹层，主要功能为连接登机桥和首层行李提取厅的通道；三层为出发层，主要功能是让旅客在其中完成由陆侧到空侧的一系列流程。

华东建筑设计研究总院（以下简称：华东设计总院；英文名：ECADI）BIM中心根据江苏省委、省政府提出的将“南京禄口机场二期工程建成精品工程”的总体要求和“建成二期工程，迎接青奥会”的目标，经向江苏省科技厅汇报，在二期工程建设中开展“绿色+智慧机场”示范性研究。

2．BIM模型

项目参照美国国家标准及我国《建筑工程设计信息模型交付标准》《建筑工程设计信息模型分类和编码标准》，并对照美国建筑师协会E202号文件，界定BIM模型中的构件在建筑全生命周期不同阶段的深度。BIM模型如图12-50所示。

3．三维可视化运维平台

项目尝试将BIM技术和信息化技术应用到机场设计、施工和运维管理领域，探索BIM技术在大型建筑物的设计和施工阶段的深度应用方法，并在运维阶段将BIM技术和弱电、机电、信息系统进行对接，完善运维管理框架，打通建设和运维阶段的信息传递，从而实现智慧机场的最终目标。三维可视化运维平台保存了建筑物丰富的数字信息资料，可搜索、查阅、定位、调用和管理，把原来楼宇中独立运行的各设备系统集成到一个统一的平台上进行管理。

图 12-50 BIM 模型

1）安防系统

在安防系统中，将航站楼内的全部摄像头以列表的形式显示于面板中，列表中还显示了每个摄像头的基本信息和位置描述。单击列表中的记录，可以选中对应的摄像头模型。双击列表中的记录，可以将镜头定位至对应的摄像头。单击安防系统内不同位置的摄像头的信号源功能键，可实时读取各摄像头对应的影像数据，并在平台内以视频的形式呈现。安防系统管理界面如图 12-51 所示。

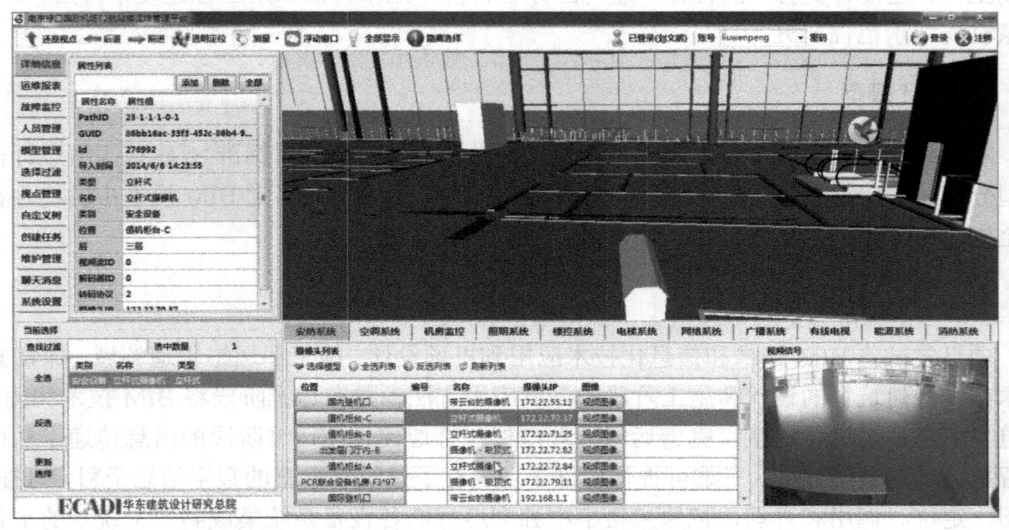

图 12-51 安防系统管理界面

2）空调系统

在空调系统中，传感器采集空调机组的实际功率、送风温度、回风温度及二氧化碳浓度等信息，平台自动将数据结合时间轴形成折线分析图供空调系统管理人员使用。空调系统管理界面如图 12-52 所示。

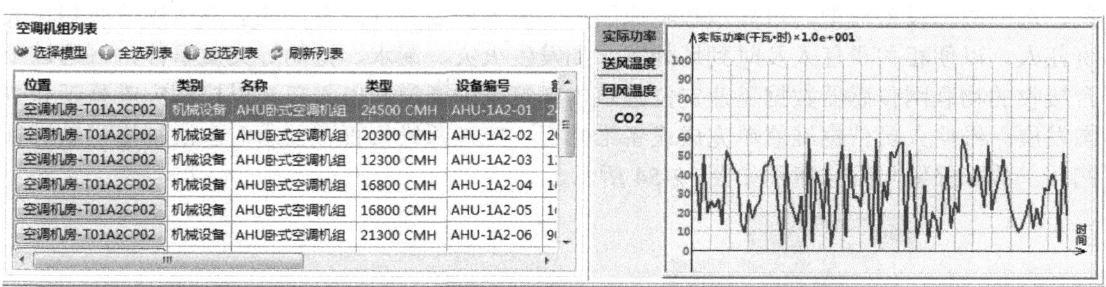

图 12-52　空调系统管理界面

3）设备监控

在运维管理中，BA 系统向数据库提供采集的动态数据，利用 BIM 模型完成设备与数据的定位等任务。BA 系统的监控和管理工作不但能够更加准确地进行，而且可视化程度得到了提高，用户能够看到 BA 系统监控和管理的全部过程，从而及时发现问题，并对出现的问题及时进行调整。而在传统的 BA 系统中，往往要到出现明显的故障时运维工作人员才会察觉，而此时的补救措施往往代价很大。设备监控界面如图 12-53 所示。

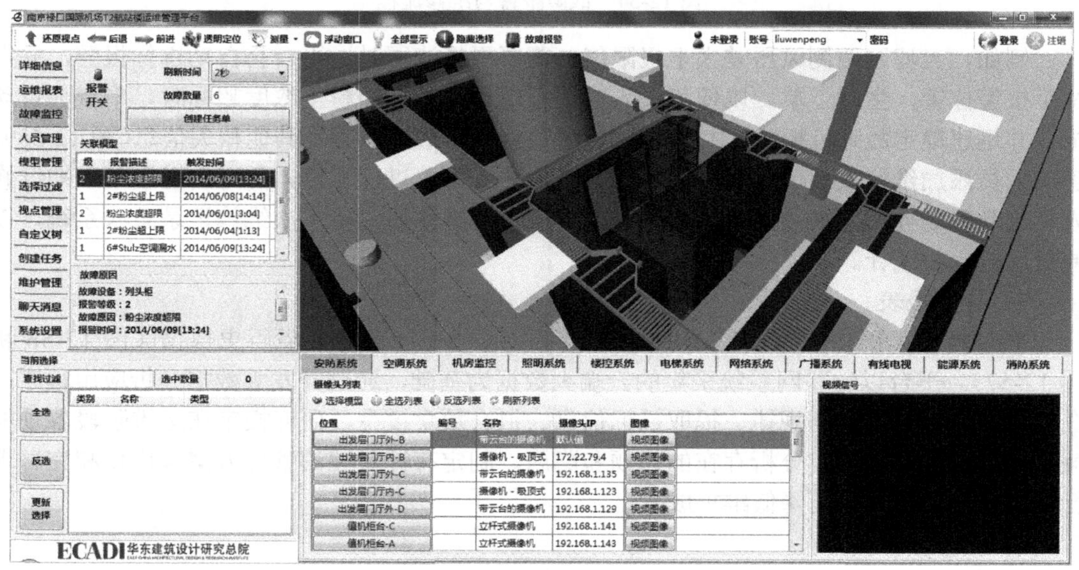

图 12-53　设备监控界面

4）故障报警与维修

平台可以根据用户需求，通过物联网传感器按 2 秒到 24 小时的时间间隔进行全局数据扫描，监控设备温度和功率等数据，根据预设的策略自动控制空调、照明等主要耗能设备。同时，可根据物联网采集的数据自动进行报警和预警，并迅速锁定故障设备对应的空间位置，选中故障设备模型，可显示故障原因并生成维修单进行派发，还会发送短信通知相关责任人，以便相关责任人及时到场处置。如发生火灾、漏水、抢劫等突发事件，可通过平台接收的物联网传感器数据迅速定位建筑内部复杂的通道和出入口，以控制灾难蔓延和事态发展。维修人员依据维修单完成设备维修后，应按照维修管理要求对本次维修记录进行归档。故障报警与维修流程如图 12-54 所示。

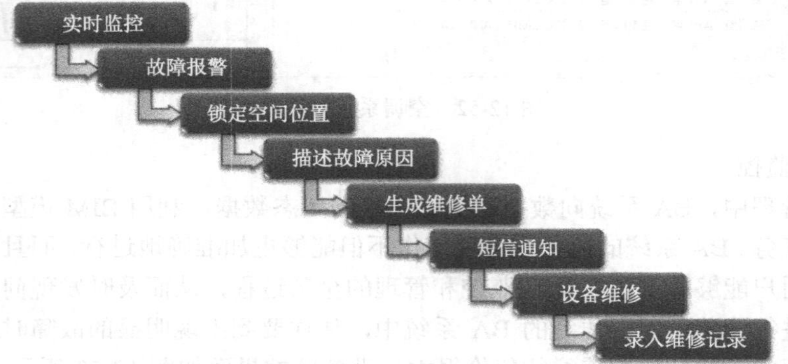

图 12-54　故障报警与维修流程

例如，当滤网两侧风压差大于极限值，需要更换滤网时，平台会自动进行报警，并定位至报警位置，生成工单，以便相关人员进行现场维护。当粉尘浓度超标时，平台会自动报警并迅速锁定故障机柜，选中故障机柜模型，将显示故障原因及其他相关信息（图 12-55）。管理人员添加维修人员信息后，平台会自动生成维修单进行派发，同时发送短信通知维修人员赶赴现场处理。维修人员依据维修单完成设备维修后，将本次维修记录录入系统，以便日后查看和统计。

5）导出报表

平台提供了历史数据浏览功能，用户可以通过平台查看各类历史数据（图 12-56 和图 12-57）。平台以物联网系统采集的云端大数据为基础，通过开发大数据分析应用程序，在海量数据中寻找数据规律、提取目标信息、拟合数学模型，研究楼宇在运维阶段各项能耗指标的特性和规律，分析存在的问题和隐患，制定有针对性的管理方案来优化和完善现行能源管理策略，从而降低维护成本。

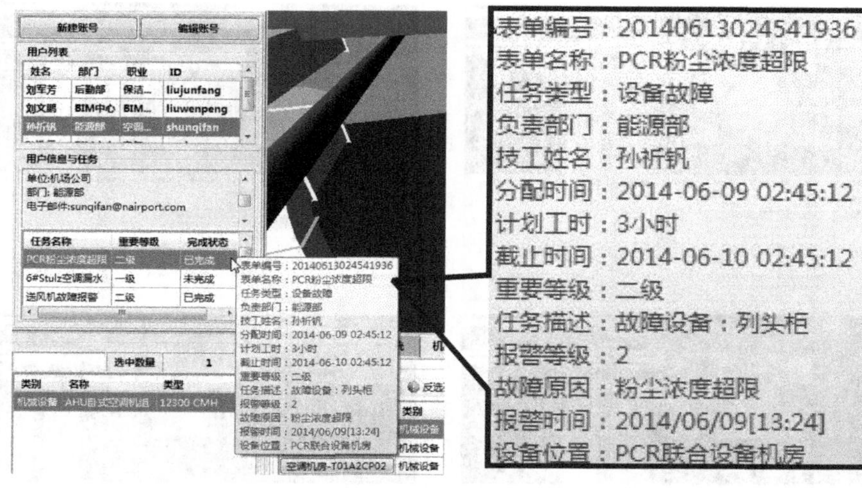

图 12-55　粉尘浓度超标故障信息

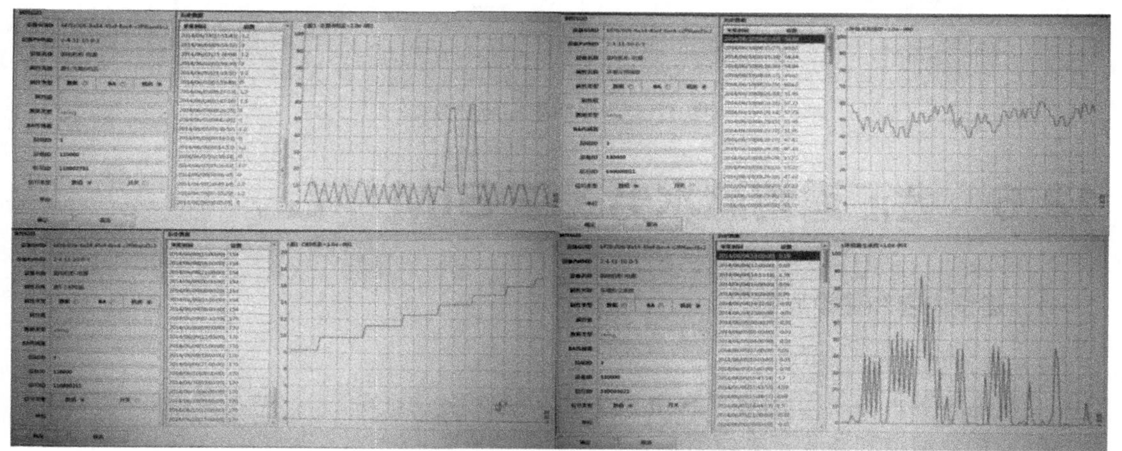
图 12-56　机房能耗历史数据

4．总结

本项目将 BIM 技术、云技术、大数据技术、可视化技术及智能楼宇技术有机地集成应用，建立了用于航站楼管理的三维可视化运维平台，实现了 BIM 模型与机电信息系统的交互，解决了运维阶段数据采集与管理的问题，有效提升了运维管理的智能化水平，解决了可持续发展的现代化智慧机场中的关键技术问题。

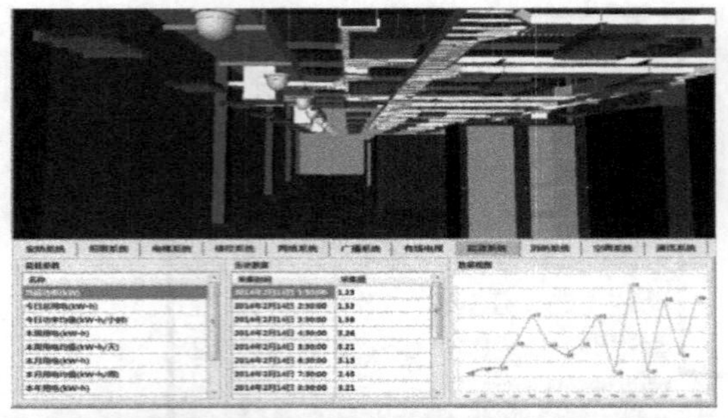
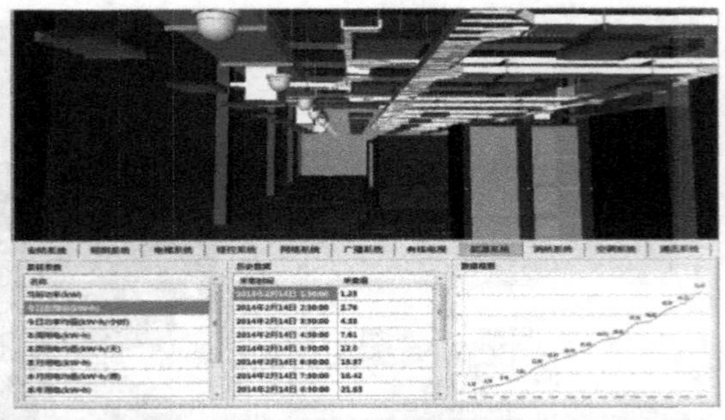
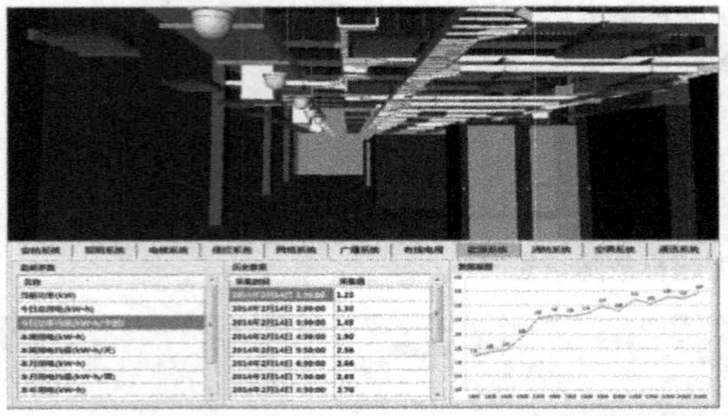
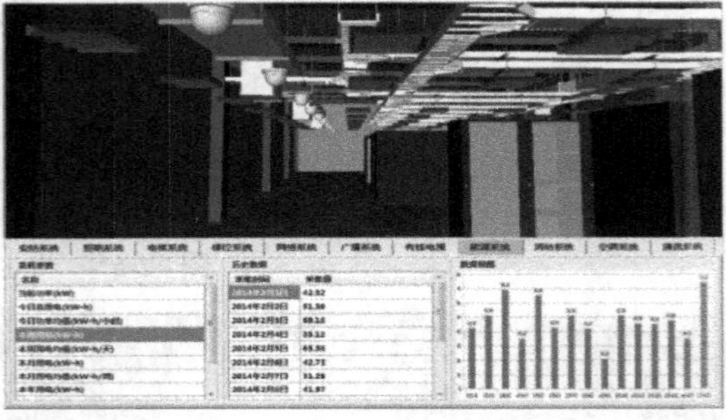

图 12-57 照明能耗历史数据

12.6 金汇港智慧水务工程 BIM 平台

1. 建设内容和建设原则

1）建设内容

金汇港智慧水务工程 BIM 平台主要建设内容如下。

（1）构建河道和场景三维模型。

（2）选取重点位置建设水质监测站，监测温度、pH 值、电导率、溶解氧、浊度、氨氮、ORP 等参数，传输到监测平台，建立水质分析模型，计算并显示相关指标。

（3）整合金汇港相关的管线（网）数据、规划方案、业务数据、物联网数据等，形成水利数据中心。

（4）结合河道整治工程，动态跟踪工程建设进度，动态展示工程变化情况，进行工程不同阶段的效果对比，辅助工程的信息化管理。

（5）结合河长业务特点和需求，建设移动端河长管理系统，与 PC 端互通，实现实时查看信息、巡河、案件上报、进度沟通等功能。

（6）建设河道综合应用管理系统，实现三维展示、排水口查询、缓冲分析、物联网数据接入监测、水质分析、污染分析、预测分析、规划分析及综合管理等功能。

其中，针对南奉公路—向阳河 4.2 千米河段的建设内容见表 12-3。

表 12-3 针对南奉公路—向阳河 4.2 千米河段的建设内容

<table>
<tr><th>序号</th><th>模型类型</th><th>内容</th><th>说明</th></tr>
<tr><td colspan="4">BIM 设计</td></tr>
<tr><td>1</td><td>工程环境</td><td>收集现场环境数据，包括工程场地、主要道路、周边重要设施等</td><td>无人机采集数据，生成环境模型</td></tr>
<tr><td>2</td><td>河道</td><td>建立河道模型，长度为 4417 米</td><td>Revit 模型</td></tr>
<tr><td>3</td><td>防汛通道</td><td>沿河道两侧布设，东岸为 5134 米，西岸为 1907 米</td><td>Revit 模型</td></tr>
<tr><td>4</td><td>桥梁</td><td>三座新建桥梁，以及两座已拆除的桥梁</td><td>Revit 模型</td></tr>
<tr><td>5</td><td>绿化工程</td><td>包括滨水步道、节点工程及绿化工程等</td><td>Revit 模型</td></tr>
<tr><td>6</td><td>电气工程</td><td>路灯 300 盏，室外音箱 500 个，以及箱式变电站、配电柜等</td><td>Revit 模型</td></tr>
<tr><td>7</td><td>整合模型</td><td>模型整合</td><td>InfraWorks 模型整合</td></tr>
<tr><td colspan="4">BIM 应用</td></tr>
<tr><th>应用</th><th>内容</th><th>成果形式</th><th>说明</th></tr>
<tr><td rowspan="3">设计阶段/辅助设计</td><td>建立设计模型，体现设计意图</td><td>模型</td><td>模型与设计同步推进，模型清晰反映设计意图；模型达到深度标准并移交给施工方</td></tr>
<tr><td>设计方案比选</td><td>模型、图片</td><td>通过模型对局部方案进行推敲、优化、比选</td></tr>
<tr><td>基于模型的设计交底与协调</td><td>模型、视频</td><td>基于模型开展工程讨论和设计交底</td></tr>
<tr><td rowspan="3">施工阶段/辅助管理</td><td>施工进度管理</td><td>阶段模型、进度报告、航拍影像</td><td>施工期间，与业主及施工方紧密协作，将工程整体进度信息结合模型进行宏观动态展示，通过对比计划进度和实际进度对工程进行整体把控</td></tr>
<tr><td>重点施工工序模拟</td><td>模型、视频</td><td>选取复杂节点，依据施工方提供的施工方案，对局部模型进行深化，可视化展示施工工序</td></tr>
<tr><td>工程量统计</td><td>模型、报告</td><td>基于设计模型，利用 BIM 软件生成工程量清单（包括不同构件砼体积、主要管线长度、主要设备数量等），进行工程量统计</td></tr>
<tr><td>现场管理</td><td>移动端模型浏览</td><td>App、影像</td><td>通过手持设备在现场查看模型，对现场施工状况进行检查</td></tr>
<tr><td>竣工阶段</td><td>竣工交付</td><td>模型、文档</td><td>添加与河道整治相关的信息，完成竣工交付模型</td></tr>
</table>

2）建设原则

政府牵头，部门主导。由奉贤区政府和水利部门牵头主导，整体统筹相关工作，协调平台与现有系统的对接，保证现有成果能够共享，节约建设资金，保障建设工作顺利开展。

总体规划，分步实施。平台建设应统一部署，稳步推进。

要保证对平台建设资金的投入，同时合理使用建设经费。要本着经济、实用的原则，提高资金使用效率，切忌好高骛远、铺张浪费。

2. 平台架构

金汇港智慧水务工程 BIM 平台（以下简称水务工程 BIM 平台）整体架构如图 12-58 所示。

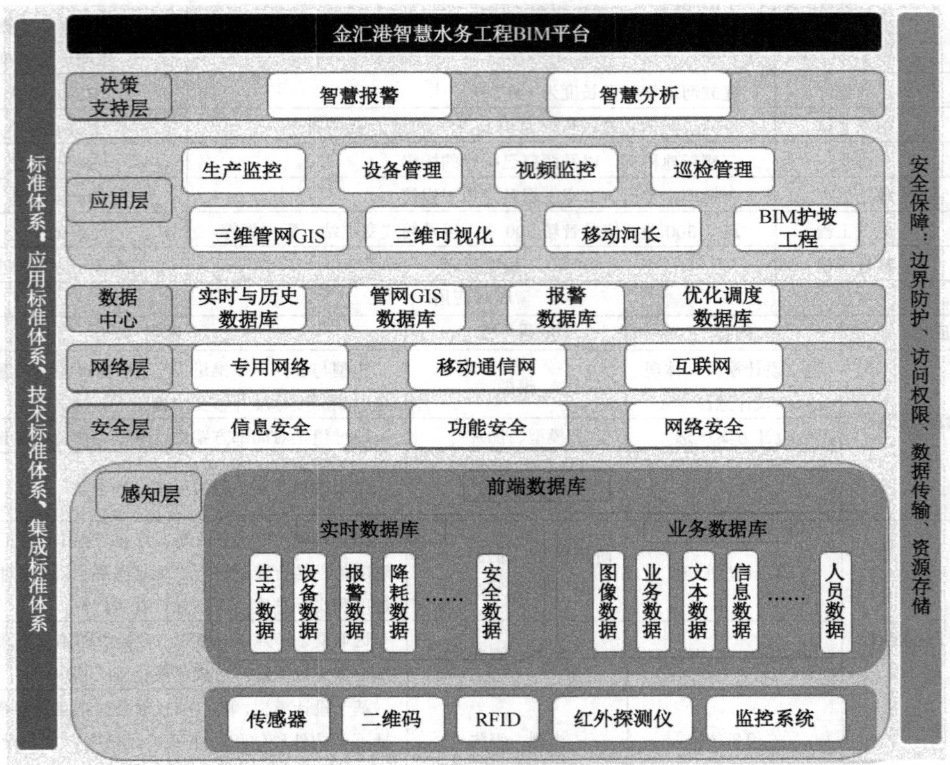

图 12-58　金汇港智慧水务工程 BIM 平台整体架构

平台架构采用 SOA 服务总线体系，包括感知层、安全层、网络层、数据中心、应用层及决策支持层，遵循“低耦合、高内聚”设计原则。

感知层主要利用传感器、RFID、红外探测仪、监控系统等数据采集技术和设备实现水资源数据的全面感知。感知层是平台建设的基础部分，对数据采集效率、平台稳定性具有重要影响。

网络层主要实现数据传输，包括移动通信网、专用网络、互联网等。

数据中心包括各种数据库，如管网 GIS 数据库、报警数据库等。

应用层为用户提供生产监控、设备管理、视频监控等应用，创新以“四化融合”为核心的应用体系。

3. 关键技术

1）海量模型加载技术

对于基于网络的三维场影模型绘制系统而言，由于大量的几何数据需要经由网络传输到客户端，网络带宽常常成为此类系统的瓶颈，因此灵活的数据表示方式及高效的网络传输策略一直是研究的重点。

根据平台特点，采用 ActiveX 插件是一种切实可行、高效灵活的运行方案，能够实时传输、加载、渲染海量模型，而且位置信息完整、准确。在结构设计上采用与 ActiveX 插件有机结合的客户-服务器架构（图 12-59），即将基础三维数据集中存放在服务器端的数据文件集和数据库中，通过元数据索引的方式与应用服务器连接；应用服务器则主要负责实现相关 GIS 空间分析及网络服务的功能，并通过 Internet 将分析处理的结果传送给客户端的用户；用户可以通过浏览器实现模型浏览、场景漫游等操作。

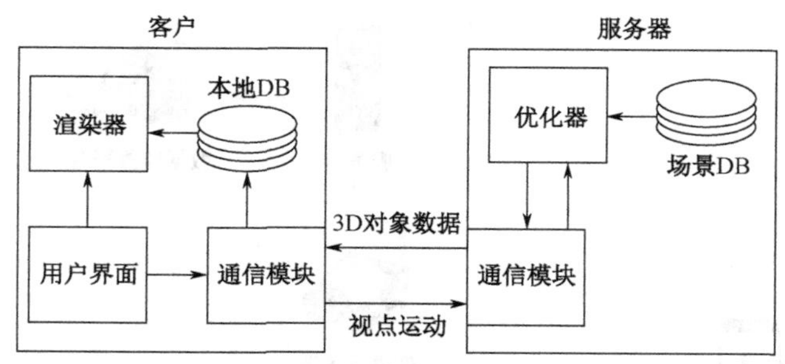

图 12-59　客户-服务器架构

采用渐进传输技术传输模型数据。首先，传输一个数据量很小的粗糙的基网格给客户端，客户端接收到基网格后立即可以显示；然后，服务器持续发送对基网格的优化信息，客户端的显示效果也逐渐精细，直到传输完毕或用户对模型精细度感到满意为止。同时，将模型数据分成不同精度，采用发布工具对数据重新切片组织，从而保证加载效率。

2）物联网感知技术

物联网是一个“物物相连”的网络，它利用传感技术，通过射频识别、红外感应器、全球定位系统、激光扫描器等信息传感设备，按约定的协议，把任何物品与互联网连接，进行信息交换。物联网基本架构如图 12-60 所示。

水务工程 BIM 平台通过雨量传感器、水位探测器、摄像头等采集现场数据，监测指标包括 COD、流量、浊度等，数据传输过程如图 12-61 所示。

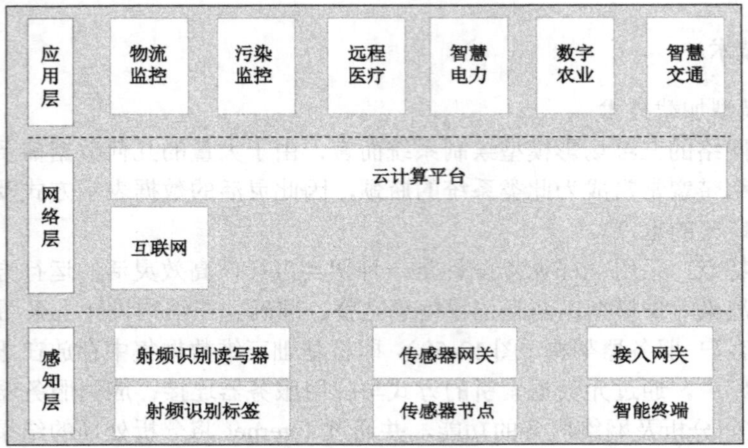

图 12-60 物联网基本架构

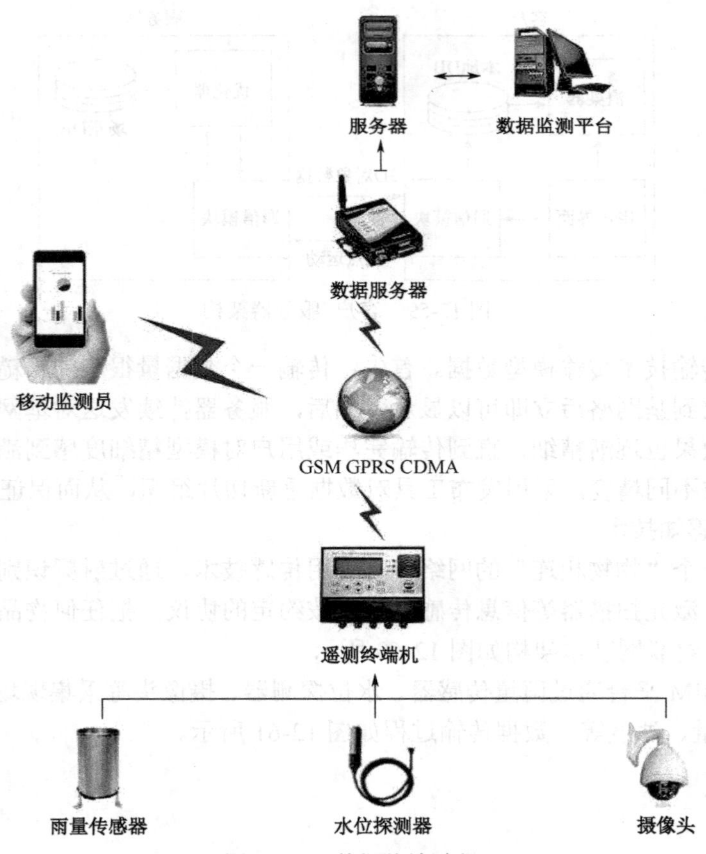

图 12-61 数据传输过程

3）BIM 模型应用技术

水务工程 BIM 平台可利用 BIM 模型实现施工模拟、工程量统计等功能。施工模拟如图 12-62 所示。

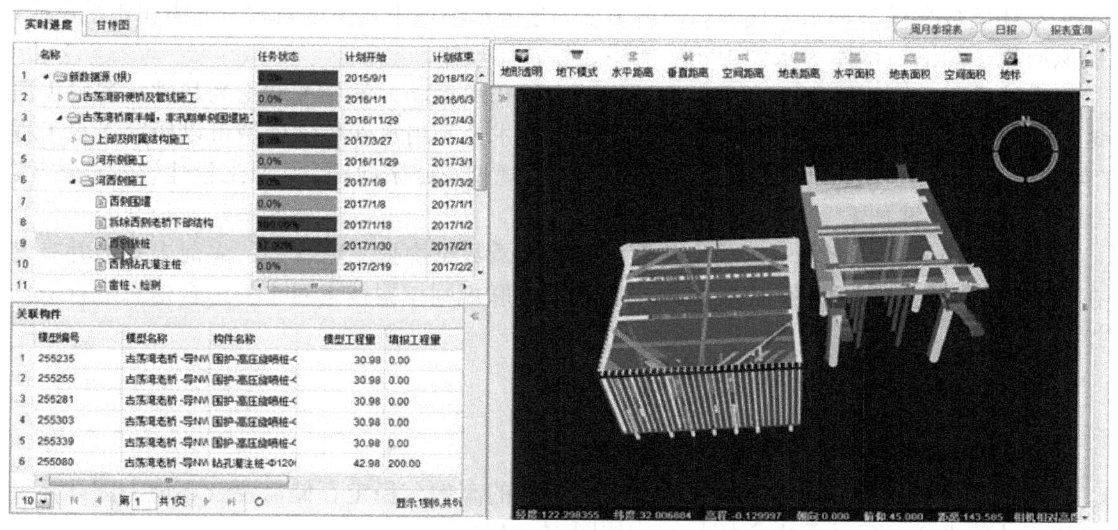

图 12-62 施工模拟

4）水环境分析技术

在水环境监测管理方面，对水环境进行监测和预警，根据监测指标建立水环境分析模型（图 12-63），如防洪排涝模型、水环境数学模型、水资源模型、水沙数字模型等。

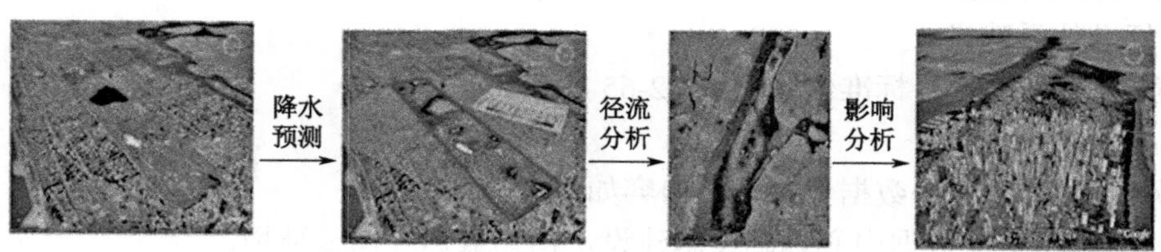

图 12-63 水环境分析模型

防洪排涝模型是基于相关数据库和模型库，通过对流域内的水利工程进行实地勘查、资料收集和分析，根据流域内不同下垫面的产流机制及感潮河网汇流等特征，将产汇流理论与水动力学方法相结合所建立起来的一套流域洪水模拟数学模型。它可为各中小流域及企业的防洪评估、防洪排涝规划提供技术支持，为水行政管理提供技术支撑。

水资源模型基于实时及历史水雨情信息、水利工程信息、社会经济信息等基础数据，以水文学方法、大系统聚合分解协调等方法为支撑，进行水资源需求预测、流域可供水量计算、水资源供需平衡分析及水资源优化配置，动态模拟多水源向多用户的供水量、排水量及蓄变量变化过程，实现区域真实水资源系统的仿真模拟，同时采用实时校正技术对实时来水量和未来可能的来水量预测结果进行修正，优化水资源调度和配置，以达到水资源利用综合效益最大化。

水环境数学模型利用近代数值求解方法，分析水环境中发生的物理、生物和化学反应，模拟河流、湖泊、水库等水体中物质能量迁移转化规律。

水沙数学模型以计算水力学、泥沙运动力学和河流动力学相关理论为基础，着眼于河道、河口及近海的水动力、泥沙及波浪的模拟技术。利用水沙数学模型可以研究涉水工程（如桥梁、码头等）对行洪的影响、河道清淤工程规划及回淤问题、涉海工程建设预评估等。

5）数据挖掘技术

数据挖掘又称知识发现，是指从数据库的大量数据中揭示隐含的、先前未知的并有潜在价值的信息的过程。水务工程 BIM 平台利用关联规则挖掘技术对水务综合信息进行数据挖掘。

4. 具体内容

1）基础环境建设

智慧水务的核心是水务大数据，水务大数据的高效、稳定存储需要云环境，因此需要搭建云计算中心，云计算中心拓扑结构如图 12-64 所示。

图 12-64 中的云计算中心规模较小，包括一个管理节点机柜和两个计算节点机柜。

此外，还需要利用专门的管理软件对云计算中心的运行状态、服务能力等进行监控，因此要配套建设云基础设施管理系统。其他系统通过向云基础设施管理系统申请存储、计算和网络资源来构建各自的运行环境。

2）标准体系建设

水务工程 BIM 平台标准体系如图 12-65 所示。

3）数据体系建设

水务工程 BIM 平台数据体系建设内容如下。

（1）完成水务大数据中心基础设施建设，构建数据存储云环境。

（2）构建河道模型和场景模型。

（3）完成水利工程、水务管理、河道监测、自来水厂、污水厂等数据的接入、清洗、转换、加载、质检、元数据管理、目录编排、发布、入库、分析等。

4）基础地理数据

基础地理数据包括电子地图和栅格影像地图，地图要素包括居民房屋及辅助线、交通及附属设施、公共建筑、公共设施、行政界线、水系及附属设施、地质地貌、农地林地等。金汇港河道基础地理数据如图 12-66 所示。由于项目管理对象主要为河道、水系，因此从基础地理数据中获取河道矢量数据，定义好结构类型，用于河道信息查看、缓冲分析及水位查询等功能。

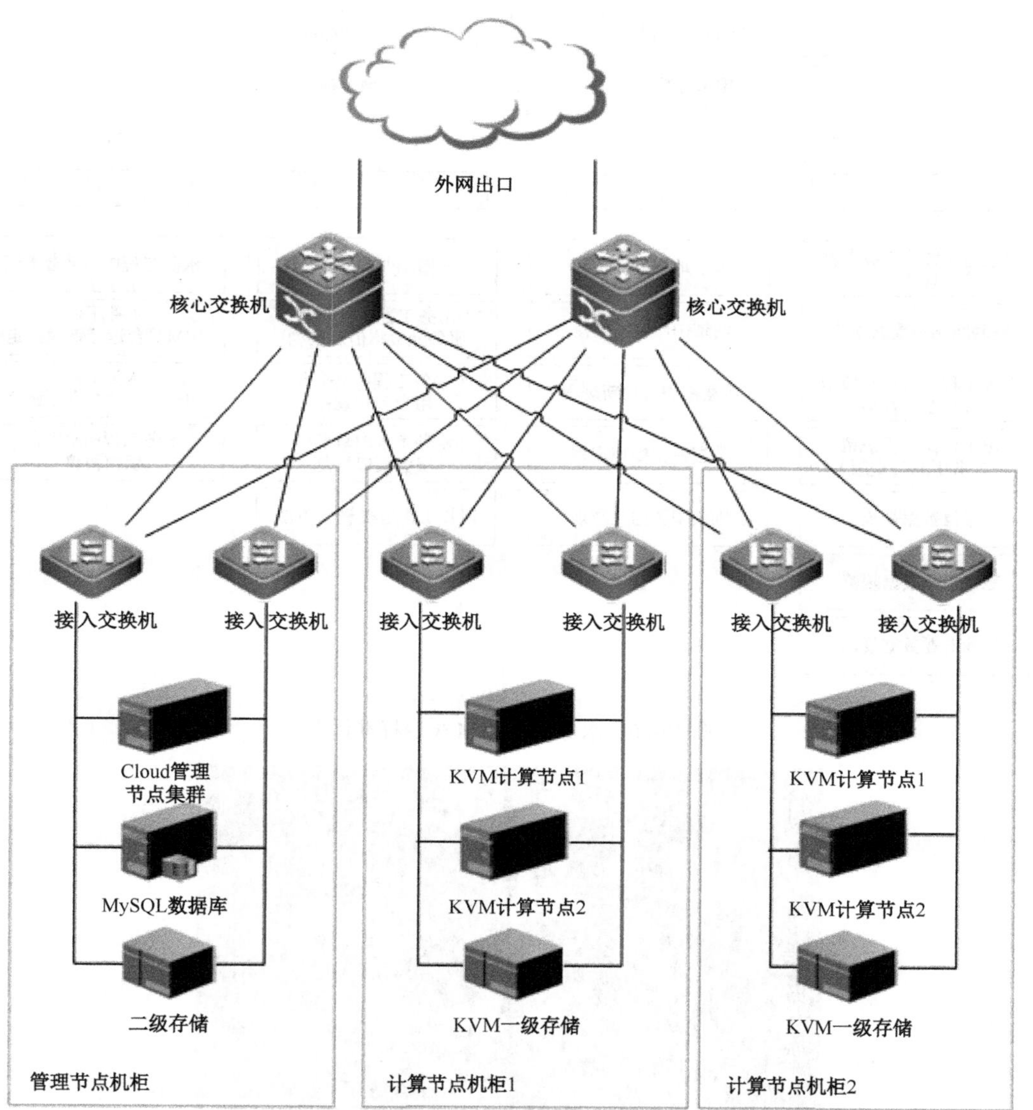

图 12-64 云计算中心拓扑结构

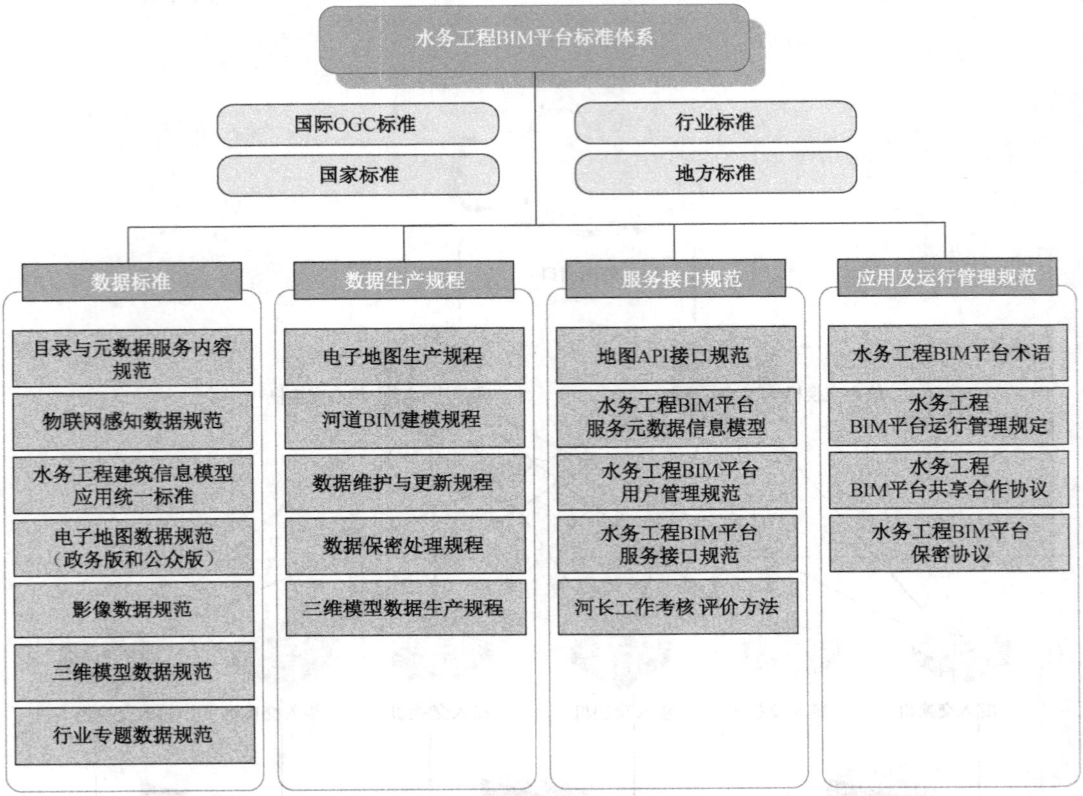

水务工程BIM平台标准体系
国际OGC标准
国家标准
行业标准
地方标准
数据标准
目录与元数据服务内容规范
物联网感知数据规范
水务工程建筑信息模型应用统一标准
电子地图数据规范（政务版和公众版）
影像数据规范
三维模型数据规范
行业专题数据规范
数据生产规程
电子地图生产规程
河道BIM建模规程
数据维护与更新规程
数据保密处理规程
三维模型数据生产规程
服务接口规范
地图API接口规范
水务工程BIM平台服务元数据信息模型
水务工程BIM平台用户管理规范
水务工程BIM平台服务接口规范
河长工作考核 评价方法
应用及运行管理规范
水务工程BIM平台术语
水务工程BIM平台运行管理规定
水务工程BIM平台共享合作协议
水务工程BIM平台保密协议

图 12-65　水务工程 BIM 平台标准体系

北
向阳河
金齐路
沪南公路
金海公路
金钱公路
浦星公路
上海之鱼
浦南运河
南奉公路

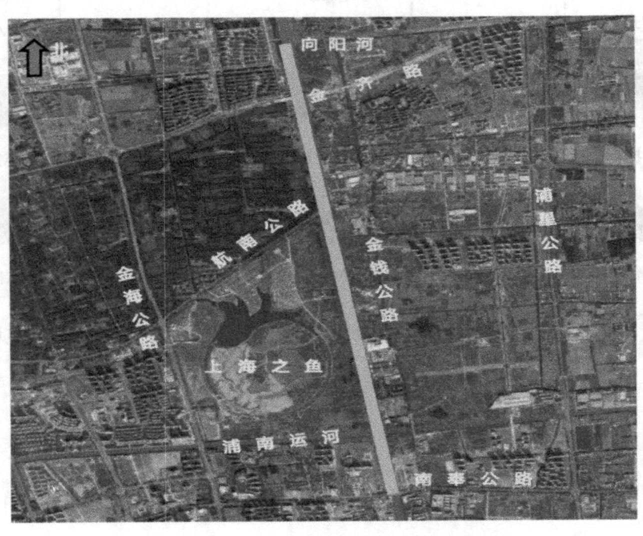

图 12-66　金汇港河道基础地理数据

5）场景模型

按照精度要求对金汇港河道周边场景分级建模，具体流程如下。

（1）模型分类。

将模型分为建筑、小品、地面、植被四类，各类模型均包含几何和纹理数据。

（2）模型简化。

在各类模型中，建筑模型数据量最大。为了更好地展示场景效果，实施中对建筑模型进行了简化处理，分为几何简化和纹理简化。几何简化主要针对几何节点，纹理简化主要针对图片清晰度和图片尺寸。根据视觉效果，可将模型分为精细模型、简化模型和白模。白模效果如图 12-67 所示。

图 12-67　白模效果

（3）建模并导出。

按照模型简化方案建模并导出，导出时设置模型的空间坐标参数。

（4）切片入库。

对导出的模型文件进行切片，生成三维模型数据集，入库后即可发布三维模型服务以供平台展示。

6）河道模型

采用 BIM 技术对河道进行建模，河道模型如图 12-68 所示。

图 12-68　河道模型

7）业务数据

水务工程 BIM 平台整合了各类业务数据，如图 12-69 所示。

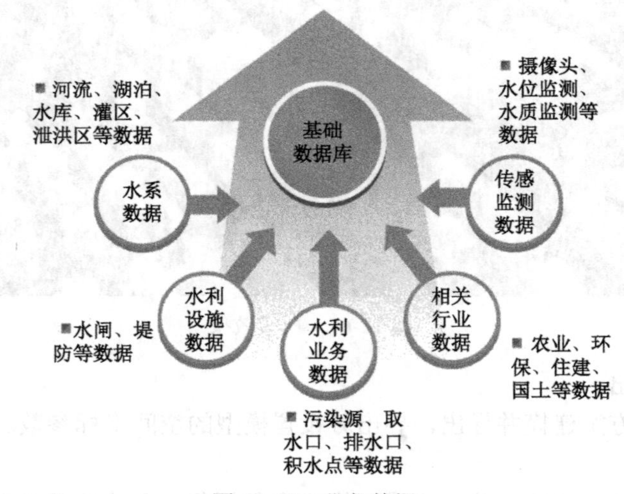

图 12-69　业务数据

8）物联网感知数据

在河道上安装各种物联网设备，实时采集相关数据，并把采集的数据接入三维场景，结合 GIS 数据、规划数据等进行综合分析，实现水质监测及水位预报。项目中使用的净水器如图 12-70 所示。

图 12-70 项目中使用的净水器

9）水质监测站建设

奉贤区水务局拟在金汇港河道建设46个水质监测站，初期以3个水质监测站作为试点，实时监测河道水质状况。

（1）水质监测站选型。

考虑管理需求和成本，在满足水质监测需求的前提下，选用浮标式无线水质监测站（图 12-71）。浮标式无线水质监测站适用于各种场景，监测指标包括温度、pH 值、电导率、溶解氧、浊度、氨氮、ORP、总磷、叶绿素、COD 等，能够实时在线监测。

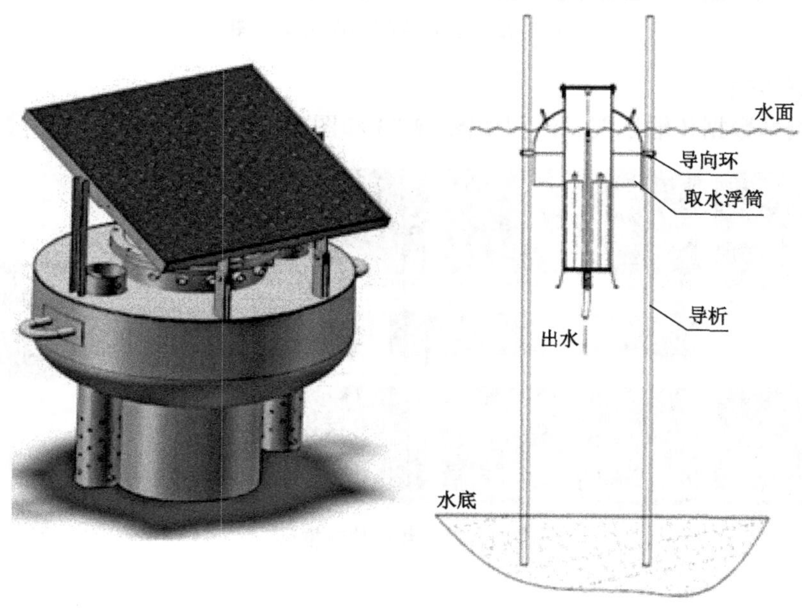

图 12-71 浮标式无线水质监测站

（2）站点选址。

将水质监测站设在金汇港与浦南运河交会处（滨河公园）附近，通过底部三个吊钩连接河道底部桩体进行固定，如图 12-72 所示。

图 12-72 水质监测站现场安装图

（3）数据传输。

水质监测站数据传输框架和流程如图 12-73 和图 12-74 所示。

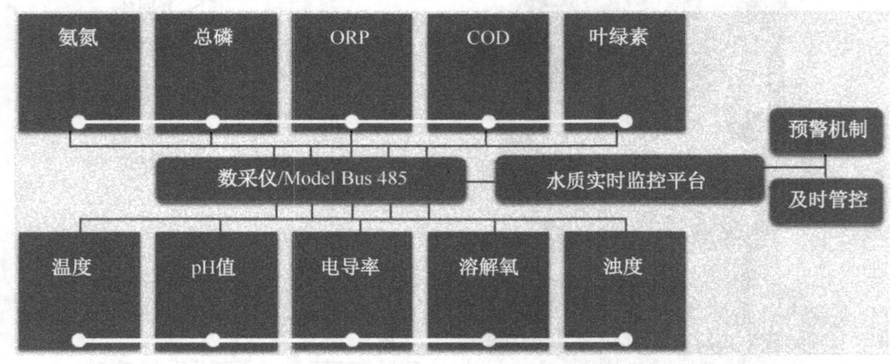

图 12-73 数据传输框架

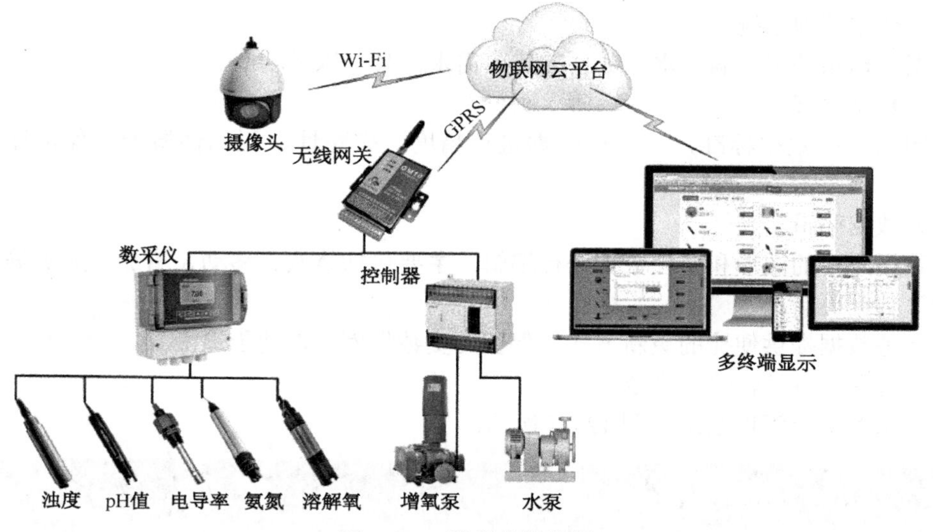

图 12-74 数据传输流程

（4）数据分析与显示。

将监测数据传输到水质实时监控平台后，利用水质分析模型和算法对数据进行分析，并在各类终端上显示结果（图 12-75 和图 12-76）。

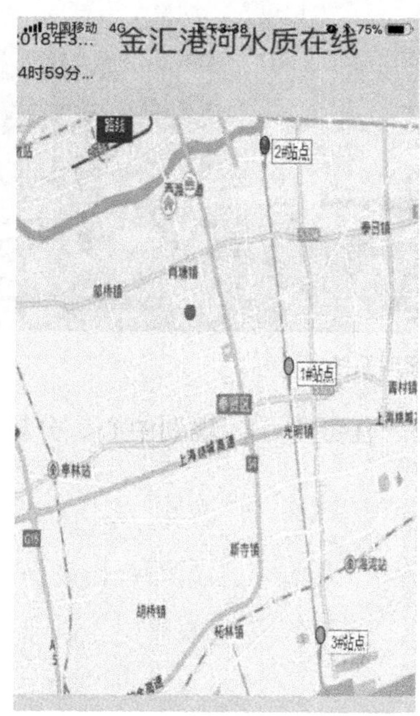

图 12-75 水质监测

1#监测

选择...

	日期时间	溶解氧	pH值	水温（℃）	电导率	浊度	氨氮（mg/
1	2018-3-...	9.8	7.9	14.8	687.0	21.6	3.5
2	2018-3-...	9.7	7.9	14.8	687.0	22	3.5
3	2018-3-...	9.8	7.9	14.8	687.0	22	3.5
4	2018-3-...	9.8	7.9	14.8	687.0	24.8	3.5
5	2018-3-...	9.8	7.9	14.8	687.0	19.8	3.5
6	2018-3-...	9.7	7.9	14.8	687.0	19.8	3.5
7	2018-3-...	9.7	7.9	14.8	687.0	20.2	3.5
8	2018-3-...	9.7	7.9	14.8	687.0	20.1	3.5
9	2018-3-...	9.6	7.9	14.8	687.0	20.1	3.5
...	2018-3-...	9.6	7.9	14.8	687.0	22.7	3.5
...	2018-3-...	9.6	7.9	14.8	687.0	23.6	3.5
...	2018-3-...	9.7	7.9	14.8	687.0	23.6	3.5
...	2018-3-...	9.7	7.9	14.8	687.0	21.6	3.5

图 12-76 监测指标

10）数据管理系统

数据管理系统用于满足水务数据的建库需求，具有以下功能。

（1）数据检查。

按照约定的数据标准，对入库数据进行精度、完整性、正确性检查，保证库中数据规范。

（2）数据编辑。

对数据库中的图形和属性数据进行编辑，主要包括修改、移动、增加、删除等操作。

（3）数据更新。

为水务数据提供便捷的更新方式，保留历史数据库，以便于追溯。

11）智慧水务综合管理系统

智慧水务综合管理系统如图 12-77 所示。

图 12-77　智慧水务综合管理系统

智慧水务综合管理系统包括展示中心、处置中心、任务中心、规划中心、分析中心及运维中心六大模块，每个模块包含不同的功能应用。

智慧水务综合管理系统登录界面如图 12-78 所示。

登录系统后即可浏览三维场景，如图 12-79 所示。

图 12-78　智慧水务综合管理系统登录界面

图 12-79　浏览三维场景

下面对该系统中的部分模块进行详细介绍。

（1）展示中心。

展示中心用于信息的综合展示和查询。展示中心界面如图 12-80 所示，左侧为数据资源目录，右侧为三维场景。用户可根据需求浏览或查询信息。

图 12-80　展示中心界面

例如，河道信息如图 12-81 所示。

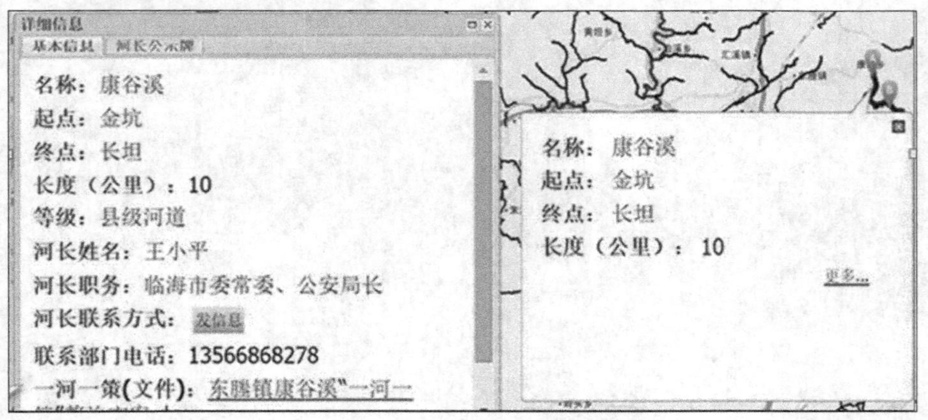

图 12-81　河道信息

排水口信息如图 12-82 所示。

图 12-82　排水口信息

用户还可在线浏览视频信息，如图 12-83 所示。

图 12-83　浏览视频信息

（2）处置中心。

处置中心主要以河道案件作为管理对象，基于地理位置实现对案件的管理，具有案件上报、案件查询、案件评价等功能。

处置中心界面如图 12-84 所示。

图 12-84 处置中心界面

（3）分析中心。

分析中心可实现水质分析、污染源分析、水位分析，以及报警和统计功能。

① 水质分析：接入水质监测站数据，监测水、pH 值、氨氮、溶解氧及浊度等指标（图 12-85），在三维模型中展示水质污染程度，对比不同河段的水质状况，采用多种分布曲线和回归变化曲线进行水环境质量预警，便于监管部门及时、准确地掌握城市水体的水质状况和变化趋势，为管理与保护城市水环境提供科学依据。

	日期时间	溶解氧	pH值	水温（℃）	电导率	浊度	氨氮（mg/
1	2018-3-...	9.8	7.9	14.8	687.0	21.6	3.5
2	2018-3-...	9.7	7.9	14.8	687.0	22	3.5
3	2018-3-...	9.8	7.9	14.8	687.0	22	3.5
4	2018-3-...	9.8	7.9	14.8	687.0	24.8	3.5
5	2018-3-...	9.8	7.9	14.8	687.0	19.8	3.5
6	2018-3-...	9.7	7.9	14.8	687.0	19.8	3.5
7	2018-3-...	9.7	7.9	14.8	687.0	20.2	3.5
8	2018-3-...	9.7	7.9	14.8	687.0	20.1	3.5

图 12-85 监测指标

② 污染源分析（图 12-86）：利用水质预警功能，监测污染河段，基于河道、管网、排水口数据进行拓扑和连通分析，确定污染源的排水口，预测污染扩散趋势，从而采取针对性措施，防止居民饮水区受到污染。

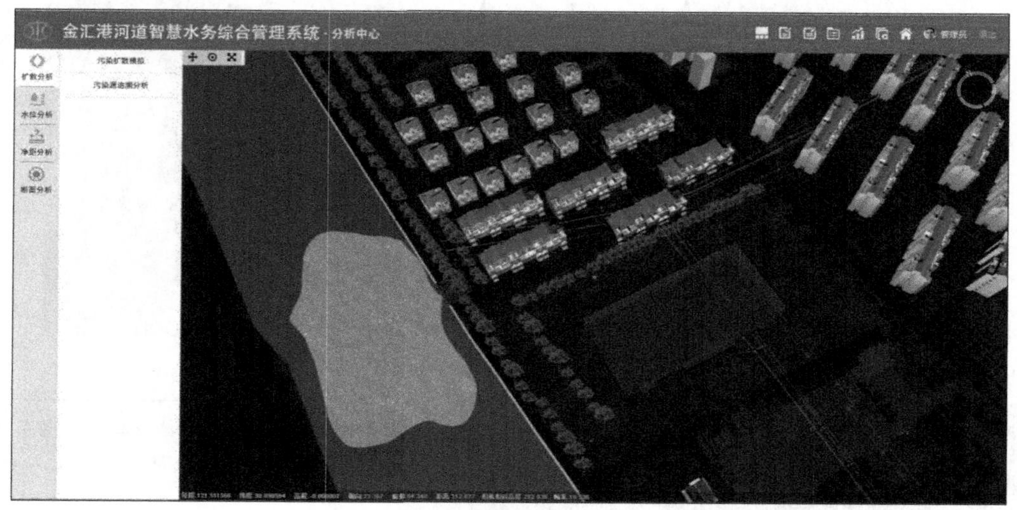

图 12-86　污染源分析

③ 报警功能：支持水质报警、水位报警和雨量报警，报警事件列表如图 12-87 所示。

序号	报警站点	检测项目	测值	单位	报警起始时间	报警结束时间
1	水位监测站201	水位	927.21	mm	2017/05/23 23:12:00	2017/05/24 9:12:00
2	水位监测站306	水位	1292.31	mm	2017/06/22 10:12:00	2017/06/22 19:15:00
3	水质监测站A	水质	氯化物	mg	2017/05/23 23:12:00	2017/05/24 9:12:00
4	水质监测站B	水质	有氧离子	mg	2017/06/22 10:12:00	2017/06/22 19:15:00
5	水质监测站C	水质	氰化物	mg	2017/05/26 23:12:00	2017/05/26 9:12:00
6	雨量监测站A	降雨	800	mm	2017/06/22 10:12:00	2017/06/22 19:15:00
7	雨量监测站B	降雨	1021	mm	2017/05/13 23:12:00	2017/05/14 9:12:00
8	雨量监测站C	降雨	321	mm	2017/06/23 10:12:00	2017/06/23 19:15:00

图 12-87　报警事件列表

④ 水位分析（图 12-88 和图 12-89）：对雨水井、过滤池、蓄水池、提升泵、清水池等设施进行监测，实时采集雨量、流量、水位等监测数据。另外，在金汇港河道上安装了多个视频探头，可以实时监控河道水位和周边状况。

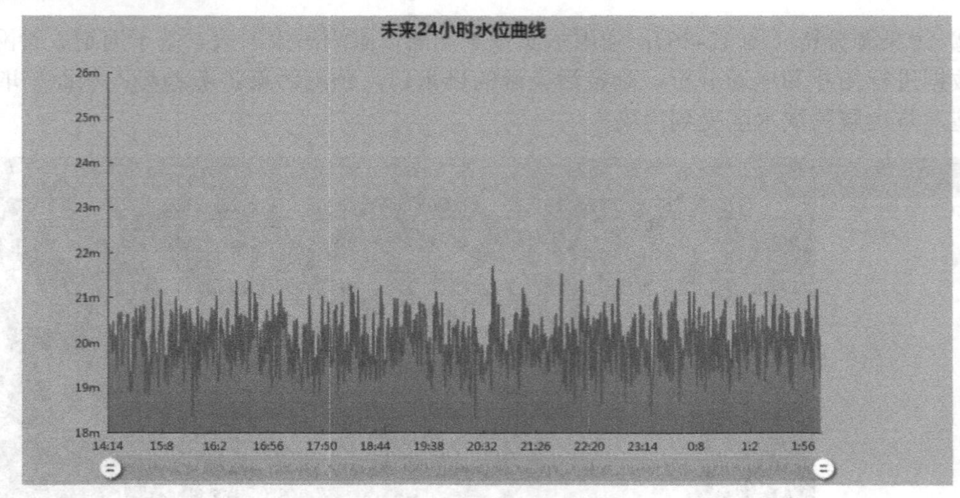

图 12-88　水位分析

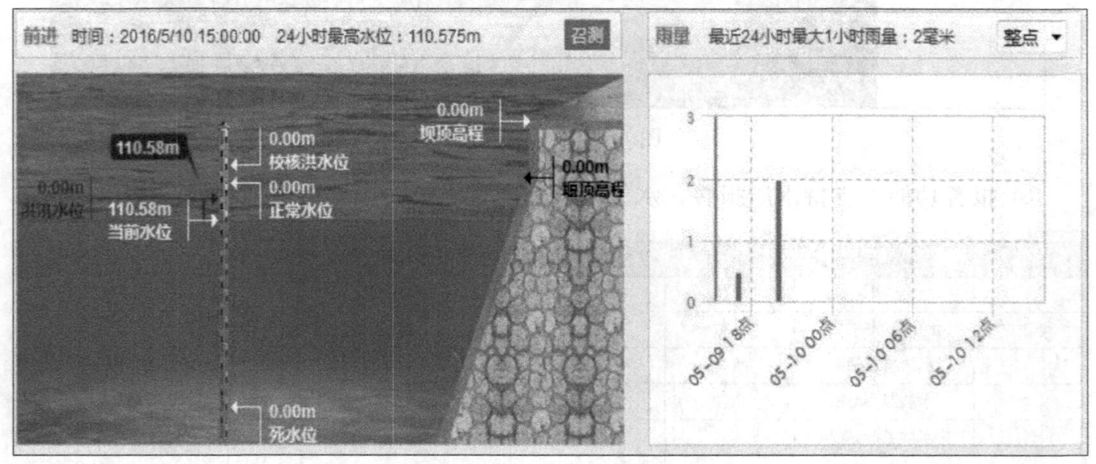

图 12-89　水位显示

⑤ 统计功能：可对排污口、两岸建筑、支流等按不同指标进行统计，金汇港排污口统计如图 12-90 所示。

（4）运维中心。

运维中心具有日常管理、项目进度报送、协调指挥、监督考核等功能，其界面如图 12-91 所示。

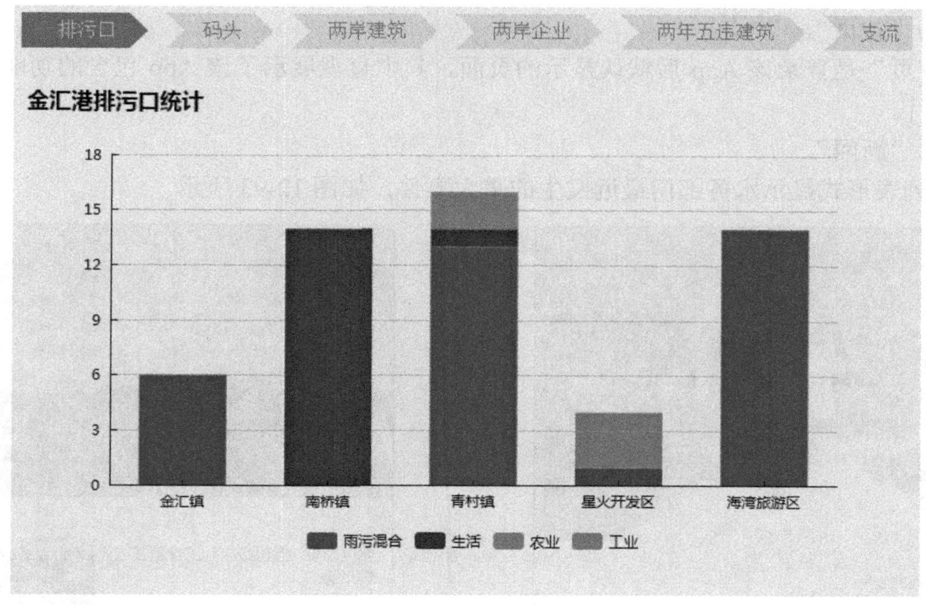

图 12-90　金汇港排污口统计

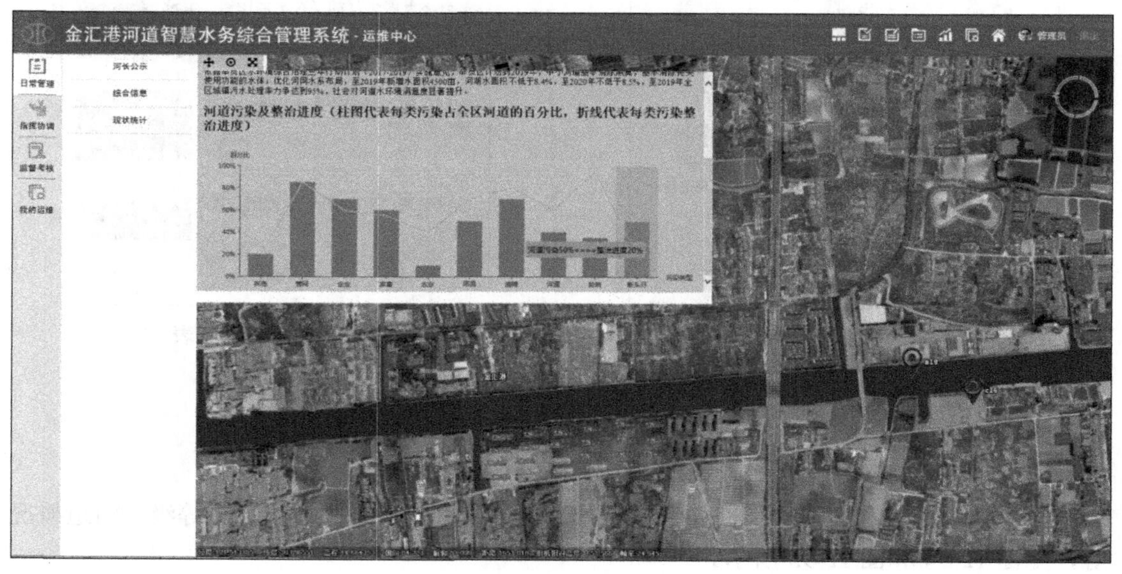

图 12-91　运维中心界面

12）智慧河长 App

智慧河长 App 首页如图 12-92 所示，下面对它的主要功能模块和菜单进行详细介绍。

（1）“首页”。

“首页”是登录该 App 后默认显示的页面，其中直观展示了该 App 包含的功能模块及门户图片。

（2）“新闻”。

以列表形式显示水务部门最近发生的重大事件，如图 12-93 所示。

图 12-92　智慧河长 App 首页

图 12-93　新闻列表

（3）“我的”。

“我的”菜单主要用于记录当前用户信息，管理待处理案件。

（4）“河流概况”。

显示河道列表和河道详情，如河道名称、河道长度、所属区域、河道等级、河道概况等，如图 12-94 和图 12-95 所示。

（5）“案件查看”。

以列表形式显示巡河人员上报且审核通过的案件，并且支持对案件详情和处理进度的查看，如图 12-96 和图 12-97 所示。

图 12-94　河道列表

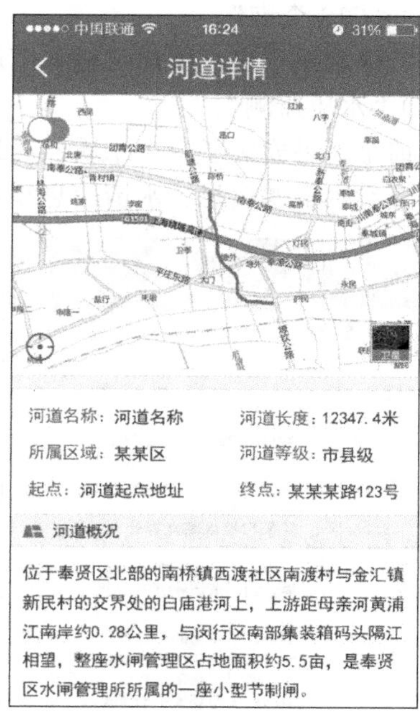

图 12-95　河道详情

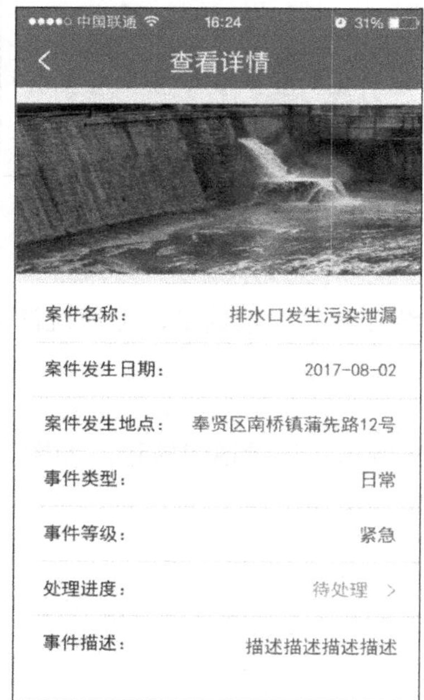

图 12-96　案件详情

图 12-97　处理进度

（6）"GIS 查询"。

奉贤区水系众多，用户可输入河道名称快速查询河道，并查看河道详细信息。

（7）"水质监测"。

目前金汇港安装了三个水质监测站，通过智慧河长 App 可实时获取水质监测站的监测数据，查看水资源信息、水情信息和水质信息，如图 12-98 和图 12-99 所示。

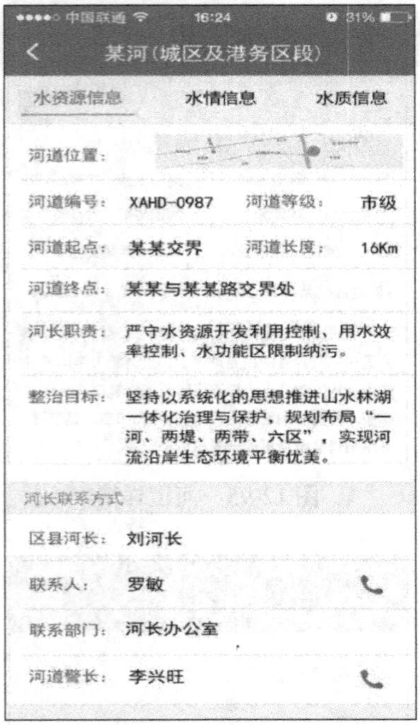

图 12-98 水资源信息

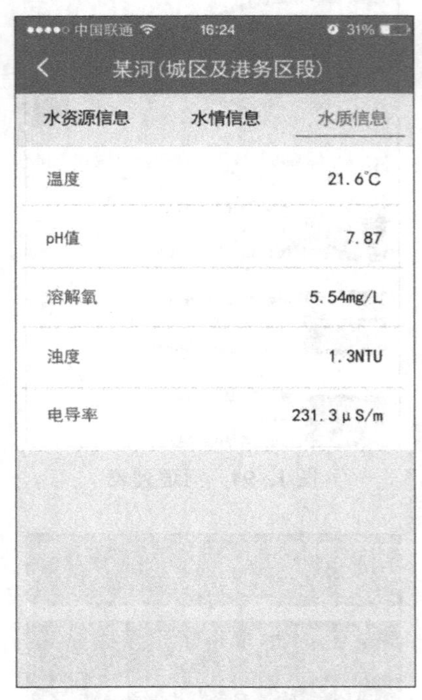

图 12-99 水质信息

（8）"统计管理"。

该模块包括问题统计和巡河统计，问题统计主要统计案件上报数量，巡河统计主要记录河长巡河次数，如图 12-100 和图 12-101 所示。

（9）"河长巡河"。

对巡河过程中发生的案件进行上报，如图 12-102 所示。记录巡河轨迹，如图 12-103 所示。

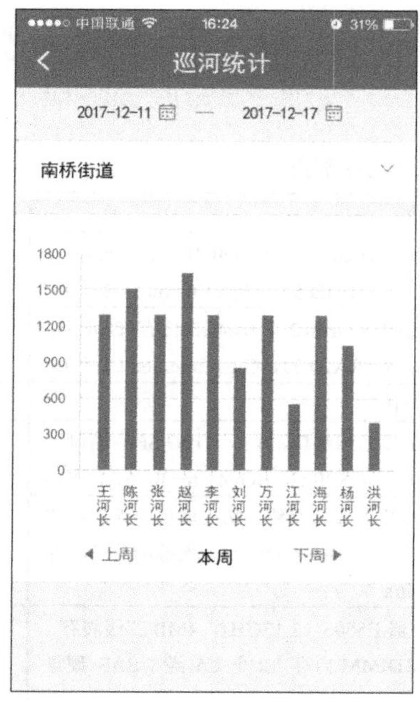

图 12-100 巡河统计

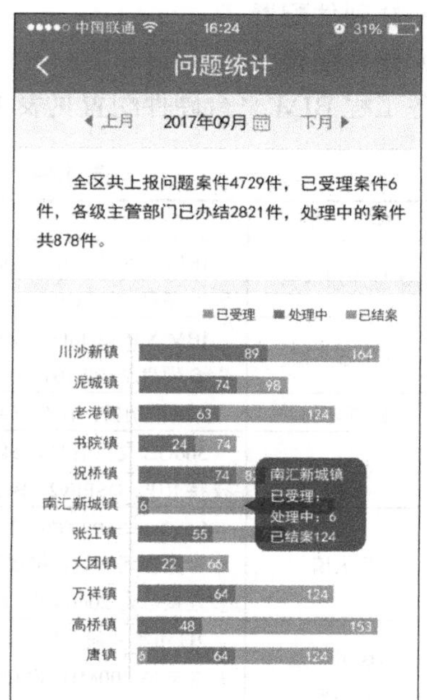

图 12-101 问题统计

图 12-102 案件上报

图 12-103 巡河轨迹

13）软硬件配置

（1）硬件配置。

水务工程 BIM 平台硬件配置见表 12-4。

表 12-4 水务工程 BIM 平台硬件配置

序号	类 型	配 置	网 络
1	数据库服务器	IBM X3850，Intel Xeon Processor E7-4820 8C(2.00GHz，2 个)，64GB 内存(DDR3)，SAS 硬盘（300GB，3 个），Server RAID M5015（RAID 5），Giga Ethernet（2 个）	1
2	应用服务器	IBM X3650，Intel Xeon Processor E7-4820 8C(2.00GHz，2 个)，64GB 内存(DDR3)，SAS 硬盘（300GB，3 个），Server RAID M5015（RAID 5），Giga Ethernet（2 个）	3
3	磁盘阵列	2 路控制器，1GB 光纤接口，光纤硬盘，8TB	1
4	交换机	360GB 交换容量，24 个 10/100/1000Base-T 以太网端口，4 个 1/10G SFP+端口，支持 RIP、OSPFv2、BGP、ISIS、VRRP、RIPng、OSPFv3、BGP4+ for IPv6、ISISv6	1
5	防火墙	SecGate 3600-G7：企业级千兆防火墙，集成日志管理系统、防火墙集中管理系统和带宽管理系统，扩展至 6 个千兆 SFP 端口，具备 DoS、DDoS 入侵检测功能，并发连接数为 2000000，网络吞吐量为 4000Mbit/s	1
6	防病毒系统服务器	2U 机架式服务器，2 个四核 Intel 至强处理器 E5506（2.13GHz，4MB 三级缓存，最高支持 800MHz 内存频率），4GB DDR3 RDIMM 内存，2 个 2.5 英寸 SAS 硬盘（146GB）	1
7	安全网闸	网御神州 SecSIS 3600-E：并发连接数为 10000，安全过滤带宽为 2048M，网络吞吐量为 90Mbit/s，具备 DoS、DDoS 入侵检测功能，内、外网各包含 4 个 10/100/1000Base-T（RJ-45）端口	1

（2）软件配置。

水务工程 BIM 平台软件配置见表 12-5。

表 12-5 水务工程 BIM 平台软件配置

序号	类 型	内 容	用 途
1	虚拟化软件	VMware ESXi 5.1	虚拟化操作系统
2	操作系统	Linux 操作系统	服务器操作系统
3	防病毒软件	360Safe	系统安全
4	商业数据库	Oracle 11g Enterprise	空间数据和业务数据存储
5	应用中间件	Apache 2.2.x 及以上版本（推荐采用 Linux 自带版本）、Tomcat 5.5 及以上版本	网络应用服务器
6	运行环境	Oracle JRockit JDK 28.1	网络 Java 应用程序运行环境
7	GIS 平台	ArcGIS 10.2.1 及以上版本（桌面、SDE）	GIS 数据服务和功能服务发布管理
8	服务驱动	SafeNet 驱动（aksusbd-2.4.1-i386）	三维服务授权
9	绘图软件	InfraWorks、3ds max 2011、Revit 2015	建模

12.7 上海漕河泾商务绿洲康桥园区 BIM 运维管理平台

1. 项目概况

上海漕河泾商务绿洲康桥园区总规划占地面积约 400 亩，总规划建筑面积约 500000 平方米。园区地理位置优越，位于两大航空枢纽与金融、航运功能区的效应叠加区，紧邻外环、中环、罗南大道，距轨交 11 号线康新公路站仅 700 米。本项目位于康桥园区二期 C-1 楼。该建筑共包括地下 1 层和地上 12 层，建筑高度为 60 米（离地高度），建筑结构形式为框架、剪力墙结构，建筑面积为 12963.5 平方米，计容建筑面积为 12511.43 平方米。

本项目以 i-Lingang 综合协同服务管理平台为基础，成功实现了 BIM 运维管理平台落地。i-Lingang 综合协同服务管理平台包括对外运营的门户系统和公司内部使用的协同 OA 平台。其中，门户系统主要负责线上交易、土地管理和资产管理等对外业务，协同 OA 平台主要负责内部办公业务流程。

本项目旨在结合现今市场需求，建立建筑物全生命周期数据传递通道，解决运维阶段数据采集与管理的难题，有效提升运维管理智能化水平，最终建立可用于实际工程的三维可视化 BIM 运维管理平台。该运维平台充分利用了设计和施工阶段的既有数据，同时具备整合运维阶段各种设备和其他厂商数据的能力。

2. 解决方案

BIM 运维管理平台是基于阿里云服务器建立的，实现了基本功能、设备管理、资产管理、空间管理、能耗管理、模型管理六大功能。其中，基本功能包括日常维护、报警管理和人员管理；设备管理包括设备监控和应急维修；空间管理包括环境监测、车库管理、租赁管理、搬运管理、存储管理和导向管理；能耗管理包括能耗分析和报表生成；模型管理包括模型分类编码和模型分类管理。

用户可通过 PC 端登录 BIM 运维管理平台对项目 BIM 模型进行浏览，并可获得模型中建筑结构构件、机电设备信息。

为提高安全性，BIM 运维管理平台对用户进行分组管理，不同用户具有不同的操作权限。BIM 运维管理平台界面如图 12-104 所示。

与传统 2D 运维管理平台相比，BIM 运维管理平台提高了各子系统之间的集成度，充分利用了建筑设计与施工阶段的数据，可视化程度更高。

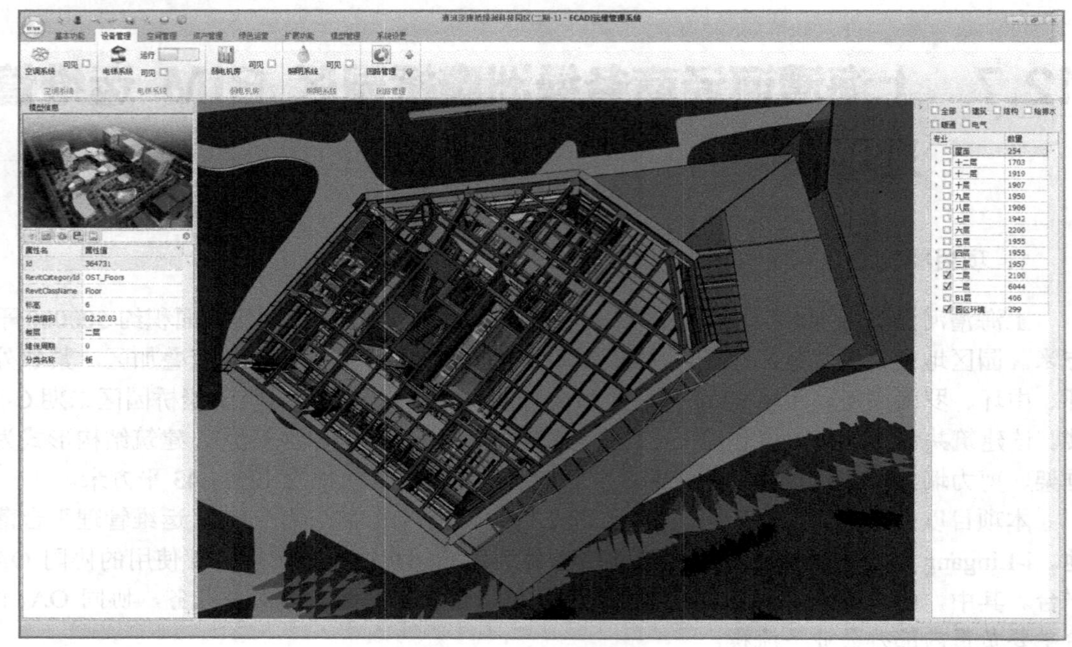

图 12-104　BIM 运维管理平台界面

3. 运维模型构建规则

本项目依据美国建筑师协会 E202 号文件中的建筑信息模型深度标准 LOD500 构建运维模型。LOD500 是竣工运营阶段的参考标准。

运维模型构建规则如图 12-105 所示。

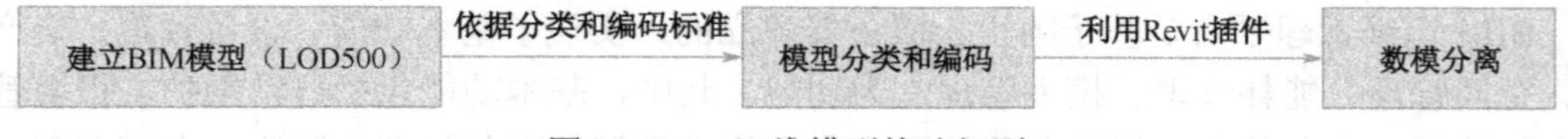

图 12-105　运维模型构建规则

依据 2017 年 10 月 25 日发布的《建筑信息模型分类和编码标准》对模型进行分类和编码。将模型按照建筑、结构、电气、给排水、暖通五个专业进行分类，赋予模型楼层属性及机电相关的共享参数。

采用数模分离技术进行模型轻量化。通过 BIM 技术二次开发分离出运维几何模型，利用 Revit 插件将 BIM 模型的属性信息导入平台数据库。建立几何模型与属性信息的唯一联系，此联系为 BIM 模型的唯一标识。

4. 基于 OPC 规范获取 BA 数据

OPC 服务器将不同厂商和不同型号的传感器采集的数据以统一的数据格式发布到互联

网中。OPC 客户端解析来自 OPC 服务器的数据，并将其上传到云服务器中，同时将来自 BIM 运维管理平台的控制信号以统一的数据格式推送到 OPC 服务器中。

本项目选用的 OPC 服务器为讯饶 X2 OPC 服务器，并开发了针对此服务器的 OPC 客户端数据采集程序。OPC 数据采集如图 12-106 所示。

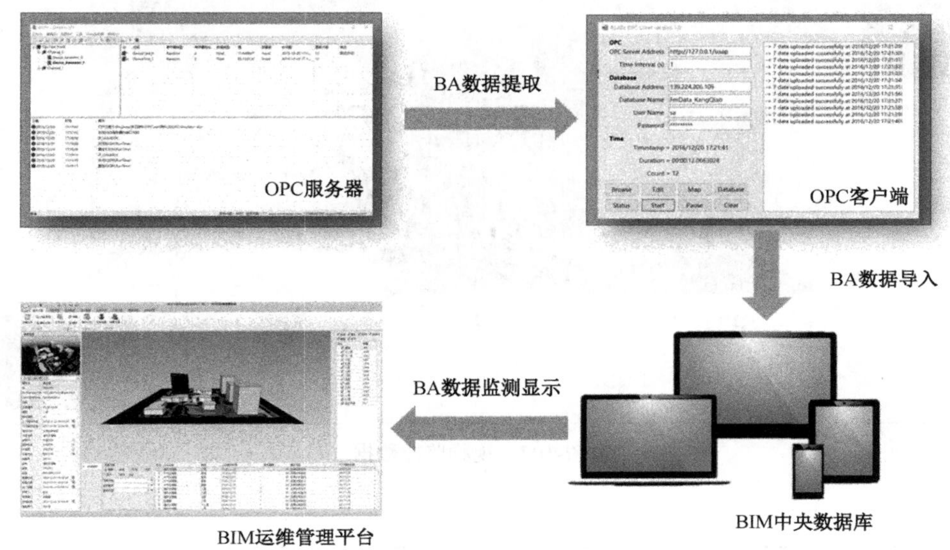

图 12-106　OPC 数据采集

5. BA 数据可视化

本项目分别在办公楼十一层、十二层及十五层布置了摄像头、智能水表、智能电报和环境探测器。BIM 模型与 OPC 服务器监控点位关联，以便快速选择和定位模型。BIM 运维管理平台能耗监测模块通过 Web Service 获取 OPC 数据，并对 BIM 模型对应的 OPC 数据进行显示与分析。视频监控数据如图 12-107 所示。

室内温度监测数据如图 12-108 所示。室内二氧化碳浓度监测数据如图 12-109 所示。

办公用电监测数据如图 12-110 和图 12-111 所示。

6. 总结

本项目验证了 BIM 与物联网技术在办公建筑能耗监测及视频安防方面的应用可行性，为楼宇运维管理者提供了决策参考。

图 12-107　视频监控数据

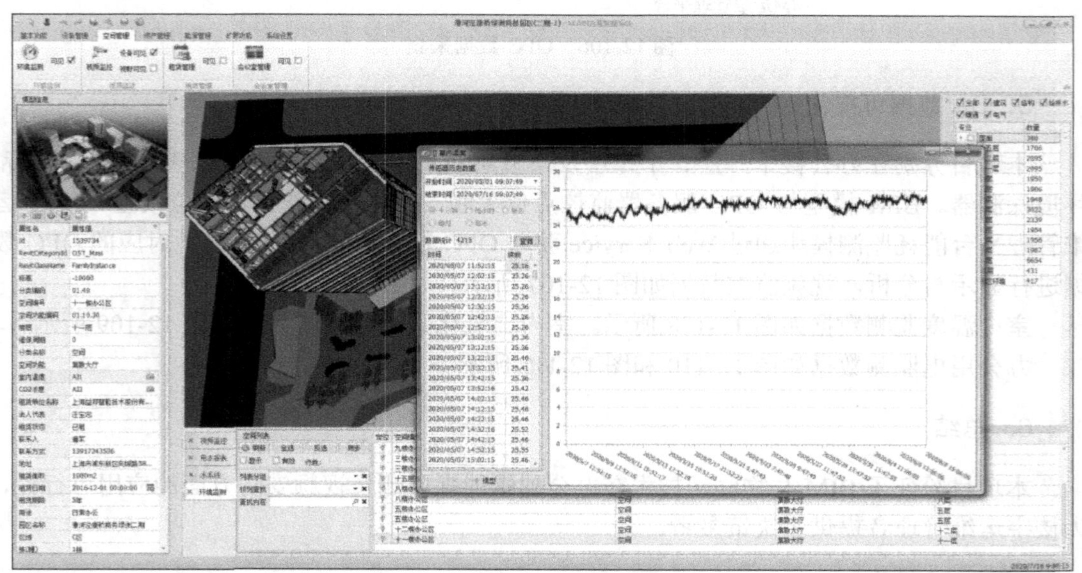

图 12-108　室内温度监测数据

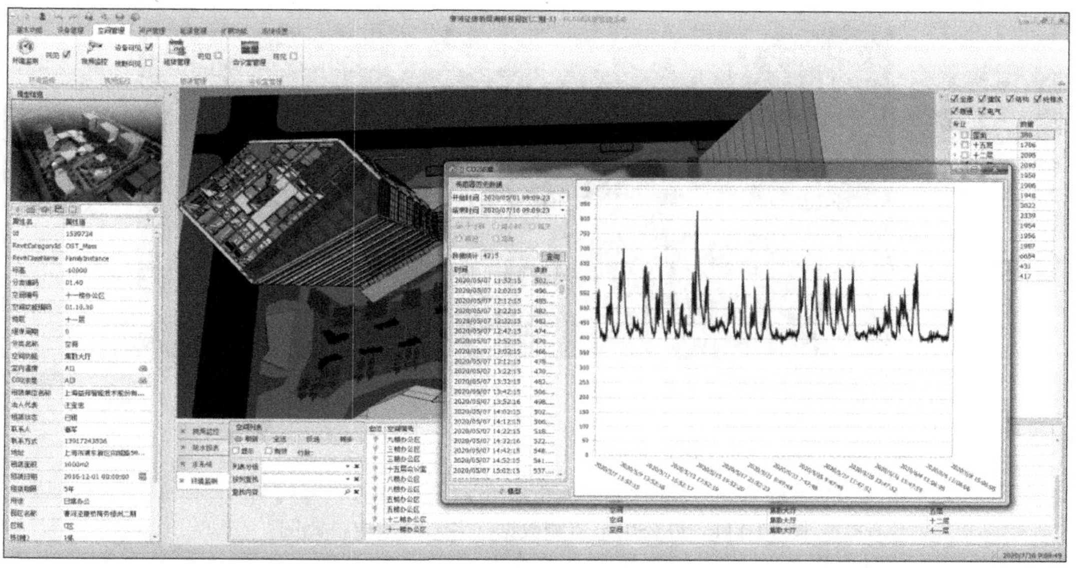

图 12-109　室内二氧化碳浓度监测数据

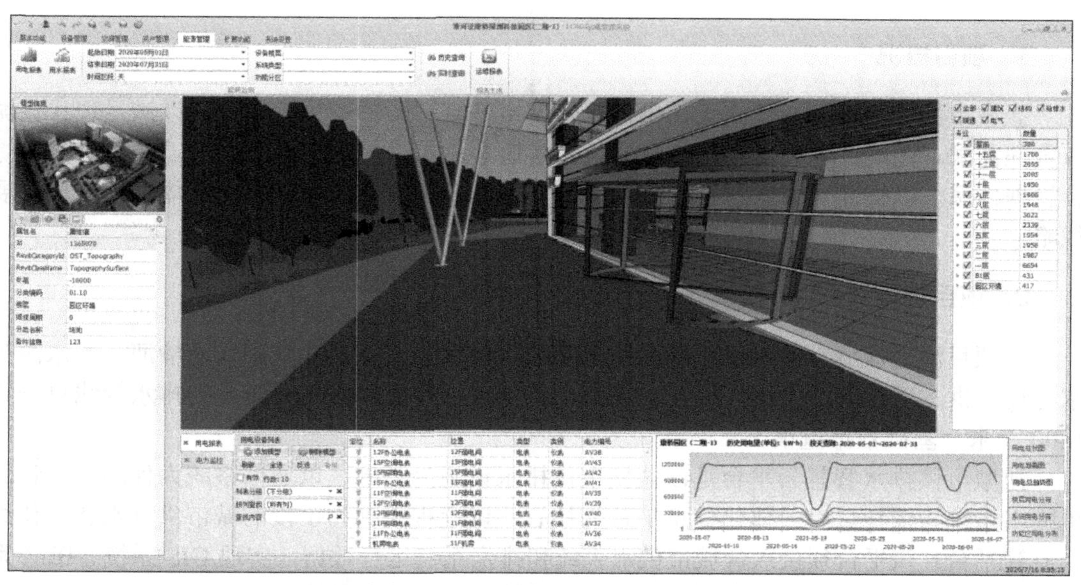

图 12-110　办公用电监测数据（用电趋势图）

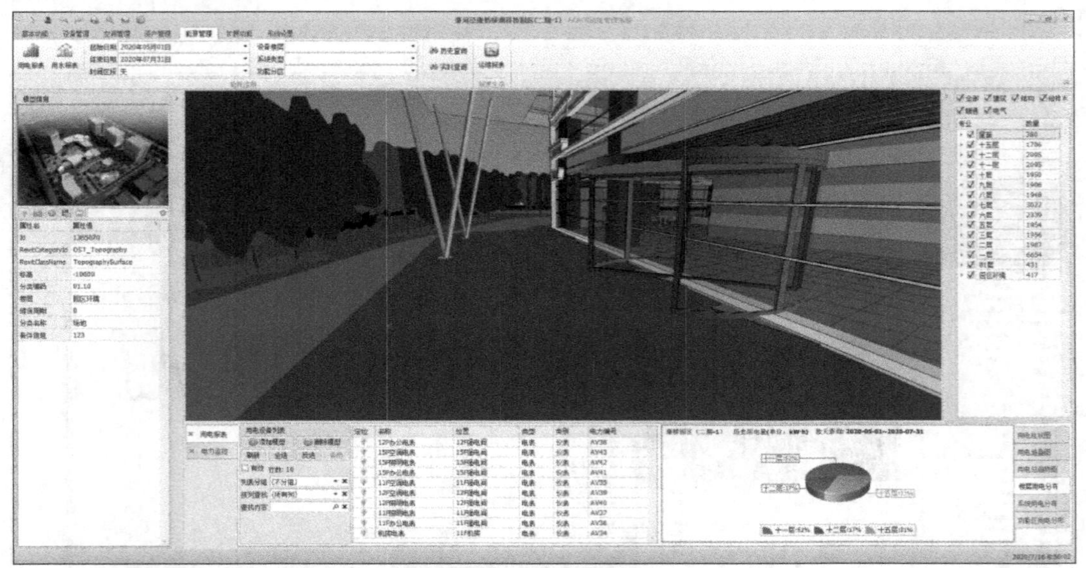

图 12-111 办公用电监测数据（各系统用电占比图）

12.8 盐城市供排水智慧云平台

1. 项目概况

盐城市供排水设施规模庞大，供排水管理事务繁多，传统管理模式难以满足现代化城市管理需求。因此，本项目利用信息化技术搭建盐城市供排水智慧云平台，建立供排水综合管理体系，以提高供排水运行管理水平，实现资源、安全、环境三位一体的供排水发展战略。

2. 项目规模

本项目涵盖盐城市的供水系统和排水系统。供水系统包括盐龙湖、通榆河、新水源等水源地，供、受水利益主体，以及自来水厂、供水管网等。排水系统中的排水管线总长约 1400 千米，基础数据量很大。

盐城市供排水智慧云平台是以盐城市供排水设施为基础、以通信系统为保障、以计算机网络系统为依托、以一体化信息平台为核心、以远程控制为手段的城市供排水智慧化综合监管平台。该平台须接入盐城市供水系统和排水系统运行数据，实现 GIS 系统、BIM 系统、物联网系统与盐城市多个行政管理部门系统之间的数据对接。

3．技术特点

本项目在梳理盐城市供排水业务流程的基础上进行顶层架构设计，重点分析了水务物联网应用的共性技术特点，为解决感知设备多元化、应用场景多样化、业务频繁变化带来的扩展性、快速集成等问题提供了思路，可支撑、适应未来水务监控业务变化、发展需要。

4．项目优势

盐城市供排水智慧云平台是广联达科技股份有限公司基于数字孪生技术构建的以城市供排水业务应用为核心的智慧化综合监管平台，其依据供排水设施和设备实景建立三维虚拟模型，并融合 GIS、物联网、大数据、云计算、人工智能等先进技术，通过集成、仿真、分析、控制手段，实现供排水体系各个环节的数字化、在线化和智能化管理。该平台具有以下优势。

（1）供排水系统数字化：以 GIS 和 BIM 为基础，对全市基础数据和业务数据进行集成，对供水、排水相关的核心数据进行有效监测、分析、评价、模拟和预测，从而为城市市政设施管理提供全面、及时、准确和客观的信息服务和技术支持。

（2）监控信息集中化：通过物联网对音视频信息、水量信息、水质信息、液位信息、管网信息、泵机运行状态信息等进行远程采集，全方位掌握市区的供水、排水状况。

（3）数据监测立体化：利用 BIM 技术建立水源地、自来水厂、污水厂、泵站、管网、河道及其附近构筑物的三维模型，将物联网数据融入 BIM 模型，立体化监测各项数据，一旦发生报警，能快速确定报警位置，并结合应急预案，形成应急处理体系。

（4）运行管理智能化：随着城市供排水体系建设的不断完善，供水、排水管理工作的难度越来越大。特别是盐城市现有的水源地、自来水厂、污水处理厂、提升泵站等相关供排水设施分布广泛，数量众多；新建、扩建、改造的供排水工程越来越多；相关供排水行政许可办理时限越来越短，审批难度越来越大。通过本项目的建设，可以实现用信息化手段协助管理部门更加智能、高效地进行供排水工作的日常管理。

（5）决策支持科学化：借助云计算、大数据、人工智能等先进技术，实现信息共享和业务协同，最终实现“实时感知供排水信息、准确把握供排水问题、深入认识供排水规律、高效运筹供排水系统”的“智慧供排水”总体目标。

5．创新及效益

广联达科技股份有限公司借助 GIS+BIM+物联网技术，结合现实场景进行二、三维一体化展示，集成供排水设施各类动态在线监测数据、视频监控数据及气象预报、雨情信息，实现对全市辖区内“水源地—原水管网—自来水厂—供水管网—二次供水”和“排水户—雨污管网—点源设施—泵站—污水处理厂—中水管网—河道”的全面可视化管理。通过建立水源地原水调度体系、DMA 管网漏损体系、自来水调度体系、排水管网污染物定位体系、城市内涝预警体系，助力城市供排水问题监测、诊断与评估，以及管网运营的全过程智慧化管理，为城市供排水规划、供排水设施改造、供水安全、内涝防治、应急指挥等提供科学决策依据，进而提升城市供排水设施管理水平，增强城市供排水管网运行稳定性和安全性，保障整个城市的生产生活和经济发展。盐城市供排水智慧云平台应用效果图如图 12-112 所示。

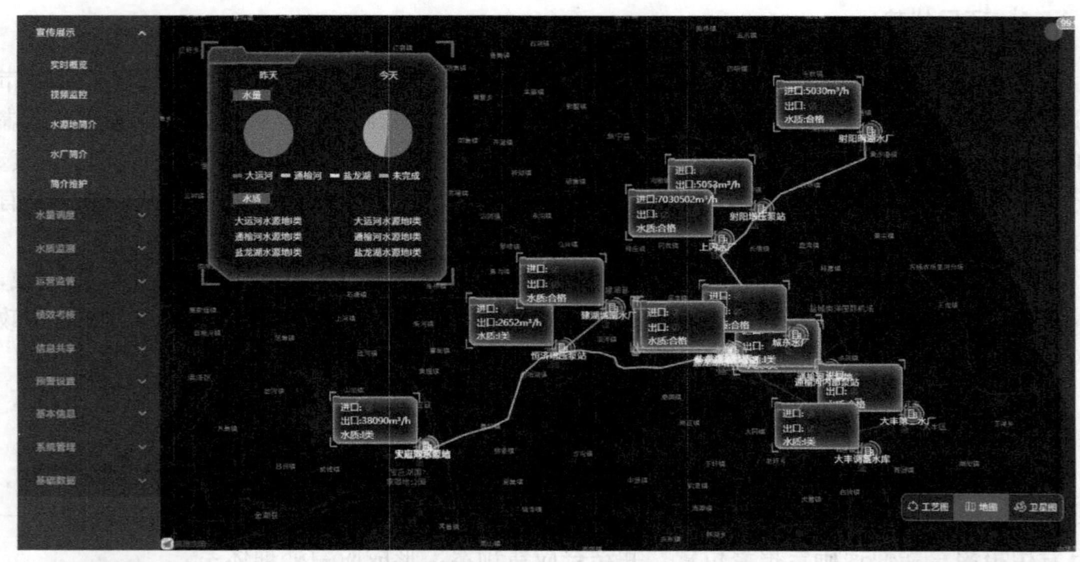

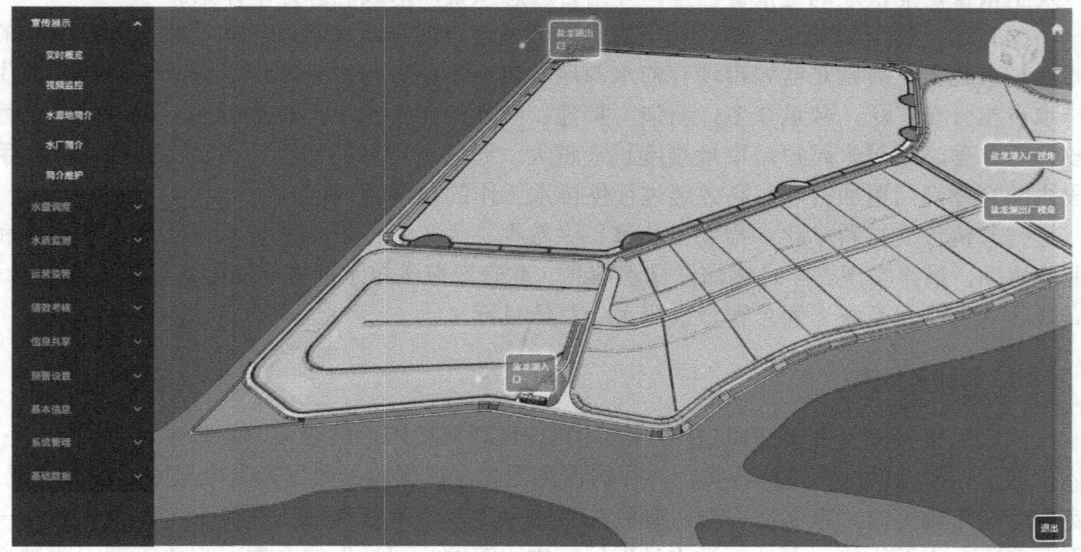

图 12-112　盐城市供排水智慧云平台应用效果图

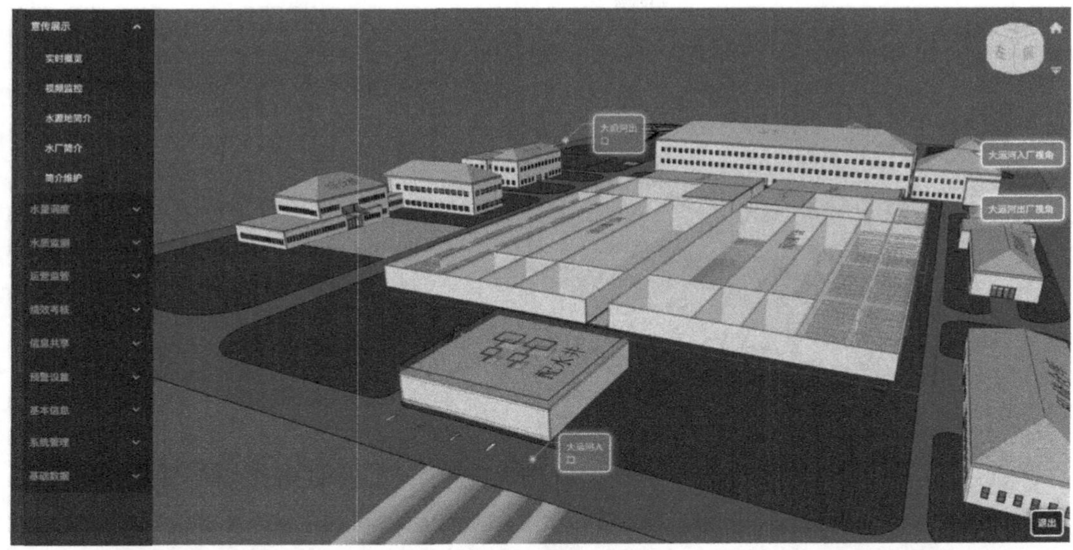

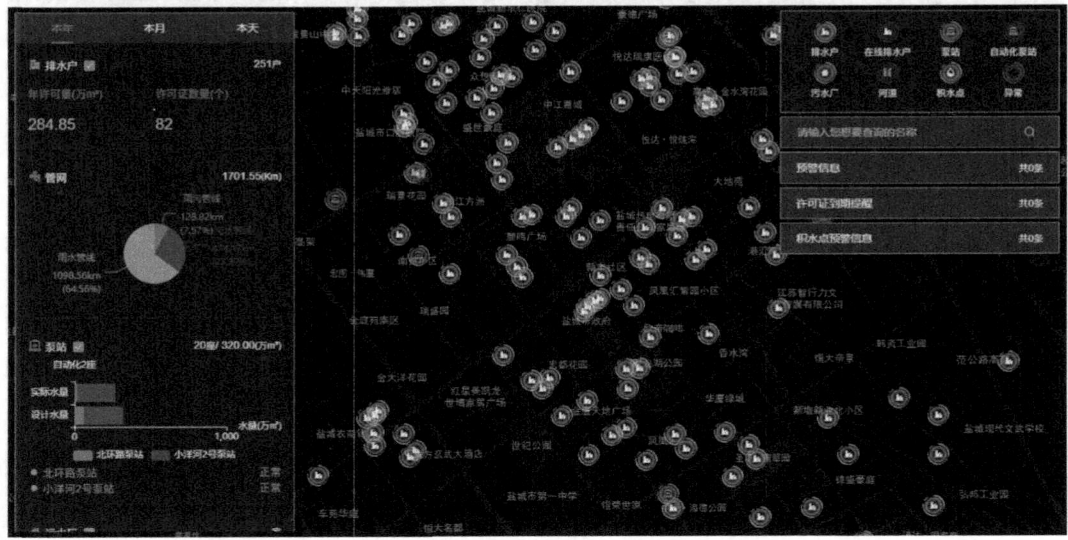

图 12-112 盐城市供排水智慧云平台应用效果图（续）

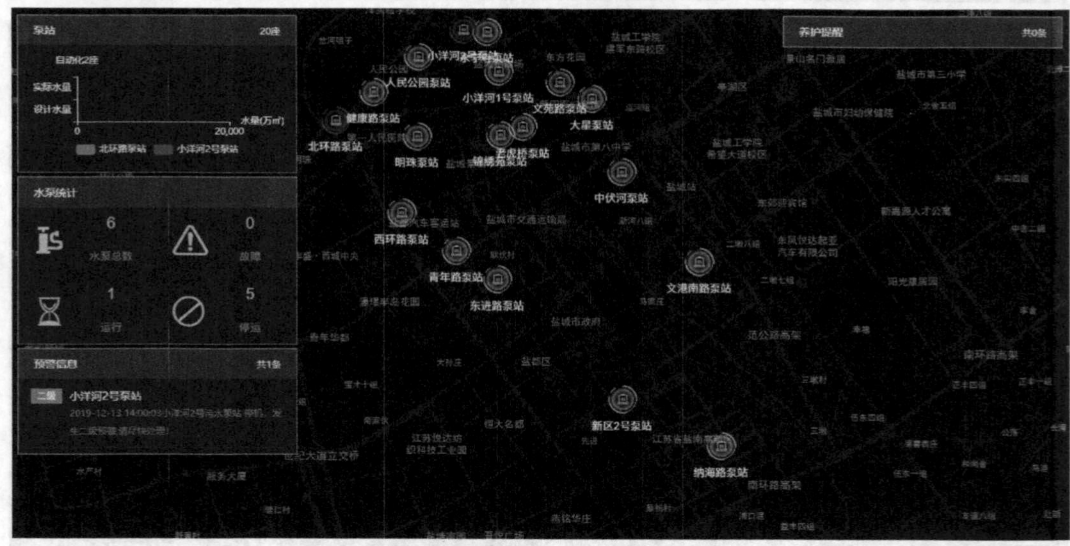

图 12-112　盐城市供排智慧云平台应用效果图（续）

读者调查表

尊敬的读者：

自电子工业出版社工业技术分社开展读者调查活动以来，收到来自全国各地众多读者的积极反馈，他们除了褒奖我们所出版图书的优点外，也很客观地指出需要改进的地方。读者对我们工作的支持与关爱，将促进我们为您提供更优秀的图书。您可以填写下表寄给我们（北京市丰台区金家村 288#华信大厦电子工业出版社工业技术分社　邮编：100036），也可以给我们电话，反馈您的建议。我们将从中评出热心读者若干名，赠送我们出版的图书。谢谢您对我们工作的支持！

姓名：__________　性别：□男　□女　年龄：__________　职业：_____________

电话（手机）：__________________　E-mail：_________________________________

传真：_______________　通信地址：________________________　邮编：_____________

1．影响您购买同类图书因素（可多选）：

□封面封底　□价格　□内容提要、前言和目录　□书评广告　□出版社名声

□作者名声　□正文内容　□其他________________________

2．您对本图书的满意度：

从技术角度　□很满意　□比较满意　□一般　□较不满意　□不满意

从文字角度　□很满意　□比较满意　□一般　□较不满意　□不满意

从排版、封面设计角度　□很满意　□比较满意　□一般　□较不满意　□不满意

3．您选购了我们哪些图书？主要用途？____

4．您最喜欢我们出版的哪本图书？请说明理由。

____

5．目前教学您使用的是哪本教材？（请说明书名、作者、出版年、定价、出版社），有何优缺点？

____

6．您的相关专业领域中所涉及的新专业、新技术包括：

____

7．您感兴趣或希望增加的图书选题有：

____

8．您所教课程主要参考书？请说明书名、作者、出版年、定价、出版社。

____

邮寄地址：北京市丰台区金家村 288#华信大厦电子工业出版社工业技术分社

邮编：100036　电话：18614084788　E-mail：lzhmails@phei.com.cn

微信 ID：lzhairs/ 18614084788　联系人：刘志红

电子工业出版社编著书籍推荐表

姓名		性别		出生年月		职称/职务	
单位							
专业				E-mail			
通信地址							
联系电话				研究方向及教学科目			
个人简历（毕业院校、专业、从事过的以及正在从事的项目、发表过的论文）							
您近期的写作计划： 您推荐的国外原版图书： 您认为目前市场上最缺乏的图书及类型：							

邮寄地址：北京市丰台区金家村 288#华信大厦电子工业出版社工业技术分社

邮编：100036　电话：18614084788　E-mail：lzhmails@phei.com.cn

微信 ID：lzhairs/18614084788　联系人：刘志红